不可失误的 240 题

附 2019 年一级注册结构工程师真题参考答案

主编：陈 嵘 苏 丹

中国建筑工业出版社

图书在版编目（CIP）数据

不可失误的 240 题/陈嵘，苏丹主编. —北京：中国建筑工业出版社，2020.5
附 2019 年一级注册结构工程师真题参考答案
ISBN 978-7-112-24952-7

Ⅰ. ①不… Ⅱ. ①陈… ②苏… Ⅲ. ①建筑结构-资格考试-习题集 Ⅳ. ①TU3-44

中国版本图书馆 CIP 数据核字（2020）第 038927 号

　　本书分两部分，第一部分"不可失误的 240 题"，第二部分"2019 年一级注册结构工程师真题参考答案"。
　　一、编写 240 道题的目的
　　注册考试至今已积累 3000 多道考题，从基本原理、工业厂房到高层混凝土结构、性能化设计、高层钢结构、混合结构，难点变化反映时代特色和命题专家擅长领域。
　　为帮助读者梳理知识，根据考题中考点出现频率和规范主线筛选 240 道考题，这些题目属于基础知识必须掌握，因此称为"不可失误的 240 题"。习题共 8 章，1～7 章是混凝土、钢结构、砌体、木结构、地基基础、高层建筑和高耸结构、桥梁；第 8 章模拟题是综合训练，检验读者对前 7 章的掌握程度。1～7 章的目录给出考题考点简要说明，有助读者查询考点，强化记忆，加快答题速度。
　　这也是一本手册，你可以快速查询，也可快速放弃。
　　二、2019 年一级注册结构工程师真题参考答案
　　参考答案包括"解答"和"分析"两部分。
　　"解答"基于个人理解编写，仅供参考，有错请指正。
　　"分析"总结教学经验和同学常犯错误，讨论答题注意事项并列出历年相似考题，帮助读者找问题、总结规律。
　　2019 年试题高层部分出现高层钢结构、混合结构和钢支撑-混凝土框架结构新考点，《高层钢结构设计要点》一书已对《高层民用建筑钢结构技术规程》JGJ 99—2015 做了系统论述，此处不再赘述；分析部分对混合结构和钢支撑-混凝土框架结构的解答依据给出简要说明。

责任编辑：赵梦梅
责任校对：芦欣甜

不可失误的 240 题
附 2019 年一级注册结构工程师真题参考答案
主编：陈　嵘　苏　丹

＊

中国建筑工业出版社出版、发行（北京海淀三里河路 9 号）
各地新华书店、建筑书店经销
北京红光制版公司制版
天津安泰印刷有限公司印刷

＊

开本：787×1092 毫米　1/16　印张：24¼　字数：586 千字
2020 年 7 月第一版　　2020 年 7 月第一次印刷
定价：**88.00** 元
ISBN 978-7-112-24952-7
（35704）

前　言

本书分两部分，第一部分"不可失误的240题"，第二部分"2019年一级注册结构工程师真题参考答案"。

（1）第一部分240题是根据3000多道历年考题的考点和出现频率筛选得到的，题目包含高频考点，体现规范主线，属于基础知识必须掌握，因此称为"不可失误的240题"。习题共8章，1～7章是混凝土、钢结构、砌体、木结构、地基基础、高层建筑和高耸结构、桥梁；第8章模拟题是综合训练，检验读者对前7章的掌握程度。1～7章的目录给出考题考点简要说明，有助读者查询考点，强化记忆，加快答题速度。

这也是一本手册，你可以快速查询，也可快速放弃。

（2）第二部分2019年一级注册结构工程师真题参考答案包括"解答"和"分析"两部分。

"解答"基于个人理解编写，仅供参考，有错请指正。

"分析"总结教学经验和同学常犯错误，讨论答题注意事项并列出历年相似考题，帮助读者找问题、总结规律。

2019年试题高层部分出现高层钢结构、混合结构和钢支撑-混凝土框架结构新考点，《高层钢结构设计要点》一书已对《高层民用建筑钢结构技术规程》JGJ 99—2015做了系统论述，此处不再赘述；分析部分对混合结构和钢支撑-混凝土框架结构的解答依据给出简要说明。

本书所用规范及简称

序号	规　　　范	简称
1	《建筑结构荷载规范》GB 50009—2012	《荷载规范》
2	《建筑工程抗震设防分类标准》GB 50223—2008	《分类标准》
3	《高层建筑混凝土结构设计规程》JGJ 3—2010	《高规》
4	《建筑抗震设计规范》GB 50011—2010（2016 年版）	《抗震》
5	《建筑地基基础设计规范》GB 50007—2011	《地基》
6	《建筑桩基技术规范》JGJ 94—2008	《桩基》
7	《建筑地基处理技术规范》JGJ 79—2012	《地基处理》
8	《混凝土结构设计规范》GB 50010—2012	《混规》
9	《钢结构设计标准》GB 50017—2017	《钢标》
10	《高层民用建筑钢结构技术规范》JGJ 99—2015	《高钢规》
11	《钢结构高强度螺栓连接技术规程》JGJ 82—2011	《高强螺栓》
12	《砌体结构设计规范》GB 50003—2011	《砌体》
13	《木结构设计标准》GB 50005—2017	《木结构》
14	《烟囱设计规范》GB 50051—2013	《烟囱》
15	《公路桥涵设计通用规范》JTG D60—2015	《桥通》
16	《城市桥梁设计规范》CJJ 11—2011	《城市桥梁》
17	《城市桥梁抗震设计规范》CJJ 166—2011	《城市桥梁抗震》
18	《公路钢筋混凝土及预应力混凝土桥涵设计规范》JTG 3362—2018	《公路混凝土》
19	《公路桥梁抗震设计细则》JTG/T B02—01—2008	《细则》
20	《城市人行天桥与人行地道技术规范》CJJ 69—1995	《人行天桥》

目　录

第一部分　不可失误的 240 题

第一章　混凝土结构 ……………………………………………………… 3

【混 1】梁挠度限值 ……………………………………………………… 3

【混 2】板配筋 …………………………………………………………… 3

【混 3】第二类 T 形梁受弯承载力 …………………………………… 5

【混 4】第一类 T 形梁受弯承载力 …………………………………… 6

【混 5】大偏心受压配筋 ………………………………………………… 7

【混 6】大偏心受拉配筋 ………………………………………………… 8

【混 7】独立梁受剪承载力 ……………………………………………… 9

【混 8】梁受剪箍筋 ……………………………………………………… 10

【混 9】框架顶层端节点上部纵向钢筋 ………………………………… 11

【混 10】剪扭构件箍筋 …………………………………………………… 12

【混 11】板柱节点冲切承载力 …………………………………………… 13

【混 12】开洞对楼板受冲切承载力的影响 ……………………………… 14

【混 13】裂缝宽度影响因素 ……………………………………………… 15

【混 14】工字形截面梁最大裂缝宽度 …………………………………… 16

【混 15】由裂缝宽度限值求纵筋 ………………………………………… 17

【混 16】梁考虑长期荷载作用下的挠度 ………………………………… 18

【混 17】短期刚度 ………………………………………………………… 19

【混 18】小偏心受拉配筋 ………………………………………………… 20

【混 19】工字形截面梁最小受拉钢筋面积 ……………………………… 21

【混 20】梁构造配筋规定 ………………………………………………… 22

【混 21】弯剪扭配筋审核 ………………………………………………… 22

【混 22】3 层房屋剪力墙最小配筋构造 ………………………………… 23

【混 23】预埋件及连接件规定 …………………………………………… 23

【混 24】叠合梁规定 ……………………………………………………… 24

【混 25】梁端经调幅的弯矩设计值及受弯承载力 ……………………… 24

【混 26】抗震时梁端箍筋 ………………………………………………… 26

【混 27】抗震时柱非加密区受剪承载力 ………………………………… 27

【混 28】抗震时大偏心受压柱纵筋 ……………………………………… 28

【混 29】梁柱节点核心区抗震受剪承载力 ……………………………… 29

【混 30】约束边缘构件施工图审校 ……………………………………… 30

【混31】抗震时连梁受剪承载力 ……………………………………………… 31

【混32】多遇地震下结构整体计算参数 ………………………………………… 32

【混33】底部剪力法求二层地震作用标准值 …………………………………… 33

【混34】底部剪力法求总水平地震作用 ………………………………………… 33

【混35】SRSS 法求弯矩 ………………………………………………………… 34

【混36】审核楼层剪力系数 ……………………………………………………… 34

【混37】考虑竖向地震作用组合的弯矩设计值 ……………………………… 35

【混38】强剪弱弯求梁端剪力 …………………………………………………… 36

【混39】中学教学楼抗震等级 …………………………………………………… 37

【混40】抗震时角柱大偏心受压配筋 …………………………………………… 37

【混41】剪力墙底部加强部位剪力设计值 ……………………………………… 39

【混42】柱轴压比限值 …………………………………………………………… 39

【混43】柱轴压比限值 …………………………………………………………… 40

【混44】柱纵筋最小面积 ………………………………………………………… 41

【混45】柱加密区实际体积配筋率与最小体积配筋率 ……………………… 41

【混46】角柱箍筋构造 …………………………………………………………… 42

【混47】柱加密区计算体积配箍率与最小体积配箍率 ……………………… 43

【混48】墙肢轴压比位置与边缘构件设置及长度 …………………………… 44

第二章　钢结构 ……………………………………………………………………… 45

【钢1】轴心受力构件强度取值 ………………………………………………… 45

【钢2】轴心受压杆件，轴力设计值小于其承载力 50％的容许长细比 …… 45

【钢3】轴心受压柱稳定 ………………………………………………………… 46

【钢4】梁双向受弯强度 ………………………………………………………… 47

【钢5】梁双向受弯稳定 ………………………………………………………… 47

【钢6】压弯柱平面内稳定 ……………………………………………………… 49

【钢7】压弯柱平面外稳定 ……………………………………………………… 50

【钢8】角焊缝在弯矩作用下的正应力 ………………………………………… 50

【钢9】弯矩、剪力共同作用下角焊缝应力值 ………………………………… 51

【钢10】高强螺栓摩擦型连接受拉承载力 …………………………………… 51

【钢11】组合楼板完全抗剪连接的最大抗弯承载力 ………………………… 52

【钢12】抗震等级 ………………………………………………………………… 53

【钢13】阻尼比 …………………………………………………………………… 54

【钢14】框架中心支撑的支撑失稳概念 ……………………………………… 54

【钢15】等边双角钢 T 形截面 λ_{yz} …………………………………………… 55

【钢16】十字形截面稳定性验算 ……………………………………………… 55

【钢17】受弯构件腹板受剪强度 ……………………………………………… 56

【钢18】重级工作制吊车梁局部承压 ………………………………………… 57

【钢19】均匀弯曲受弯构件整体稳定 ………………………………………… 58

【钢20】无侧移框架柱计算长度系数 ………………………………………… 59

【钢21】压弯柱平面内稳定 ･･････････････････････････････ 59

【钢22】压弯柱强度计算 ････････････････････････････････ 60

【钢23】承受正应力和剪应力的角焊缝强度 ･･････････････ 61

【钢24】高强螺栓摩擦型连接强度 ･･････････････････････ 62

【钢25】高强度螺栓摩擦型连接抗剪承载力 ･･････････････ 63

【钢26】偏心支撑轴力调整 ････････････････････････････ 64

【钢27】偏心支撑消能梁段净长 ････････････････････････ 64

【钢28】中心支撑腹板宽厚比 ･･････････････････････････ 65

【钢29】吊车柱间交叉支撑容许长细比 ････････････････ 66

【钢30】T形截面轴心受压构件稳定计算，考虑弯扭屈曲长细比 λ_{yz} ･･ 67

【钢31】双向受弯吊车梁抗弯强度 ･･････････････････････ 68

【钢32】梁的整体稳定 ････････････････････････････････ 69

【钢33】受弯构件的挠度容许值 ････････････････････････ 70

【钢34】压弯柱平面内稳定 ････････････････････････････ 70

【钢35】压弯柱平面外稳定 ････････････････････････････ 71

【钢36】求角钢的角焊缝实际长度（肢尖、肢背比3：7）････ 72

【钢37】三面围焊直角角焊缝实际长度 ････････････････ 73

【钢38】拉剪作用下，求摩擦型高强度螺栓规格 ･･････････ 74

【钢39】无侧移框架柱计算长度系数 ････････････････････ 76

【钢40】节点域屈服承载力验算 ････････････････････････ 76

【钢41】中心支撑承载力 ･･････････････････････････････ 77

【钢42】节点域腹板稳定（厚度） ･･････････････････････ 78

第三章　砌体结构 ･･････････････････････････････････････ 79

【砌1】高厚比影响因素、自承重墙修正系数、构造柱间距、圈梁高度 ･･ 79

【砌2】有刚性地坪底层墙体高厚比验算 ････････････････ 79

【砌3】受压构件承载力影响系数 φ（蒸压灰砂砖）････････ 80

【砌4】受弯构件的承载力 ････････････････････････････ 82

【砌5】受弯构件的受剪承载力 ････････････････････････ 82

【砌6】底部剪力法求底层水平地震作用 ････････････････ 83

【砌7】可建房屋层数（乙类、横墙较少、室内外高差）････ 84

【砌8】带门洞墙体等效侧向刚度 ･･････････････････････ 85

【砌9】抗震时抗剪强度设计值 f_{vE} ････････････････････ 85

【砌10】两端、中间均有构造柱墙抗震时抗剪承载力 ･･････ 86

【砌11】抗压强度设计值，砖对砌体抗剪强度影响，小于 $0.3m^2$ 调整，施工时
砂浆强度为零 ････････････････････････････････ 87

【砌12】空心砌块墙体轴心受压承载力 ････････････････ 88

【砌13】采用底部剪力法时第二层水平地震剪力设计值 ････ 88

【砌14】梁端局部受压求 γ ････････････････････････ 89

【砌15】T形截面墙体高厚比 ･･････････････････････････ 89

【砌 16】网状配筋砌体的抗压强度设计值 f_n（注意 e 对 f_n 的影响）· · · · · · · · · · · 91

【砌 17】3 层、横墙较少、大房间，判断构造柱根数 · 92

【砌 18】已知二层水平地震剪力，求带门洞墙段分配的剪力 · · · · · · · · · · · · · · · 93

【砌 19】两端有构造柱墙段抗震受剪承载力设计值（$\gamma_{RE}=0.9$）· · · · · · · · · · · 95

【砌 20】两端、中间均有构造柱，求墙段抗震时受剪承载力设计值 · · · · · · · · 96

【砌 21】灌孔砌体的抗压强度设计值 · 97

【砌 22】梁跨度大于 9m，求梁端约束引起下层墙体顶部设计值 · · · · · · · · · · · 97

【砌 23】T 形截面偏心受压承载力 · 99

【砌 24】刚性垫块下砌体局部受压承载力（$\varphi\gamma_1 fA_b$）· · · · · · · · · · · · · · · · · · 99

【砌 25】二层带洞口墙体高厚比验算 · 100

【砌 26】90mm 内隔墙容许高厚比 · 101

【砌 27】挑梁的倾覆力矩和抗倾覆力矩 · 102

【砌 28】网状配筋砖砌体偏心受压承载力（已知 φ_n）· · · · · · · · · · · · · · · · · 103

【砌 29】砖和构造柱组合墙平面外小偏心受压，求构造柱配筋 · · · · · · · · · · · 104

【砌 30】配筋砌块砌体轴心受压承载力（无水平筋和箍筋）· · · · · · · · · · · · · · · 105

第四章　木结构 · 107

【木 1】恒载下原木受拉强度 · 107

【木 2】原木受压强度 · 108

【木 3】原木受压稳定 · 108

【木 4】中间有缺口原木受压稳定 · 109

【木 5】原木受弯强度 · 110

【木 6】原木受弯挠度 · 111

第五章　地基基础 · 113

【地 1】由含水量、液限、塑限求黏性土的状态，由压缩系数判断土的压缩性 113

【地 2】偏心受压基础底部最大压应力 · 113

【地 3】自室内地面标高算起，基础修正后的承载力特征值 · · · · · · · · · · · · · · · 114

【地 4】由土的抗剪强度指标求地基抗震承载力（不计结构完工后的景观堆土）115

【地 5】软弱下卧层顶面附加应力 · 116

【地 6】由持力层和软弱下卧层求基础宽度（有地下水、条基）· · · · · · · · · · · 117

【地 7】由持力层和软弱下卧层求基础宽度（有地下水、条基）· · · · · · · · · · · 118

【地 8】矩形底面基础下土的沉降计算 · 120

【地 9】大面积堆载对基础底面边缘中心 M 点的附加沉降 · · · · · · · · · · · · · · · 121

【地 10】简化公式求地基变形计算深度 z_n · 122

【地 11】地下消防水池抗浮 · 123

【地 12】挡土墙抗倾覆（朗肯土压力系数，摩擦角 $\delta=0$）· · · · · · · · · · · · · · 124

【地 13】挡土墙抗滑移（朗肯土压力系数，摩擦角 $\delta=0$）· · · · · · · · · · · · · · 125

【地 14】柱下独立基础受冲切承载力（$M=0$）· 125

【地 15】墙下条形扩展基础抗剪计算（永久荷载控制）· · · · · · · · · · · · · · · · · · · 126

【地 16】求独立基础底板弯矩设计值（不计柱弯矩，永久荷载控制）· · · · · · · 127

【地17】梁板式筏基底板抗剪承载力 ······················· 128

【地18】平板式筏基内筒下筏板抗剪和抗冲切（已知最大剪应力和剪力，求板厚）····· 129

【地19】等边三桩承台承受柱的 F、V、M，求桩的竖向力 ······· 130

【地20】五桩矩形承台承受 F、M、V，求单桩竖向承载力特征值 R_a ·· 132

【地21】抗震时四桩矩形承台基桩承载力 ··················· 133

【地22】预制桩抗压极限承载力标准值及承载力特征值 ············· 134

【地23】由承载力特征值求桩端进入粉土层深度 ··············· 135

【地24】大直径扩底桩极限桩侧阻力标准值（$d \geqslant 800$mm，斜面及 $2d$ 长度不计侧阻力）··· 136

【地25】混凝土管桩（敞口）承载力特征值 R_a ················ 137

【地26】嵌岩桩承载力（嵌岩段包含端阻力和侧阻力）············ 138

【地27】后注浆单桩承载力（确定后注浆增强段长度）············ 140

【地28】桩侧负摩阻力引起的下拉荷载（持力层砾砂，负摩阻力小于正摩阻力）··· 141

【地29】抗拔桩极限承载力标准值（抗压极限侧阻力乘以 λ）········ 142

【地30】钢筋混凝土桩轴心受压正截面承载力（符合构造，考虑纵筋）····· 143

【地31】四桩承台柱边弯矩（$M_x = \sum N_i y_i$）·············· 144

【地32】三桩等腰承台，承台形心至两腰边缘正交截面板带弯矩 ······· 145

【地33】承台受柱的冲切承载力 ························ 145

【地34】承台受角桩冲切的承载力（λ 在 0.25～1.0 之间）·········· 147

【地35】四桩矩形承台受剪承载力（非阶梯形和非锥形）·········· 148

【地36】水泥土搅拌桩单桩承载力特征值（桩承载力和桩身材料确定的承载力
两者取小）····························· 149

【地37】已知处理后地基承载力求桩间距（由面积置换率 m 求桩距 S）····· 150

【地38】有粘结强度增强体的复合地基承载力特征值（水泥粉煤灰桩）····· 151

【地39】散体材料增强体的复合地基承载力特征值（振动沉管碎石桩）····· 153

【地40】按地基变形确定复合地基的地基承载力特征值 ··········· 153

【地41】剪切波速确定场地类别 ························ 155

【地42】①上覆盖土层厚度、②地下水位深度、③综合法判断土层是否液化 ··· 156

第六章　高层建筑和高耸结构····················· 157

【高1】平面正六边形建筑维护结构风压标准值 ··············· 157

【高2】山坡顶处房屋顶风压高度变化系数 μ_z ··············· 158

【高3】底部剪力法估算总水平地震作用 ··················· 159

【高4】结构顶部附加水平地震作用 ΔF ·················· 159

【高5】振型分解反应谱法求第一振型基底剪力 ··············· 160

【高6】平方和开根号求三个振型基底剪力组合的总剪力（SRSS法）······ 161

【高7】扭转位移比、扭转周期比进行方案比选 ··············· 162

【高8】大底盘双塔结构，按整体和分塔模型分别计算周期，取较不利结果判断规则性····· 163

【高9】0.15g、Ⅳ类仅影响构造措施，不影响内力计算（框剪结构中框架部分的调整）····· 165

【高10】0.15g、Ⅳ类，求地下一层抗震构造措施（框剪结构中框架部分的调整）····· 165

【高11】性能2—连梁受弯中震不屈服 ··················· 166

【高12】性能目标C，关键构件、普通竖向构件、耗能构件中震时抗弯、抗剪要求 ········ 167

【高13】高度大于60m，"承载力设计时"基本风压放大1.1倍，正反两个方向取大值 170

【高14】《高规》计算主体结构风载体型系数的适用条件 ·············· 170

【高15】弹性时程分析时，三条时程曲线选择规定 ·············· 172

【高16】最小剪重比控制水平地震作用标准值 ·············· 173

【高17】9度设防，根据墙肢承受重力荷载代表值的比例求竖向地震作用产生的轴力 174

【高18】框架结构不考虑重力二阶效应的等效侧向刚度 ·············· 175

【高19】由弹塑性位移限值求大震弹性位移限值（框架结构简化方法） ·············· 176

【高20】悬臂梁配筋，考虑竖向地震作用组合与非抗震荷载组合两者比较 ·········· 177

【高21】筒体墙肢剪力设计值，先组合再考虑底部加强区的调整 ·············· 178

【高22】已知梁抗震等级、底部和顶部纵筋比，求梁端受弯承载力，再求弯矩调幅系数 ····· 179

【高23】框架柱按强柱弱梁调整后分配弯矩 ·············· 180

【高24】强剪弱弯求框架梁端剪力设计值 ·············· 181

【高25】一级框架结构，实配钢筋求梁端弯矩，强柱弱梁求柱端弯矩 ·········· 182

【高26】施工图审校，梁端上部钢筋构造 ·············· 183

【高27】双肢墙一肢受拉，另一肢弯矩、剪力设计值增大1.25 ·············· 184

【高28】偏心受压剪力墙求水平分布筋，符合计算和构造要求 ·············· 185

【高29】偏心受拉剪力墙求水平分布筋，符合计算和构造要求 ·············· 186

【高30】底部加强部位上一层约束边缘构件阴影部分纵筋面积 ·············· 187

【高31】暗柱、约束边缘构件阴影部分长度和体积配箍率 ·············· 189

【高32】过渡层边缘构件纵筋和箍筋配置（箍筋高于约束边缘构件，低于构造
边缘构件） ·············· 190

【高33】暗柱、约束边缘构件阴影部分长度及纵筋 ·············· 191

【高34】9度一级连梁，实配钢筋反算弯矩，强剪弱弯求剪力设计值 ·············· 192

【高35】连梁抗剪箍筋（验算截面限制条件） ·············· 193

【高36】抗震时 $\lambda > 1.5$ 的连梁，纵筋按框架梁、箍筋沿全长按框架梁梁端加密 194

【高37】框剪结构框架部分剪力调整，求柱的弯矩和剪力 ·············· 195

【高38】框剪结构框架部分剪力调整，求柱的弯矩和剪力 ·············· 196

【高39】筒体剪力调整，框架承担剪力小于10%时筒体剪力增大1.1（筒体构造
措施提高一级） ·············· 197

【高40】筒体底部加强区墙肢构造，3排分布筋、l_c、阴影部分纵筋面积 ·········· 198

【高41】128m框筒，分别判断地下二层、第20层的抗震措施和抗震构造措施 ·········· 200

【高42】框支柱最小体积配箍率（λ增加0.02，ρ_v不小于1.5） ·············· 201

【高43】转换柱上端与转换梁相连、增大1.5倍，下端按强柱弱梁调整（下端
不是底层） ·············· 202

【高44】框支柱地震剪力标准值（剪力增大1.25，λ增大1.15，小于10根取$2\%V_0$） ····· 203

【高45】框支剪力墙结构底部加强区范围和加剪力墙水平分布筋构造 ·············· 204

【高46】框支梁上一层剪力墙水平和竖向分布钢筋（应力分析配钢筋） ·············· 205

【高47】框支梁上一层剪力墙端部在框支柱范围内的竖向钢筋（应力分析配钢筋） ·········· 206

10

【高48】大底盘双塔结构，裙楼与右侧塔楼交接处设防震缝，问计算模型 ·············· 207

【高49】型钢混凝土柱审核轴压比、型钢含钢率、纵筋配筋率、体积配箍率（非转换柱） ······· 209

【高50】首层转换，按等效剪切刚度比 γ_{e1} 确定落地剪力墙墙厚 ·············· 210

【高51】烟囱根部竖向地震作用标准 ·············· 211

【高52】烟囱的最大竖向地震作用标准值（$h/3$ 处） ·············· 212

第七章　桥梁结构 ·············· 214

【桥1】桥梁全长（两端伸缩缝取一半） ·············· 214

【桥2】考虑自重和车道荷载，求跨中弯矩设计值（车道荷载与车辆荷载 γ_{Q1} 不同） ······· 214

【桥3】①主梁整体、②主梁桥面板、③桥台、④涵洞选用何种汽车荷载 ·············· 215

【桥4】三跨连续梁求第一跨跨中弯矩最大值，按影响线布置车道荷载 ·············· 216

【桥5】横向车道布载系数（两车道） ·············· 216

【桥6】三跨连续梁，考虑自重和车道荷载，求边支点支座反力（影响线、单车道） ······· 217

【桥7】车辆两后轴在 3m 跨涵洞盖板上产生的弯矩（填土 2.6m，考虑压力扩散） ······· 218

【桥8】悬臂板上汽车冲击系数直接取 0.3 ·············· 219

【桥9】主梁间行车道板的荷载分布宽度（多个车轮重叠） ·············· 219

【桥10】T 形梁受压翼缘有效宽度 b'_f ·············· 220

【桥11】连续梁中间支承处负弯矩 ·············· 221

【桥12】梁斜截面受剪承载力上、下限值验算 ·············· 222

【桥13】梁斜截面受剪上限值 ·············· 222

【桥14】支座脱空、稳定验算 ·············· 223

【桥15】板式橡胶支座平面尺寸验算 ·············· 224

【桥16】板式橡胶支座厚度验算（剪切变形、受压稳定） ·············· 224

【桥17】人行天桥上部结构自振频率 ·············· 225

【桥18】人行天桥梯道净宽 ·············· 225

【桥19】主梁支点截面剪力标准值（P_k 乘以 1.2，箱梁） ·············· 226

【桥20】悬臂板荷载分布宽度（单个车轮，不重叠） ·············· 227

第八章　模拟题 ·············· 229

【上午试题】 ·············· 229

【题1】 ·············· 229

【题2】 ·············· 230

【题3】 ·············· 230

【题4】 ·············· 232

【题5】 ·············· 233

【题6】 ·············· 233

【题7】 ·············· 234

【题8】 ·············· 235

【题9】 ·············· 236

【题10】 ·············· 237

【题11】 ·············· 237

【题 12】 …………………………………………………………………………… 238

【题 13】 …………………………………………………………………………… 239

【题 14】 …………………………………………………………………………… 239

【题 15】 …………………………………………………………………………… 240

【题 16】 …………………………………………………………………………… 241

【题 17】 …………………………………………………………………………… 241

【题 18】 …………………………………………………………………………… 242

【题 19】 …………………………………………………………………………… 242

【题 20】 …………………………………………………………………………… 243

【题 21】 …………………………………………………………………………… 244

【题 22】 …………………………………………………………………………… 244

【题 23】 …………………………………………………………………………… 245

【题 24】 …………………………………………………………………………… 246

【题 25】 …………………………………………………………………………… 246

【题 26】 …………………………………………………………………………… 247

【题 27】 …………………………………………………………………………… 248

【题 28】 …………………………………………………………………………… 249

【题 29】 …………………………………………………………………………… 250

【题 30】 …………………………………………………………………………… 250

【题 31】 …………………………………………………………………………… 251

【题 32】 …………………………………………………………………………… 252

【题 33】 …………………………………………………………………………… 253

【题 34】 …………………………………………………………………………… 253

【题 35】 …………………………………………………………………………… 255

【题 36】 …………………………………………………………………………… 256

【题 37】 …………………………………………………………………………… 256

【题 38】 …………………………………………………………………………… 257

【题 39】 …………………………………………………………………………… 258

【题 40】 …………………………………………………………………………… 259

【下午试题】 ……………………………………………………………………… 259

【题 1】 …………………………………………………………………………… 260

【题 2】 …………………………………………………………………………… 260

【题 3】 …………………………………………………………………………… 261

【题 4】 …………………………………………………………………………… 262

【题 5】 …………………………………………………………………………… 263

【题 6】 …………………………………………………………………………… 264

【题 7】 …………………………………………………………………………… 265

【题 8】 …………………………………………………………………………… 266

【题 9】 …………………………………………………………………………… 266

【题10】 ⋯⋯⋯⋯⋯⋯⋯⋯⋯⋯⋯⋯⋯⋯⋯⋯⋯⋯⋯⋯⋯⋯⋯⋯⋯⋯⋯⋯⋯⋯⋯⋯ 268

【题11】 ⋯⋯⋯⋯⋯⋯⋯⋯⋯⋯⋯⋯⋯⋯⋯⋯⋯⋯⋯⋯⋯⋯⋯⋯⋯⋯⋯⋯⋯⋯⋯⋯ 268

【题12】 ⋯⋯⋯⋯⋯⋯⋯⋯⋯⋯⋯⋯⋯⋯⋯⋯⋯⋯⋯⋯⋯⋯⋯⋯⋯⋯⋯⋯⋯⋯⋯⋯ 269

【题13】 ⋯⋯⋯⋯⋯⋯⋯⋯⋯⋯⋯⋯⋯⋯⋯⋯⋯⋯⋯⋯⋯⋯⋯⋯⋯⋯⋯⋯⋯⋯⋯⋯ 270

【题14】 ⋯⋯⋯⋯⋯⋯⋯⋯⋯⋯⋯⋯⋯⋯⋯⋯⋯⋯⋯⋯⋯⋯⋯⋯⋯⋯⋯⋯⋯⋯⋯⋯ 271

【题15】 ⋯⋯⋯⋯⋯⋯⋯⋯⋯⋯⋯⋯⋯⋯⋯⋯⋯⋯⋯⋯⋯⋯⋯⋯⋯⋯⋯⋯⋯⋯⋯⋯ 272

【题16】 ⋯⋯⋯⋯⋯⋯⋯⋯⋯⋯⋯⋯⋯⋯⋯⋯⋯⋯⋯⋯⋯⋯⋯⋯⋯⋯⋯⋯⋯⋯⋯⋯ 273

【题17】 ⋯⋯⋯⋯⋯⋯⋯⋯⋯⋯⋯⋯⋯⋯⋯⋯⋯⋯⋯⋯⋯⋯⋯⋯⋯⋯⋯⋯⋯⋯⋯⋯ 274

【题18】 ⋯⋯⋯⋯⋯⋯⋯⋯⋯⋯⋯⋯⋯⋯⋯⋯⋯⋯⋯⋯⋯⋯⋯⋯⋯⋯⋯⋯⋯⋯⋯⋯ 275

【题19】 ⋯⋯⋯⋯⋯⋯⋯⋯⋯⋯⋯⋯⋯⋯⋯⋯⋯⋯⋯⋯⋯⋯⋯⋯⋯⋯⋯⋯⋯⋯⋯⋯ 275

【题20】 ⋯⋯⋯⋯⋯⋯⋯⋯⋯⋯⋯⋯⋯⋯⋯⋯⋯⋯⋯⋯⋯⋯⋯⋯⋯⋯⋯⋯⋯⋯⋯⋯ 276

【题21】 ⋯⋯⋯⋯⋯⋯⋯⋯⋯⋯⋯⋯⋯⋯⋯⋯⋯⋯⋯⋯⋯⋯⋯⋯⋯⋯⋯⋯⋯⋯⋯⋯ 277

【题22】 ⋯⋯⋯⋯⋯⋯⋯⋯⋯⋯⋯⋯⋯⋯⋯⋯⋯⋯⋯⋯⋯⋯⋯⋯⋯⋯⋯⋯⋯⋯⋯⋯ 278

【题23】 ⋯⋯⋯⋯⋯⋯⋯⋯⋯⋯⋯⋯⋯⋯⋯⋯⋯⋯⋯⋯⋯⋯⋯⋯⋯⋯⋯⋯⋯⋯⋯⋯ 279

【题24】 ⋯⋯⋯⋯⋯⋯⋯⋯⋯⋯⋯⋯⋯⋯⋯⋯⋯⋯⋯⋯⋯⋯⋯⋯⋯⋯⋯⋯⋯⋯⋯⋯ 280

【题25】 ⋯⋯⋯⋯⋯⋯⋯⋯⋯⋯⋯⋯⋯⋯⋯⋯⋯⋯⋯⋯⋯⋯⋯⋯⋯⋯⋯⋯⋯⋯⋯⋯ 282

【题26】 ⋯⋯⋯⋯⋯⋯⋯⋯⋯⋯⋯⋯⋯⋯⋯⋯⋯⋯⋯⋯⋯⋯⋯⋯⋯⋯⋯⋯⋯⋯⋯⋯ 283

【题27】 ⋯⋯⋯⋯⋯⋯⋯⋯⋯⋯⋯⋯⋯⋯⋯⋯⋯⋯⋯⋯⋯⋯⋯⋯⋯⋯⋯⋯⋯⋯⋯⋯ 284

【题28】 ⋯⋯⋯⋯⋯⋯⋯⋯⋯⋯⋯⋯⋯⋯⋯⋯⋯⋯⋯⋯⋯⋯⋯⋯⋯⋯⋯⋯⋯⋯⋯⋯ 285

【题29】 ⋯⋯⋯⋯⋯⋯⋯⋯⋯⋯⋯⋯⋯⋯⋯⋯⋯⋯⋯⋯⋯⋯⋯⋯⋯⋯⋯⋯⋯⋯⋯⋯ 286

【题30】 ⋯⋯⋯⋯⋯⋯⋯⋯⋯⋯⋯⋯⋯⋯⋯⋯⋯⋯⋯⋯⋯⋯⋯⋯⋯⋯⋯⋯⋯⋯⋯⋯ 288

【题31】 ⋯⋯⋯⋯⋯⋯⋯⋯⋯⋯⋯⋯⋯⋯⋯⋯⋯⋯⋯⋯⋯⋯⋯⋯⋯⋯⋯⋯⋯⋯⋯⋯ 288

【题32】 ⋯⋯⋯⋯⋯⋯⋯⋯⋯⋯⋯⋯⋯⋯⋯⋯⋯⋯⋯⋯⋯⋯⋯⋯⋯⋯⋯⋯⋯⋯⋯⋯ 288

【题33】 ⋯⋯⋯⋯⋯⋯⋯⋯⋯⋯⋯⋯⋯⋯⋯⋯⋯⋯⋯⋯⋯⋯⋯⋯⋯⋯⋯⋯⋯⋯⋯⋯ 289

【题34】 ⋯⋯⋯⋯⋯⋯⋯⋯⋯⋯⋯⋯⋯⋯⋯⋯⋯⋯⋯⋯⋯⋯⋯⋯⋯⋯⋯⋯⋯⋯⋯⋯ 290

【题35】 ⋯⋯⋯⋯⋯⋯⋯⋯⋯⋯⋯⋯⋯⋯⋯⋯⋯⋯⋯⋯⋯⋯⋯⋯⋯⋯⋯⋯⋯⋯⋯⋯ 290

【题36】 ⋯⋯⋯⋯⋯⋯⋯⋯⋯⋯⋯⋯⋯⋯⋯⋯⋯⋯⋯⋯⋯⋯⋯⋯⋯⋯⋯⋯⋯⋯⋯⋯ 291

【题37】 ⋯⋯⋯⋯⋯⋯⋯⋯⋯⋯⋯⋯⋯⋯⋯⋯⋯⋯⋯⋯⋯⋯⋯⋯⋯⋯⋯⋯⋯⋯⋯⋯ 292

【题38】(不是历年考题) ⋯⋯⋯⋯⋯⋯⋯⋯⋯⋯⋯⋯⋯⋯⋯⋯⋯⋯⋯⋯⋯⋯ 292

【题39】 ⋯⋯⋯⋯⋯⋯⋯⋯⋯⋯⋯⋯⋯⋯⋯⋯⋯⋯⋯⋯⋯⋯⋯⋯⋯⋯⋯⋯⋯⋯⋯⋯ 293

【题40】 ⋯⋯⋯⋯⋯⋯⋯⋯⋯⋯⋯⋯⋯⋯⋯⋯⋯⋯⋯⋯⋯⋯⋯⋯⋯⋯⋯⋯⋯⋯⋯⋯ 294

第二部分 附 2019 年一级注册结构工程师真题参考答案

1 混凝土结构 ⋯⋯⋯⋯⋯⋯⋯⋯⋯⋯⋯⋯⋯⋯⋯⋯⋯⋯⋯⋯⋯⋯⋯⋯⋯⋯⋯⋯⋯ 297

1.1 一级混凝土结构 上午题1~7 ⋯⋯⋯⋯⋯⋯⋯⋯⋯⋯⋯⋯⋯⋯⋯ 297

1.2 一级混凝土结构 上午题8~9 ⋯⋯⋯⋯⋯⋯⋯⋯⋯⋯⋯⋯⋯⋯⋯ 302

1.3 一级混凝土结构 上午题10 ⋯⋯⋯⋯⋯⋯⋯⋯⋯⋯⋯⋯⋯⋯⋯⋯ 303

1.4 一级混凝土结构 上午题11 ⋯⋯⋯⋯⋯⋯⋯⋯⋯⋯⋯⋯⋯⋯⋯⋯ 305

1.5 一级混凝土结构 上午题12 ⋯⋯⋯⋯⋯⋯⋯⋯⋯⋯⋯⋯⋯⋯⋯⋯ 305

　1.6　一级混凝土结构　上午题13 ··· 306

　1.7　一级混凝土结构　上午题14 ··· 306

　1.8　一级混凝土结构　上午题15～16 ··· 307

2　钢结构 ··· 310

　2.1　一级钢结构　上午题17～21 ··· 310

　2.2　一级钢结构　上午题22～25 ··· 313

　2.3　一级钢结构　上午题26～30 ··· 315

3　砌体结构与木结构 ··· 319

　3.1　一级砌体结构与木结构　上午题31 ··· 319

　3.2　一级砌体与木结构　上午题32～34 ··· 319

　3.3　一级砌体结构与木结构　上午题35～36 ·· 321

　3.4　一级砌体结构与木结构　上午题37～38 ·· 323

　3.5　一级砌体结构与木结构　上午题39～40 ·· 324

4　地基与基础 ··· 327

　4.1　一级地基与基础　下午题1～2 ·· 327

　4.2　一级地基与基础　下午题3～5 ·· 329

　4.3　一级地基与基础　下午题6～8 ·· 331

　4.4　一级地基与基础　下午题9 ·· 334

　4.5　一级地基与基础　下午题10～11 ·· 335

　4.6　一级地基与基础　下午题12 ··· 337

　4.7　一级地基与基础　下午题13～15 ·· 338

　4.8　一级地基与基础　下午题16 ··· 341

5　高层建筑结构、高耸结构及横向作用 ··· 343

　5.1　一级高层建筑结构、高耸结构及横向作用　下午题17 ···························· 343

　5.2　一级高层建筑结构、高耸结构及横向作用　下午题18 ···························· 343

　5.3　一级高层建筑结构、高耸结构及横向作用　下午题19 ···························· 344

　5.4　一级高层建筑结构、高耸结构及横向作用　下午题20～21 ······················· 345

　5.5　一级高层建筑结构、高耸结构及横向作用　下午题22 ···························· 347

　5.6　一级高层建筑结构、高耸结构及横向作用　下午题23 ···························· 351

　5.7　一级高层建筑结构、高耸结构及横向作用　下午题24～25 ······················· 352

　5.8　一级高层建筑结构、高耸结构及横向作用　下午题26～28 ······················· 354

　5.9　一级高层建筑结构、高耸结构及横向作用　下午题29 ···························· 361

　5.10　一级高层建筑结构、高耸结构及横向作用　下午题30～32 ····················· 362

6　桥梁结构 ·· 366

　6.1　一级桥梁结构　下午题33 ··· 366

　6.2　一级桥梁结构　下午题34 ··· 367

　6.3　一级桥梁结构　下午题35 ··· 367

　6.4　一级桥梁结构　下午题36 ··· 368

　6.5　一级桥梁结构　下午题37～40 ··· 369

第一部分

不可失误的 240 题

第一章 混凝土结构

【混 1】梁挠度限值

某商场设计使用年限 50 年，结构重要性系数 1.0，其钢筋混凝土 T 形截面梁计算简图及梁截面如图 1.1.1 所示，混凝土强度等级 C30，纵向受力钢筋和箍筋均采用 HPB300。

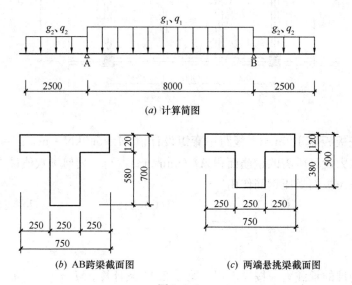

(a) 计算简图

(b) AB跨梁截面图　　　(c) 两端悬挑梁截面图

图 1.1.1

假定，该梁悬臂跨端部考虑荷载长期作用影响的挠度计算值为 18.7mm。试问，该挠度计算值与规范规定的挠度限值之比，与下列何项数值最为接近？

提示：①不考虑施工时起拱；

②梁在使用阶段对挠度无特殊要求。

(A) 0.60　　　　(B) 0.75　　　　(C) 0.95　　　　(D) 1.50

【答案】(B)

【解答】

(1) 根据《混规》第 3.4.3 条，悬挑梁挠度限值：$[f] = l_0/200$。

(2) 根据《混规》表 3.4.3 注 1，悬挑梁的计算跨度按实际悬臂长度的 2 倍取用：$l_0 = 2 \times 2500 = 5000$mm。

悬挑梁的挠度限值：$[f] = l_0/200 = 5000/200 = 25$mm。

(3) 挠度计算值与挠度限值之比：18.7/25 = 0.748。

【混 2】板配筋

某框架结构钢筋混凝土办公楼，安全等级为二级，梁板布置如图 1.2.1 所示。框架的

3

抗震等级为三级，混凝土强度等级为 C30，梁板均采用 HRB400 级钢筋。板面恒载标准值 5.0kN/m²（含板自重），活荷载标准值 2.0kN/m²，梁上恒荷载标准值 10.0kN/m（含梁及梁上墙自重）。

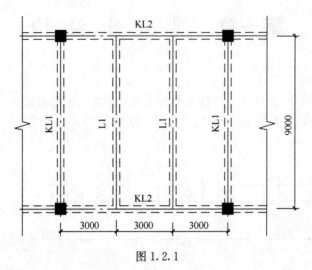

图 1.2.1

假定，现浇板板厚 120mm，板跨中弯矩设计值 $M=5.0$kN·m，$a_s=20$mm。试问，跨中板底按承载力设计所需的钢筋面积 A_s（mm²/m），与下列何项数值最为接近？

提示：不考虑板面受压钢筋作用

(A) 145   (B) 180   (C) 215   (D) 240

【答案】（C）

【解答】

(1) 受弯构件的承载力应按《混规》第 6.2.10 条计算，$M=f_c bx\left(h_c-\dfrac{x}{2}\right)$。

(2) 根据《混规》表 4.1.4-1，表 4.2.3-1，C30 混凝土 $f_c=14.3$N/mm²，HRB400 钢筋 $f_y=360$N/mm²。

(3) 根据《混规》式（6.2.10-1）求板受压区的高度 x：

$$M=f_c bx\left(h_c-\frac{x}{2}\right)$$

$$5\times10^6=14.3\times1000\times x\times\left(100-\frac{x}{2}\right)$$

得：$x=3.56$mm。

(4) 根据《混规》式（6.2.10-2）计算板的受拉钢筋：

$$A_s=\frac{f_c bx}{f_y}=\frac{14.3\times1000\times3.56}{360}=141\text{mm}^2/\text{m}$$

(5) 根据《混规》第 8.5.1 条注 2，板类受弯构件的受拉钢筋，当采用 400MPa 的钢筋时，最小配筋百分率应允许采用 0.15 和 $45f_t/f_y$ 中的较大值。

$$45\frac{f_t}{f_y}\%=45\frac{1.43}{360}\%=0.179\%>0.15\%，取\ \rho_{min}=0.179\%$$

$$A_s=0.179\%\times120\times1000=215\text{mm}^2/\text{m}$$

【混3】第二类 T 形梁受弯承载力

某民用建筑普通房屋中的钢筋混凝土 T 形截面独立梁，安全等级为二级，荷载简图及截面尺寸如图 1.3.1 所示。梁上作用有均布永久荷载标准值 g_k、均布可变荷载标准值 q_k、集中永久荷载标准值 G_k、集中可变荷载标准值 Q_k。混凝土强度等级为 C30。梁纵向钢筋采用 HRB400，箍筋采用 HPB300，纵向受力钢筋的保护层厚度 $c_s=30mm$，$a_s=70mm$。$a'_s=40mm$，$\xi_b=0.518$。

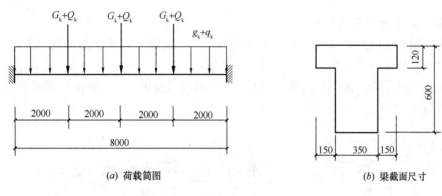

(a) 荷载简图　　　　　　　　　　　(b) 梁截面尺寸

图 1.3.1

假定，该梁跨中顶部受压纵筋为 4 Φ 20，底部受拉纵筋为 10 Φ 25（双排）。试问，当考虑受压钢筋的作用时，该梁跨中截面能承受的最大弯矩设计值 M（kN·m），与下列何项数值最为接近？

(A) 580　　　　　(B) 740　　　　　(C) 820　　　　　(D) 890

【答案】（C）

【解答】

(1) 钢筋混凝土受弯 T 形梁的正截面受弯承载力，应按《混规》6.2.11 条计算。

(2) 根据《混规》表 4.1.4-1，表 4.2.3-1，C30 混凝土 $f_c=14.3N/mm^2$，HRB400 钢筋 $f_y=f'_y=360N/mm^2$。

(3) 计算梁的中和轴位置。

根据《混规》式（6.2.11-1）

$$f_yA_s \leqslant \alpha_1 f_c b'_f h'_f + f'_y A'_s$$

$$f_yA_y = 360 \times 10 \times 491 = 1767600N$$

$$\alpha_1 f_c b'_f h'_f + f'_y A'_s = 1.0 \times 14.3 \times 650 \times 120 + 360 \times 4 \times 314 = 1567560N$$

$$f_yA_s > \alpha_1 f_c b'_f h'_f + f'_y A'_s$$

中和轴在 T 形梁的肋部，属于第二类 T 形梁。

(4) 根据《混规》第 6.2.11 条式（6.2.11-3）计算压区高度。

$$\alpha_1 f_c [bx + (b'_f - b)h'_f] = f_yA_s - f'_y A'_s$$

$$1.0 \times 14.3 \times (350x + 300 \times 120) = 360 \times (10 \times 491 - 4 \times 314)$$

得：$x=160mm > 2a' = 2 \times 40 = 80mm$ 且 $< \xi_b h_0 = 0.518 \times 530 = 275mm$。

(5) 根据《混规》公式（6.2.11-2）

$$M = \alpha_1 f_c b x (h_0 - x/2) + \alpha_1 f_c (b'_f - b) h'_f (h_0 - h'_f/2) + f'_y A'_s (h_0 - a'_s)$$

$$= 1.0 \times 14.3 \times 350 \times 160 \times \left(600 - 70 - \frac{160}{2}\right) + 1.0 \times 14.3 \times (650 - 350)$$

$$\times 120 \times \left(600 - 70 - \frac{120}{2}\right) + 360 \times 4 \times 314 \times (600 - 70 - 40)$$

$$= 823.9 \times 10^6 \text{N} \cdot \text{mm} = 823.9 \text{kN} \cdot \text{m}$$

【混 4】第一类 T 形梁受弯承载力

    某现浇钢筋混凝土框架剪力墙结构高层办公楼，抗震设防烈度为 8 度（0.2g），场地类别为 Ⅱ 类，抗震等级：框架二级、剪力墙一级，二层局部配筋平面表示法如图 1.4.1 所示，混凝土强度等级：框架柱及剪力墙 C50，框架梁及楼板 C35，纵向钢筋及箍筋均采用 HRB400（Φ）。

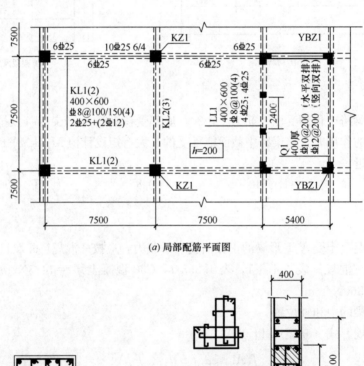

(a) 局部配筋平面图

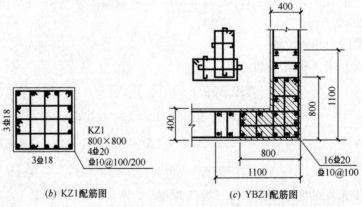

(b) KZ1配筋图　　　　　　*(c)* YBZ1配筋图

图 1.4.1

    不考虑地震作用组合时框架梁 KL1 的跨中截面及配筋如图（*a*）所示，假定，梁受压区有效翼缘计算宽度 $b'_f = 2000$mm，$a_s = a'_s = 45$mm，$\xi_b = 0.518$，$\gamma_0 = 1.0$。试问，当考虑梁跨中纵向受压钢筋和现浇楼板受压翼缘的作用时，该梁跨中正截面受弯承载力设计值

M（kN·m），与下列何项数值最为接近？

提示：不考虑梁上部架立筋及板内配筋的影响。

(A) 500   (B) 540   (C) 670   (D) 720

【答案】（B）

【解答】

（1）T 形梁正截面受弯承载力应按《混规》6.2.11 条计算。

（2）根据《混规》表 4.1.4-1、表 4.2.3-1，C35 混凝土 $f_c = 16.7 \text{N/mm}^2$，HRB400 钢筋 $f_y = f'_y = 360 \text{N/mm}^2$。

（3）计算梁截面中和轴的位置。

根据《混规》式（6.2.11-1）

$$f_y A_s = 360 \times 6 \times 491 = 1060200 \text{N}$$

$$\alpha_1 f_c b'_f h'_f + f'_y A'_s = 1.0 \times 16.7 \times 2000 \times 200 + 360 \times 2 \times 491 = 7033520 \text{N} > f_y A_s$$

中和轴在翼缘内，属第一类 T 形梁，应按宽度为 b'_f 的矩形截面计算。

（4）按《混规》公式（6.2.10-2）计算混凝土受压区高度：

$$x = (f_y A_s - f'_y A'_s)/\alpha_1 f_c b'_f = (360 \times 2945 - 360 \times 982)/(1.0 \times 16.7 \times 2000) = 21.2 \text{mm}$$

$$x = 21.2 \text{mm} < 2a'_s = 2 \times 45 = 90 \text{mm}$$

不满足式（6.2.10-4）条件，按式（6.2.14）计算受弯承载力。

（5）根据《混规》公式（6.2.14）

$$M = f_y A_s (h - a_s - a'_s) = 360 \times 2945 \times (600 - 2 \times 45)$$
$$= 540.7 \times 10^6 \text{N} \cdot \text{mm} = 541 \text{kN} \cdot \text{m}$$

【混 5】大偏心受压配筋

某单层等高等跨厂房，排架结构如图 1.5.1 所示，安全等级二级。厂房长度为 66m，排架间距 $B = 6$m，两端山墙，采用砖围护墙及钢屋架，屋面支撑系统完整。柱及牛腿混凝土强度等级为 C30，纵筋采用 HRB400。

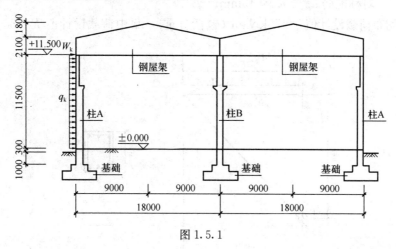

图 1.5.1

假定，柱 A 下柱截面 $b \times h$ 为 400mm×600mm，非抗震设计时，控制配筋的内力组合弯矩设计值 $M = 250$kN·m，相应的轴力设计值 $N = 500$kN，采用对称配筋，$a_s = a'_s =$

40mm，相对受压区高度为 $\xi_b = 0.518$，初始偏心距 $e_i = 520mm$。试问，柱一侧纵筋截面面积 A_s（mm^2），与下列何项数值最为接近？

(A) 480 　　　　　 (B) 610 　　　　　 (C) 710 　　　　　 (D) 920

【答案】（C）

【解答】

(1) 矩形截面偏心受压构件的正截面承载力，按《混规》6.2.17 条计算：
$$N \leqslant \alpha_1 f_c bx + f'_y A'_s - \delta_s A_s$$

(2)《混规》表 4.1.4-1，表 4.2.3-1，C30：$f_c = 14.3N/mm^2$；HRB400 钢筋：$f_y = f'_y = 360N/mm^2$。

(3) 假定为大偏压构件，对称配筋时 $\delta_s A_s = f'_y A'_s$，代入上式可得：
$$x = \frac{N}{\alpha_1 f_c b} = \frac{500000}{1 \times 14.3 \times 400} = 87.4mm \leqslant \xi_b h_0 = 0.518 \times 560 = 290mm，符合 6.2.17$$
条 1 款 1 项要求，属于大偏心受压构件。

且 $x \geqslant 2a'_s = 2 \times 40 = 80mm$，符合 6.2.17 条 2 款要求，满足公式（6.2.10-4）条件。

(4) 根据《混规》公式（6.2.17-2）、（6.2.17-3）、（6.2.17-4）计算钢筋面积：
$$N \cdot e \leqslant \alpha_1 f_c bx \left(h_0 - \frac{x}{2} \right) + f'_y A'_s (h_0 - a'_s)$$

其中
$$e = e_i + \frac{h}{2} - a = 520 + \frac{600}{2} - 40 = 780mm$$

$$A_s = A'_s = \frac{500000 \times 780 - 1 \times 14.3 \times 400 \times 87.4 \times (560 - 87.4/2)}{360 \times (560 - 40)} = 705mm^2$$

【混 6】大偏心受拉配筋

某外挑三脚架，安全等级为二级，计算简图如图 1.6.1 所示。其中横杆 AB 为混凝土构件，截面尺寸 $300mm \times 400mm$，混凝土强度等级为 C35，纵向钢筋采用 HRB400，$f_y = 360N/mm^2$，对称配筋 $a_s = a'_s = 45mm$。

假定，均布荷载设计值 $q = 25kN/m$（包括自重），集中荷载设计值 $P = 350kN$（作用

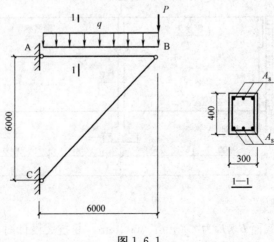

图 1.6.1

于节点 B 上)。试问，按承载能力极限状态计算（不考虑抗震），横杆最不利截面的纵向配筋 A_s（mm^2），与下列何项数值最为接近？

(A) 980　　　　　(B) 1190　　　　　(C) 1400　　　　　(D) 1600

【答案】(D)

【解答】

(1) 如图 1.6.2 对点 C 取矩，可得横杆 AB 的拉力设计值

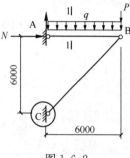

$$N \times 6 + q \times 6 \times \frac{6}{2} + P \times 6 = 0$$

$$N = (25 \times 6 \times 3 + 350 \times 6)/6 = 425 kN$$

横杆 AB 跨中的弯矩设计值：$M = 1/8 \times q \times L^2 = 1/8 \times 25 \times 6 \times 6 = 112.5 kN \cdot m$

横杆 AB 跨中截面承受拉力和弯矩共同作用，属于偏心受拉构件。

图 1.6.2

(2) 矩形截面的偏心受拉构件的承载力按《混规》6.2.23 条计算

① 判断偏心大小

偏心距 $e_0 = \dfrac{M}{N} = \dfrac{112.5 \times 1000}{425} = 264.7 mm > 0.5h - a_s = 200 - 45 = 155 mm$，大偏心受拉。

② 配筋计算

6.2.23 条 3 款，对称配筋矩形截面偏心受拉构件，不论大、小偏心情况，均可按公式（6.2.23-2）计算：

$$e' = e_0 + \frac{h}{2} - a'_s = 264.7 + 200 - 45 = 419.7 mm$$

$$h'_0 = h_0 = 400 - 45 = 355 mm$$

$$Ne' = f_y A_s (h_0 - a_s)$$

$$A_s \geqslant \frac{Ne'}{f_y(h'_0 - a_s)} = \frac{425 \times 1000 \times 419.7}{360 \times (355 - 45)} = 1598.3 mm^2$$

选（D）。

【混 7】独立梁受剪承载力

某单跨简支独立梁受力简图如图 1.7.1 所示。简支梁截面尺寸为 300mm×850mm（$h_0 = 815mm$），混凝土强度等级为 C30，梁箍筋采用 HPB300 钢筋，安全等级为二级。

假定，集中力设计值 $F = 250 kN$，均布荷载设计值 $q = 15 kN/m$。试问，当箍筋为 Φ10@200（2）时，梁斜截面受剪承载力设计值（kN），与下列何项最为接近？

(A) 250　　　　　(B) 300

(C) 350　　　　　(D) 400

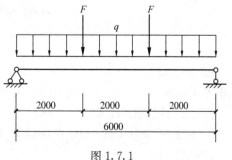

图 1.7.1

【答案】（C）
【解答】
（1）梁斜截面受剪承载力根据《混规》式（6.3.4-2）计算：

$$V_{cs} = \alpha_{cv} f_t b h_0 + f_{yv} \frac{A_{sv}}{s} h_0$$

（2）确定参数
①受剪承载力系数 α_{cv}

由于集中荷载作用下的剪力 $V_F = 250\text{kN}$，$\dfrac{V_F}{V} = \dfrac{250}{250 + 15 \times \frac{6}{2}} = 0.85 > 0.75$，所以

$\alpha_{cv} = \dfrac{1.75}{\lambda + 1}$

② 剪跨比 $\lambda = \dfrac{a}{h_0} = \dfrac{2000}{815} = 2.45$，$\alpha_{cv} = \dfrac{1.75}{\lambda + 1} = \dfrac{1.75}{2.45 + 1} = 0.51$

③ 根据表 4.1.1-1，表 4.2.3-1 查得 C30：$f_t = 1.43\text{N/mm}^2$，HPB300 钢筋：$f_{yv} = 270\text{N/mm}^2$。

（3）根据式（6.3.4-2）

$$V_{cs} = \alpha_{cv} f_t b h_0 + f_{yv} \frac{A}{s} h_0 = 0.51 \times 1.43 \times 300 \times 815 + 270 \times 78.5 \times 2 \times 815/200$$

$$= 351053\text{N} = 351\text{kN}$$

【混 8】梁受剪箍筋

某民用房屋，结构设计使用年限为 50 年，安全等级为二级。二层楼面上有一带悬臂段的预制钢筋混凝土等截面梁，其计算简图和梁截面如图 1.8.1 所示，不考虑抗震设计，梁的混凝土强度等级为 C40，纵筋和箍筋均采用 HRB400，$a_s = 60\text{mm}$，未配置弯起钢筋，不考虑纵向受压钢筋作用。

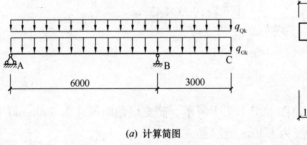

(a) 计算简图   (b) 截面示意

图 1.8.1

假定，支座 A 的最大反力设计值 $R_A = 180\text{kN}$。试问，按斜截面承载力计算，支座 A 边缘处梁截面的箍筋配置，至少应选用下列何项？

提示：不考虑支座宽度的影响。

(A) $\underline{\Phi}$ 6@200 (2)　(B) $\underline{\Phi}$ 8@200 (2)　(C) $\underline{\Phi}$ 10@200 (2)　(D) $\underline{\Phi}$ 12@200 (2)

【答案】（B）

【解答】

(1) 受弯构件的斜截面受剪承载力按《混规》6.3.4条计算：

$$V_{cs} = \alpha_{cv} f_t b h_0 + f_{yv} \frac{A}{s} h_0$$

(2) 确定参数

① 不考虑支座宽度影响，$V = R_A = 180\text{kN}$；

② 查表 4.1.1-1，表 4.2.3-1，C40：$f_t = 1.71\text{N/mm}^2$，$f_c = 19.1\text{N/mm}^2$；HPB400 钢筋：$f_{yv} = 360\text{N/mm}^2$；

③ 一般荷载，$\alpha_{cv} = 0.7$。

(3) 验算减压比，根据《混规》第6.3.1条

$$h_w/b = (500 - 125)/200 = 1.87 \leqslant 4$$

$0.25\beta_c f_c b h_0 = 0.25 \times 1 \times 19.1 \times 200 \times 440 \times 10^{-3} = 420.2\text{kN} > V = 180.0\text{kN}$

满足截面限制要求。

(4) 根据《混规》第6.3.4条，$V \leqslant \alpha_{cv} f_t b h_0 + f_{yv} \dfrac{A_{sv}}{s} h_0$

$$A_{sv} \geqslant \frac{(V - \alpha_{cv} f_t b h_0)s}{f_{yv} h_0} = \frac{(180 \times 10^3 - 0.7 \times 1.71 \times 200 \times 400) \times s}{360 \times 440} = 0.472s$$

(5) 构造要求

① 箍筋间距

根据《混规》第9.2.9条表9.2.7

$0.7 f_t b h_0 = 0.7 \times 1.71 \times 200 \times 440 \times 10^{-3} = 105.3\text{kN} < V = 180.0\text{kN}$

当 $V > 0.7 f_t b h_0$，$300 < h \leqslant 500\text{mm}$ 时，箍筋最大间距为200mm。

选用 $\Phi 8@200$，$A_{sv} = 2 \times 50.3 = 100.6\text{mm}^2 > 0.472s = 0.472 \times 200 = 94.3\text{mm}^2$

② 面积配箍率

根据《混规》第9.2.9条3款

$A_{sv,min} = (0.24 f_t / f_{yv})bs = (0.24 \times 1.71/360)200 \times 200 = 46\text{mm}^2 < 100.6\text{mm}^2$

选（B）。

【混9】框架顶层端节点上部纵向钢筋

某框架结构顶层端节点处框架梁截面为300mm×700mm，混凝土强度等级为C30，$a_s = a'_s = 60\text{mm}$，纵筋采用 HRB500 钢筋。试问，为防止框架顶层端节点处梁上部钢筋配筋率过高而引起节点核心区混凝土的斜压破坏，框架梁上部纵向钢筋的最大配筋量（mm²）应与下列何项数值最为接近？

(A) 1500　　　　(B) 1800　　　　(C) 2200　　　　(D) 2500

【答案】(C)

【解答】

(1) 顶层端节点梁上部钢筋配筋率过高时将引起节点核心区混凝土的斜压破坏，应按《混规》9.3.8条限制。

$$A_s \leqslant \frac{0.35\beta_c f_c b_b h_0}{f_y}$$

（2）确定参数

《混规》表 4.1.1-1，表 4.2.3-1，$f_c = 14.3 \text{N/mm}^2$，$f_y = 435 \text{N/mm}^2$

$h_0 = 700 - 60 = 640 \text{mm}$，$\beta_c = 1.0$，$b_b = 300 \text{mm}$

（3）根据 9.3.8 条：$A_s \leqslant \dfrac{0.35\beta_c f_c b_b h_0}{f_y} = 0.35 \times 1.0 \times 14.3 \times 300 \times 640/435 =$

2209mm^2，选（C）。

【混 10】剪扭构件箍筋

某钢筋混凝土框架结构多层办公楼局部平面布置如图 1.10.1 所示（均为办公室），梁、板、柱混凝土强度等级均为 C30，梁、柱纵向钢筋为 HRB400 钢筋，楼板纵向钢筋及梁、柱箍筋为 HRB335 钢筋。

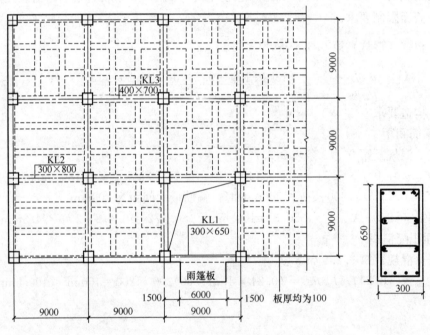

图 1.10.1

假设，KL1 梁端截面的剪力设计值 $V = 160 \text{kN}$，扭矩设计值 $T = 36 \text{kN} \cdot \text{m}$，塑性抵抗矩 $W_t = 2.475 \times 10^7 \text{mm}^2$，受扭的纵向普通钢筋筋强度比 $\zeta = 1.0$，混凝土受扭承载力降低系数 $\beta_t = 1.0$，配筋形式如右图所示。试问，以下何项箍筋配置与计算所需要的箍筋最为接近？

提示：纵筋的混凝土保护层厚度取 30mm，$a_s = 40 \text{mm}$。

(A) $\Phi 10@200$ (B) $\Phi 10@150$ (C) $\Phi 10@120$ (D) $\Phi 10@100$

【答案】（C）

【解答】

（1）剪力和扭矩共同作用下的矩形截面剪扭构件的受剪扭承载力，应按《混规》6.4.8 条计算。

（2）表 4.1.4 1，表 4.2.3-1，C30：$f_t = 1.43\text{N/mm}^2$；HPB335 钢筋：$f_{yv} = 300\text{N/mm}^2$。

（3）式（6.4.8-1）计算受剪承载力

$$V \leqslant (1.5 - \beta_t) \times 0.7 f_t b h_0 + f_{yv} \frac{A_{sv}}{s} h_0$$

$$\frac{A_{sv}}{s} = \frac{160 \times 10^3 - (1.5 - 1.0) \times 0.7 \times 1.43 \times 300 \times (650 - 40)}{300 \times (650 - 40)} = 0.374$$

因图 1.10.1 中抗剪箍筋为双肢箍，换算为单肢箍筋参数

$$\frac{A_{sv}/2}{s} = \frac{0.374}{2} = 0.187$$

（4）式（6.4.8-3）计算受扭承载力

$$T \leqslant \beta_t \cdot 0.35 f_t w_t + 1.2\sqrt{\zeta} f_{yv} \frac{A_{st1} A_{cor}}{s}$$

$$A_{cor} = (300 - 2 \times 30) \times (650 - 2 \times 30) = 141600\text{mm}^2$$

$$\frac{A_{st1}}{s} = \frac{36 \times 10^6 - 1.0 \times 0.35 \times 1.43 \times 2.475 \times 10^7}{1.2 \times \sqrt{1} \times 300 \times 141600} = 0.463$$

$$\frac{A_{sv}/2}{s} + \frac{A_{st1}}{s} = 0.187 + 0.463 = 0.65$$

（5）根据备选答案试算单肢箍筋参数

（A）Φ10@200：0.3934　　　　（B）Φ10@150：0.523

（C）Φ10@120：0.654　　　　（D）Φ10@100：0.785

选 Φ10@120。

（6）构造验算

根据《混规》第 9.2.10 条验算弯剪扭构件的配箍率

$$Φ10@120：\rho = \frac{A_{sv}}{bs} = \frac{2 \times 78.5}{300 \times 120} = 0.44\%$$

$$\rho_{sv} = \frac{0.28 f_t}{f_{yv}} = \frac{0.28 \times 1.43}{300} = 0.13\% < 0.44\%，满足要求。$$

【混 11】板柱节点冲切承载力

某钢筋混凝土无梁楼盖中柱的板柱节点如图 1.11.1 所示，混凝土强度等级 C35（$f_t = 1.57\text{N/mm}^2$），$a_s = 30\text{mm}$，安全等级为二级，环境类别为Ⅰ类。试问，在不配置箍筋和弯起钢筋的情况下，该中柱柱帽周边楼板的受冲切承载力 F（kN），与下列何项数值最为接近？

（A）1264　　　　（B）1470

（C）2332　　　　（D）2530

【答案】（A）

【解答】

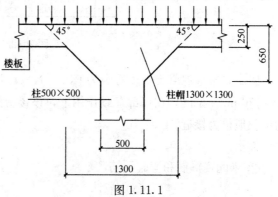

图 1.11.1

（1）不配置箍筋和弯起钢筋的中柱柱帽周边楼板的受冲切承载力，应按《混规》第6.5.1条计算：

$$F_l \leqslant 0.7\beta_{\mathrm{h}}f_{\mathrm{t}}\eta\mu_{\mathrm{m}}h_0$$

（2）确定参数

① 集中反力作用面积形状的影响系数 η_l

根据符号说明，矩形截面 $\beta_{\mathrm{s}}=1<2$，取 $\beta_{\mathrm{s}}=2$

式（6.5.1-2）：$\eta_1=0.4+\dfrac{1.2}{\beta_{\mathrm{s}}}=1.0$；

② 计算截面周长与板截面有效高度影响系数 η_2

冲切破坏锥体有效高度：$h_0=250-30=220\mathrm{mm}$

距冲切破坏锥体斜截面 $h_0/2$ 的周长：$\mu_{\mathrm{m}}=4\times(1300+2\times220/2)=6080\mathrm{mm}$

中柱：$a_{\mathrm{s}}=40$

式（6.5.1-3）：$\eta_2=0.5+\dfrac{a_{\mathrm{s}}h_0}{4\mu_{\mathrm{m}}}=0.5+\dfrac{40\times220}{4\times6080}=0.86$

$\eta=\min(1.0,0.86)=0.86$；

③截面高度影响系数：$h=250\mathrm{mm}<800\mathrm{mm}$，$\beta_{\mathrm{h}}=1.0$。

（3）根据《混规》式（6.5.1-1）

$F_l=0.7\beta_{\mathrm{h}}f_{\mathrm{t}}\eta\mu_{\mathrm{m}}h_0=0.7\times1.0\times1.57\times0.86\times6080\times220\times10^{-3}=1264\mathrm{kN}$

【混12】开洞对楼板受冲切承载力的影响

某现浇钢筋混凝土楼板，板上有作用面为 $400\mathrm{mm}\times500\mathrm{mm}$ 的局部荷载，并开有 $550\mathrm{mm}\times550\mathrm{mm}$ 的洞口，平面位置示意如图1.12.1所示。

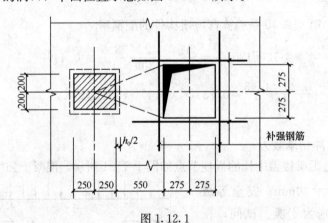

图1.12.1

假定，楼板混凝土强度等级为C30，$f_{\mathrm{t}}=1.43\mathrm{MPa}$，板厚 $h=150\mathrm{mm}$，截面有效高度 $h_0=120\mathrm{mm}$。试问，在局部荷载作用下，该楼板的受冲切承载力设计值 F_l（kN），与下列何项数值最为接近？

提示：①$\eta=1.0$；

② 未配置箍筋和弯起钢筋。

(A) 250 　　　　　(B) 270 　　　　　(C) 340 　　　　　(D) 430

【答案】（A）

【解答】

（1）楼板的受冲切承载力按《混规》第6.5.1条计算：

$$F_l \leqslant 0.7\beta_h f_t \eta \mu_m h_0$$

（2）确定参数

计算板的冲切截面的周长 U_m。

孔洞至局部荷载边缘的距离：$s = 550\text{mm} < 6h_0 = 6 \times 120 = 720\text{mm}$。

根据《混规》第6.5.2条，临界截面周长 U_m 应扣除局部荷载中心至开孔外边切线之间所包含的长度。

$$\mu_m = 2 \times (400 + 120 + 500 + 120) - (250 + 120/2)550/800 = 2280 - 213 = 2067\text{mm}$$

（3）式（6.5.1-1）计算冲切承载力

$$F_l = 0.7\beta_h f_t \eta \mu_m h_0 = 0.7 \times 1.0 \times 1.43 \times 1.0 \times 2067 \times 120 \times 10^{-3} = 248\text{kN}$$

【混13】裂缝宽度影响因素

为减小T形截面钢筋混凝土受弯构件跨中的最大受力裂缝计算宽度，拟考虑采取如下措施：

Ⅰ. 加大截面高度（配筋面积保持不变）；

Ⅱ. 加大纵向受拉钢筋直径（配筋面积保持不变）；

Ⅲ. 增加受力钢筋保护层厚度（保护层内不配置钢筋网片）；

Ⅳ. 增加纵向受拉钢筋根数（加大配筋面积）。

试问，针对上述措施正确性的判断，下列何项正确？

（A）Ⅰ、Ⅳ正确；Ⅱ、Ⅲ错误　　　　　　（B）Ⅰ、Ⅱ正确；Ⅲ、Ⅳ错误

（C）Ⅰ、Ⅲ、Ⅳ正确；Ⅱ错误　　　　　　（D）Ⅰ、Ⅱ、Ⅲ、Ⅳ正确

【答案】（A）

【解答】

（1）根据《混规》式（7.1.2-1）判断上述方法是否正确

$$w_{\max} = \alpha_{cr}\psi\frac{\sigma_s}{E_s}\left(1.9c_s + 0.08\frac{d_{eq}}{\rho_{te}}\right)$$

（2）公式（7.1.4-3）：$\sigma_{sq} = \dfrac{M_q}{0.87h_0 A_s}$，加大截面高度 h_0，σ_{sq} 降低，$w_{\max}$ 减少，Ⅰ正确。

（3）公式（7.1.2-3）：$d_{eq} = \dfrac{\sum n_i d_i^2}{\sum n_i \nu_i d_i}$，加大纵向受拉钢筋直径 d_i，d_{eq} 增大，$w_{\max}$ 增大，Ⅱ错误。

（4）公式（7.1.2-1）：$w_{\max} = \alpha_{cr}\psi\dfrac{\sigma_s}{E_s}\left(1.9c_s + 0.08\dfrac{d_{eq}}{\rho_{te}}\right)$，增加受力钢筋保护层厚度 c_s，$w_{\max}$ 增加，Ⅲ错误。

（5）公式（7.1.4-3）：$\sigma_{eq} = \dfrac{M_q}{0.87h_0 A_s}$，增加纵向受拉钢筋数量，$A_s$ 提高，σ_{eq} 降低，$w_{\max}$ 减小 $W_{\max}$，Ⅳ正确。

【混 14】工字形截面梁最大裂缝宽度

某钢筋混凝土简支梁，其截面可以简化成工字形如图 1.14.1 所示，混凝土强度等级
为 C30，纵向钢筋采用 HRB400，纵向钢筋的保护层厚度为 28mm，受拉钢筋合力点至梁截面受拉边缘的距离为 40mm。该梁不承受地震作用，不直接承受重复荷载，安全等级为二级。

若该梁纵向受拉钢筋 A_s 为 4Φ12+3Φ28，荷载标准组合下截面弯矩值为 $M_k=300$kN·m，准永久组合下截面弯矩值为 $M_q=275$kN·m。试问，该梁的最大裂缝宽度计算值 w_{max}（mm）与下列何项数值最为接近？

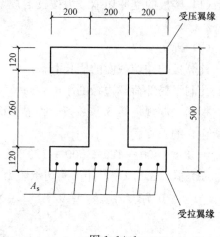

图 1.14.1

(A) 0.17　　　　(B) 0.29

(C) 0.33　　　　(D) 0.45

【答案】(C)

【解答】

(1) 钢筋混凝土受弯构件的最大裂缝宽度，应按《混规》7.1.2 条式（7.1.2-1）计算：

$$w_{max} = \alpha_{cr}\psi\frac{\sigma_{sq}}{E_s}\left(1.9c_s + 0.08\frac{d_{eq}}{\rho_{te}}\right)$$

(2) 确定参数

① 根据表 4.1.4-2、表 4.2.5，C30：$f_t = 2.01$N/mm²；HRB400 钢筋：$E_s = 2\times10^5$N/mm²；

② 构件受力特征系数 α_{cr}，查表 7.1.2-1，受弯构件 $\alpha_{cr}=1.9$；

③ 截面有效受拉面积 ρ_{te}

根据式（7.1.2-4）

$$A_s = 4\Phi12 + 3\Phi28 = 452 + 1847 = 2299\text{mm}^2$$

$$A_{te} = 0.5bh + (b_f - b)h_f = 0.5\times200\times500 + (600-200)\times120 = 98000\text{mm}^2$$

$$\rho_{te} = (A_s + A_P)/A_{te} = 2299/98000 = 0.0235 > 0.01$$

④ 受拉钢筋的应力 σ_{sq}

根据式（7.1.2-3），$\sigma_{sq} = M_q/(0.87h_0A_s) = 275\times10^6/(0.87\times460\times2299) = 299$N/mm²；

⑤裂缝间纵向受拉钢筋应变不均匀系数 ψ

根据式（7.1.2-4）

$$\psi = 1.1 - 0.65\frac{f_{tk}}{\rho_{te}\sigma_{sq}} = 1.1 - 0.65\times\frac{2.01}{0.0235\times299} = 0.914$$

$$0.2 < \psi < 1.0$$

⑥受拉区纵向钢筋的等效直径 d_{eq}

带肋钢筋 $\nu_i = 1.0$

$$d_{eq} = \frac{\sum n_id_i^2}{\sum n_i\nu_id_i} = \frac{4\times12^2 + 3\times28^2}{4\times1.0\times12 + 3\times1.0\times28} = 22.2\text{mm}$$

(3) 根据 7.1.2 条式 (7.1.2-1) 计算裂缝宽度

$$w_{\max} = \alpha_{\mathrm{cr}}\psi\frac{\sigma_{\mathrm{sq}}}{E_{\mathrm{s}}}\left(1.9c_{\mathrm{s}}+0.08\frac{d_{\mathrm{eq}}}{\rho_{\mathrm{te}}}\right)$$

$$= 1.9\times0.914\times\frac{299}{2.0\times10^{5}}\left(1.9\times28+0.08\times\frac{22.2}{0.0235}\right) = 0.33\mathrm{mm}$$

【混 15】由裂缝宽度限值求纵筋

某民用建筑的楼层钢筋混凝土吊柱，其设计使用年限为 50 年，环境类别为二 a 类，安全等级二级。吊柱截面 $b\times h=400\mathrm{mm}\times400\mathrm{mm}$，按轴心受拉构件设计。混凝土强度等级 C40，柱内仅配置纵向钢筋和外围箍筋。永久荷载作用下的轴向拉力标准值 $N_{\mathrm{Gk}}=400\mathrm{kN}$（已计入自重），可变荷载作用下的轴向拉力标准值 $N_{\mathrm{Qk}}=200\mathrm{kN}$，准永久值系数 $\psi_{\mathrm{q}}=0.5$。假定，纵向钢筋采用 HRB400，钢筋等效直径 $d_{\mathrm{eq}}=25\mathrm{mm}$，最外层纵向钢筋的保护层厚度 $c_{\mathrm{s}}=40\mathrm{mm}$。试问，按《混规》计算的吊柱全部纵向钢筋截面面积 $A_{\mathrm{s}}(\mathrm{mm}^{2})$，至少应选用下列何项数值？

提示：需满足最大裂缝宽度的限值。裂缝间纵向受拉钢筋应变不均匀系数 $\psi=0.6029$。

(A) 2200　　　　(B) 2600　　　　(C) 3500　　　　(D) 4200

【答案】（C）

【解答】

(1) 根据裂缝宽度限值计算截面配筋，按《混规》7.1.2 条式 (7.1.2-1) 计算：

$$w_{\max} = \alpha_{\mathrm{cr}}\psi\frac{\sigma_{\mathrm{sq}}}{E_{\mathrm{s}}}\left(1.9c_{\mathrm{s}}+0.08\frac{d_{\mathrm{eq}}}{\rho_{\mathrm{te}}}\right)$$

(2) 确定参数

① 最大裂缝宽度的限值，表 3.4.5 环境类别为二 a 类，$w_{\mathrm{lim}}=0.20\mathrm{mm}$；

② 表 4.2.3-1、表 4.2.5，HRB400 钢筋：$f_{\mathrm{y}}=360\mathrm{N/mm}^{2}$、$E_{\mathrm{s}}=2\times10^{5}\mathrm{N/mm}^{2}$。

(3) 按承载力要求计算配筋率

① 根据 6.2.22 条

$$N\leqslant f_{\mathrm{y}}A_{\mathrm{s}}$$

$$A_{\mathrm{s}} = N/f_{\mathrm{y}} = (1.2\times400+1.4\times200)\times10^{3}/360 = 2111\mathrm{mm}^{2}$$

② 根据 7.1.2 条验算 ρ_{te} 数值范围

配筋率：$\rho=A_{\mathrm{s}}/bh = 2111/(400\times400) = 0.0132>0.01$

式 (7.1.2-4)：$\rho_{\mathrm{te}}=\dfrac{A_{\mathrm{s}}}{A_{\mathrm{te}}}$，可直接代入式 (7.1.2-1)。

(4) 根据式 (7.1.2-1) 裂缝宽度公式计算配筋

① 根据《荷载规范》第 3.2.10 条，在荷载准永久组合下：

$$N_{\mathrm{q}} = 400+200\times0.5 = 500\mathrm{kN}$$

② 根据《混规》式 (7.1.4-1)，$\sigma_{\mathrm{sq}}=\dfrac{N_{\mathrm{q}}}{A_{\mathrm{s}}}=\dfrac{500\times10^{3}}{A_{\mathrm{s}}}$；

③ 根据《混规》表 7.1.2-1，轴心受拉 $\alpha_{\mathrm{cr}}=2.7$；

④ 式 (7.1.2-4) $\rho_{te} = \dfrac{A_s}{A_{te}} = \dfrac{A_s}{400 \times 400} = \dfrac{A_s}{16 \times 10^4}$;

⑤ 上述参数代入式 (7.1.2-1)

$$w_{max} = \alpha_{cr}\psi\frac{\sigma_s}{E_s}\left(1.9c_s + 0.08\frac{d_{eq}}{\rho_{te}}\right)$$

$$= 2.7 \times 0.6029 \times \frac{500 \times 10^3}{2 \times 10^5 A_s}\left(1.9 \times 40 + 0.08 \times \frac{25 \times 16 \times 10^4}{A_s}\right) = 0.20$$

解：$\dfrac{1}{A_s} = 0.0002908$，$A_s = 3439\text{mm}^2 > 2111\text{mm}^2$，选（C）。

【混 16】梁考虑长期荷载作用下的挠度

某钢筋混凝土框架结构多层办公楼局部平面布置如图 1.16.1 所示（均为办公室），梁、板、柱混凝土强度等级均为 C30，梁、柱纵向钢筋为 HRB400 钢筋，楼板纵向钢筋及梁、柱箍筋为 HRB335 钢筋。

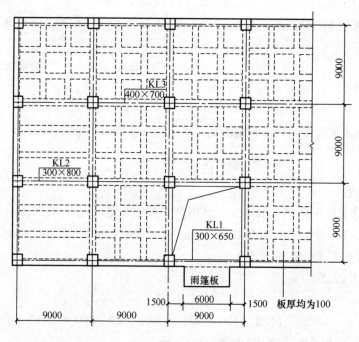

图 1.16.1

假设，框架梁 KL2 的截面尺寸为 300mm×800mm，梁的左、右端截面考虑荷载长期作用影响的刚度 B_A、B_B 分别为 $9.0 \times 10^{13}\text{N} \cdot \text{mm}^2$、$6.0 \times 10^{13}\text{N} \cdot \text{mm}^2$，跨中最大弯矩处纵向受拉钢筋应变不均匀系数 $\psi = 0.8$，梁底配置 4 Φ 25 纵向钢筋。作用在梁上的均布静荷载、均布活荷载标准值分别为 30kN/m、15kN/m。试问，按规范提供的简化方法，该梁考虑荷载长期作用影响的挠度 f（mm）与下列何项数值最为接近？

提示：① 按矩形截面梁计算，不考虑受压钢筋的作用，$a_s = 45\text{mm}$；

② 梁挠度近似按公式 $f = 0.00542\dfrac{ql^4}{B}$ 计算；

③ 不考虑梁起拱的影响。

(A) 17　　　　　　(B) 21　　　　　　(C) 25　　　　　　(D) 30

【答案】（A）

【解答】

(1) 根据《混规》第 7.2.1 条，钢筋混凝土受弯截面梁的挠度可按结构力学方法计算，即 $f=0.00542\dfrac{ql^4}{B}$。

(2) 求受弯构件的短期刚度 B_s。

根据《混规》第 7.2.3 条，$B_s=\dfrac{E_sA_sh_0^2}{1.15\psi+0.2+\dfrac{6\alpha_E\rho}{1+3.5\gamma_f'}}$。

(3) 确定参数

① 表 4.1.5、表 4.2.5，C30 混凝土：$E_c=3\times10^4\,\text{N/mm}^2$；HRB400 钢筋：$E_s=2\times10^5\,\text{N/mm}^2$；

② 钢筋与混凝土的弹性模量之比 α_E 和受拉钢筋配筋率 ρ

$$\alpha_E=\frac{E_s}{E_c}=\frac{2.0\times10^5}{3.0\times10^4}=6.667,\rho=\frac{A_s}{bh_0}=\frac{1964}{300\times755}\times100\%=0.867\%,\gamma_f'=0$$

(4) 式（7.2.3-1）计算受弯构件的短期刚度 B_s

$$B_s=\frac{E_sA_sh_0^2}{1.15\psi+0.2+\dfrac{6\alpha_E\rho}{1+3.5\gamma_f'}}=\frac{2.0\times10^5\times1964\times755^2}{1.15\times0.8+0.2+\dfrac{6\times6.667\times0.00867}{1+3.5\times0}}$$

$$=1.526\times10^{14}\,\text{N}\cdot\text{mm}^2$$

(5) 受弯构件考虑荷载长期作用影响的刚度 B

式（7.2.2）和 7.2.5 条，$\rho'=0$，$\theta=2$

$$B=\frac{B_s}{\theta}=\frac{1.526\times10^{14}}{2}=7.63\times10^{13}\,\text{N}\cdot\text{mm}^2$$

(6) 受弯截面梁的挠度 f

根据 7.2.1 条和 7.2.2 条，$B=7.63\times10^{13}\,\text{N}\cdot\text{mm}^2<2\times6\times10^{13}\,\text{N}\cdot\text{mm}^2$ 且 $>1/2\times9\times10^{13}\,\text{N}\cdot\text{mm}^2$。

即 B 不大于梁端支座 B_A、B_B 的两倍，不小于 B_A、B_B 的 1/2，可按刚度为 B 的等截面梁进行挠度计算，荷载按准永久值组合取值。

$$f=0.00542\times\frac{(30+0.4\times15)\times9000^4}{7.63\times10^{13}}=16.8\text{mm}$$

【混 17】短期刚度

某钢筋混凝土简支梁，其截面可以简化成工字形如图 1.17.1 所示，混凝土强度等级为 C30，纵向钢筋采用 HRB400。纵向钢筋的保护层厚度为 28mm，受拉钢筋合力点至梁截面受拉边缘的距离为 40mm。该梁不承受地震作用，不直接承受重复荷载，安全等级为二级。

若该梁纵向受拉钢筋 A_s 为 $4\underline{\Phi}12+3\underline{\Phi}25$，荷载标准组合下截面弯矩值为 $M_k=250\text{kN}\cdot\text{m}$，荷载准永久组合下截面弯矩值为 $M_q=215\text{kN}\cdot\text{m}$，钢筋应变不均匀系数 $\psi=0.861$。试问，荷载准永久组合下的短期刚度 B_s（$\times10^{13}\text{N}\cdot\text{mm}^2$）与下列何项数值最为接近？

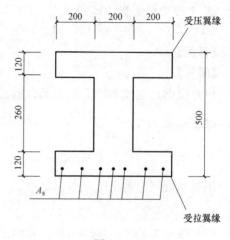

图 1.17.1

(A) 3.2   (B) 5.3

(C) 6.8   (D) 8.3

【答案】(B)

【解答】

(1) 受弯构件在荷载准永久组合下的短期刚度 B_s 根据《混规》第 7.2.3 条计算：

$$B_s = \frac{E_s A_s h_0^2}{1.15\psi + 0.2 + \dfrac{6\alpha_E \rho}{1+3.5\gamma_f'}}$$

(2) 确定参数

① 纵向受拉钢筋的配筋率

根据 7.2.3 条，$A_s = 4\times113 + 3\times491 = 452 + 1473 = 1925\text{mm}^2$

$$\rho = \frac{A_s}{bh_0} = \frac{1925}{200\times460} = 0.021$$

② 受压翼缘截面面积与腹板有效截面面积的比值 γ_f'

根据式（7.1.4-7），$h_f' = \min\{120, 0.2\times460\} = 92\text{mm}$

$$\gamma_f' = \frac{(b_f' - b)h_f'}{bh_0} = \frac{(600-200)\times92}{200\times460} = 0.4$$

③ 钢筋的弹性模量与混凝土的弹性模量的比值 α_E

根据表 4.1.5，表 4.2.5，C30 混凝土：$E_c = 3\times10^4\text{N/mm}^2$；HRB400 钢筋：$E_s = 2\times10^5\text{N/mm}$

$$\alpha_E = \frac{E_s}{E_c} = \frac{2.0\times10^5}{3.0\times10^4} = 6.667$$

(3) 根据式（7.2.3-1）计算受弯构件在荷载准永久组合下的短期刚度 B_s，

$$B_s = \frac{E_s A_s h_0^2}{1.15\psi + 0.2 + \dfrac{6\alpha_E \rho}{1+3.5\gamma_f'}} = \frac{2\times10^5\times1925\times460^2}{1.15\times0.861 + 0.2 + \dfrac{6\times6.667\times0.021}{1+3.5\times0.4}}$$

$$= 5.29\times10^{13}\text{N}\cdot\text{mm}^2$$

【混18】小偏心受拉配筋

某钢筋混凝土方形柱为偏心受拉构件，安全等级为二级，柱混凝土强度等级 C30，截面尺寸 $400\text{mm}\times400\text{mm}$。柱内纵向钢筋仅配置了 4 根直径相同的角筋，角筋采用 HRB335 级钢筋，$a_s = a_s' = 45\text{mm}$。已知：轴向拉力设计值 $N = 250\text{kN}$，单向弯矩设计值

$M=31kN \cdot m$。试问，按承载能力极限状态计算（不考虑抗震），角筋的直径（mm）至少应采用下列何项数值？

(A) 25   (B) 22   (C) 20   (D) 18

【答案】(B)

【解答】

(1) 矩形截面偏心受拉构件的正截面受拉承载力按《混规》6.2.23 条计算。

(2) 判断大小偏心

$$e_0 = \frac{M}{N} = \frac{31 \times 1000}{250} = 124mm < 0.5h - a_s = 200 - 45 = 155mm$$

偏心距在柱钢筋内为小偏心受拉。

(3) 按式（6.2.23-2）计算配筋

① 表 4.2.3-1，HRB335 级钢筋：$f_y = 300N/mm^2$；

② $e' = e_0 + h/2 - a'_s = 124 + 200 - 45 = 279mm$；

③ $h'_0 = h_0 = 400 - 45 = 355mm$。

代入公式求纵筋面积

$$A_s \geqslant \frac{Ne'}{f_y(h'_0 - a_s)} = \frac{250 \times 1000 \times 279}{300 \times (355 - 45)} = 750mm^2$$

选 2 ⏀ 22，$A_s = 760mm^2 > 750mm^2$，满足要求。

【混 19】工字形截面梁最小受拉钢筋面积

某钢筋混凝土简支梁，其截面可以简化成工字形如图 1.19.1 所示，混凝土强度等级为 C30，纵向钢筋采用 HRB400，纵向钢筋的保护层厚度为 28mm，受拉钢筋合力点至梁截面受拉边缘的距离为 40mm。该梁不承受地震作用，不直接承受重复荷载，安全等级为二级。

试问，该梁纵向受拉钢筋的构造最小配筋量（mm²）与下列何项数值最为接近？

(A) 200   (B) 270

(C) 300   (D) 400

【答案】(C)

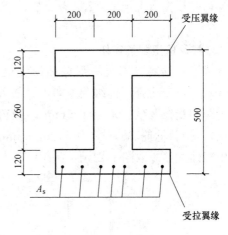

图 1.19.1

【解答】

(1) 受弯梁的纵向受拉钢筋的构造最小配筋量按《混规》第 8.5.1 条计算。

(2) 表 8.5.1，$\rho_{min} = max\left(45\frac{f_t}{f_y}, 0.2\right)\%$。

(3) 表 4.1.4-1、表 4.2.3-1，C30：$f_t = 1.43N/mm^2$；HPB400 钢筋：$f_{yv} = 360N/mm^2$。

(4) 最小配筋率

$$\rho_{min} = max\left\{45\frac{f_t}{f_y}, 0.2\right\}\% = max\left\{45 \times \frac{1.43}{360} = 0.178, 0.2\right\}\% = 0.2\%$$

(5) 纵向受拉钢筋的最小配筋面积

根据表 8.5.1 注 5，构件截面面积应不包括受压翼缘面积，但计入受拉翼缘面积。

$$A_{s,min} = \rho_{min}[bh + (b_f - b)h_f]$$
$$= (200 \times 500 + 400 \times 120) \times 0.2\%$$
$$= 296mm^2$$

【混20】梁构造配筋规定

下列关于钢筋混凝土梁配筋构造的要求，何项不正确？

(A) 在钢筋混凝土悬挑梁中，应有不少于 2 根上部钢筋伸至悬挑梁外端，并向下弯折不小于 12d

(B) 在钢筋混凝土悬挑梁中，上部纵向钢筋的第二排钢筋，当承载力计算满足要求时，可在梁的上部截断

(C) 按承载力计算不需要箍筋的梁，当截面高度大于 300mm 时，应沿梁全长设置构造箍筋

(D) 截面高度大于 800mm 的梁，箍筋直径不宜小于 8mm

【答案】（B）

【解答】

(1) 根据《混规》9.2.4 条，(A) 正确。

(2) 根据《混规》9.2.4 条，(B) 不正确。

(3) 根据《混规》9.2.9 条 1 款，(C) 正确。

(4) 根据《混规》9.2.9 条 2 款，(D) 正确。

【混21】弯剪扭配筋审核

假定，钢筋混凝土矩形截面简支梁，梁跨度为 5.4m，截面尺寸 $b \times h = 250mm \times 450mm$，混凝土强度等级为 C30，纵筋采用 HRB400 钢筋，箍筋采用 HPB300 钢筋，该梁的跨中受拉区纵筋 $A_s = 620mm^2$，受扭纵筋 $A_{stl} = 280mm^2$（满足受扭纵筋最小配筋率要求），受剪箍筋 $A_{sv1}/s = 0.112mm^2/mm$，受扭箍筋 $A_{st1}/s = 0.2mm^2/mm$，试问，该梁跨中截面配筋应取图 1.21.1 中何项？

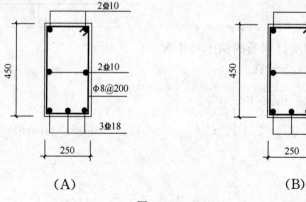

图 1.21.1（一）

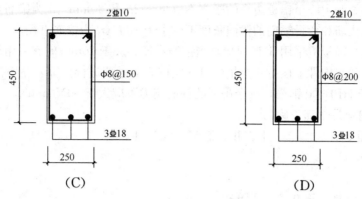

图 1.21.1 (二)

【答案】(B)

【解答】

(1) 确定纵筋配置

根据《混规》第 9.2.5 条，沿截面周边布置受扭纵向钢筋的间距不应大于 200mm 及梁截面短边长度，抗扭纵筋除应在梁截面四角设置外，其余宜沿截面周边均匀对称布置，故该梁截面上、中、下各配置 2 根抗扭纵筋，$A_{stl}/3 = 280/3 = 93.3\text{mm}^2$。

顶部和中部选用 2Φ10（$A_s = 157.1\text{mm}^2 > 93\text{mm}^2$），（C）、（D）图不符合要求，（A）、（B）图符合要求。

底面纵筋 620+93.3=713.3mm^2，选用 3Φ18（$A_s = 763.4\text{mm}^2 > 713.3\text{mm}^2$）。

(2) 确定箍筋配置

根据《混规》第 6.4.13 条矩形截面的弯剪扭构件箍筋截面面积应分别按剪扭构件的受剪承载力和受扭承载力计算确定，并应配置在相应的位置。

$(A_{sv1} + A_{stl})/s = 0.112 + 0.2 = 0.312$ 箍筋直径选Φ8，$A_s = 50.3\text{mm}^2$

$s \leq \dfrac{A_{sv1} + A_{stl}}{0.312} = \dfrac{50.3}{0.312} = 161\text{mm}$，取 $s = 150\text{mm}$，选（B）。

【混 22】3 层房屋剪力墙最小配筋构造

假设，某 3 层钢筋混凝土结构房屋，位于非抗震设防区，房屋高度 9.0m，钢筋混凝土墙厚 200mm，配置双层双向分布钢筋。试问，墙体双层水平分布钢筋的总配筋率最小值及双层竖向分布钢筋的总配筋率最小值分别与下列何项数值最为接近？

(A) 0.15%，0.15%　　　　　　(B) 0.20%，0.15%

(C) 0.20%，0.20%　　　　　　(D) 0.30%，0.30%

【答案】(A)

【解答】

根据《混规》第 9.4.5 条，房屋高度≤10m、层数≤3 层的钢筋混凝土墙的水平及竖向分布钢筋的配筋率最小值均为 0.15%。答案（A）正确。

【混 23】预埋件及连接件规定

关于预埋件及连接件设计的 4 种说法：

Ⅰ. 预埋件锚筋中心至锚板边缘的距离不应小于 $2d$ 和 20mm（d 为锚筋直径）；

Ⅱ. 受拉直锚筋和弯折锚筋的锚固长度不应小于 $35d$（d 为锚筋直径）；

Ⅲ. 直锚筋与锚板应采用 T 形焊接，当锚筋直径不大于 20mm 时宜采用压力埋弧焊；

Ⅳ. 当一个预制构件上设有 4 个吊环时，应按 3 个吊环进行计算，在构件的自重标准值作用下，对于 HPB300 钢筋，每个吊环的钢筋应力不应大于 $50N/mm^2$。

试问以下何项是全部正确的？

(A) Ⅰ、Ⅱ、Ⅳ   (B) Ⅰ、Ⅱ、Ⅲ   (C) Ⅱ、Ⅲ   (D) Ⅰ、Ⅲ

【答案】(D)

【解答】

(1) 根据《混规》第 9.7.4 条可知，Ⅰ正确。

(2) 根据《混规》第 9.7.4 条可知，Ⅱ不对，不应小于 l_a。

(3) 根据《混规》第 9.7.1 条可知，Ⅲ正确。

(4) 根据《混规》第 9.7.6 条可知，Ⅳ不对，不应大于 $65N/mm^2$。

【混 24】叠合梁规定

关于混凝土叠合构件，下列表述何项不正确？

(A) 考虑预应力长期影响，可将计算所得的预应力混凝土叠合构件在使用阶段的预应力反拱值乘以增大系数 1.75

(B) 叠合梁的斜截面受剪承载力计算应取叠合层和预制构件中的混凝土强度等级的较低值

(C) 叠合梁的正截面受弯承载力计算应取叠合层和预制构件中的混凝土强度等级的较低值

(D) 叠合板的叠合层混凝土厚度不应小于 40mm，混凝土强度等级不宜低于 C25

【答案】(C)

【解答】

(1) 根据《混规》附录 H.0.12 条。(A) 正确。

(2) 根据《混规》附录 H.0.3 条，在计算叠合构件截面上混凝土和箍筋的受剪承载力设计值 V 应取叠合层和预制构件中较低的混凝土强度等级进行计算。(B) 正确。

(3) 根据《混规》附录 H.0.2 条，预制构件和叠合构件的正截面受弯承载力计算中，正弯矩区段的混凝土强度等级按叠合层取用，负弯矩区段的混凝土强度等级按计算截面受压区的实际情况取用。(C) 错误。

(4) 根据《混规》第 9.5.2 条。(D) 正确。

【混 25】梁端经调幅的弯矩设计值及受弯承载力

某钢筋混凝土框架结构多层办公楼局部平面布置如图 1.25.1 所示（均为办公室），梁、板、柱混凝土强度等级均为 C30，梁、柱纵向钢筋为 HRB400 钢筋，楼板纵向钢筋及梁、柱箍筋为 HRB335 钢筋。

若该工程位于抗震设防地区，框架梁 KL3 的截面尺寸为 400mm×700mm，梁的左端支座边缘截面在重力荷载代表值、水平地震作用下的负弯矩标准值分别为 300kN·m、

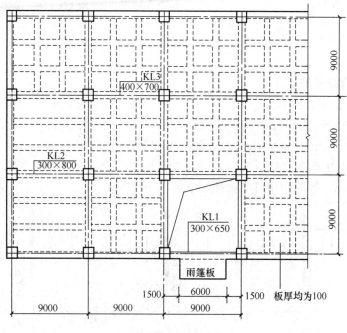

图 1.25.1

300kN·m，梁底、梁顶纵向受力钢筋分别为 4Φ25、5Φ25，截面抗弯设计时考虑了有效翼缘内楼板钢筋及梁底受压钢筋的作用。当梁端负弯矩考虑调幅时，调幅系数取 0.80。试问，该截面考虑承载力抗震调整系数的受弯承载力设计值 [M]（kN·m）与考虑调幅后的截面弯矩设计值 M（kN·m），分别与下列哪组数值最为接近？

提示：① 考虑板顶受拉钢筋面积为 628mm²；

② 近似取 $a_s = a'_s = 50$mm。

（A）707；600　　（B）707；678　　（C）857；600　　（D）857；678

【答案】（D）

【解答】

（1）经调幅的弯矩设计值

根据《混规》第 5.4.1 条，对重力荷载作用下的支座弯矩进行调幅

$$M = 1.2 \times 300 \times 0.8 + 1.3 \times 300 = 678 \text{kN·m}$$

（2）受弯承载力设计值

① 表 4.1.4-1、表 4.2.3-1，C30：$f_c = 14.3$N/mm²；HRB335 钢筋：$f_y = 300$N/mm²；HRB400：钢筋 $f_y = 360$N/mm²；

② 截面压区高度 x

根据《混规》第 6.2.10 条

$$\alpha_1 f_c b = f_y A_s - f'_y A'_s \text{（此处 } A_s \text{ 包括梁、板内的受拉钢筋）}$$

$$x = \frac{300 \times 628 + 360 \times 5 \times 491 - 300 \times 4 \times 491}{1.0 \times 14.3 \times 400} = 63.8 \text{mm} < 2a'_s = 2 \times 50 = 100 \text{mm}$$

③ 计算梁端截面的受弯承载力

根据式（6.2.14）及表 11.1.6，截面受弯承载力为

$$[M] = \frac{f_y A_s (h - a_s - a'_s)}{\gamma_{RE}} = \frac{(300 \times 628 + 360 \times 2454) \times (700 - 50 - 50)}{0.75}$$
$$= 857 \times 10^6 \text{N} \cdot \text{mm} = 857 \text{kN} \cdot \text{m}$$

【混 26】抗震时梁端箍筋

某钢筋混凝土框架结构办公楼，抗震等级为二级，框架梁的混凝土强度等级为 C35，梁纵向钢筋及箍筋均采用 HRB400。取某边榀框架（C 点处为框架角柱）的一段框架梁，梁截面：$b \times h = 400\text{mm} \times 900\text{m}$，受力钢筋的保护层厚度 $c_s = 30\text{mm}$，梁上线荷载标准值分布图、简化的弯矩标准值见图 1.26.1，其中框架梁净跨 $l_n = 8.4\text{m}$。假定，永久荷载标准值 $g_k = 83\text{kN/m}$，等效均布可变荷载标准值 $q_k = 55\text{kN/m}$。

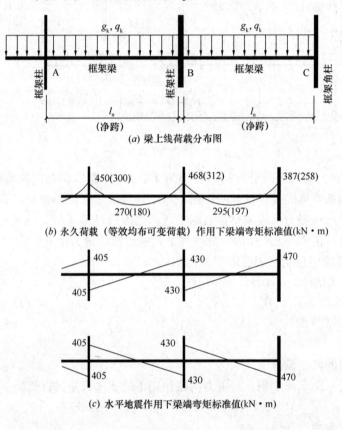

(a) 梁上线荷载分布图

(b) 永久荷载（等效均布可变荷载）作用下梁端弯矩标准值(kN·m)

(c) 水平地震作用下梁端弯矩标准值(kN·m)

图 1.26.1

考虑地震作用组合时，假定 BC 段框架梁 B 端截面组合的剪力设计值为 320kN，纵向钢筋直径 $d = 25\text{mm}$，梁端纵向受拉钢筋配筋率 $\rho = 1.80\%$，$a_s = 70\text{mm}$，试问，该截面抗剪箍筋采用下列何项配置最为合理？

(A) $\Phi 8@150$ (4)　(B) $\Phi 10@150$ (4)　(C) $\Phi 8@100$ (4)　(D) $\Phi 10@100$ (4)

【答案】 (C)

【解答】

(1) 截面考虑抗震的抗剪箍筋按《混规》第 11.3.3、11.3.4 条计算。

（2）根据表 4.1.4-1，表 4.2.3-1，6.3.4，表 11.1.6

C35：$f_t = 1.57N/mm^2$，$f_c = 16.7N/mm^2$；HRB400 钢筋：$f_{yv} = 360N/mm^2$；$\alpha_{cv} = 0.7$；$\gamma_{RE} = 0.85$。

（3）验算受剪截面条件

第 11.3.3 条：

梁跨高比：$\dfrac{l_n}{h} = \dfrac{8400}{900} = 9.33 > 2.5$

$\dfrac{1}{\gamma_{RE}}(0.20\beta_c f_c b h_0) = \dfrac{1}{0.85} \times 0.2 \times 1.0 \times 16.7 \times 400 \times 830 \times 10^{-3} = 1305kN > V$

截面尺寸符合要求。

（4）计算受剪箍筋 A_{sv}/s

第 11.3.4 条：

$$V \leqslant \dfrac{1}{\gamma_{RE}}\left(0.6\alpha_{cv} f_t b h_0 + f_{yv}\dfrac{A_{sv}}{s}h_0\right)$$

$\dfrac{A_{sv}}{s} \geqslant \dfrac{\gamma_{RE}V - 0.6\alpha_{cv}f_t b h_0}{f_{yv}h_0} = \dfrac{0.85 \times 320 \times 10^3 - 0.6 \times 0.7 \times 1.57 \times 400 \times 830}{360 \times 830} = 0.18 \approx 0$

按构造要求配筋即可。

（5）验算构造

11.3.6 条、11.3.8 条：

抗震等级二级，且配筋率 1.8% 小于 2%，箍筋最小直径取 8mm；

箍筋间距取 $s = \min\{900/4, 8 \times 25, 100\} = 100mm$；

箍筋肢距不宜大于 250mm。

取四肢箍，选用 $\Phi 8@100(4)$。

【混 27】抗震时柱非加密区受剪承载力

某五层中学教学楼，采用现浇钢筋混凝土框架结构，框架最大跨度 9m，层高均为 3.6m，抗震设防烈度 7 度，设计基本地震加速度 0.10g，建筑场地类别 I 类，设计地震分组第一组，框架混凝土强度等级 C30。

假定，框架某中间层中柱截面尺寸为 600mm×600mm，所配箍筋为 $\Phi 10@100/150$ (4)，$f_{yv} = 360N/mm^2$，考虑地震作用组合的柱轴力设计值为 2000kN。该框架柱的计算剪跨比为 2.7，$a_s = a'_s = 40mm$。试问，该柱箍筋非加密区考虑地震作用组合的斜截面受剪承载力 V（kN）与下列何项数值最为接近？

(A) 645　　　　　(B) 670　　　　　(C) 759　　　　　(D) 789

【答案】（C）

【解答】

（1）考虑地震组合的钢筋混凝土矩形截面框架柱，斜截面受剪承载力按《混规》11.4.7 条计算：

$$V = \dfrac{1}{\gamma_{RE}}\left(\dfrac{1.05}{\lambda+1}f_t b h_0 + f_{yv}\dfrac{A_{sv}}{s}h_0 + 0.056N\right)$$

（2）根据表 4.1.4-1，表 4.2.3-1，表 11.1.6

C30：$f_t = 1.43\text{N/mm}^2$，$f_c = 14.3\text{N/mm}^2$；HRB400 钢筋 $f_{yv} = 360\text{N/m}^2$；$\gamma_{RE} = 0.85$。

（3）根据 11.4.7 条

$0.3 f_c A = 0.3 \times 14.3 \times 600 \times 600 \times 10^{-3} = 1544.4\text{kN} < 2000\text{kN}$，取 $N = 1544.4\text{kN}$

$$V = \frac{1}{\gamma_{RE}} \left(\frac{1.05}{\lambda + 1} f_t b h_0 + f_{yv} \frac{A_{sv}}{s} h_0 + 0.056N \right)$$

$$= \frac{1}{0.85} \left(\frac{1.05}{2.7 + 1} \times 1.43 \times 600 \times 560 + 360 \times \frac{4 \times 78.5}{150} \times 560 \right.$$

$$\left. + 0.056 \times 1544.4 \times 10^3 \right) 10^{-3}$$

$$= 758.7\text{kN}$$

【混 28】抗震时大偏心受压柱纵筋

某五层现浇钢筋混凝土框架剪力墙结构，柱网尺寸 9m×9m，各层层高均为 4.5m，位于 8 度（0.3g）抗震设防地区，设计地震分组为第二组，场地类别为 Ⅲ 类，建筑抗震设防类别为丙类。已知各楼层的重力荷载代表值均为 18000kN。

假设，某边柱截面尺寸为 700mm×700mm，混凝土强度等级 C30，纵筋采用 HRB400 钢筋，纵筋合力点至截面边缘的距离 $a_s = a_s' = 40\text{mm}$，考虑地震作用组合的柱轴力、弯矩设计值分别为 3100kN、1250kN·m。试问，对称配筋时柱单侧所需的钢筋，下列何项配置最为合适？

提示：按大偏心受压进行计算，不考虑重力二阶效应的影响。

（A）4 ⚿ 22   （B）5 ⚿ 22   （C）4 ⚿ 25   （D）5 ⚿ 25

【答案】（D）

【解答】

（1）《混规》第 11.1.6 条，框架柱考虑地震作用的正截面抗震承载力应按规范的 6.2 节的规定计算，但应在相应计算公式的右端除以相应的承载力抗震调整系数。

（2）确定参数

① 材料强度

表 4.1.4-1、表 4.2.3-1，C30：$f_c = 14.3\text{N/mm}^2$；HRB400 钢筋：$f_y = f_y' = 360\text{N/m}^2$

② 承载力抗震调整系数

表 11.1.6

柱轴压比：$\mu = \dfrac{N}{f_c A} = \dfrac{3100 \times 10^3}{14.3 \times 700 \times 700} = 0.44 > 0.15$，$\gamma_{RE} = 0.8$。

（3）计算柱的混凝土压区高度 x

6.2.17 条

$$\gamma_{RE} N \leqslant \alpha_1 f_c b x$$

$$x = \frac{\gamma_{RE} N}{\alpha_1 f_c b} = \frac{0.8 \times 3100 \times 10^3}{1.0 \times 14.3 \times 700} = 248\text{mm}$$

（4）轴向压力作用点到受拉钢筋的距离 e

6.2.5 条

$$e_0 = \frac{M}{N} = \frac{1250 \times 10^6}{3100 \times 10^3} = 403.2\text{mm}, \quad e_a = \max(20, 700/30) = 23.3 \text{ mm}$$

$$e = e_0 + e_a + h/2 - a_s = 403.2 + 23.3 + 700/2 - 40 = 736.5mm$$

（5）柱单侧所需的钢筋面积

6.2.17条和11.1.6条

$$Ne \leqslant \frac{1}{\gamma_{RE}} \alpha_1 f_c bx \left(h_0 - \frac{x}{2} \right) + f'_y A'_s (h_0 - a'_s)$$

$$A'_s = \frac{\gamma_{RE} Ne - \alpha_1 f_c bx \left(h_0 - \frac{x}{2} \right)}{f'_y (h_0 - a'_s)}$$

$$= \frac{0.8 \times 3100 \times 10^3 \times 736.5 - 1.0 \times 14.3 \times 700 \times 248 \times \left(680 - \frac{248}{2} \right)}{360 \times (660 - 40)}$$

$$= 2222mm^2$$

取 5 $\underline{\Phi}$ 25，$A_s = 2454mm^2$。

【混 29】梁柱节点核心区抗震受剪承载力

某五层重点设防类建筑，采用现浇钢筋混凝土框架结构如图 1.29.1 所示，抗震等级为二级，各柱截面均为 600mm×600mm，混凝土强度等级 C40。

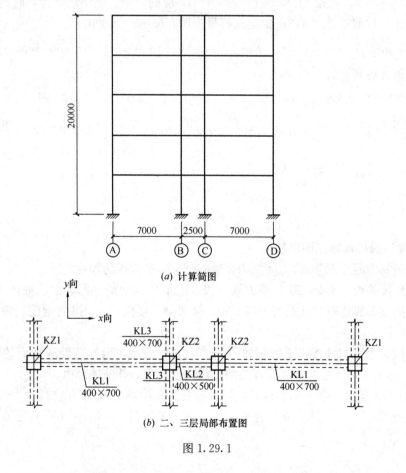

(a) 计算简图

(b) 二、三层局部布置图

图 1.29.1

假定，三层平面位于柱 KZ22 处的梁柱节点，对应于考虑地震作用组合剪力设计值的上柱底部的轴向压力设计值的较小值为2300kN，节点核心区箍筋采用 HRB335 级钢筋，配置如图 1.29.2 所示，正交梁的约束影响系数 $\eta_j=1.5$，框架梁 $a_s=a'_s=35$mm。试问，根据《混规》此框架梁柱节点核心区的 X 向抗震受剪承载力（kN）与下列何项数值最为接近？

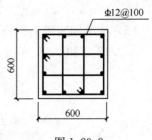

图 1.29.2

(A) 800   (B) 1100

(C) 1900   (D) 2200

【答案】（D）

【解答】

(1) 框架梁柱节点核心区截面抗剪承载力按《混规》11.6.4 条计算：

$$V_j \leqslant \frac{1}{\gamma_{RE}}\left(1.1\eta_j f_t b_j h_j + 0.05\eta_j N \frac{b_j}{b_c} + f_{yv} A_{svj} \frac{h_{b0}-a'_s}{s}\right)$$

(2) 确定参数

① 根据表 4.1.4-1、表 4.2.3-1、表 11.1.6，C40：$f_t=1.71$N/mm²，$f_c=19.1$N/mm²；HRB335 钢筋 $f_{yv}=300$N/m²，$\gamma_{RE}=0.85$；

② 已知 $\eta_j=1.5$，根据 11.6.3 条，当 $\eta_j=1.5$ 应满足梁、柱中线重合，四侧各梁截面宽度不小于该侧柱截面宽度 1/2，根据 b_j 符号说明，$b_j=b_c=600$mm。

$h_j=h_c=600$mm，$A_{svj}=4\times113=452$mm²，$h_{b0}=(700+500)/2-35=565$mm，$s=100$mm

(3) 根据《混规》式 (11.6.4-3)

$$N=2300\text{kN} \leqslant 0.5\times f_c\times A_c = 0.5\times19.1\times600^2\times10^{-3}=3438\text{kN}$$

$$V_j \leqslant \frac{1}{0.85}\left(1.1\times1.5\times1.71\times600\times600\times10^{-3}+0.05\times1.5\times2300\times\frac{600}{600}\right.$$

$$\left.+300\times452\times\frac{565-35}{100}10^{-3}\right)$$

$$=2243\text{kN}$$

【混 30】约束边缘构件施工图审校

某现浇钢筋混凝土框架-剪力墙结构高层办公室，抗震设防烈度8度（0.2g），场地类别为Ⅱ类，抗震等级：框架二级、剪力墙一级，二层局部配筋平面表示法如图 1.30.1 所示。混凝土强度等级：框架柱及剪力墙 C50，框架梁及楼板 C35。纵向钢筋及箍筋均采用 HRB400(Φ)。

剪力墙约束边缘构件 YBZ1 配筋如图 1.30.1(c) 所示，已知墙肢底截面的轴压比为 0.4。试问，图中 YBZ1 有几处违反规范的抗震构造要求，并简述理由。

提示：YBZ1 阴影区和非阴影区的箍筋和拉筋体积配箍率满足规范要求。

(A) 无违反   (B) 有一处   (C) 有二处   (D) 有三处

【答案】（C）

【解答】

(1) 约束边缘构件阴影部分纵筋面积

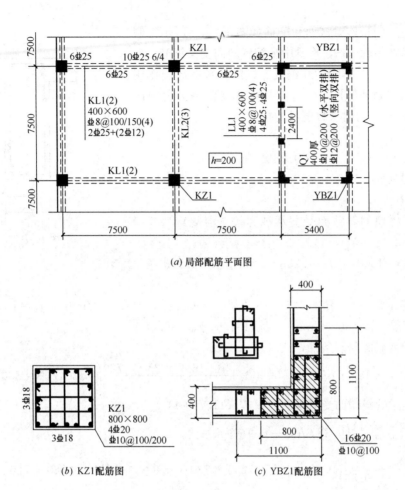

(a) 局部配筋平面图

(b) KZ1配筋图 (c) YBZ1配筋图

图 1.30.1

根据《混规》第 11.7.18 条 2 款或《抗震规范》表 6.4.5-3，剪力墙的约束边缘构件的纵向钢筋截面面积，抗震等级一级时，不应小于图中阴影面积的 1.2%。

YBZ1 阴影部分纵向钢筋面积：$0.012A_c = 0.012 \times (800^2 - 400^2) = 5760\text{mm}^2 > A_s = 16 \times 314 = 5024\text{mm}^2$，不符合要求。

（2）约束边缘构件沿墙肢长度

约束边缘构件沿墙肢长度 l_c 的抗震要求与抗震等级、轴压比、墙体形式和墙肢截面高度有关。

根据《混规》表 11.7.18 或《抗震规范》表 6.4.5-3 规定，约束边缘构件 YBZ1 沿长向最小墙肢长度：$l_{c,min} = 0.15h_w = 0.15 \times (7500 + 400) = 1185\text{mm}$；YBZ1 实际墙肢长度 $l_c = 1100\text{mm} < l_{c,min} = 1185\text{mm}$，不符合要求。

【混 31】抗震时连梁受剪承载力

某 7 层住宅，层高均为 3.1m，房屋高度 22.3m，安全等级为二级，采用现浇钢筋混凝土剪力墙结构，混凝土强度等级 C35，抗震等级三级，结构平面立面均规则。某矩形截面墙肢尺寸 $b_w \times h_w = 250\text{mm} \times 2300\text{mm}$，各层截面保持不变。

该住宅某门顶连梁截面和配筋如图 1.31.1 所示。假定，门洞净宽 1000mm，连梁中未配置斜向交叉钢筋。h_0 =720mm，均采用 HRB500 钢筋。试问，考虑地震作用组合，根据截面和配筋，该连梁所能承受的最大剪力设计值（kN）与下列何项数值最为接近？

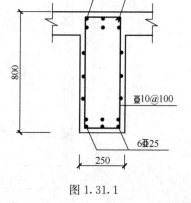

图 1.31.1

(A) 500　　　　　(B) 530

(C) 560　　　　　(D) 640

【答案】（B）

【解答】

（1）剪力墙的斜截面受剪承载力按《混规》11.7.9 条计算。

跨高比＝1000/800＝1.25＜2.5，应按 11.7.9 条 2 款计算。

（2）表 4.1.4-1、表 4.2.3-1、4.2.3 条，C35：f_t＝1.57N/mm^2、f_c＝16.7N/mm^2；HRB500 钢筋 f_{yv}＝360N/mm^2。表 11.1.6，γ_{RE}＝0.85。

（3）受剪截面限制条件，式（11.7.9-3）

$$V \leqslant \frac{1}{\gamma_{RE}}(0.15\beta_c f_c b h_0) = \frac{0.15 \times 1.0 \times 16.7 \times 250 \times 720}{0.85} = 530471N = 530.5kN$$

（4）连梁的斜截面受剪承载力，式（11.7.9-4）

$$V_{wb} \leqslant \frac{1}{\gamma_{RE}}\left(0.38f_t b h_0 + 0.9\frac{A_{sv}}{s}f_{yv}h_0\right)$$

$$= \frac{1}{0.85}\left(0.38 \times 1.57 \times 250 \times 720 + 0.9 \times \frac{2 \times 78.5}{100} \times 360 \times 720\right)$$

$$= 557.22kN$$

min{530.5,557.22}＝530.5kN，选（B）。

【混 32】多遇地震下结构整体计算参数

某五层钢筋混凝土框架结构办公楼，房屋高度 25.45m，抗震设防烈度 8 度，设防类别为丙类，设计基本加速度 0.2g，设计地震分组为第二组，场地类别为 Ⅱ 类，混凝土强度等级 C30，该结构的平面和竖向规则。

按振型分解反应谱法进行多遇地震下的结构整体计算时，输入的部分参数摘录如下：①特征周期 T_g＝0.4s；②框架抗震等级为二级；③结构的阻尼比 ζ＝0.05；④水平地震影响系数最大值 α_{max}＝0.24。试问，以上参数输入正确的选项为下列何项？

(A) ①②③　　　(B) ①③　　　(C) ②④　　　(D) ①③④

【答案】（B）

【解答】

（1）根据《抗震规范》表 5.1.4-2，场地类别为 Ⅱ 类，分组为第二组 T_g＝0.4s，①正确。

（2）根据《抗震规范》表 6.1.2，烈度 8 度，高度 25.45m＞24m 抗震等级应为一级；②错误。

（3）根据《抗震规范》第5.1.5条第1款；阻尼比 $\zeta=0.05$，③正确。

（4）根据《抗震规范》表5.1.4-1，设防烈度8度，加速度0.2g，水平地震影响系数最大值 $\alpha_{\max}=0.16$，④错误。

【混33~34】

某四层钢筋混凝土框架结构，计算简图如图1.33~34(Z)所示（"Z"是指总题干）。抗震设防类别为丙类，抗震设防烈度为8度（0.2g），Ⅱ类场地，设计地震分组为第一组，第一自振周期 $T_1=0.55s$。一至四层的楼层侧向刚度 K_1、K_2、K_3、K_4，依次为：$1.7\times10^5 N/mm$、$1.8\times10^5 N/mm$、$1.8\times10^5 N/mm$、$1.6\times10^5 N/mm$；各层顶重力荷载代表值 G_1、G_2、G_3、G_4 依次为：2100kN、1800kN、1800kN、1900kN。

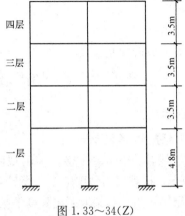

图1.33~34(Z)

【混33】底部剪力法求二层地震作用标准值

假定，结构总水平地震作用标准值 $F_{EK}=800kN$，试问，作用在二层顶面的水平地震作用标准值 F_2（kN）与下列何项数值最为接近？

提示：采用底部剪力法进行计算。

(A) 130   (B) 140   (C) 150   (D) 160

【答案】(B)

【解答】

（1）根据《抗震规范》表5.1.4-2，8度（0.2g），Ⅱ类场地，$T_g=0.35s$。

（2）表5.2.1，$T_1=0.55s>1.4T_g=1.4\times0.35=0.49s$。

顶部附加地震作用系数 $\delta_n=0.08T_1+0.07=0.08\times0.55+0.07=0.114$。

（3）式（5.2.1-1）

$$\sum G_j H_j = 2100\times4.8+1800\times(4.8+3.5)+1800$$
$$\times(4.8+2\times3.5)+1900\times(4.8+3\times3.5)$$
$$=75330 kN\cdot m$$

$$F_2=\frac{G_2 H_2}{\sum G_j H_j}F_{EK}(1-\delta_n)=\frac{1800\times(4.8+3.5)}{75330}\times800\times(1-0.114)$$
$$=140.6 kN$$

【混34】底部剪力法求总水平地震作用

假定，阻尼比为0.05，试问，结构总水平地震作用标准值 F_{Ek}（kN）与下列何项数值最为接近？

提示：采用底部剪力法进行计算。

(A) 690   (B) 780   (C) 810   (D) 860

【答案】(A)

【解答】

(1) 根据《抗震规范》5.1.4条，8度（0.2g），Ⅱ类场地，地震分组为第一组：$T_g=0.35s$，$\alpha_{max}=0.16$，$\gamma=0.9$。

(2) 5.1.5条，

$$\alpha_1 = \left(\frac{T_g}{T_1}\right)^\gamma \eta_2 \alpha_{max} = \left(\frac{0.35}{0.55}\right)^{0.9} \times 1.0 \times 0.16 = 0.1065$$

(3) 5.2.1条，

$$G_{eq} = 0.85 \times \sum G_i = 0.85 \times (2100 + 1800 + 1800 + 1900) = 6460kN$$

$$F_{Ek} = \alpha_{max} G_{eq} = 0.1065 \times 6460kN = 688kN$$

【混35】SRSS 法求弯矩

某五层中学教学楼。采用现浇钢筋混凝土框架结构，框架最大跨度9m，层高均为3.6m，抗震设防烈度7度，设计基本地震加速度0.10g，建筑场地类别Ⅱ类，设计地震分组第一组，框架混凝土强度等级C30。

假定，采用振型分解反应谱法进行多遇地震作用计算，相邻振型的周期比小于0.85，顶层框架柱的反弯点位于层高中点，当不考虑偶然偏心的影响时。水平地震作用效应计算取前3个振型，某顶层柱相应于第一、第二、第三振型的层间剪力标准值分别为300kN、−150kN、50kN。试问，地震作用下该顶层柱柱顶弯矩标准值 M_k（kN·m）与下列何项数值最为接近？

(A) 360   (B) 476   (C) 610   (D) 900

【答案】(C)

【解答】

(1) 根据弹性力学计算顶层柱柱顶弯矩标准值

第一振型产生的弯矩标准值 $M_{1k} = V_1 \times (H_1/2) = 300 \times 3.6/2 = 540kN \cdot m$；

第二振型产生的弯矩标准值 $M_{2k} = V_2 \times (H_2/2) = -150 \times 3.6/2 = -270kN \cdot m$；

第三振型产生的弯矩标准值 $M_{3k} = V_3 \times (H_3/2) = 50 \times 3.6/2 = 90kN \cdot m$。

(2) 根据《抗震规范》第5.2.2条2款，

当相邻振型的周期比小于0.85时，该顶层柱柱顶弯矩标准值：

$$M_k = \sqrt{(540)^2 + (-270)^2 + (90)^2} = 610kN \cdot m$$

【混36】审核楼层剪力系数

某五层档案库，采用钢筋混凝土框架结构，抗震设防烈度为7度（0.15g），设计地震分组为第一组，场地类别为Ⅲ类，抗震设防类别为标准设防类。假定，各楼层及其上部楼层重力荷载代表值之和$\sum G_j$、各楼层水平地震作用下的剪力标准值V_i如表1.36.1所示。试问，以下关于楼层最小地震剪力系数是否满足规范要求的描述，何项正确？

各楼层重力荷载代表值之和及楼层水平剪力标准值   表1.36.1

楼层	1	2	3	4	5
$\sum G_j$（kN）	97130	79850	61170	45820	30470
V_i（kN）	3800	3525	3000	2560	2015

提示：基本周期小于 3.5s，且无薄弱层。

(A) 各楼层均满足规范要求

(B) 各楼层均不满足规范要求

(C) 第 1、2、3 层不满足规范要求，4、5 层满足规范要求

(D) 第 1、2、3 层满足规范要求，4、5 层不满足规范要求

【答案】(A)

【解答】

(1) 根据《抗震规范》5.2.5 条，任何一楼层的水平地震剪力应符合 $V_{EK} \geqslant \lambda \Sigma G_i$ 的要求。剪力系数（剪重比）$\lambda \geqslant V_{EK} / \Sigma G_i$ 应符合表 5.2.5 的要求。

(2) 计算各层的剪力系数 λ

第一层：$\lambda_1 = \dfrac{3800}{97130} = 0.039$；第二层：$\lambda_2 = \dfrac{3525}{79850} = 0.044$；

第三层：$\lambda_3 = \dfrac{3000}{61170} = 0.049$；第四层：$\lambda_4 = \dfrac{2560}{45820} = 0.056$；

第五层：$\lambda_5 = \dfrac{2015}{30470} = 0.066$。

7 度（0.15g），基本周期小于 3.5s 且无薄弱层，表 5.2.5 中 $\lambda_{min} = 0.024$。各层的剪力系数均大于 0.024，满足规范要求。

【混 37】考虑竖向地震作用组合的弯矩设计值

某框架结构办公楼中的楼面长悬臂梁，悬挑长度 5m，梁上承受的恒载标准值为 32kN/m（包括梁自重），按等效均布荷载计算的活荷载标准值为 8kN/m，梁端集中恒荷载标准值为 30kN。已知，抗震设防烈度为 8 度，设计基本地震加速度值为 0.20g，程序计算分析时未作竖向地震计算。试问，当用手算复核该悬挑梁配筋设计时，其支座考虑地震作用组合的弯矩设计值 M（kN·m）与下列何项数值最为接近？

(A) 600   (B) 720   (C) 800   (D) 850

【答案】(C)

【解答】

(1) 根据《抗震规范》5.3.3 条，8 度的长悬臂构件应考虑竖向地震作用。

(2) 计算重力荷载代表值 G_i；

根据《抗震规范》第 5.1.3 条。

悬臂梁重力荷载代表值均布荷载为：$G_{i1} = 32 + 0.5 \times 8 = 36$kN/m；

悬臂梁重力荷载代表值梁端集中荷载为：$G_{i2} = P = 30$kN。

(3) 计算考虑地震作用组合的弯矩设计值

5.3.3 条竖向地震作用标准值可取重力荷载代表值的 10%，并按 5.4.1 条进行组合

$$M = \gamma_G S_{GE} + \gamma_{EV} S_{EVK} = \gamma_G S_{GE} + \gamma_{EV} 0.1 S_{GE} = S_{GE} \times (\gamma_G + 0.1\gamma_{EV})$$

$$= (1.2 + 1.3 \times 0.1) \times (ql^2/2 + Pl)$$

$$= (1.2 + 1.3 \times 0.1) \times (0.5 \times 36 \times 5^2 + 30 \times 5) = 798 \text{kN} \cdot \text{m}$$

【混 38】强剪弱弯求梁端剪力

某钢筋混凝土框架结构办公楼,抗震等级为二级,框架梁的混凝土强度等级为 C35,梁纵向钢筋及箍筋均采用 HRB400。取某边榀框架(C 点处为框架角柱)的一段框架梁,梁截面:$b \times h = 400\text{mm} \times 900\text{mm}$,受力钢筋的保护层厚度 $c_s = 30\text{mm}$,梁上线荷载标准值分布图、简化的弯矩标准值如图 1.38.1 所示,其中框架梁净跨 $l_n = 8.4\text{m}$。假定,永久荷载标准值 $g_k = 83\text{kN/m}$,等效均布可变荷载标准值 $q_k = 55\text{kN/m}$。

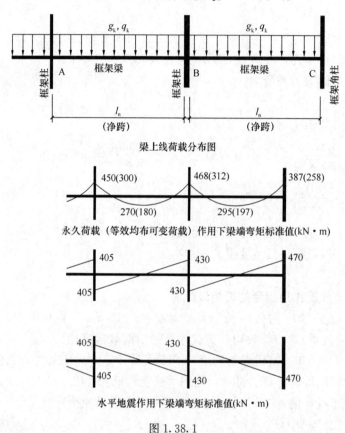

梁上线荷载分布图

永久荷载(等效均布可变荷载)作用下梁端弯矩标准值(kN·m)

水平地震作用下梁端弯矩标准值(kN·m)

图 1.38.1

试问,考虑地震作用组合时,BC 段框架梁端截面组合的剪力设计值 V(kN)与下列何项数值最为接近?

(A) 670   (B) 740   (C) 810   (D) 880

【答案】(B)

【解答】

(1) 根据《抗震规范》6.2.4 条,框架结构抗震等级二级,按式(6.2.4-1)计算剪力设计值:

$$V_1 = \frac{\eta_{vb}(M_b^l + M_b^r)}{l_n} + V_{Gb}$$

(2) 重力荷载代表值作用下的梁端剪力设计值 V_{GB}

5.1.3 条及 5.4.1 条:$V_{Gb} = 1.2 \times (83 + 0.5 \times 55) \times 8.4/2 = 556.9\text{kN}$

(3) 梁 BC 左右端的剪力设计值 V

6.2.4 条，二级框架，$\eta_{vb}=1.2$

① 地震作用由左至右：

$$M_b^l = -1.2 \times (468 + 0.5 \times 312) - 1.3 \times 430 = -189.8 \text{kN} \cdot \text{m}$$

$$M_b^r = 1.2 \times (387 + 0.5 \times 258) + 1.3 \times 470 = 1230.2 \text{kN} \cdot \text{m}$$

梁端剪力设计值：

$$V_1 = \frac{\eta_{vb}(M_b^l + M_b^r)}{l_n} + V_{Gb} = 1.2 \times (-189.8 + 1230.2)/8.4 + 556.9 = 705.5 \text{kN}$$

② 地震作用由右至左：

$$M_b^l = -1.2 \times (468 + 0.5 \times 312) - 1.3 \times 430 = -1307.8 \text{kN} \cdot \text{m}$$

$$M_b^r = 1.2 \times (387 + 0.5 \times 258) - 1.3 \times 470 = 8.2 \text{kN} \cdot \text{m}$$

梁端剪力设计值：

$$V_2 = \frac{\eta_{vb}(M_b^l + M_b^r)}{l_n} + V_{Gb} = 1.2 \times (1307.8 - 8.2)/8.4 + 556.9 = 742.6 \text{kN}$$

$$V = \max\{V_1, V_2\} = 742.6 \text{kN}$$

注：可以考虑重力荷载代表值分项系数 1.0 的工况，计算 M_b^l、M_b^r、V_{Gb} 时重力荷载代表值的分项系数均应取 1.0。

【混 39】中学教学楼抗震等级

某五层中学教学楼，采用现浇钢筋混凝土框架结构，框架最大跨度 9m，层高均为 3.6m，抗震设防烈度 7 度，设计基本地震加速度 0.10g，建筑场地类别Ⅱ类，设计地震分组第一组，框架混凝土强度等级 C30。试问，框架的抗震等级及多遇地震作用时的水平地震影响系数最大值 α_{max} 选取下列何项正确？

(A) 三级、$\alpha_{max}=0.16$ （B) 二级、$\alpha_{max}=0.16$

(C) 三级、$\alpha_{max}=0.08$ （D) 二级、$\alpha_{max}=0.08$

【答案】(D)

【解答】

(1) 根据《分类标准》第 6.0.8 条，中学教学楼的抗震设防类别应不低于重点设防类。

(2) 根据《分类标准》第 3.0.3 条，重点设防类应按高于本地区抗震设防烈度一度的要求加强其抗震措施，同时，应按本地区抗震设防烈度确定其地震作用。抗震设防烈度 7 度应提高到 8 度考虑抗震措施。

(3) 根据《抗震规范》表 6.1.2，设防烈度按 8 度，高度 3.6m×5=18m＜24m，不属于大跨框架，框架抗震等级为二级。

(4) 根据《抗震规范》表 5.1.4-1，计算地震作用时，仍按 7 度考虑，多遇地震作用时的水平地震影响系数最大值仍按 7 度（0.1g），$\alpha_{max}=0.08$。

【混 40】抗震时角柱大偏心受压配筋

某 7 度（0.1g）地区多层重点设防类民用建筑，采用现浇钢筋混凝土框架结构，建筑平、立面均规则，框架的抗震等级为二级。框架柱的混凝土强度等级均为 C40，钢筋采用 HRB400，$a_s = a'_s = 50$mm。

假定，底层某角柱截面为 700mm$\times 700$mm。柱底截面考虑水平地震作用组合的，未经调整的弯矩设计值为 900kN·m，相应的轴压力设计值为 3000kN，柱纵筋采用对称配筋，相对界限受压区高度 $\xi_b = 0.518$，不需要考虑二阶效应。试问，按单向偏压构件计算，该角柱满足柱底正截面承载能力要求的单侧纵筋截面面积 A_s（mm²），与下列何项数值最为接近？

提示：不需要验算最小配筋率。

(A) 1300   (B) 1800   (C) 2200   (D) 2900

【答案】(D)

【解答】

(1)《混规》第 11.1.6 条，框架柱考虑地震作用的正截面抗震承载力应按规范的 6.2 节的规定计算，但应在相应计算公式的右端除以相应的承载力抗震调整系数。

矩形截面偏心受压构件的正截面承载力按《混规》6.2.17 条计算。

(2) 弯矩调整

根据《抗震规范》第 6.2.3、6.2.6 条，二级框架结构底层柱柱底考虑强柱根，截面的弯矩增大系数为 1.5，角柱考虑双向受扭的增大系数 1.1。

$$1.5 \times 1.1 = 1.65, \quad M = 900 \times 1.65 = 1485 \text{kN·m}$$

(3) 根据《混规》表 4.1.4-1、表 4.2.3-1，C40：$f_c = 19.1$N/mm²；HRB400 钢筋：$f_y = f'_y = 360$N/mm²。

(4) 承载力抗震调整系数 γ_{RE}

轴压比 $\mu_c = \dfrac{3000 \times 10^3}{19.1 \times 700 \times 700} = 0.32 > 0.15$

根据《抗震规范》第 5.4.2 条，$\gamma_{RE} = 0.8$。

(5) 判断大小偏心

根据《混规》第 6.2.17 条和第 11.1.6 条，

$$x = \frac{\gamma_{RE} N}{\alpha_1 f_c b} = \frac{0.8 \times 3000 \times 10^3}{1 \times 19.1 \times 700} = 179.51 \text{mm} < \xi_b h_0 = 0.518 \times (700 - 50) = 336.7 \text{mm}$$

属大偏心受压

$$x = 179.51 \text{mm} > 2a'_s = 2 \times 50 = 100 \text{mm}$$

(6) 单侧纵筋截面面积 A_s

不考虑二阶效应，根据《混规》式（6.2.17-2）、（6.2.17-3）、（6.2.17-4）和 6.2.5 条

$$e_0 = \frac{M}{N} = \frac{1485 \times 10^6}{3000 \times 10^3} = 495 \text{mm}$$

$$e_a = \max(20, 700/30) = 23.33 \text{mm}$$

$$e_i = e_0 + e_a = 518.33 \text{mm}$$

$$e = e_i + \frac{h}{2} - a_s = 518.33 + \frac{700}{2} - 50 = 818.33 \text{mm}$$

$$Ne = \frac{1}{\gamma_{RE}} \alpha_1 f_c b x \left(h_0 - \frac{x}{2}\right) + f'_y A'_s (h_0 - a'_s)$$

$$A'_s = \frac{\gamma_{RE} Ne - \alpha_1 f_c b x (h_0 - x/2)}{f'_y (h_0 - a'_s)}$$

$$= \frac{0.8 \times 3000 \times 10^3 \times 818.33 - 1 \times 19.1 \times 700 \times 179.51 \times (650 - 179.51/2)}{360 \times (650 - 50)}$$

$$= 2867.5 \text{mm}^2$$

【混 41】剪力墙底部加强部位剪力设计值

某多层住宅，采用现浇钢筋混凝土剪力墙结构，结构平面立面均规则，抗震等级为三级，以地下室顶板作为上部结构的嵌固部位。底层某双肢墙有 A、B 两个墙肢。已知 A 墙肢截面组合的剪力计算值 $V_w = 180$kN，同时 B 墙肢出现了大偏心受拉。试问，A 墙肢截面组合的剪力设计值 V（kN），应与下列何项数值最为接近？

(A) 215　　　　(B) 235　　　　(C) 250　　　　(D) 270

【答案】(D)

【解答】

(1) 根据《抗震规范》第 6.2.7 条 3 款，任一墙肢出现偏心受拉，另一墙肢的剪力和弯矩设计值应乘以增大系数 1.25。

(2) 6.1.10 条，底层属于底部加强部位。

(3) 6.2.8 条式 (6.2.8-1)，三级剪力墙底部加强部位，应乘以剪力增大系数 1.2。因此，$V = 1.25 \eta_{vw} V_w = 1.25 \times 1.2 \times 180 = 270$kN。

【混 42】柱轴压比限值

8 度区抗震等级为一级的某框架结构中柱如图 1.42.1 所示，建筑场地类别为 II 类，混凝土强度等级为 C60，$f_c = 27.5$N/mm² 柱纵向受力钢筋及箍筋均采用 HRB400(Φ)，采用井字复合箍筋，箍筋肢距相等，柱纵筋保护层厚度 $c = 40$mm，截面有效高度 $h_0 = 750$mm，柱轴压比 0.55，柱端截面组合的弯矩计算值 $M_c = 250$kN·m，与其对应的组合计算值 $V_c = 182.5$kN。

假定，柱截面剪跨比 $\lambda = 1.7$，试问，按柱轴压比限值控制，该柱可以承受的最大轴向压力设计值 N（kN），与下列何项最为接近？

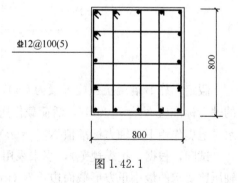

Φ12@100(5)

800

800

图 1.42.1

(A) 11400　　　(B) 12300　　　(C) 13200　　　(D) 14100

【答案】(B)

【解答】

(1) 柱轴压比限值

① 根据《抗震规范》表 6.3.6，一级框架柱轴压比限值 $\mu_N = 0.65$。

②《抗震规范》表 6.3.6 注 2，由 $1.5 < \lambda < 2.0$，框架柱轴压比限值应降低 0.05。

③《抗震规范》表 6.3.6 注 3，柱截面沿全高采用复合箍，直径不小于 12mm，肢距不大于 200mm，间距不大于 100mm，框架柱轴压比限值可增加 0.10。

柱轴压比限值：$\mu_N = 0.65 - 0.05 + 0.10 = 0.70$。

（2）根据轴压比限值，计算柱所能承受的最大轴向压力设计值

$$N = \mu_N f_c A = 0.70 \times 27.5 \times 800^2 \times 10^{-3} = 12320kN$$

【混43】柱轴压比限值

某四层现浇钢筋混凝土框架结构，各层结构计算高度均为6m，跨度18m，平面布置如图1.43.1所示，抗震设防烈度为7度，设计基本地震加速度为0.15g，设计地震分组为第二组，建筑场地类别为Ⅱ类，抗震设防类别为重点设防类。

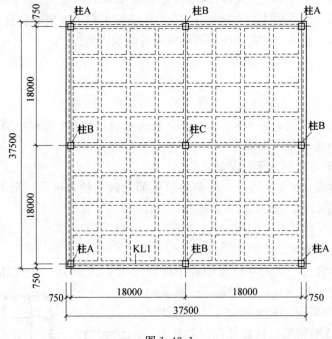

图 1.43.1

假定，柱B混凝土强度等级为C50，$f_c = 23.1N/mm^2$，剪跨比大于2，恒荷载作用下的轴力标准值 $N_1 = 7400kN$，活荷载作用下的轴力标准值 $N_2 = 2000$（组合值系数为0.5），水平地震作用下的轴力标准值 $N_{Ehk} = 500kN$。

试问，根据《抗震规范》，当未采用有利于提高轴压比限值的构造措施时，柱B满足轴压比要求的最小正方形截面边长 h（mm）应与下列何项数值最为接近？

提示：风荷载不起控制作用。

(A) 750　　　　　(B) 800　　　　　(C) 850　　　　　(D) 900

【答案】(C)

【解答】

（1）地震作用下的构件内力组合的设计值，按《抗震规范》公式（5.4.1）计算：

$$S = \gamma_G S_{GE} + \gamma_{Eh} S_{Ehk} + \gamma_{Ev} S_{evk} + \psi_w \gamma_w S_{wk}$$

（2）柱的轴压力设计值：$N = 1.2 \times (7400 + 2000 \times 0.5) + 1.3 \times 500 = 10730kN$。

（3）结构的抗震等级

根据《分类标准》，重点设防类的抗震措施应从 7 度（0.1g）提高一度即按 8 度（0.2g）。

根据《抗震规范》表 6.1.2 查表得本工程跨度＝18m，为大跨度结构，高度 6m×4＝24m，框架抗震等级为一级。

（4）满足轴压比要求的最小正方形截面边长 h

根据《抗震规范》表 6.3.6 一级框架结构柱轴压比限值为 $\mu_N=0.65$。

$$h=\sqrt{\frac{N}{f_c\mu_n}}=\sqrt{\frac{10730\times1000}{23.1\times0.65}}=845\text{mm}$$

【混 44】柱纵筋最小面积

某 7 度（0.1g）地区多层重点设防类民用建筑，采用现浇钢筋混凝土框架结构，建筑平、立面均规则，框架的抗震等级为二级。框架柱的混凝土强度等级均为 C40，钢筋采用 HRB400，$a_s=a'_s=50$mm。

假定，底层某边柱为大偏心受压构件，截面 900mm×900mm。试问，该柱满足构造要求的纵向钢筋最小总面积（mm²），与下列何项数值最为接近？

(A) 6500　　　　(B) 6900　　　　(C) 7300　　　　(D) 7700

【答案】（B）

【解答】

1. 确定按构造要求的纵向钢筋的配筋率

根据《抗震规范》表 6.3.7-1，抗震等级为二级。钢筋强度标准值为 400MPa 时，框架结构的边柱的最小总配筋率为 $(0.8+0.05)\%=0.85\%$

2. 计算柱子的纵向钢筋最小总面积

根据《混规》第 8.5.1 条注 4，纵筋面积应按构件的全截面面积计算：

$$A_{s,\min}=0.85\%\times900\times900=6885\text{mm}^2$$

因此选（B）。

【混 45】柱加密区实际体积配筋率与最小体积配筋率

8 度区抗震等级为一级的某框架结构中柱如图 1.45.1 所示，建筑场地类别为 II 类，混凝土强度等级为 C60，$f_c=27.5$N/mm²，柱纵向受力钢筋及箍筋均采用 HRB400（Ⅎ），采用井字复合箍筋，箍筋肢距相等，柱纵筋保护层厚度 $c=40$mm，截面有效高度 $h_0=750$mm，柱轴压比 0.55，柱端截面组合的弯矩计算值 $M_c=250$kN·m，与其对应的组合计算值 $V_c=182.5$kN。

试问，该柱箍筋加密区的体积配箍率与其最小体积配箍率的比值（$\rho_v/\rho_{v,\min}$），与下列何项数值最为接近？

提示：不考虑箍筋重叠部分面积。

(A) 1.0　　　　(B) 1.3　　　　(C) 1.6　　　　(D) 2.0

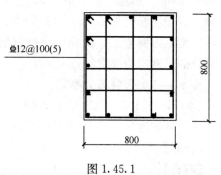

Ⅎ12@100(5)

800

800

图 1.45.1

【答案】（B）

【解答】

（1）最小体积配箍率

① 柱截面剪跨比

《抗震规范》6.2.9 条：$\lambda = \dfrac{M^c}{V^c h_0} = \dfrac{250 \times 10^6}{182.5 \times 10^3 \times 750} = 1.8$；

② 根据剪跨比确定箍筋加密区的体积配箍率

《抗震规范》6.3.9 条第 3 款 3 项，$\lambda = 1.8 < 2$，最小体积配箍率 $\rho_{v,min} = 1.2\%$；

③ 根据轴压比计算确定箍筋加密区的体积配箍率

《抗震规范》6.3.9 条式（6.3.9）

$$\lambda_v = 0.14, \quad \rho_v = \lambda_v f_c / f_{yv} = 0.14 \times 27.5 / 360 = 0.0107 < 0.012$$

加密区的最小体积配箍率为 0.012。

（2）加密区实际体积配箍率

根据《混规》式（6.6.3-2）

截面核心区面积：$A_{cor} = (800 - 40 \times 2)^2 = 518400 \, \text{mm}^2$

每肢箍筋的长度 $= 800 - 40 \times 2 + 12 = 732 \, \text{mm}$

柱截面体积配箍率：

$$\rho_V = \frac{n_1 A_{s1} l_1 + n_2 A_{s2} l_2}{A_{cor} s} = \frac{10 \times 113 \times 732}{518400 \times 100} \times 100\% = 1.6\%$$

（3）加密区体积配箍率与最小体积配箍率的比值

$$\frac{\rho_V}{\rho_{V,min}} = \frac{1.6\%}{1.2\%} = 1.33$$

【混 46】角柱箍筋构造

某五层中学教学楼，采用现浇钢筋混凝土框架结构，框架最大跨度 9m，层高均为 3.6m，抗震设防烈度 7 度，设计基本地震加速度 0.10g，建筑场地类别 Ⅱ 类，设计地震分组第一组，框架混凝土强度等级 C30。

假定，框架的抗震等级为二级，底层角柱截面尺寸及配筋形式如图 1.46.1 所示，施工时要求箍筋采用 HPB300（Φ），柱箍筋混凝土保护层厚度为 20mm，轴压比 0.6，剪跨比 3.0。如仅从抗震构造措施方面考虑，试验算该柱箍筋配置选用下列何项才能符合规范的最低构造要求？

提示：扣除重叠部分箍筋。

(A) Φ8@100　　　　(B) Φ8@100/200

(C) Φ10@100　　　　(D) Φ10@100/200

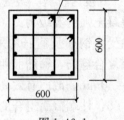

图 1.46.1

【答案】（C）

【解答】

（1）《抗震规范》6.3.9 条 1 款 4 项，二级框架的角柱箍筋加密范围取全高，只有 A、C 项符合要求。

(2)《抗震规范》6.3.9条，混凝土强度等级低于C35时按C35计算，$f_c=16.7$ N/mm² 轴压比为0.6，查表6.3.9条，$\lambda_v=0.13$。

$$\rho_v = \lambda_v \frac{f_c}{f_{yv}} = 0.13 \times \frac{16.7}{270} = 0.8\% > 0.6\%$$

当采用Φ8@100箍筋时

$$\rho_v = \frac{8 \times (600-2\times20-8)\times50.3}{(600-2\times20-2\times8)^2\times100} = 0.75\% < 0.8\%，不符合要求$$

当采用Φ10@100箍筋时

$$\rho_v = \frac{8 \times (600-2\times20-10)\times78.5}{(600-2\times20-2\times10)^2\times100} = 1.18\% > 0.8\%，符合要求$$

选（C）。

【混47】柱加密区计算体积配箍率与最小体积配箍率

某规则框架-剪力墙结构，框架的抗震等级为二级。梁、柱混凝土强度等级均为C35。某中间层的中柱净高 $H=4$m，柱除节点外无水平荷载作用，柱截面 $b\times h=1100\text{mm}\times1100\text{mm}$，$a_s=50$mm，柱内箍筋采用井字复合箍，箍筋采用 HRB500 钢筋，其考虑地震作用组合的弯矩如图1.47.1所示。假定，柱底考虑地震作用组合的轴压力设计值为13130kN。试问，按《抗震规范》的规定，该柱箍筋加密区的最小体积配箍率与下列何项数值最为接近？

(A) 0.5%　　　　(B) 0.6%

(C) 1.2%　　　　(D) 1.5%

【答案】（C）

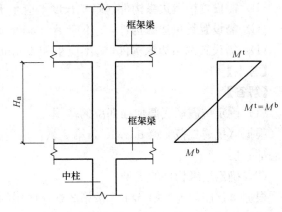

图1.47.1

【解答】

(1) 根据《抗震规范》第6.3.9条计算柱箍筋加密区的体积配箍率。

(2) 按公式计算体积配箍率

① 根据《混规》表4.1.4-1、表4.2.3-1，C35：$f_c=16.7$N/mm²，HRB500 钢筋：$f_y=f_y'=435$N/mm²；

② 柱的轴压比

$$\mu_c = \frac{13130\times1000}{16.7\times1100\times1100} = 0.65$$

③ 计算柱加密区的体积配箍率

根据《抗震规范》表6.3.9，抗震等级二级，$\mu_c=0.65$　$\lambda_v=0.14$

$$\rho_v = \lambda_v \frac{f_c}{f_{yv}} = 0.14 \times \frac{16.7}{435} = 0.537\% < 0.6\%，取 \rho_v=0.6\%。$$

(3) 按构造确定体积配箍率

① 计算柱的剪跨比

根据《抗震规范》6.2.9条，反弯点位于柱子中部的框架柱，剪跨比可取柱子净高与2倍柱截面高度之比计算。

由弯矩示意图可知，剪跨比 $\lambda = \dfrac{H_n}{2h_0} = \dfrac{4000}{2 \times (1100 - 50)} = 1.905 < 2$；

② 根据《抗震规范》第6.3.9条第3款第3项可知，剪跨比不大于2的柱，其体积配箍率不应小于1.2%。

(4) max{0.6%，1.2%}＝1.2%，选（C）。

【混48】墙肢轴压比位置与边缘构件设置及长度

某7层住宅，层高均为3.1m，房屋高度22.3m，安全等级为二级，采用现浇钢筋混凝土剪力墙结构，混凝土强度等级C35，抗震等级三级，结构平面立面均规则。某矩形截面墙肢尺寸 $b_w \times h_w = 250mm \times 2300mm$，各层截面保持不变。

假定，该墙肢底层底截面的轴压比为0.58，三层底截面的轴压比为0.38。试问，下列对三层该墙肢两端边缘构件的描述何项是正确的？

(A) 需设置构造边缘构件，暗柱长度不应小于300mm

(B) 需设置构造边缘构件，暗柱长度不应小于400mm

(C) 需设置约束边缘构件，l_c不应小于500mm

(D) 需设置约束边缘构件，l_c不应小于400mm

【答案】（B）

【解答】

(1) 确定抗震墙底部加强部位的范围

根据《抗震规范》第6.1.10条第2款，房屋高度22.3m小于24m，底部加强部位可取底部一层。

(2) 确定边缘构件的类型

根据《抗震规范》第6.4.5条第2款，底层的轴压比为0.58，大于表6.4.5-1中的三级抗震的轴压比0.3，所以加强部位和相邻上一层（一层和二层）应设约束边缘构件，三层以上可设置构造边缘构件。（C），（D）错误。

(3) 确定暗柱长度

根据《抗震规范》图6.4.5-1(a)，暗柱长度不小于 max(b_w＝250，400)＝400mm，选（B）。

第二章 钢 结 构

【钢1】轴心受力构件强度取值

假定,某工字形钢柱采用 Q390 钢制作,翼缘厚度 45mm,腹板厚度 20mm。试问,作为轴心受压构件,该柱钢材的抗拉、抗压和抗弯强度设计值（N/mm²),应取下列何项数值?

(A) 295   (B) 310   (C) 330   (D) 345

【答案】 (B)

【解答】

(1) 根据《钢标》表 4.4.1,Q390 钢材的抗拉、抗压、抗弯强度设计值有 345MPa, 330MPa, 310MPa, 295MPa。

(2) 根据表 4.4.1 注 1,对轴心受拉和轴心受压构件系指截面中较厚板件的厚度。应按翼缘厚度 45mm 决定钢材的强度设计值。所以,应为 330MPa。

【钢2】轴心受压杆件,轴力设计值小于其承载力 50% 的容许长细比

某厂房屋面上弦平面布置如图 2.2.1 所示,钢材采用 Q235,焊条采用 E43 型。

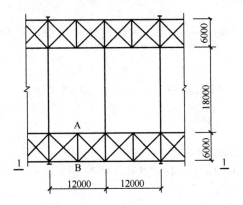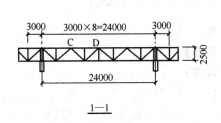

图 2.2.1

图中,AB 杆为双角钢十字截面,采用节点板与弦杆连接,当按杆件的长细比选择截面时,下列何项截面最为合理?

提示:杆件的轴心压力很小（小于其承载能力的 50%）。

(A) $+63 \times 5 (i_{min} = 24.5mm)$ (B) $+70 \times 5 (i_{min} = 27.3mm)$

(C) $+75 \times 5 (i_{min} = 29.2mm)$ (D) $+80 \times 5 (i_{min} = 31.3mm)$

【答案】 (B)

【解答】

(1) 从图中可知,AB 杆的几何长度 $L = 6000mm$。

（2）根据《钢标》第 7.4.6 条 2 款，当杆件内力设计值不大于承载能力的 50％时，容许长细比可取 200。

（3）表 7.4.1-1，AB 杆的计算长度 $L_0 = 0.9L$

（4）7.2.2 条式（7.2.2-1）

$$i_{min} = \frac{0.9 \times 6000}{200} = 27mm < 27.3mm，选（B）。$$

【钢 3】轴心受压柱稳定

某商厦增建钢结构入口大堂，其屋面结构布置如图 2.3.1 所示，新增钢结构依附于商厦的主体结构。钢材采用 Q235B 钢，钢柱 GZ-1 和钢梁 GL-1 均采用热轧 H 型钢 H446×199×8×12 制作。截面特性：$A = 8297mm^2$，$I_x = 28100 \times 10^4 mm^4$，$I_y = 1580 \times 10^4 mm^4$，$i_x = 184mm$，$i_y = 43.6mm$，$W_x = 1260 \times 10^3 mm^3$，$W_y = 159 \times 10^3 mm^3$。钢柱高 15m，上、下端均为铰接，弱轴方向 5m 和 10m 处各设一道系杆 XG。

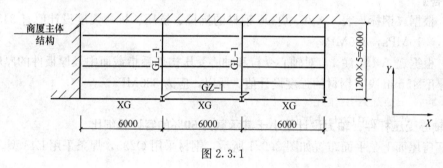

图 2.3.1

假定，钢柱 GZ-1 轴心压力设计值 $N = 330kN$。试问，对该钢柱进行稳定性验算时 $\dfrac{N}{\varphi A f}$ 与下列何项数值最接近？

（A）0.23　　　　（B）0.30　　　　（C）0.40　　　　（D）0.47

【答案】（C）

【解答】

（1）根据《钢标》7.2.2 条，钢柱轴心受压稳定计算应考虑 X、Y 轴两个方向。

（2）表 7.2.1-1，热轧 H 型钢 $b/h = 199/446 = 0.45 < 0.8$，对 X 轴，截面分类为 a 类，对 Y 轴，截面分类为 b 类。

（3）计算两个方向的 φ 值

① 对 X 主轴平面内（a 类截面）

式（7.2.2-1），$\lambda_x = \dfrac{l_{0x}}{i_x} = \dfrac{15000}{184} = 82$

查附录 D 表 D.0.1，$\varphi_x = 0.77$

② 对 Y 主轴平面外

式（7.2.2-2）计算：$\lambda_y = \dfrac{l_{0y}}{i_y} = \dfrac{5000}{43.6} = 115$

附录 D 表 D.0.2 $\varphi_y = 0.464$（b 类截面）。

（4）表 4.4.1，Q235 钢，厚度小于 16mm，$f = 215$。

(5) 7.2.2 条式（7.2.1），按稳定系数最小值计算

$$\frac{N}{\varphi_y A f} = \frac{330 \times 10^3}{0.464 \times 8297 \times 215} = 0.40$$

【钢 4~5】

某轻屋盖钢结构厂房，屋面不上人，屋面坡度为 1/10，采用热轧 H 型钢屋面檩条，其水平间距为 3m，钢材采用 Q235 钢。屋面檩条按简支梁设计，计算跨度 $l = 12$m。假定，屋面水平投影面上的荷载标准值：屋面自重为 0.18kN/m²，均布活荷载为 0.5kN/m²，积灰荷载为 1.00kN/m²，雪荷载为 0.65kN/m²。热轧 H 型钢檩条型号为 H400×150×8×13，自重为 0.56kN/m，其截面特性：$A = 70.37 \times 10^2$mm，$I_x = 18600 \times 10^4$mm⁴，$W_x = 929 \times 10^3$mm³，$W_y = 97.8 \times 10^3$mm³，$i_y = 32.2$mm，截面板件宽厚比等级 S1 级。屋面檩条的截面形式如图 2.4.1 所示。

【钢 4】 梁双向受弯强度

假定，屋面檩条垂直于屋面方向的最大弯矩设计值 $M_x = 133$kN·m，同一截面处平行于屋面方向的侧向弯矩设计值 $M_y = 0.3$kN·m。试问，若计算截面无削弱，在上述弯矩作用下，强度计算时，屋面檩条上翼缘的最大正应力计算值（N/mm²）应与下列何项数值最为接近？

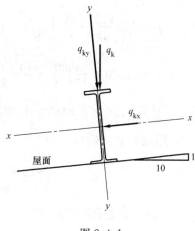

图 2.4.1

(A) 180　　　　　(B) 170

(C) 155　　　　　(D) 140

【答案】（D）

【解答】

(1) 根据《钢标》6.1.1 条计算檩条双向弯曲抗弯强度。

(2) 根据 6.1.2 条，截面板件宽厚比为 S1 级时塑性发展系数取值：

$$\gamma_x = 1.05, \quad \gamma_y = 1.20$$

(3) 式 (6.1.1)

$$\frac{M_x}{\gamma_x W_{nx}} + \frac{M_y}{\gamma_y W_{ny}} = \frac{133 \times 10^6}{1.05 \times 929 \times 10^3} + \frac{0.3 \times 10^6}{1.20 \times 97.8 \times 10^3} = 136.3 + 2.6 = 138.9 \text{N/mm}^2$$

【钢 5】 梁双向受弯稳定

假定，$\varepsilon_k = 1.0$，屋面檩条支座处已采取构造措施以防止梁端截面的扭转，屋面不能阻止屋面檩条的扭转和受压翼缘的侧向位移，而在檩条间设置水平支撑系统，则檩条受压翼缘侧向支承点之间间距为 4m。弯矩设计值同上题。试问，对屋面檩条进行整体稳定性计算时，$\dfrac{M_x}{\varphi_b W_x f} + \dfrac{M_y}{\gamma_y W_y f}$ 下列何项数值最为接近？

(A) 0.95　　　　(B) 0.88　　　　(C) 0.79　　　　(D) 0.67

【答案】（C）

【解答】

(1) 根据《钢标》式 (6.2.3) 计算

$$\frac{M_x}{\varphi_b W_x f} + \frac{M_y}{\gamma_y W_y f} \leqslant 1.0$$

(2) 附录 C 式 (C.0.1) 计算屋面檩条的整体稳定系数 φ_b

① 向支撑间距 4m，跨中有不少与两个支撑点，荷载作用在上翼缘查表 C.0.1，$\beta_b = 1.20$；

② $l_1 = 4000\text{mm}$，$i_y = 32.2\text{mm}$，$\lambda_y = \dfrac{l_1}{i_y} = \dfrac{4000}{32.2} = 124.2$；

③ $h = 400\text{mm}$，$t_1 = 13\text{mm}$，$A = 70.37 \times 10^2 \text{mm}^2$，$W_x = 929 \times 10^3 \text{mm}^2$，双轴对称 $\eta_b = 0$，$f_y = 235\text{N/mm}^2$，$\varepsilon_k = 1.0$；

④ 代入上述参数

$$\varphi_b = \beta_b \frac{4320}{\lambda_y^2} \cdot \frac{Ah}{W_x}\left[\sqrt{1 + \left(\frac{\lambda_y t_1}{4.4h}\right)^2} + \eta_b\right] \times 1.0$$

$$= 1.20 \times \frac{4320}{124.2^2} \cdot \frac{70.37 \times 10^2 \times 400}{929 \times 10^3}\left[\sqrt{1 + \left(\frac{124.2 \times 13}{4.4 \times 400}\right)^2} + 0\right] \times 1.0$$

$$= 1.20 \times 0.8485 \times 1.357 = 1.38 > 0.6$$

⑤ 附录 C 式 (C.0.1-7)

$$\varphi_b' = 1.07 - \frac{0.282}{\varphi_b} = 1.07 - \frac{0.282}{1.38} = 0.866 < 1.0$$

(3) 整体稳定验算公式 (6.2.3)

① 查表 4.4.1，Q235，厚度小于 16mm，$f = 215\text{N/mm}^2$；

② 根据 6.2.3 条：$\gamma_y = 1.20$

$$\frac{M_x}{\varphi_b W_x f} + \frac{M_y}{\gamma_y W_y f} = \frac{133 \times 10^6}{0.866 \times 929 \times 10^3 \times 215} + \frac{0.3 \times 10^6}{1.20 \times 97.8 \times 10^3 \times 215}$$

$$= \frac{165.3}{215} + \frac{2.6}{215} = 0.77 + 0.01 = 0.78$$

【钢 6~7】

某车间为单跨厂房，跨度 16m，柱距 7m，总长 63m，厂房两侧设有通长的屋盖纵向水平支撑。柱下端刚性固定。其结构体系及剖面如图 2.6.1 所示，屋面及墙面采用彩板，刚架、檩条采用 Q235B 钢，手工焊接使用 E43 型焊条。刚架的斜梁及柱均采用双轴对称焊接工字形钢（翼缘为轧制），斜梁截面为 HA500×300×10×12，其截面特性为：$A = 119.6 \times 10^2 \text{mm}^2$，$I_x = 51862 \times 10^4 \text{mm}^4$，$W_x = 2074.5 \times 10^3 \text{mm}^3$，$W_y = 360.3 \times 10^3 \text{mm}^3$，刚架柱截面为 HA550×300×10×14。其截面特性为：$A = 136.2 \times 10^2 \text{mm}^2$，$I_x = 72199 \times 10^4 \text{mm}^4$，$W_x = 2625.4 \times 10^3 \text{mm}^3$，$W_y = 420.3 \times 10^3 \text{mm}^3$，$i_x = 230.2\text{mm}$，$i_y = 68.0\text{mm}$。

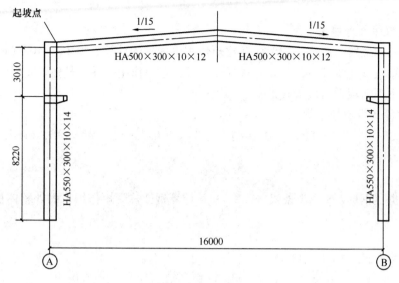

图 2.6.1

【钢 6】压弯柱平面内稳定

刚架柱的弯矩及轴向压力设计值分别为 $M_x=363\text{kN}\cdot\text{m}$，$N=360\text{kN}$；假定，刚架柱在弯矩作用平面内计算长度为 $l_{ox}=13.2\text{m}$。试问，对刚架柱进行弯矩作用平面内整体稳定性验算时，公式左边项与下列何项数值最为接近？

提示：① $\left(1-0.8\dfrac{N}{N'_{\text{Ex}}}\right)=0.962$；② 等效弯矩 $\beta_{\text{mx}}=1.0$；③S2 级截面。

(A) 0.65　　　　　(B) 0.74　　　　　(C) 0.79　　　　　(D) 0.84

【答案】(C)

【解答】

(1) 根据《钢标》8.2.1 条计算刚架柱弯矩作用平面内整体稳定性：

$$\frac{N}{\varphi_x A}+\frac{\beta_{\text{mx}}M_x}{\gamma_x W_{1x}\left(1-0.8\dfrac{N}{N'_{\text{Ex}}}\right)}\leqslant 1.0$$

(2) 求 φ_x 值

① 表 7.2.1-1，工字钢翼缘为轧制，b 类截面；

② $\lambda_x=l_{ox}/i_x=13200/230.2=57.3$；

③ 附录 D 表 D.0.2，b 类截面 $\varphi_x=0.821$。

(3) 表 8.1.1，$\gamma_x=1.05$。

(4) 代入公式 (8.2.1-1)

$$\frac{N}{\varphi_x A f}+\frac{\beta_{\text{mx}}M_x}{\gamma_x W_{1x}\left(1-0.8\dfrac{N}{N'_{\text{Ex}}}\right)f}$$

$$=\frac{360\times10^3}{0.821\times136.2\times10^2\times215}+\frac{1.0\times363\times10^6}{1.05\times2625.4\times10^3\times0.962\times215}$$

$$=\frac{32.2+136.9}{215}=0.79$$

【钢 7】压弯柱平面外稳定

设计条件同上题。假定，刚架柱在弯矩作用平面外的计算长度 $l_{oy}=4030\text{mm}$，轴心受压构件稳定系数 $\varphi_y=0.713$。试问，对刚架柱进行弯矩作用平面外整体稳定性验算时，公式左边项与下列何项数值最为接近？

提示：① 等效弯矩系数 $\beta_{tx}=1.0$；② $\varepsilon_k=1.0$

(A) 0.65   (B) 0.70   (C) 0.74   (D) 0.82

【答案】(D)

【解答】

(1) 根据《钢标》8.2.1 条式（8.2.1-3）计算钢架柱弯矩作用平面外整体稳定：

$$\frac{N}{\varphi_y Af}+\eta\frac{\beta_{tx}M_x}{\varphi_b W_{1x}f}\leqslant 1.0$$

(2) 附录 C 式（C.0.5-1）求 φ_b

$$\lambda_y=l_{oy}/i_y=4030/68=59.3<120，\varepsilon_k=1.0$$

$$\varphi_b=1.07-\frac{\lambda_y^2}{44000\varepsilon_k^2}=1.07-\frac{59.3^2}{44000\times 1.0^2}=0.99<1.0$$

(3) 式（8.2.1-3）

根据 8.2.1 条符号说明，截面影响系数 $\eta=1.0$，提示给出条件 $\beta_{tx}=1.0$

$$\sigma=\frac{N}{\varphi_x Af}+\eta\frac{\beta_{tx}M_x}{\varphi_b W_{1x}f}=\frac{360\times 10^3}{0.713\times 136.2\times 10^2\times 215}+1.0\frac{1.0\times 363\times 10^6}{0.99\times 2625.4\times 10^3\times 215}$$

$$=\frac{37.1+139.7}{215}=0.82$$

【钢 8～9】

某车间吊车梁端部车挡采用焊接工字形截面，钢材 Q235B，车挡截面特性如图 2.8.1 (a) 所示。作用于车挡上的吊车水平冲击力设计值为 $H=201.8\text{kN}$，作用点距车挡底部的高度为 1.37m。

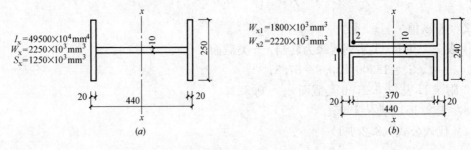

图 2.8.1

【钢 8】角焊缝在弯矩作用下的正应力

车挡翼缘及腹板与吊车梁之间采用双面角焊缝连接，手工焊接，使用 E43 型焊条。已知焊脚尺寸 $h_f=12\text{mm}$，焊缝截面计算长度及有效截面特性如图 2.8.1(b) 所示。假定腹板焊缝承受全部水平剪力。试问，"1"点处的角焊缝应力设计值（N/mm）应与下列何项数值最为接近？

(A) 180　　　　(B) 150　　　　(C) 130　　　　(D) 110

【答案】(B)

【解答】

(1) 根据题中假定腹板承受全部水平剪力，则翼缘焊缝仅承担弯矩作用，因此"1"点处的应力，可按材料力学的弹性公式计算，塑性发展系数 $\gamma_x = 1.0$

$$\sigma_1 = \frac{M_x}{\gamma_x W_{x1}} = \frac{201.8 \times 10^3 \times 1.37 \times 10^3}{1.0 \times 1800 \times 10^3} = 153.6 \text{N/mm}^2$$

(2) 也可参考《钢标》第 6.1.1 条，取截面塑性发展系数 $\gamma_x = 1.05$，计算"1"点处的应力

$$\sigma_1 = \frac{M_x}{\gamma_x W_{x1}} = \frac{201.8 \times 10^3 \times 1.37 \times 10^3}{1.05 \times 1800 \times 10^3} = 146.3 \text{N/mm}^2$$

上述计算结果答案均为 (B)。

【钢 9】弯矩、剪力共同作用下角焊缝应力值

已知条件同上题。试问，图 b "2"点处的角焊缝应力设计值（N/mm²）应与下列何项数值最为接近？

(A) 30　　　　(B) 90　　　　(C) 130　　　　(D) 160

【答案】(C)

【解答】

(1) 根据《钢标》11.2.2 条 2 款，计算"2"点处角焊缝的应力值

$$\sigma_2 = \sqrt{\left(\frac{\sigma_f}{\beta_f}\right)^2 + \tau_f^2}$$

(2) 弯矩作用下"2"点处的弯曲应力

$$\sigma_f = \frac{M_x}{W_{x2}} = \frac{201.8 \times 10^3 \times 1.37 \times 10^3}{2200 \times 10^3} = 124.5 \text{ N/mm}^2$$

(3) 根据式（11.2.2-2）计算剪力作用下"2"点处的剪应力

$$\tau_f = \frac{N}{h_e l_w} = \frac{201.8 \times 10^3}{2 \times 0.7 \times 12 \times 370} = 32.5 \text{N/mm}^2$$

(4) 根据 11.2.2 条 2 款"2"点处综合应力

焊缝直接承受动力荷载，$\beta_f = 1.0$

$$\sigma_2 = \sqrt{\left(\frac{\sigma_f}{\beta_f}\right)^2 + \tau_f^2} = \sqrt{\left(\frac{124.5^2}{1.0}\right)^2 + (32.5^2)^2} = 128.7 \text{N/mm}^2$$

【钢 10】高强螺栓摩擦型连接受拉承载力

某钢梁采用端板连接接头，钢材为 Q345 钢，采用 10.9 级高强度螺栓摩擦型连接，连接处钢材接触表面的处理方法为未经处理的干净轧制表面，其连接形式如图 2.10.1 所示，考虑了各种不利影响后，取弯矩设计值 $M = 260 \text{kN} \cdot \text{m}$，剪力设计值 $V = 65 \text{kN}$，轴力

设计值 $N=100$kN（压力），各设计值均为非地震作用组合内力。试问，连接可采用的高强度螺栓最小规格为下列何项？

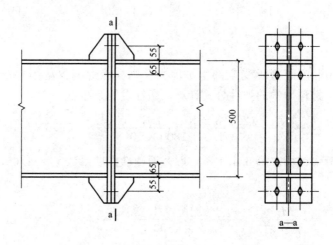

图 2.10.1

提示：①梁上、下翼缘板中心间的距离取 $h=490$mm；

② 忽略轴力和剪力影响；

③ 按《高强螺栓》作答。

(A) M20 　　　　(B) M22 　　　　(C) M24 　　　　(D) M27

【答案】（B）

【解答】

(1) 高强度螺栓实际承受拉（压）力和剪力的共同作用，题目中忽略剪力和轴力的作用，先求出弯矩作用下的单个螺栓最大拉力，再选择螺栓。

(2) 根据《高强螺栓》5.3.1 条和 5.3.3 条公式（5.3.3-1）

$$N_t = \frac{M}{n_1 h} = \frac{260 \times 10^3}{4 \times 490} = 132.7\text{kN}$$

(3) 式（11.4.2-2）

$$N_t^b = 0.8P$$
$$P = N_t^b / 0.8 = 132.7 / 0.8 = 165.9\text{kN}$$

表 11.4.2-2，选 M22：$P=190$kN>165.9kN，答案（B）。

【钢 11】组合楼板完全抗剪连接的最大抗弯承载力

某综合楼标准层楼面采用钢与混凝土组合结构，钢梁 AB 与混凝土楼板通过抗剪连接件（栓钉）形成钢与混凝土组合梁，栓钉在钢梁上按双列布置，其有效截面形式如图 2.11.1 所示。楼板的混凝土强度等级为 C30，板厚 $h=150$mm，钢材采用 Q235B 钢。

假定，组合楼盖施工时设置了可靠的临时支撑，梁 AB 按单跨简支组合梁计算，钢梁采用热轧 H 型钢 H400×200×8×13，截面面积 $A=8337\text{mm}^2$。试问，梁 AB 按考虑全截面塑性发展进行组合梁的强度计算时，完全抗剪连接的最大抗弯承载力设计值 M（kN·m），与下列何项数值最为接近？

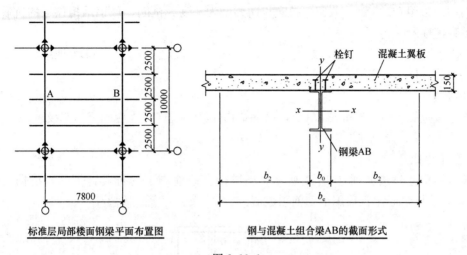

标准层局部楼面钢梁平面布置图   钢与混凝土组合梁AB的截面形式

图 2.11.1

提示：塑性中和轴在混凝土翼板内。

(A) 380   (B) 440   (C) 510   (D) 580

【答案】(D)

【解答】

(1)《钢标》14.2.1 条 1 款 1 项，塑性中和轴在混凝土翼板内时，完全抗剪连接的最大抗弯承载力按式 (14.2.1-1)、式 (14.2.1-2) 计算：

$$M = b_e x f_c y, \quad x = A f / (b_e f_c)$$

(2) 确定参数

① 14.1.2 条计算 b_e

7800/6＝1300mm＞(2500－200)/2＝1150mm，取 b_2＝1150mm

$$b_e = b_0 + 2b_2 = 200 + 1150 \times 2 = 2500 \text{mm};$$

②《钢标》表 4.4.1，Q235B 钢：f＝215MPa

《混规》表 4.1.4-1，C30：f_c＝14.3MPa；

③ 求混凝土翼板受压区高度 x

式 (14.2.1-2)

$$x = \frac{Af}{b_e f_c} = \frac{8337 \times 215}{2500 \times 14.3} = 50.13 \text{mm}$$

④ 钢梁截面应力的合力至混凝土受压区截面应力的合力间的距离 y

$$y = 200 + 150 - \frac{x}{2} = 350 - \frac{50.13}{2} = 324.9 \text{mm}$$

式中：200mm 为工字钢截面形心到上翼缘的距离；150mm 为板厚。

(3) 公式 (14.2.1-1)

$$M_u = b_e x f_c y = 2500 \times 50.13 \times 14.3 \times 324.9 \times 10^{-6} = 582.43 \text{kN} \cdot \text{m}$$

【钢 12】抗震等级

某钢结构住宅，采用框架-中心支撑结构体系，房屋高度为 23.4m，建筑抗震设防类别为丙类，采用 Q235 钢。假定，抗震设防烈度为 7 度。试问，该钢结构住宅的抗震等级应为下列何项？

(A) 一级   (B) 二级   (C) 三级   (D) 四级

【答案】(D)

【解答】

根据《抗震》8.1.3 和表 8.1.3，该钢结构住宅的抗震等级应确定为四级。

【钢 13】阻尼比

某钢结构办公楼如图 2.13.1 所示，当进行多遇地震下的抗震计算时，根据《高钢规》，该办公楼阻尼比宜采用下列何项数值？

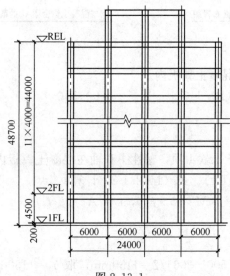

图 2.13.1

(A) 0.035   (B) 0.04   (C) 0.045   (D) 0.05

【答案】(B)

【解答】

《高钢规》5.4.6-1 条，高度不大于 50m 时可取 0.04。

【钢 14】框架中心支撑的支撑失稳概念

某高层钢结构办公楼，抗震设计烈度为 8 度，采用框架-中心支撑结构，如图 2.14.1 所示。试问，与人字形支撑连接的框架梁 AB，关于其在 C 点处不平衡力的计算，下列说法何项正确？

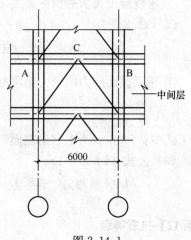

图 2.14.1

(A) 按受拉支撑的最大屈服承载力和受压支撑最大屈曲承载力计算

(B) 按受拉支撑的最小屈服承载力和受压支撑最

大屈曲承载力计算

(C) 按受拉支撑的最大屈服承载力和受压支撑最大屈曲承载力的 0.3 倍计算

(D) 按受拉支撑的最小屈服承载力和受压支撑最大屈曲承载力的 0.3 倍计算

【答案】(D)

【解答】

根据《高钢规》7.5.6-2 条或《抗震规范》8.2.6-2 条规定选 (D)。

【钢 15】等边双角钢 T 形截面 λ_{yz}

某厂房三铰拱式天窗架采用 Q235B 钢制作,其平面外稳定性由支撑系统保证。天窗架侧柱 ad 选用双角钢⊤125×8,天窗架计算简图及侧柱 ad 的截面特性如图 2.15.1 所示。

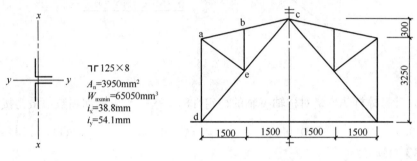

⊤125×8
A_n=3950mm²
W_{mxmin}=65050mm³
i_x=38.8mm
i_y=54.1mm

图 2.15.1

试问,侧柱 ad 在平面外的换算长细比应与下列何项数值最为接近?

提示:采用简化方法确定。

(A) 60   (B) 70   (C) 80   (D) 90

【答案】(B)

【解答】

(1) 根据《钢标》7.2.2 条 2 款 3) 项,等边双角钢组合的 T 形截面绕对称轴的换算长细比可按简化公式计算。

(2) 式 (7.2.2-2):$\lambda_y = \dfrac{l_{0y}}{i_y} = \dfrac{3250}{54.1} = 60.07$

式 (7.2.2-7):$\lambda_z = 3.9 \dfrac{b}{t} = 3.9 \dfrac{125}{8} = 60.93$

$$\lambda_y = 60.07 < \lambda_z = 60.93$$

(3) 按式 (7.2.2-6) 计算换算长细比 λ_{yz}

$$\lambda_{yz} = \lambda_z \left[1 + 0.16 \left(\dfrac{\lambda_y}{\lambda_z} \right)^2 \right] = 60.93 \times \left[1 + 0.16 \times \left(\dfrac{60.07}{60.93} \right)^2 \right] = 70.37$$

【钢 16】十字形截面稳定性验算

某钢烟囱设计时,在邻近构筑物平台上设置支撑与钢烟囱相连,其计算简图如图 2.16.1 所示。支撑结构钢材采用 Q235-B 钢,手工焊接,焊条为 E43 型。撑杆 AB 采用填板连接而成的双角钢构件,十字形截面(十100×7),按实腹式构件进行计算,截面形式如图所示，其截面特性：$A=27.6\times10^2\text{mm}^2$，$i_y=38.9\text{mm}$。已知撑杆 AB 在风荷载作用下的轴心压力设计值 $N=185\text{kN}$。

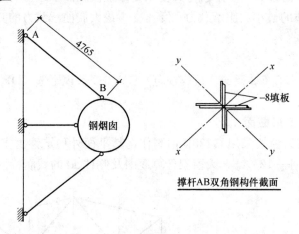

撑杆AB双角钢构件截面

图 2.16.1

试问，计算撑杆 AB 绕对称轴 y 轴的稳定性时，$\dfrac{N}{\varphi A f}$ 与下列何项数值最为接近？

(A) 0.98   (B) 0.93   (C) 0.84   (D) 0.74

【答案】(D)

【解答】

(1) 根据《钢标》7.2.1 条，轴心受压的稳定性验算按式 (7.2.1) 计算：

$$\frac{N}{\varphi A f}\leqslant 1.0$$

(2) 求 φ

① 7.2.2 条式 (7.2.2-2)

$$l_{oy}=L=4765\text{mm}，i_y=38.9\text{mm}，\lambda_y=\frac{l_{0y}}{i_y}=\frac{4765}{38.9}=122.5$$

② 表 7.2.1-1，b 类截面；

③ 附录表 D.0.2，Q235 钢：$\varepsilon_k=1.0$，$\lambda/\varepsilon_k=122.5$，$\varphi=0.423$。

(3) 式 (7.2.1)

$$\frac{N}{\varphi A f}=\frac{185\times10^3}{0.423\times27.6\times10^2\times215}=\frac{158.5}{215}=0.74$$

【钢 17】受弯构件腹板受剪强度

某车间吊车梁端部车挡采用焊接工字形截面，钢材采用 Q235B 钢，车挡截面特性如图 2.17.1(a)、(b) 所示。作用于车挡上的吊车水平冲击力设计值为 $H=201.8\text{kN}$，作用点距车挡底部的高度为 1.37m。

试问，对车挡进行抗剪强度计算时，车挡腹板的最大剪应力设计值（N/mm²）应与下列何项数值最为接近？

(A) 80   (B) 70   (C) 60   (D) 50

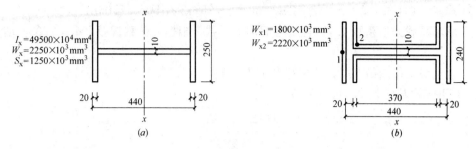

图 2.17.1

【答案】(D)

【解答】

钢结构在主平面内受弯的实腹构件其受剪强度，按《钢标》6.1.3条式（6.1.3）计算

$$\tau = \frac{VS}{It_w} = \frac{201.8 \times 10^3 \times 1250 \times 10^3}{49500 \times 10^4 \times 10} = 51.0 \text{N/mm}^2$$

【钢18】重级工作制吊车梁局部承压

某 12m 跨重级工作制简支焊接实腹工字形吊车梁的截面几何尺寸及截面特性如图 2.18.1 所示。吊车梁钢材为 Q345 钢，焊条采用 E50 型。假定，吊车最大轮压标准值 $P_k = 441 \text{kN}$。

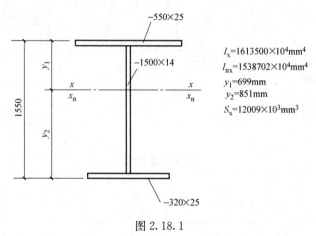

$I_x = 1613500 \times 10^4 \text{mm}^4$
$I_{nx} = 1538702 \times 10^4 \text{mm}^4$
$y_1 = 699 \text{mm}$
$y_2 = 851 \text{mm}$
$S_x = 12009 \times 10^3 \text{mm}^3$

图 2.18.1

假定，吊车轨道型号选用 QU100，轨高 $h_R = 150 \text{mm}$。试问，在吊车最大轮压设计值作用时，腹板计算高度上边缘的局部承压强度（N/mm²）与下列何项数值最为接近？

(A) 80　　　　(B) 110　　　　(C) 140　　　　(D) 170

【答案】(C)

【解答】

（1）腹板计算高度上边缘的局部承压强度，按《钢标》6.1.4 条式（6.1.4-1）计算

$$\sigma_c = \frac{\psi F}{t_w l_z}$$

（2）确定参数

① 式 (6.1.4-3)，$l_z = a + 5h_y + 2h_R = 50 + 5 \times 25 + 2 \times 150 = 475\text{mm}$；

② 吊车荷载分项系数1.4，且应考虑动力系数，根据《荷载规范》6.3.1条，动力系数取1.1；

③ 对重级工作制吊车梁，集中荷载增大系数 $\Psi = 1.35$。

（3）上述参数代入式 (6.1.4-1)

$$\sigma_c = \frac{1.35 \times 1.1 \times 1.4 \times 441 \times 10^3}{14 \times 475} = 137.9\text{N/mm}^2$$

【钢 19～21】

某车间设备平台改造增加一跨，新增部分跨度8m，柱距6m，采用柱下端铰接、梁柱刚接、梁与原有平台铰接的钢架结构，平台铺板为钢格栅板，刚架计算简图如图 2.19.1，截面参数见表2.19.1所示，长度单位为mm。刚架与支撑全部采用Q235-B钢，手工焊接采用E43型焊条。

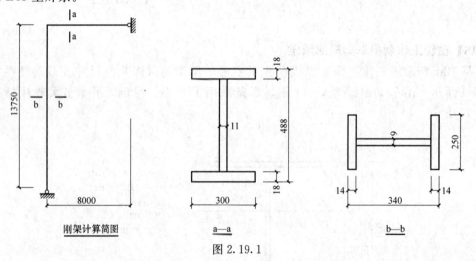

刚架计算简图

图 2.19.1

构件截面参数　　　　　　　　　　表 2.19.1

截面	截面面积 A（mm²）	惯性矩（平面内）I_x（mm⁴）	惯性半径 i_x（mm）	惯性半径 i_y（mm）	截面模量 W_x（mm³）
HM340×250×9×14	99.53×10²	21200×10⁴	14.6×10	6.05×10	1250×10³
HM488×300×11×18	159.2×10²	68900×10⁴	20.8×10	7.13×10	2820×10³

【钢 19】均匀弯曲受弯构件整体稳定

假设刚架无侧移，刚架梁及柱均采用双轴对称轧制H型钢，梁计算跨度 $l_x = 8\text{m}$，平面外自由长度 $l_y = 4\text{m}$，梁截面为 HM488×300×11×18，柱截面为 HM340×250×9×14，刚架梁的最大弯矩设计值为 $M_{xmax} = 486.4\text{kN·m}$，且不考虑截面削弱。试问，刚架梁整体稳定验算时，$\dfrac{M_x}{\varphi_b W_x}$ 与下列何项数值最为接近？

提示：假定梁为均匀弯曲的受弯构件，$\varepsilon_k = 1.0$。

(A) 163　　　　　　(B) 173　　　　　　(C) 183　　　　　　(D) 193

【答案】(B)

【解答】

(1) 刚梁的整体稳定性，按《钢标》6.2.2 条式 (6.2.2) 计算

$$\frac{M_x}{\varphi_b W_x f} \leqslant 1.0$$

(2) 因为假定梁为均匀弯曲的受弯构件，梁的整体稳定系数 φ_b 可按《钢标》附录 C 式 (C.0.5-1) 计算

$$\varphi_b = 1.07 - \frac{\lambda_y^2}{44000\varepsilon_k^2} = 1.07 - \frac{56.1^2}{44000 \times 1.0^2} = 0.998$$

(3) 式 (7.2.2-2)

$$\lambda_y = \frac{l_{0y}}{i_y} = \frac{4000}{71.3} = 56.1 < 120$$

(4) 式 (6.2.2)

$$\sigma = \frac{M_x}{\varphi_b W_x} = \frac{486.4 \times 10^6}{0.998 \times 2820 \times 10^3} = 172.8 \text{N/mm}^2$$

【钢 20】无侧移框架柱计算长度系数

刚架梁及柱的截面如图 2.19.1，柱下端铰接采用平板支座。试问，框架平面内，柱的计算长度系数与下列何项数值最为接近？

提示：忽略横梁轴心压力的影响。

(A) 0.79　　　　　　(B) 0.76　　　　　　(C) 0.73　　　　　　(D) 0.70

【答案】(C)

【解答】

(1) 钢架在平面内为无侧移钢架，根据《钢标》第 8.3.1 条 2 款。框架柱的计算长度系数 μ 可按附录 E 表 E.0.1 确定。

(2)《钢标》附录 E 的 E.0.1 条 2 款

柱下端铰接采用平板支座：$K_2 = 0.1$；

表 E.0.1 注，柱上端梁的远端铰接，横梁线刚度乘 1.5。

已知柱高度取 $H = 13750$mm，梁跨度 $L = 8000$mm

$$K_1 = \frac{1.5 I_b}{L} \Big/ \frac{I_c}{H} = \frac{1.5 I_b H}{I_c L} = \frac{1.5 \times 68900 \times 10^4 \times 13750}{21200 \times 10^4 \times 8000} = 8.4$$

(3) 表 E.0.1，$K_1 = 8.4$、$K_2 = 0.1$，计算长度系数 $\mu = 0.7$。

【钢 21】压弯柱平面内稳定

设计条件同上题，刚架柱上端的弯矩及轴向压力设计值分别为 $M_2 = 192.5$kN·m，$N = 276.6$kN；刚架柱下端的弯矩及轴向压力设计值分别为 $M_1 = 0.0$kN·m，$N = 292.1$kN；且无横向荷载作用。假设刚架柱在弯矩作用平面内计算长度取 $l_{ox} = 10.1$m。试问，对刚架柱进行弯矩作用平面内整体稳定性验算时，公式左边项（N/mm²）与下列何项数值最为接近？

提示：①$1 - 0.8 \dfrac{N}{N'_{\text{Ex}}} = 0.942$；②截面板件宽厚比 S2 级。

(A) 0.59　　　　(B) 0.73　　　　(C) 0.80　　　　(D) 0.88

【答案】(A)

【解答】

(1) 压弯构件在弯矩作用平面内的稳定性，按《钢标》第 8.2.1 条计算：

$$\frac{N}{\varphi_{\text{x}} A f} + \frac{\beta_{\text{mx}} M_{\text{x}}}{\gamma_{\text{x}} W_{1\text{x}}\left(1 - 0.8\dfrac{N}{N'_{\text{Ex}}}\right) f} \leqslant 1.0$$

(2) 表 7.2.1-1 及附录 D.0.1

$$\lambda_{\text{x}} = \frac{l_{0\text{x}}}{i_{\text{x}}} = \frac{10100}{146} = 69.2$$

$b/h = 250/340 = 0.735 < 0.8$，a 类截面

$$\varphi_{\text{x}} = 0.843$$

(3) 8.1.1 条，S2 级截面查表 8.1.1，$\gamma_{\text{x}} = 1.05$

式 (8.2.1-1)

$$\beta_{\text{mx}} = 0.6 + 0.4\frac{M_2}{M_1} = 0.6 + 0.4\frac{0}{192.5} = 0.6$$

$$\sigma = \frac{N}{\varphi_{\text{x}} A} + \frac{\beta_{\text{mx}} M_{\text{x}}}{\gamma_{\text{x}} W_{1\text{x}}\left(1 - 0.8\dfrac{N}{N'_{\text{Ex}}}\right)} = \frac{276.6\times10^3}{0.843\times99.53\times10^2} + \frac{0.6\times192.5\times10^6}{1.05\times1250\times10^3\times0.942}$$

$$= 33 + 93.4 = 126\,\text{N/mm}^2$$

【钢 22】压弯柱强度计算

某厂房的围护结构设有悬吊式墙架柱，墙架柱支撑于吊车梁的辅助桁架上，其顶端采用弹簧板与屋盖系统相连，底端采用开椭圆孔的普通螺栓与基础相连，计算简图如图 2.22.1(a) 所示。钢材采用 Q235 钢，墙架柱选用热轧 H 型钢 HM244×175×7×11，

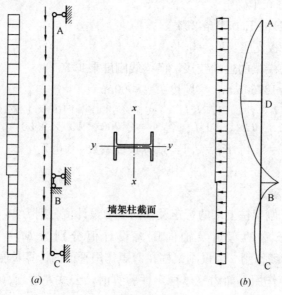

墙架柱截面

(a)　　　　　　　　　　(b)

图 2.22.1

截面形式如右图所示，其截面特性：$A = 55.49 \times 10^2 \text{mm}^2$，$W_x = 495 \times 10^3 \text{mm}^3$。截面板件宽厚比为 S3 级。

墙架柱在竖向荷载和水平风吸力共同作用下的弯矩分布图如图 2.22.1(b) 所示。已知 AB 段墙架柱在 D 点处的最大弯矩设计值 $M_{xmax} = 54\text{kN} \cdot \text{m}$，轴力设计值 $N = 15\text{kN}$。试问，AB 段墙架柱的最大应力计算数值（N/mm^2）与下列何项数值最为接近？

提示：计算截面无栓（钉）孔削弱。

(A) 107   (B) 126   (C) 148   (D) 170

【答案】(A)

【解答】

(1) 压弯构件的截面强度，按《钢标》第 8.1.1 条计算

$$\sigma = \frac{N}{A_n} + \frac{M_x}{\gamma_x W_{nx}}$$

(2) 截面 S3 级，表 8.1.1 取 $\gamma_x = 1.05$。

(3) $\sigma = \dfrac{N}{A_n} + \dfrac{M_x}{\gamma_x W_{nx}} = \dfrac{15 \times 10^3}{55.49 \times 10^2} + \dfrac{54 \times 10^6}{1.05 \times 495 \times 10^3} = 2.7 + 103.9 = 106.6 \text{N/mm}^2$。

【钢 23】承受正应力和剪应力的角焊缝强度

某钢梁采用端板连接接头，钢材为 Q345 钢。采用 10.9 级高强度螺栓摩擦型连接，连接处钢材接触表面的处理方法为未经处理的干净轧制表面。其连接形式如图 2.23.1 所示，考虑了各种不利影响后，取弯矩设计值 $M = 260\text{kN} \cdot \text{m}$，剪力设计值 $V = 65\text{kN}$，轴力设计值 $N = 100\text{kN}$（压力）。

提示：设计值均为非地震作用组合内力。

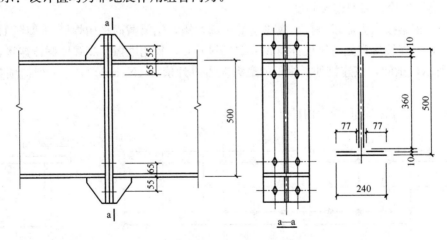

图 2.23.1

端板与梁的连接焊缝采用角焊缝，焊条为 E50 型，焊缝计算长度如图所示，翼缘焊脚尺寸 $h_f = 8\text{mm}$，腹板焊脚尺寸 $h_f = 6\text{mm}$。试问，按承受静力荷载计算，角焊缝最大应力（N/mm^2）与下列何项数值最为接近？

(A) 156   (B) 164   (C) 190   (D) 199

【答案】(C)

【解答】

(1) 端板与梁连接的角焊缝，即承受弯矩和轴力引起的正应力，又承受剪力引起的剪应力，所以在两种力的综合作用下，最大应力应按《钢标》第 11.2.2 条式（11.2.2-3）计算

$$\sqrt{\left(\frac{\sigma_f}{\beta_f}\right)^2 + \tau_f^2} \leqslant f_f^w, \quad \beta_f = 1.22$$

(2) 计算焊缝的截面积、惯性矩和抵抗矩

$$A_f = (240 \times 2 + 77 \times 4) \times 0.7 \times 8 + 360 \times 2 \times 0.7 \times 6 = 7436.8 \text{mm}^2$$

$$I_f \approx 240 \times 0.7 \times 8 \times 250^2 \times 2 + 77 \times 0.7 \times 8 \times 240^2 \times 4 + 1/12 \times 0.7 \times 6 \times 360^3 \times 2 = 3 \times 10^8 \text{mm}^4$$

$$W_f = \frac{I_f}{250} = 1.2 \times 10^6 \text{mm}^3$$

(3) 11.2.2 条式（11.2.2-1）、（11.2.2-2）

$$\sigma_f = \frac{M}{W_f} + \frac{N}{A_f} = \frac{260 \times 10^6}{1.2 \times 10^6} + \frac{100 \times 10^3}{7436.8} = 216.7 + 13.4$$

$$= 230.1 \text{N/mm}^2 < \beta_f f_f^w = 1.22 \times 200 = 244 \text{N/mm}^2$$

$$\tau_f = \frac{V}{A_f} = \frac{65 \times 10^3}{7436.8} = 8.7 \text{N/mm}^2$$

(4) 式（11.2.2-3）

$$\sigma = \sqrt{\left(\frac{\sigma_f}{\beta_f}\right)^2 + \tau_f^2} = \sqrt{\left(\frac{230.1}{1.22}\right)^2 + 8.72^2}$$

$$= 188.8 \text{N/mm}^2 < f_f^w = 200 \text{N/mm}^2$$

【钢 24】高强螺栓摩擦型连接强度

假定，钢梁按内力需求拼接，翼缘承受全部弯矩，钢梁截面采用焊接 H 型钢 H450×200×8×12，连接接头处弯矩设计值 $M = 210$kN·m，采用摩擦型高强度螺栓连接，如图 2.24.1 所示，试问，该连接处翼缘板的最大应力设计值 σ（N/mm²），与下列何项数值最为接近？

提示：翼缘板按轴心受力构件计算。

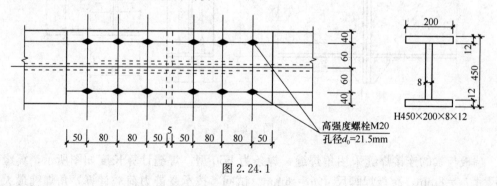

图 2.24.1

(A) 120　　　　(B) 150　　　　(C) 190　　　　(D) 215

【答案】（D）

【解答】

（1）为翼缘板按轴心受力构件计算，根据《钢标》第7.1.1条的要求，要按两种情况计算。即螺栓孔处净截面强度和无螺栓孔处毛截面强度之中的较大值。

（2）翼缘板承受的拉力

$$N = \frac{210 \times 10^6}{450 - 12} \times 10^{-3} = 479.5 \text{kN}$$

（3）式（7.1.1-3）求螺栓孔处净截面强度

$$\sigma = \left(1 - 0.5 \frac{n_1}{n}\right) \frac{N}{A_n}$$

式中：$n_1 = 2$，$n = 6$

$$A_n = (200 - 2 \times 21.5) \times 12 = 1884 \text{mm}^2$$

$$\sigma = \left(1 - 0.5 \times \frac{2}{6}\right) \times \frac{479.5 \times 10^3}{1884} = 212 \text{N/mm}^2$$

（4）式（7.1.1-2）求无螺栓孔处毛截面强度

$$\sigma = \frac{N}{A} = \frac{479.5 \times 10^3}{200 \times 12} = 199.8 \text{N/mm}^2$$

取较大值212N/mm²，选（D）。

【钢25】高强度螺栓摩擦型连接抗剪承载力

某钢结构办公楼，结构布置如图2.25.1所示。框架梁、柱采用Q345，次梁、中心支撑、加劲板采用Q235，楼面采用150mm厚C30混凝土楼板，钢梁顶采用抗剪栓钉与楼板连接。

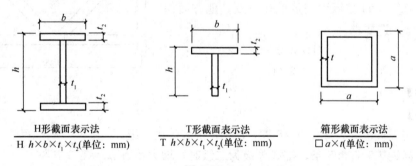

H形截面表示法
H h×b×t₁×t₂(单位：mm)

T形截面表示法
T h×b×t₁×t₂(单位：mm)

箱形截面表示法
□ a×t(单位：mm)

图2.25.1

次梁与主梁连接采用10.9级M16的高强度螺栓摩擦型连接，标准孔，连接处钢材接触表面的处理方法为钢丝刷除浮锈，其连接形式如图2.25.2所示，考虑了连接偏心的不利影响后，取次梁端部剪力设计值 $V = 95 \text{kN}$，连接所需的高强度螺栓数量（个）与下列何项数值最为接近？

（A）2　　　　（B）3

（C）4　　　　（D）5

【答案】（C）

【解答】

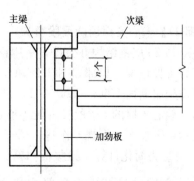

图2.25.2　主次梁的连接示意图

(1)《钢标》第11.4.2条，计算一个高强度螺栓的受剪承载力设计值

$$N_v^b = 0.9kn_f\mu P$$

① 确定参数

摩擦面 $n_f = 1$，标准孔 $k = 1.0$

查表14.2.2-1、表14.2.2-2：$\mu = 0.35$，$P = 100kN$；

② 一个10.9级M16高强度螺栓的抗剪承载力设计值为：

$$N_v^b = 0.9kn_f\mu P = 0.9 \times 1.0 \times 1 \times 0.35 \times 100 = 31.5kN$$

(2) 高强度螺栓数量为：

$$n = \frac{V}{N_v^b} = \frac{110.2 \times 10^3}{31.5 \times 10^3} = 3.49，取4个。$$

【钢26】偏心支撑轴力调整

某26层钢结构办公楼，8度设防，房屋高度80m，采用钢框架-支撑系统，第12层支撑系统的形状如图2.26.1所示。支撑斜杆采用H型钢，其调整前的轴力设计值 $N_1 = 2000kN$。与支撑斜杆相连的消能梁段断面为H600×300×12×20，梁段的受剪承载力 $V_l = 1105kN$，剪力设计值 $V = 860kN$，轴力设计值 $N < 0.15Af$。

试问，消能梁段达到受剪承载力时，支承斜杆的轴力设计值应采用下列何值？

提示：① 按《高钢规》作答；

② 各H型钢均满足承载力及其他方面构造要求。

(A) 2000　　　　(B) 2600

(C) 3000　　　　(D) 3400

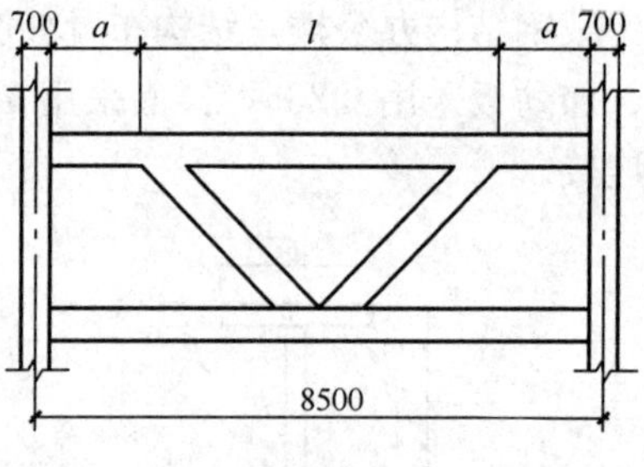

图2.26.1

【答案】(D)

【解答】

(1)《抗震规范》表8.1.3，8度，80m，抗震等级二级。

(2)《高钢规》7.6.5条，抗震等级为二级时，增大系数 $\eta_{br} = 1.3$

$$N_{br} = \eta_{br} \frac{V_1}{V} N_{br.com} = 1.3 \times \frac{1105}{860} \times 2000 = 3340.7kN$$

【钢27】偏心支撑消能梁段净长

某26层钢结构办公楼，采用钢框架—支撑系统，如图2.27.1(a)所示。A轴第6层偏心支撑框架，局部如图2.27.1(b)所示。箱形柱断面700×700×40，轴线中分。等截面框架梁断面H600×300×12×32。为把偏心支撑中的消能梁段a设计成剪切屈服型，试问，偏心支撑的 l 梁段长度最小值，与下列何项数值最为接近？

提示：①按《高钢规》作答；

② 为简化计算，梁腹板和翼缘的 $f = 295N/mm^2$，$f_y = 325N/mm^2$；

③ 假设消能梁段受剪承载力不计入轴力影响，剪切屈服型：$\frac{2M_{lp}}{a} > 0.58A_wf_y$，

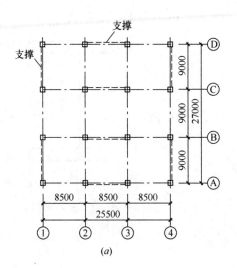

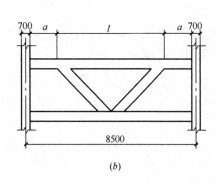

图 2.27.1

$$a \leqslant \frac{1.6 M_{lp}}{V_l}。$$

(A) 2.90m (B) 3.70m (C) 4.40m (D) 5.40m

【答案】（A）

【解答】

(1)《高钢规》式（7.6.3-1）求消能梁段的受剪承载力

$$h_0 = 600 - 2 \times 32 = 536\text{mm}$$

$$V_l = 0.58 A_w f_y = 0.58 h_0 t_w f_y = 0.58 \times 325 \times 536 \times 12 = 1212\text{kN}$$

(2) 全截面屈曲计算塑性抵抗矩（塑性截面模量），如图 2.27.2 所示。

$W_{np} = 2 \times [300 \times 32 \times (268 + 32/2) + 268 \times 12 \times$

$(268/2)] = 6314688\text{mm}^3$

(3) 式（7.6.3-1）求消能梁段的受弯承载力

$$M_{lp} = f W_{np} = 295 \times 6314688 = 1862.8\text{kN} \cdot \text{m}$$

(4) 消能梁段净长

$$a \leqslant \frac{1.6 M_{lp}}{V_l} = \frac{1.6 \times 1862.8}{1212} = 2.46\text{m}$$

(5) 偏心支撑中的 l 梁段长度的最小值

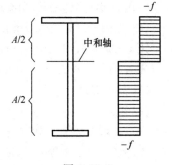

图 2.27.2

$$l = 8.5 - 0.7 - 2 \times 2.46 = 2.88\text{m}$$

【钢 28】中心支撑腹板宽厚比

某高层钢结构，抗震等级一级，结构的中心支撑斜杆钢材采用 Q345（$f_y = 325\text{N}/\text{mm}^2$），构件断面如图 2.28.1 所示。验算并指出满足腹板宽厚比要求的腹板厚度 t（mm），应与下列何项数值最为接近？

提示：按《高钢规》作答。

(A) 26　　　　(B) 28

(C) 30　　　　(D) 32

【答案】(A)

【解答】

《高钢规》7.5.3 条表 7.5.3，抗震等级一级，工字形截面的腹板宽厚比限值

$$\frac{h_{0c}}{t} \leqslant 25 \sqrt{\frac{235}{f_y}} = 25 \sqrt{\frac{235}{325}} = 21.3,$$

腹板厚 t：

$$t \geqslant \frac{h_{0c}}{21.3} = \frac{540}{21.3} = 25.4\text{mm}$$

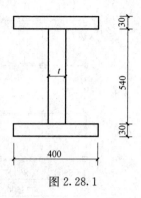

图 2.28.1

【钢 29】吊车柱间交叉支撑容许长细比

某重级工作制吊车的单层厂房，其边跨纵向柱列的柱间支撑布置及几何尺寸如图 2.29.1 所示，上段、下段柱间支撑 ZC-1，ZC-2 均采用十字交叉式，按柔性受拉斜杆设计，柱顶设有通长刚性系杆。钢材采用 Q235 钢，焊条为 E43 型。假定，厂房山墙传来的风荷载设计值 $R=110\text{kN}$，吊车纵向水平刹车力设计值 $T=125\text{kN}$。

假定，上段柱间支撑 ZC-1 采用等边单角钢组成的单片交叉式支撑，在交叉点相互连接。试问，若仅按构件的容许长细比控制，该支撑选用下列何种规格角钢最为合理？

提示：斜平面内的计算长度可取平面外计算长度的 0.7 倍。

(A) L70×6($i_x=21.5\text{mm}$，$i_{min}=13.8\text{mm}$)

(B) L80×6($i_x=24.7\text{mm}$，$i_{min}=15.9\text{mm}$)

(C) L90×6($i_x=27.9\text{mm}$，$i_{min}=18.0\text{mm}$)

(D) L100×6($i_x=31.0\text{mm}$，$i_{min}=20.0\text{mm}$)

【答案】(C)

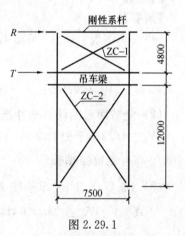

图 2.29.1

【解答】

(1) 根据《钢标》第 7.4.2 条 2 款

拉杆 $L_0=L$，L 为几何长度

单角钢柱间支撑杆件计算长度：

平面外 $l_{0y} = \sqrt{4800^2 + 7500^2} = 8904\text{mm}$

(2) 题目提示，斜平面内的计算长度为

斜平面内 $l_{0y} = 0.7 \times 8904 = 6233\text{mm}$。

(3) 根据《钢标》表 7.4.7

受拉杆件的容许长细比 $[\lambda]=350$。

(4) 平面外的回转半径

平面外 $i_y \geqslant \dfrac{l_{0y}}{[\lambda]} = \dfrac{8904}{350} = 25.4\text{mm}$。

（5）斜平面的回转半径

斜平面 $i_{\min} \geqslant \dfrac{l_{ov}}{[\lambda]} = \dfrac{6233}{350} = 17.8\text{mm}$

选 L90×6($i_x = 27.9\text{mm}$，$i_{mm} = 18.0\text{mm}$)

【钢30】T 形截面轴心受压构件稳定计算，考虑弯扭屈曲长细比 λ_{yz}

某单层工业厂房的屋盖结构设有完整的支撑体系，其跨度为 12m 的托架构件如图 2.30.1 所示，腹杆采用节点板与弦杆连接，钢材牌号 Q235，$\varepsilon_k = 1.0$。

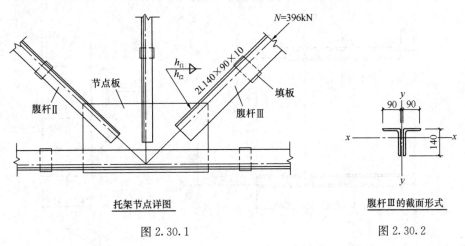

托架节点详图
图 2.30.1

腹杆Ⅲ的截面形式
图 2.30.2

腹杆Ⅱ、Ⅲ等与下弦杆的连接节点详图如图 2.30.2 所示，直角角焊缝连接，采用 E43 型焊条。腹杆Ⅲ采用双角钢构件，组合截面面积 $A = 44.52 \times 10^2 \text{mm}^2$，按实腹式受压构件进行计算。假定，腹杆Ⅲ的轴心压力设计值 $N = 396\text{kN}$，绕 y 轴的长细比 $\lambda_y = 77.3$。

试问，腹杆Ⅲ绕 y 轴按换算长细比 λ_{yz} 计算的稳定性计算值（N/mm^2），$\dfrac{N}{\varphi A f}$ 与下列何项数值最为接近？

(A) 0.63　　　　(B) 0.58　　　　(C) 0.48　　　　(D) 0.41

【答案】（A）

【解答】

(1)《钢标》第 7.2.1 条，轴心受压的腹杆Ⅲ的稳定性计算应按式（7.2.1）计算

$$\frac{N}{\varphi A f} \leqslant 1.0$$

(2) 7.2.2 条，绕对称轴的长细比 λ_y 应取扭转效应的换算长细比 λ_{yz} 来代替，按式（7.2.2-8）计算

$$\lambda_z = 5.1 \frac{b_2}{t} = 5.1 \times \frac{90}{10} = 45.9 < \lambda_y = 77.3$$

$$\lambda_{yz} = \lambda_y \left[1 + 0.25 \left(\frac{\lambda_z}{\lambda_y} \right)^2 \right] = 77.3 \times \left[1 + 0.25 \left(\frac{45.9}{77.3} \right)^2 \right] = 84.1$$

（3）表 7.2.1-1 和附录 D 表 D.0.2

双角钢 T 形截面构件对 y 轴的轴心受压构件的截面分类为 b 类。

查附录 D 表 D.0.2，$\varphi_y = 0.66$。

（4）代入式（7.2.1）

$$\sigma = \frac{N}{\varphi A} = \frac{396 \times 10^3}{0.66 \times 44.52 \times 10^2} = 135 \text{N/mm}^2$$

【钢 31】双向受弯吊车梁抗弯强度

某冷轧车间单层钢结构主厂房，设有两台起重量为 25t 的重级工作制（A6）软钩吊车。吊车梁系统布置见图 2.31.1，吊车梁钢材为 Q345。

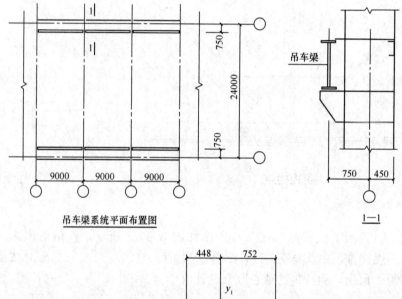

吊车梁系统平面布置图   1—1

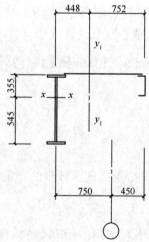

图 2.31.1

吊车梁截面见图，截面几何特性见表 2.31.1。假定，吊车梁最大竖向弯矩设计值为 1200kN·m，相应水平向弯矩设计值为 100kN·m。试问，在计算吊车梁抗弯强度时，其计算值（N/mm²）与下列何项数值最为接近？

吊车梁对 x 轴毛截面模量（mm³）		吊车梁对 x 轴净截面模量（mm³）		吊车梁制动结构对 y_1 轴净截面模量（mm³）
$W_x^{\text{上}}$	$W_x^{\text{下}}$	$W_{nx}^{\text{上}}$	$W_{nx}^{\text{下}}$	$W_{ny1}^{\text{左}}$
8202×10^3	5362×10^3	8085×10^3	5266×10^3	6866×10^3

表 2. 31. 1

（A）150   （B）165   （C）230   （D）240

【答案】（C）

【解答】

（1）《钢标》第 6.1.1 条

$$\frac{M_x}{\gamma_x W_{nx}} + \frac{M_y}{\gamma_y W_{ny}} \leq f$$

吊车梁为重级工作制，需要疲劳验算 $\gamma_x = \gamma_y = 1.0$。

（2）计算吊车梁上翼缘受压正应力

$$\sigma_1 = \frac{M_{x,\max}}{W_{nx}^{\text{上}}} + \frac{M_{y,\max}}{W_{ny1}^{\text{左}}} = \frac{1200\times10^6}{8085\times10^3} + \frac{100\times10^6}{6866\times10^3} = 163\text{N/mm}^2$$

（3）计算吊车梁下翼缘受拉正应力

$$\sigma_2 = \frac{M_{x,\max}}{W_{nx}^{\text{下}}} = \frac{1200\times10^6}{5266\times10^3} = 228\text{N/mm}^2$$

取大值 228N/mm²，选（C）。

【钢 32】梁的整体稳定

某车间内设有一台电动葫芦，其轨道梁吊挂于钢梁 AB 下。钢梁两端连接于厂房框架柱上，计算跨度 $L = 7000$mm，计算简图如图 2.32.1 所示。钢材采用 Q235-B 钢，钢梁选用热轧 H 型钢 HN400×200×8×13。其截面特性：$A = 83.37\times10^2\text{mm}^2$，$I_x = 23500\times10^4\text{mm}^4$，$W_x = 1170\times10^3\text{mm}^3$，$i_y = 45.6$mm，$\varepsilon_k = 1.0$。

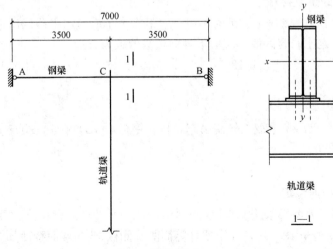

图 2.32.1

钢梁 AB 两端支座处已采取构造措施防止梁端截面的扭转。试问，作为在最大刚度主平面内受弯的构件，对钢梁 AB 进行整体稳定性计算时，其整体稳定性系数 φ_b 应与下列何项数值最为接近？

提示：①钢梁 AB 整体稳定的等效临界弯矩系数 $\beta_b=1.9$；

②轨道梁不考虑作为钢梁的侧向支点。

(A) 1.5　　　　(B) 0.88　　　　(C) 0.71　　　　(D) 0.53

【答案】(B)

【解答】

(1) 梁的整体稳定性系数 φ_b，按《钢标》附录 C 计算。

(2) 求梁的平面外长细比

$$l_1 = L = 7000\text{mm}, \lambda_y = \frac{l_1}{i_y} = \frac{7000}{45.6} = 153.5$$

(3) 附录 C 计算梁的整体稳定性系数 φ_b

式 (C.0.1-1)

$$\varphi_b = \beta_b \frac{4320}{\lambda_y^2} \cdot \frac{Ah}{W_x}\left[\sqrt{1+\left(\frac{\lambda_y t_1}{4.4h}\right)^2} + \eta_b\right]\varepsilon_k^2$$

式中

$A = 83.37 \times 10^2 \text{mm}^2, h = 400\text{mm}, W_x = 1170 \times 10^3 \text{mm}^3, \varepsilon_k = 1.0$

$t_1 = 13\text{mm}, \eta_b = 0, f_y = 235\text{N/mm}^2, \beta_b = 1.9, \lambda_y = 153.5$

$$\varphi_b = 1.9 \times \frac{4320}{153.5^2} \times \frac{83.7 \times 10^2 \times 400}{1170 \times 10^3}\left[\sqrt{1+\left(\frac{153.5 \times 13}{4.4 \times 400}\right)^2} + 0\right] \times 1.0^2 = 1.5 > 0.6$$

式 (C.0.1-7)

$$\varphi_b' = 1.07 - \frac{0.282}{\varphi_b \varepsilon_k^2} = 1.07 - \frac{0.282}{1.5 \times 1.0^2} = 0.88 < 1.0$$

【钢 33】受弯构件的挠度容许值

某冶金车间设有 A8 级吊车。试问，由一台最大吊车横向水平荷载所产生的挠度与吊车梁制动结构跨度之比的容许值，应取下列何项数值较为合适？

(A) 1/500　　　　(B) 1/1200　　　　(C) 1/1800　　　　(D) 1/2200

【答案】(D)

【解答】

冶金车间的 A8 级吊车重级工作制吊车，按《钢标》GB 50017—2017 附录 B 中 B.1.2 条，容许值为 1/2200。

【钢 34】压弯柱平面内稳定

某厂房三铰拱式天窗架采用 Q235B 钢制作，其平面外稳定性由支撑系统保证。天窗架侧柱 ad 选用双角钢 $\top$ 125×8，天窗架计算简图及侧柱 ad 的截面特性如图 2.34.1 所示。

假定侧柱 ad 轴向压力设计值 $N=86\text{kN}$，弯矩设计值 $M_x=9.84\text{kN}\cdot\text{m}$，弯矩使侧柱 ad 截面肢尖受压。试问，对侧柱 ad 进行平面内稳定计算时，截面上的最大压应力设计值

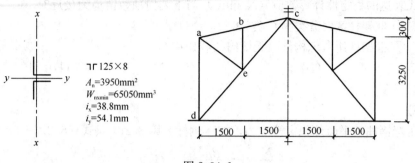

図 2.34.1

（N/mm²）应与下列何项数值最为接近？

提示：①取等效弯矩系数 $\beta_{mx} = 1.0$，$N'_{Ex} = 1.04 \times 10^6 N$，截面无削弱。

②$\varepsilon_k = 1.0$。

(A) 210   (B) 195   (C) 185   (D) 170

【答案】（D）

【解答】

（1）压弯钢柱的平面内稳定性压应力，按《钢标》第 8.2.1 条式（8.2.1-1）计算

$$\frac{N}{\varphi_x A f} + \frac{\beta_{mx} M_x}{\gamma_x W_x \left(1 - 0.8\dfrac{N}{N_{Ex}}\right) f} \leqslant 1.0$$

（2）《钢标》表 7.2.1-1 和附录 D.0.2，表 8.1.1

$\lambda_x = \dfrac{3250}{38.8} = 83.8$，b 类截面，$\varphi_x = 0.663$，$\gamma_x = 1.2$。

（3）参数代入式（8.2.1-1）

$$\sigma = \frac{N}{\varphi_x A} + \frac{\beta_{mx} M_x}{\gamma_x W_x \left(1 - 0.8\dfrac{N}{N_{Ex}}\right)} = \frac{86 \times 10^3}{0.663 \times 3950} + \frac{1.0 \times 9.84 \times 10^6}{1.2 \times 65050 \times \left(1 - 0.8 \times \dfrac{86 \times 10^3}{1.04 \times 10^6}\right)}$$

$= 32.8 + 135.0 = 167.8 N/mm^2$。

【钢 35】压弯柱平面外稳定

框架柱截面为 $\square 500mm \times 25mm$ 箱形柱，按单向受弯计算，弯矩设计值及截面特性见图 2.35.1，轴压力设计值 $N = 2693.7 kN$，在进行弯矩作用平面外的稳定性计算时，构件

截面	A	I_x	W_x
	mm²	mm⁴	mm³
$\square 500 \times 25$	4.75×10⁴	1.79×10⁹	7.16×10⁶

图 2.35.1

以应力形式表达的稳定性计算数值（N/mm²）与下列何项数值最为接近？

提示：① 框架柱截面分类为 C 类，$\lambda_y/\varepsilon_k = 41$ 。

② 框架柱所考虑构件段无横向荷载作用。

(A) 75　　　　(B) 90　　　　(C) 100　　　　(D) 110

【答案】（A）

【解答】

(1) 压弯钢柱的平面外稳定性应力，按《钢标》第 8.2.1 条式（8.2.1-3）计算

$$\frac{N}{\varphi_y Af} + \eta \frac{\beta_{tx} M_x}{\varphi_b W_{1x} f} \leqslant 1.0$$

(2)《钢标》附录 D 表 D.0.3

截面分类为 C 类，$\lambda_y/\varepsilon_k = 41$，$\varphi_y = 0.833$。

(3)《钢标》式（8.2.1-12），

$$\beta_{tx} = 0.65 + 0.35 \frac{M_2}{M_1} = 0.65 - 0.35 \times \frac{291.2}{298.7} = 0.31$$

(4)《钢标》式（8.2.1-3）

闭口截面：$\eta = 0.7, \varphi_b = 1.0$

$$\sigma = \frac{N}{\varphi_y A} + \eta \frac{\beta_{tx} M_x}{\varphi_b W_{1x}} = \frac{2693.7 \times 10^3}{0.833 \times 4.75 \times 10^4} + 0.7 \times \frac{0.31 \times 298.7 \times 10^6}{1.0 \times 7.16 \times 10^6} = 68.1 + 9.1 =$$

77.2N/mm^2

【钢 36】求角钢的角焊缝实际长度（肢尖、肢背比 3：7）

某厂房屋面上弦平面布置如图 2.36.1 所示，钢材采用 Q235，焊条采用 E4 型。

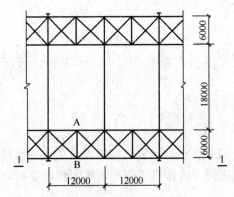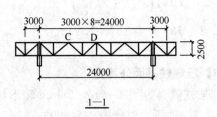

图 2.36.1

腹杆截面采用 ⌐56×5，角钢与节点板采用两侧角焊缝连接，焊脚尺寸 $h_f = 5$mm，连接形式如图 2.36.2 所示，如采用受拉等强连接，焊缝连接实际长度 a（mm）与下列何项数值最为接近？

提示：截面无削弱，肢尖、肢背内力分配比例为 3：7。

(A) 140　　　　(B) 160　　　　(C) 290　　　　(D) 300

【答案】（B）

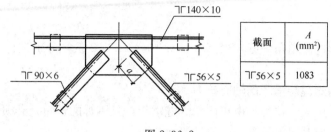

截面	A (mm²)
⌐56×5	1083

图 2.36.2

【解答】

(1) 等强连接，根据《钢标》第 7.1.1 条和表 4.4.1，杆件受拉承载力为

$$N = fA = 215 \times 1083 \times 10^{-3} = 232.8\text{kN}$$

(2)《钢标》表 11.3.5

焊脚尺寸 $h_f = 5\text{mm} > h_{f\min} = 3\text{mm}$，焊脚尺寸满足要求。

(3) 已知肢尖、肢背的内力分配比例为 3：7，角焊缝的计算长度按《钢标》第 11.2.2 条式 (11.2.2-2) 计算肢背的角焊缝计算长度

$$l_w = \frac{0.7N}{0.7h_f f_f^w \times 2} = \frac{0.7 \times 232.8 \times 10^3}{0.7 \times 5 \times 160 \times 2} = 146\text{mm}$$

(4)《钢标》第 11.2.6 条，第 11.3.5 条 1 款

$$8h_f = 8 \times 5 = 40\text{mm} < l_w = 146\text{mm} < 60h_f = 60 \times 5 = 300\text{mm}$$

(5)《钢标》第 11.2.2 条 l_w 符号说明

焊缝实际长度：$l_w + 2h_f = 146 + 2 \times 5 = 156\text{mm}$。

【钢37】三面围焊直角角焊缝实际长度

某钢结构平台承受静力荷载，钢材均采用 Q235 钢。该平台有悬挑次梁与主梁刚接，节点如图 2.37.1 所示。假定，次梁上翼缘处的连接板需要承受由支座弯矩产生的轴心拉力设计值 $N = 360\text{kN}$，次梁上翼缘与连接板采用角焊缝连接，三面围焊，焊缝长度一律满焊，焊条 E43 型。试问，若角焊缝的焊脚尺寸 $h_f = 8\text{mm}$，次梁上翼缘与连接板的连接长度 L（mm）采用下列何项数值最为合理？

(A) 120　　　　(B) 260　　　　(C) 340　　　　(D) 420

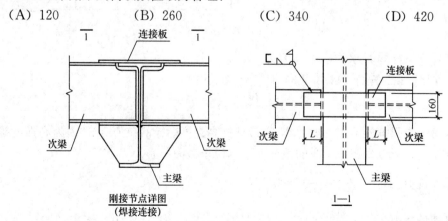

图 2.37.1

【答案】（A）

【解答】

（1）三面围焊的直角角焊缝，根据《钢标》第 11.2.2 条，分别进行正面角焊缝和侧面角焊缝的计算。

（2）求正面角焊缝能承受的轴心拉力 N_1

正面角焊缝刚度大，拉力先由正面角焊缝承担，且围焊的转角处必须连续施焊，正面角焊缝的计算长度取其实际长度：$l_{w1} = 160mm$

《钢标》式（11.2.2-1）

$$N_1 = \beta_f f_f^w h_e l_{w1} = 1.22 \times 160 \times 0.7 \times 8 \times 160 \times 10^{-3} = 175kN$$

（3）侧面角焊缝的计算：

其余轴心拉力由两条侧面角焊缝承受，根据《钢标》式（11.2.2-2）其计算长度 l_{w2} 为：

$$l_{w2} = \frac{N - N_1}{h_e f_f^w \times 2} = \frac{360 \times 10^3 - 175 \times 10^3}{0.7 \times 8 \times 160 \times 2} = 103mm$$

（4）角焊缝实际长度

根据 11.2.2 条 l_w 符号说明，角焊缝实际长度：$L \geqslant l_{w2} + h_f = 103 + 8 = 111mm$。

【钢38】拉剪作用下，求摩擦型高强度螺栓规格

某钢结构的钢柱与牛腿采用高强度螺栓及支托连接，牛腿上作用竖向力设计值 $N = 310kN$，竖向力距牛腿边的偏心距 $e = 250mm$，采用 10.9 级高强度螺栓摩擦型连接，螺栓个数及位置如图 2.38.1，摩擦面抗滑移系数 $\mu = 0.45$。孔型为标准孔，支托板仅在安装时起作用。试问，高强度螺栓选用下列何种规格最为合适？

提示：①剪力平均分配；②按《钢标》作答。

（A）M16　　　　（B）M22

（C）M27　　　　（D）M30

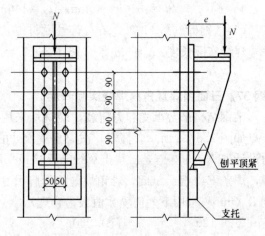

图 2.38.1

【答案】（B）

【解答】

（1）高强度螺栓同时承受拉力和剪力，按《钢标》第 11.4.2 条式（11.4.2-3）计算螺栓规格

$$\frac{N_v}{N_v^b} + \frac{N_t}{N_t^b} \leqslant 1.0$$

（2）求每个高强螺栓承担的剪力 N_v 和最外排高强度螺栓的拉力 N_t，因为高强度螺栓的连接有预压力，所以弯矩作用时的截面形心轴位于截面中心。

每个螺栓抗剪：$N_v = \dfrac{V}{n} = \dfrac{310}{10} = 31kN$

最外排螺栓拉力：$N_t = \dfrac{M \cdot y_{max}}{\sum y_i^2} = \dfrac{310 \times 10^3 \times 250 \times 180}{4 \times 90^2 + 4 \times 180^2} \times 10^{-3} = 86.1kN$。

（3）《钢标》第 11.4.2 条表 11.4.2-1

单个高强度螺栓的受剪承载力：$N_v^b = 0.9kn_f\mu P = 0.9 \times 1.0 \times 1.0 \times 0.45 \times P = 0.405P$

单个高强度螺栓的受拉承载力：$N_t^b = 0.8P$。

（4）《钢标》第 11.4.2 条表 11.4.2-2

$$\frac{N_v}{N_v^b} + \frac{N_t}{N_t^b} = \frac{31}{0.405P} + \frac{86.1}{0.8P} \leqslant 1$$

$P \geqslant (76.5 + 107.6) = 184.4 \text{kN}$，选 M22。

【钢 39～40】

某 9 层钢结构办公建筑，房屋高度 $H = 34.9\text{m}$，抗震设防烈度 8 度，布置如图 2.39～40（Z）所示，所有连接均采用刚接。支撑框架为强支撑框架，各层均满足刚性平

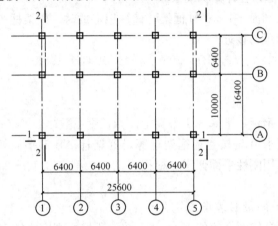

框梁柱及柱间支撑布置平面图

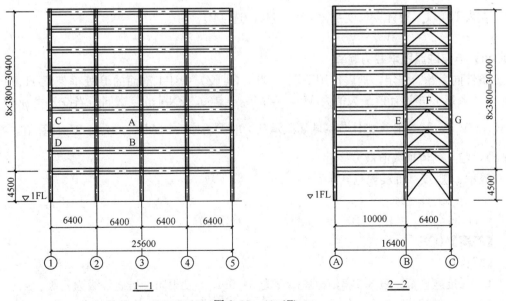

1—1　　　　　　　　　　2—2

图 2.39～40（Z）

面假定。框架梁柱采用 Q345。框架梁采用焊接截面，除跨度为 10m 的框架梁截面采用 H700×200×12×22 外，其他框架梁截面均采用 H500×200×12×16，柱采用焊接箱形截面 B500×22，梁柱截面特性见表 2.39～40（Z）：

梁柱截面特性   表 2.39～40（Z）

截面	面积 A （mm^2）	惯性矩 I_x （mm^4）	回转半径 i_x （mm）	弹性截面模量 W_x （mm^3）	塑性截面模量 W_{px} （mm^3）
H500×200×12×16	12016	$4.77×10^8$	199	$1.91×10^6$	$2.21×10^6$
H500×200×12×22	16672	$1.29×10^9$	279	$3.70×10^6$	$4.24×10^6$
H500×22	42064	$1.61×10^9$	195	$6.42×10^6$	

【钢 39】无侧移框架柱计算长度系数

试问，当按剖面 1-1（A 轴框架）计算稳定性时，框架柱 AB 平面外的计算长度系数，与下列何项数值最为接近？

(A) 0.89   (B) 0.95   (C) 1.80   (D) 2.59

【答案】(B)

【解答】

(1) 根据《钢标》第 8.3.1 条确定计算长度系数。

(2) 题目要求 A 轴按一榀框架计算，框架柱 AB 的平面外正是强支撑方向，是无侧移框架。各层采用刚性平面假定，根据《钢标》第 8.3.1 条 2 款附录 E 表 E.0.1 计算长度系数 μ。

(3)《钢标》附录 E 表 E.0.1

柱上端的梁柱线刚度比值 K_1＝柱下端的梁柱线刚度比值 K_2

$$K_1 = K_2 = \frac{\sum i_b}{\sum i_c} = \frac{1.29 \times 10^9}{10000} / (2 \times \frac{1.61 \times 10^9}{3800}) = 0.15$$

查表 E.0.1，得计算长度系数 $\mu=0.946$，选 (B)。

【钢 40】节点域屈服承载力验算

条件同上题。假定，地震作用下图 2.39～40（Z）中 1-1 剖面的 B 处框架梁 H500×200×12×16 弯矩设计值最大值为 $M_{x,左} = M_{x右} = 163.9 kN \cdot m$。试问，当按公式 $\psi(M_{pb1} + M_{pb2})/V_p \leq \frac{4}{3} f_{yv}$ 验算梁柱节点域屈服承载力时，剪应力 $\psi(M_{pb1} + M_{pb2})/V_p$ 计算值（N/mm^2），与下列何项数值最为接近？

提示：① 按《抗震规范》作答；

       ② $f_y=345$。

(A) 36   (B) 70   (C) 90   (D) 165

【答案】(C)

【解答】

(1)《抗震规范》表 8.1.3，房屋高度为 34.9m，8 度设防，抗震等级为三级。

(2)《抗震规范》8.2.5 条式（8.2.5-1）节点两端的梁端得屈服承载力

$$M_{pb1} = M_{pb2} - 2.21 \times 10^6 \times 345 = 7.62 \times 10^8 \text{N} \cdot \text{mm}$$

（3）《抗震规范》式（8.2.5-5）计算节点域的体积

$$V_p = 1.8 h_{b1} h_{c1} t_w = 1.8 \times (500 - 16) \times (500 - 22) \times 22 = 9161539.2 \text{mm}^3$$

（4）《抗震规范》式（8.2.5-3）计算剪应力

抗震等级三级，折减系数 $\psi = 0.6$

$$\tau = \frac{\psi(M_{Pb1} + M_{Pb2})}{V_P} = \frac{0.6 \times 7.62 \times 10^8 \times 2}{9161539.2} = 99.8 \text{N/mm}^2$$

【钢41】中心支撑承载力

某钢结构布置如图 2.41.1 所示，框架梁、柱采用 Q345，次梁、中心支撑、加劲板采用 Q235。中心支撑为轧制 H 型钢 H250×250×9×14（截面参数见表 2.41.1），几何长度 5000mm，考虑地震作用时支撑斜杆的受压承载力限值（kN）与下列何项数值最为接近？

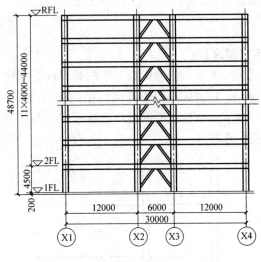

图 2.41.1

截面参数   表 2.41.1

截面	A (mm²)	i_x (mm)	i_y (mm)
H250×250×9×14	91.43×10^2	108.1	63.2

提示：① 按《高钢规》作答；

② $f_y = 235 \text{N/mm}^2$。$E = 2.06 \times 10^5 \text{N/mm}^2$，假定支撑的计算长度系数为 1.0，$\varepsilon_k = 1.0$。

(A) 1105   (B) 1450   (C) 1650   (D) 1800

【答案】（A）

【解答】

（1）框架中心支撑的支撑斜杆的受压承载力，根据《高钢规》第 7.5.5 条计算

$$\frac{N}{\varphi A_{br}} \leqslant \frac{\psi f}{\gamma_{RE}}$$

(2)《高钢规》式（7.5.5-3）和《钢标》表4.4.1、表4.4.8

$f_y=235\text{N/mm}^2$，$E=2.06\times10^5\text{N/mm}^2$

$$\lambda_y=\frac{l_{0y}}{i_y}=\frac{5000}{63.2}=79$$

$$\lambda_n=\left(\frac{\lambda}{\pi}\right)\sqrt{\frac{f_y}{E}}=\frac{79}{3.14}\sqrt{\frac{235}{2.06\times10^5}}=0.85$$

(3)《高钢规》式（7.5.5-2）

$$\psi=\frac{1}{1+0.35\lambda_n}=\frac{1}{1+0.35\times0.85}=0.77$$

(4)《钢标》表7.2.1-1及小注

$b/h=250/250=1>0.8$ 支撑斜杆截面为 a* 类。对 Q235 钢，截面为 b 类。

(5)《钢标》附录表 D.0.2，$\varphi_y=0.584$。

(6)《高钢规》3.6.1条，$\gamma_{RE}=0.8$

$$N\leqslant\frac{\psi f(\varphi A_{br})}{\gamma_{RE}}=\frac{0.77\times215\times0.584\times9143\times10^{-3}}{0.8}=1105\text{kN}$$

【钢42】节点域腹板稳定（厚度）

某地震区钢结构建筑，其工字形截面梁与工字形截面柱为刚性节点连接，梁翼缘厚度中点间的距离 $h_{b1}=2700\text{mm}$，柱翼缘厚度中点间的距离 $h_{c1}=450\text{mm}$。试问，对节点域仅按稳定性的要求计算时，在节点域柱腹板的最小计算厚度 t_w 与下列何项数值最为接近？

提示：按《抗震规范》作答。

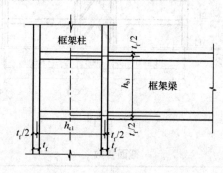

图 2.42.1

(A) 35mm   (B) 25mm   (C) 15mm   (D) 12mm

【答案】(A)

【解答】《抗震规范》8.2.5-3条，工字形截面柱和箱形截面柱的节点域应按下列公式验算：

$$t_w\geqslant(h_{c1}+h_{b1})/90=\frac{2700+450}{90}=35\text{mm}$$

第三章 砌 体 结 构

【砌1】高厚比影响因素、自承重墙修正系数、构造柱间距、圈梁高度

以下关于砌体结构的 4 种观点：

Ⅰ. 通过改变砌块强度等级可以提高墙、柱的允许高厚比；

Ⅱ. 厚度 180mm、上端非自由端、无门窗洞口的自承重墙体，允许高厚比修正系数为 1.32；

Ⅲ. 钢筋混凝土构造柱组合墙的构造柱间距不宜大于 4m；

Ⅳ. 组合砖墙砌体结构房屋，有组合墙楼层处的钢筋混凝土圈梁高度不宜小于 180mm。

试问，针对上述观点正确性的判断，下列何项正确？

(A) Ⅰ、Ⅱ正确，Ⅲ、Ⅳ错误   (B) Ⅱ、Ⅲ错误，Ⅰ、Ⅳ正确

(C) Ⅲ、Ⅳ正确，Ⅰ、Ⅱ错误   (D) Ⅰ、Ⅳ错误，Ⅱ、Ⅲ正确

【答案】 (D)

【解答】

(1)《砌体》第 6.1.1 条，墙、柱的允许高厚比与砂浆的强度等级有关，与砌块强度等级无关，故通过改变砌块强度等级可以提高墙、柱的允许高厚比是错误的。

(2)《砌体》第 6.1.3 条，厚度 ≤240mm 的自承重墙，允许高厚比修正系数应修正。砌体厚度为 180mm，$\mu_1 = 1.2 + (240-180)/(240-90)(1.5-1.2) = 1.32$。

上端非自由端，不提高 30%；无门窗洞口，允许高厚比修正系数 $\mu_2 = 1.0$。

(3)《砌体》8.2.9 条 3 款，"构造柱其间距不宜大于 4m"，正确。

(4)《砌体》8.2.9 条 4 款，"圈梁的截面高度不宜小于 240mm"，错误。

【砌2】有刚性地坪底层墙体高厚比验算

某多层刚性方案砖砌体教学楼，其局部平面如图 3.2.1 所示。墙体厚度均为 240mm，轴线均居墙中。室内外高差 0.3m，基础埋置较深且有刚性地坪。墙体采用 MU10 级蒸压粉煤灰砖、M10 级混合砂浆砌筑，底层、二层层高均为 3.6m；楼、屋面板采用现浇钢筋混凝土板。砌体施工质量控制等级为 B 级，结构安全等级为二级。钢筋混凝土梁的截面尺寸为 250mm×550mm。

试问，底层外纵墙墙 A 的高厚比，与下列何数值最为接近？

提示：墙 A 截面 $I = 5.5484 \times 10^9 \text{mm}^4$，$A = 4.9 \times 10^5 \text{mm}^2$。

(A) 8.5   (B) 9.7   (C) 10.4   (D) 11.8

【答案】 (D)

【解答】

(1)《砌体》第 5.1.2 条，底层外纵墙的高厚比

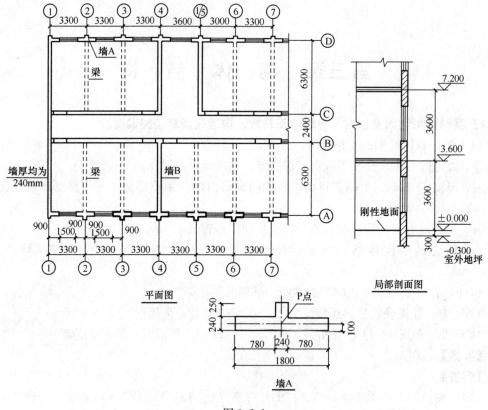

图 3.2.1

$$\beta = \frac{H_0}{h_T}$$

(2)《砌体》第 5.1.3 条

$H = 3.6 + 0.3 + 0.5 = 4.4\text{m}$，$s = 9.9\text{m} > 2H = 8.8\text{m}$，$H_0 = 1.0H = 4.4\text{m}$

(3)《砌体》第 5.1.2 条

$$I = 5.5484 \times 10^9 \text{mm}^4, \quad A = 4.9 \times 10^5 \text{mm}^2$$

$$i = \sqrt{\frac{I}{A}} = \sqrt{\frac{5.5484 \times 10^9}{4.92 \times 10^5}} = 106.2\text{mm}$$

截面折算厚度 $h_T = 3.5i = 3.5 \times 106.2 = 371.7\text{mm}$。

(4) 高厚比计算

$$\beta = \frac{H_0}{h_T} = \frac{4.4}{0.3717} = 11.84$$

【砌 3】受压构件承载力影响系数 φ（蒸压灰砂砖）

某多层砖砌体房屋，底层结构平面布置如图 3.3.1 所示，外墙厚 370mm，内墙厚 240mm，轴线均居墙中。窗洞口均为 1500mm×1500mm（宽×高），门洞口除注明外均为 1000mm×2400mm（宽×高）。室内外高差 0.5m，室外地面距基础顶 0.7m。楼、屋面板采用现浇钢筋混凝土板，砌体施工质量控制等级为 B 级。

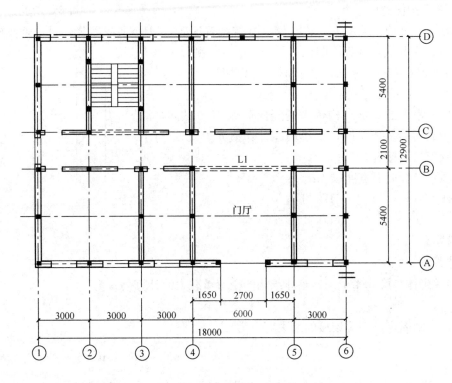

图 3.3.1

假定，墙体采用 MU15 级蒸压灰砂砖、M10 级混合砂浆砌筑，底层层高为 3.6m，试问，底层②轴楼梯间横墙轴心受压承载力 $\varphi f A$ 中的 φ 值与下列何项数值最为接近？

提示：横墙间距 $s=5.4\text{m}$。

(A) 0.62 (B) 0.67 (C) 0.73 (D) 0.80

【答案】（C）

【解答】

(1)《砌体》第 5.1.1 条注 2，受压构件承载力影响系数 φ，可按附录 D 的规定采用。

(2)《砌体》第 4.2.1 条，$s<32\text{m}$，房屋的计算方案为刚性方案。

(3)《砌体》第 5.1.3 条

构件高度 $H=3.6+0.5+0.7=4.8\text{m}$，横墙间距 $s=5.4\text{m}>H$ 且 $<2H=9.6\text{m}$；

计算高度 $H_0=0.4s+0.2H=0.4\times5.4+0.2\times4.8=3.12\text{m}$。

(4)《砌体》式（5.1，2-1）

蒸压灰砂砖，$\gamma_\beta=1.2$

$$\beta=\gamma_\beta\frac{H_0}{h}=1.2\times\frac{3.14}{0.24}=15.6$$

(5)《砌体》附录 D 表 D.0.1

$$e=0,\ \varphi=\frac{0.72-0.77}{16-14}\times(1.5.5-14)+0.77=0.73$$

【砌 4】受弯构件的承载力

一地下室外墙，墙厚 h，采用 MU10 烧结普通砖，M10 水泥砂浆砌筑，砌体施工质量控制等级为 B 级，计算简图如图 3.4.1 所示，侧向土压力设计值 $q = 34\text{kN/m}^2$，承载力验算时不考虑墙体自重，$\gamma_0 = 1.0$。

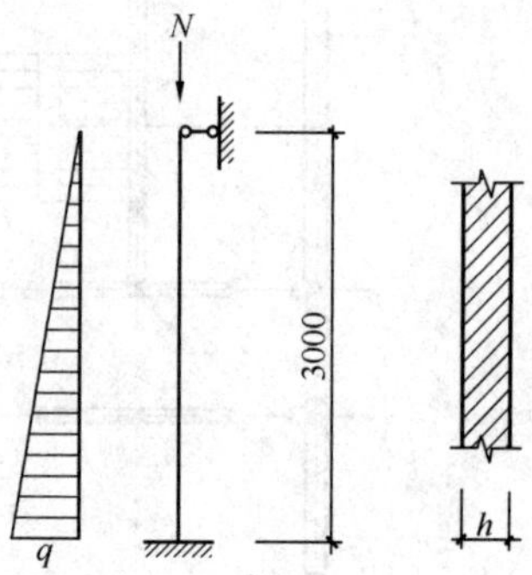

假定，不考虑上部结构传来的竖向荷载 N。试问，满足受弯承载力验算要求时，最小墙厚计算值 h（mm）与下列何项数值最为接近？

提示：计算截面宽度取 1m。

(A) 620　　　　　(B) 750

(C) 820　　　　　(D) 850

图 3.4.1

【答案】(D)

【解答】

(1)《砌体》第 5.4.1 条，砌体结构的受弯承载力的计算公式为

$$M \leqslant f_{tm}W$$

(2) 一端固定，一端铰接的最大弯矩为

$$M = \frac{1}{15}qH^2 = \frac{1}{15} \times 34 \times 3^2 = 20.40\text{kN} \cdot \text{m}$$

(3)《砌体》表 3.2.2，砌体弯曲抗拉强度设计值 $f_{tm} = 0.17\text{MPa}$

截面模量，$W = \frac{1}{6}bh^2$。

(4) 最小墙厚的计算值

$$h \geqslant \sqrt{\frac{6M}{f_{tm}b}} = \sqrt{\frac{6 \times 20.4 \times 10^6}{0.17 \times 1000}} = 848.53\text{mm}$$

【砌 5】受弯构件的受剪承载力

某悬臂砖砌水池，采用 MU10 级烧结普通砖、M10 级水泥砂浆砌筑，墙体厚度 740mm，砌体施工质量控制等级为 B 级。水压力按可变荷载考虑，假定其荷载分项系数取 1.4。试问，按抗剪承载力验算时，该池壁底部能承受的最大水压高度设计值 H（m），应与下列何项数值最为接近？

提示：① 不计池壁自重的影响；

② 按《砌体》作答。

(A) 2.5　　　　(B) 3.0　　　　(C) 3.5　　　　(D) 4.0

【答案】(C)

【解答】

(1) 取池壁中间 1m 宽度进行计算。

(2)《砌体》第 5.4.2 条，单位长度池壁底部的抗剪承载力为 $f_v bz$。

(3)《砌体》表 3.2.2，砌体抗剪强度设计值为：$f_v = 0.17\text{MPa}$。

(4)《砌体》第 3.2.3 条，砌筑的水泥砂浆为 M10＞M5，砌体抗剪强度设计值不

调整。

(5)《砌体》第 5.4.2 条，内力臂 $Z=(2/3)h$（$h=740\text{mm}$，截面高度）。

(6) 式（5.4.2-1）代入参数

$$f_v bz = \frac{0.17 \times 1000 \times 2 \times 740}{3} = 83866 = 83.89\text{kN}$$

(7) 水压在池壁底部截面产生的剪力设计值

$$V = 1.4 \frac{1}{2}\gamma H^2 = 1.4 \times 0.5 \times 10 \times H^2 = 7H^2\text{(kN)}$$

(8) 最大水压高度设计值 H

取 $f_v bz = V$，所以，$H = \sqrt{\frac{f_v bz}{7}} = \sqrt{\frac{83.89}{7}} = 3.46\text{m}$。

【砌 6】底部剪力法求底层水平地震作用

某五层砌体结构办公楼，抗震设防烈度 7 度，设计基本地震加速度值为 $0.15g$。如图 3.6.1 所示，各层层高及计算高度均为 3.6m，采用现浇钢筋混凝土楼、屋盖。砌体施工质量控制等级为 B 级，结构安全等级为二级。

已知各种荷载（标准值）：屋面恒载总重为 1800kN，屋面活荷载总重 150kN，屋面雪荷载总重 100kN；每层楼层恒载总重为 1600kN，按等效均布荷载计算的每层楼面活荷载为 600kN；2～5 层每层墙体总重为 2100kN，女儿墙总重为 400kN。采用底部剪力法对结构进行水平地震作用计算。试问，总水平地震作用标准值 F_{Ek}（kN），应与下列何项数值最为接近？

提示：楼层重力荷载代表值计算时，集中于质点 G_1 的墙体荷载按 2100kN 计算。

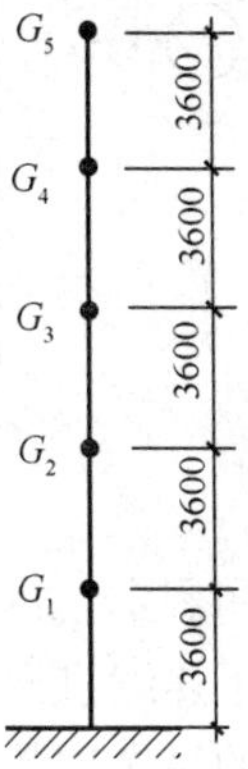

(A) 1680　　　　　　　　　　(B) 1970

(C) 2150　　　　　　　　　　(D) 2300

图 3.6.1

【答案】（B）

【解答】

(1)《抗震》第 5.2.1 条规定，总水平地震作用标准值为

$$F_{Ek} = \alpha_1 G_{eq}$$

(2)《抗震》第 5.1.3 条规定，

屋面质点　$G_5 = 1800 + 0.5 \times 2100 + 0.5 \times 100 + 400 = 3300\text{kN}$

楼层质点　$G_1 = 1600 + 2100 + 0.5 \times 600 = 4000\text{kN}$

$$G_2 = G_3 = G_4 = G_1 = 4000\text{kN}$$

(3)《抗震》5.1.4 条，砌体结构 7 度，$0.15g$，$\alpha_1 = \alpha_{max} = 0.12$

(4)《抗震》式（5.2.1-1）

$$G = \sum G_i = 4000 \times 4 + 3300 = 19300\text{kN}$$

$$G_{eq} = 0.85G = 0.85 \times 19300 = 16405\text{kN}$$

$$F_{Ek} = \alpha_1 \times G_{eq} = 0.12 \times 16405 = 1968.6\text{kN}$$

【砌7】可建房屋层数（乙类、横墙较少、室内外高差）

某多层无筋砌体结构房屋，结构平面布置如图 3.7.1 所示，首层层高 3.6m，其他各层层高均为 3.3m，内外墙均对轴线居中，窗洞口高度均为 1800mm，窗台高度均为 900mm。

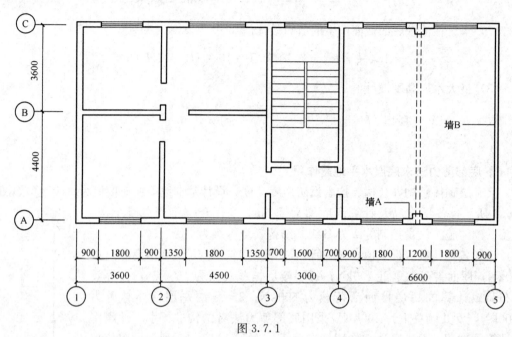

图 3.7.1

假定，本工程建筑抗震设防类别为乙类，抗震设防烈度为 7 度（0.10g），各层墙体上下连续且洞口对齐，采用混凝土小型空心砌块砌筑。试问，按照该结构方案可以建设房屋的最多层数，与下列何项数值最为接近？

(A) 7   (B) 6   (C) 5   (D) 4

【答案】 (D)

【解答】

(1) 房屋层数要求

《抗震》表 7.1.2，7 度（0.10g），房屋的层数为 7 层。

《抗震》表 7.1.2 注 3，对乙类的多层砌体房屋，其层数应减少一层，7−1=6 层。

《抗震》7.1.2 条 2 款，判断房屋的横墙要求

楼层建筑面积 $A=17.7 \times 8=141.6 \text{m}^2$

开间大于 4.2m 的房间总面积为 $A_1=（6.6+4.5）\times 8=88.8 \text{m}^2$

则 $\dfrac{A_1}{A}=\dfrac{88.8}{142.6}=0.627>0.4$，属于横墙较少的多层砌体房屋。

层数还应再减少一层，6−1=5。

（图示可见，没有开间大于 4.8m 的房间，所以不会是横墙很少的房屋）

(2) 房屋高度的要求

根据《抗震》表 7.1.2 及注 2，假定室内外高差为 0.6m，总高度限值为 21+1=22m。

对乙类的多层砌体房屋，总高度降低 3m。横墙较少的多层砌体，房屋总高度还应再降低 3m。房屋高度限值 $H=22-3-3=16\text{m}$

当为 5 层时，其房屋高度最小值 $H=3.6+4\times3.3+0.6=17.4\text{m}>16\text{m}$

当为 4 层时，其房屋高度最小值 $H=3.6+3\times3.3+0.6=14.1\text{m}<16\text{m}$

【砌 8】带门洞墙体等效侧向刚度

砌体结构某段墙体如图所示，层高 3.6m，墙体厚度 370mm，采用 MU10 级烧结多孔砖（空洞率为 35%）、M7.5 级混合砂浆砌筑，砌体施工质量控制等级为 B 级。试问，该墙层间等效侧向刚度（N/mm），与下列何项数值最为接近？

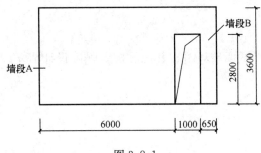

图 3.8.1

(A) 450000   (B) 500000   (C) 550000   (D) 600000

【答案】（B）

【解答】

(1) 墙体的等效侧向刚度，按《抗震》7.2.3 条的规定计算。

(2) 墙段 B：

$\dfrac{h_1}{b}=\dfrac{2.8}{0.65}=4.3>4$，该段墙体等效侧向刚度可取 0。

(3) 墙段 A：

$\dfrac{h}{b}=\dfrac{3.6}{6}=0.6<1.0$，可只计算剪切变形，剪切刚度 $K=\dfrac{EA}{3h}$。

(4) 计算砌体的弹性模量

《砌体》表 3.2.1-1 及注和表 3.2.5-1 多孔砖的孔洞率大于 30%，

砌体抗压强度设计值为：$f=1.69\times0.9=1.521\text{MPa}$

砌体的弹性模量：$E=1600f=1600\times1.521=2433.6\text{MPa}$。

(5) 墙体的等效侧向刚度即墙段 A 的刚度

$$K=\frac{EA}{3h}=\frac{2433.6\times370\times6000}{3\times3600}=500246\text{N/mm}$$

【砌 9】抗震时抗剪强度设计值 f_{vE}

某抗震设防烈度为 8 度的多层砌体结构住宅，底层某道承重横墙的尺寸和构造柱设置如图 3.9.1 所示。墙体采用 MU10 级烧结多孔砖、M10 级混合砂浆砌筑。构造柱截面尺寸为 240mm×240mm，采用 C25 混凝土，纵向钢筋为 HRB335 级 4 Φ 14，箍筋采用

HPB300 级Φ6@200。砌体施工质量控制等级为 B 级。在该墙顶作用的竖向恒荷载标准值为 210kN/m，按等效均布荷载计算的传至该墙顶的活荷载标准值为 70kN/m，不考虑本层墙体自重。

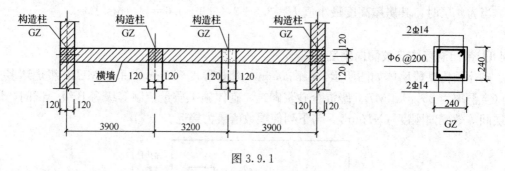

图 3.9.1

试问该墙体沿阶梯形截面破坏时，其抗震抗剪强度设计值 f_{vE}（N/mm²），与下列何项数值最为接近？

提示：按《抗震》作答。

(A) 0.29　　　　(B) 0.26　　　　(C) 0.23　　　　(D) 0.20

【答案】(B)

【解答】

(1) 砌体墙体沿阶梯形截面破坏时，其抗震抗剪强度设计值应按《抗震》7.2.6 条计算

$$f_{vE} = \zeta_N \cdot f_v。$$

(2)《砌体》表 3.2.2，MU10 多孔砖，MI0 混合砂浆，

$$f_v = 0.17 N/mm^2。$$

(3)《抗震》第 5.1.3 条，取 1m 长度计算

$$\delta_0 = \frac{N}{A} = \frac{210 + 70 \times 0.5}{0.24} = 1020.8 kN/m^2 = 1.02 N/mm^2$$

(4)《抗震》表 7.2.6 注的规定，

$$\frac{\delta_0}{f_v} = \frac{1.02}{0.17} = 6.0，查表 7.2.6. 取 \zeta_N = \frac{1}{2} \times (1.47 + 1.65) = 1.56。$$

(5)《抗震》式 (7.2.6)，

$$f_{vE} = \zeta_N \cdot f_v = 1.56 \times 0.17 = 0.265 N/mm^2$$

【砌 10】两端、中间均有构造柱墙抗震时抗剪承载力

条件同上题，假定砌体抗震抗剪强度的正应力影响系数 $\zeta_N = 1.6$。试问，该墙体截面的最大抗震受剪承载力设计值（kN），与下列何项数值最为接近？

提示：按《抗震》作答。

(A) 880　　　　(B) 850　　　　(C) 810　　　　(D) 780

【答案】(A)

【解答】

(1)《抗震》7.2.7 条，砖墙体截面的抗震受剪承载力根据计算

$$V = \frac{1}{\gamma_{RE}} \left[\eta_c f_{vE}(A - A_c) + \zeta_c f_t A_c + 0.08 f_{yc} A_{sc} + \zeta_s f_{yh} A_{sh} \right]$$

(2)《抗震》式 (7.2.6) 和《砌体》表 3.2.2

MI0 混合砂浆，$f_v = 0.17$MPa，$f_{vE} = \zeta_N \cdot f_v = 1.6 \times 0.17 = 0.272$N/mm²。

(3)《抗震》第 7.2.7 条第 3 款，

横墙：$A = 240 \times (3900 + 3200 + 3900 + 240) = 2697600$N/mm²

构造柱：$A_c = 2 \times 240 \times 240 = 115200$mm²

$$\frac{A_c}{A} = \frac{115200}{2697600} = 0.04 < 0.15，取 A_c = 115200 \text{mm}^2$$

(4)《抗震》表 5.4.2 和《混规》

$\gamma_{RE} = 0.9$，$A_{sh} = 0.0$；C25 混凝土，$f_t = 1.27$N/mm²

HRB335 钢筋，$f_{yc} = 300$N/mm²，$A_{sc} = 1231$mm²，$\rho = \dfrac{1231}{240 \times 240 \times 2} = 1.06\% >$

0.6%。

(5)《抗震》式 (7.2.7-3)

$\zeta_c = 0.4$，$\eta_c = 1.0$

《抗震》表 5.4.2，两端有构造柱的抗震墙，$\gamma_{RE} = 0.9$。

$$V = \frac{1}{\gamma_{RE}} \left[\eta_c f_{vE}(= A - A_c) + \zeta_c f_t A_c + 0.08 f_{yc} A_{sc} + \zeta_s f_{yh} A_{sh} \right]$$

$$= \frac{1}{0.9} \left[1.0 \times 0.272 \times (2697600 - 115200) + 0.4 \times 1.27 \times 115200 + 0.08 \times 300 \times 1231 + 0 \right]$$

$$= 878.3 \text{kN}$$

【砌 11】抗压强度设计值，砖对砌体抗剪强度影响，小于 0.3m² 调整，施工时砂浆强度为零

关于砌体结构有以下说法：

Ⅰ. 砌体的抗压强度设计值以龄期为 28d 的毛截面面积计算；

Ⅱ. 一般情况下，提高砖的强度等级对增大砌体抗剪强度作用不大；

Ⅲ. 采用无筋砌体时，当砌体截面面积小于 0.3m² 时，砌体强度设计值的调整系数为构件截面面积（m²）加 0.7；

Ⅳ. 对施工阶段尚未硬化的新砌砌体进行稳定验算时，可按砂浆强度为零进行验算。

试问，针对上述观点正确性的判断，下列何项正确？

(A) Ⅰ、Ⅱ 正确，Ⅲ、Ⅳ 错误   (B) Ⅱ、Ⅲ 正确，Ⅰ、Ⅳ 错误

(C) Ⅲ、Ⅳ 正确，Ⅰ、Ⅱ 错误   (D) Ⅰ、Ⅱ、Ⅲ、Ⅳ 正确

【答案】（D）

【解答】

(1)《砌体》第 3.2.1 条，砌体的抗压强度设计值以龄期为 28d 的毛截面面积计算，正确。

(2)《砌体》第 3.2.2 条，一般情况下，提高砖的强度等级对增大砌体抗剪强度作用不大，正确。

(3)《砌体》第3.2.3条第1款，无筋砌体截面面积小于0.3m²时，调整系数取面积加0.7。

(4)《砌体》第3.2.4条，施工阶段砂浆尚未硬化的新砌砌体的强度和稳定性，可按砂浆强度为零进行验算，正确。

【砌12】空心砌块墙体轴心受压承载力

某多层砌体结构的内墙长5m，采用190mm厚单排孔混凝土小型空心砌块对孔砌筑，砌块强度等级为MU10，水泥砂浆强度等级为Mb10，砌体施工质量控制等级为B级。该层墙体计算高度为3.0m，轴向力偏心距 $e=0$；静力计算方案为刚性方案。

试问，该层每延米长墙体的受压承载力设计值（kN），与下列何项数值最为接近？

提示：按《砌体》作答。

(A) 230   (B) 270   (C) 320   (D) 360

【答案】(D)

【解答】

(1) 墙体的受压构件承载力，应按《砌体》5.1.1条式（5.1.1）计算。

$$N = \varphi \cdot f \cdot A$$

(2)《砌体》5.1.2条表5.1.2，空心砌块对孔砌筑，$\gamma_\beta = 1.1$

墙体高厚比：$\beta = \gamma_\beta \dfrac{H_0}{h} = 1.1 \times 3000/190 = 17.37$。

(3)《砌体》附录D表D.0.1，$\beta = 17.37$，$e/h = 0$

$$\varphi = 0.72 - 0.05 \times 1.37/2 = 0.6858$$

(4)《砌体》表3.2.1-4，单排孔混凝土砌块砌体（MU10、Mb10），$f = 2.79$MPa。

(5) 受压构件承载力：

$$\varphi \cdot f \cdot A = 0.6858 \times 2.79 \times 1000 \times 190 = 363543\text{N/m} = 363.5\text{kN/m}$$

【砌13】采用底部剪力法时第二层水平地震剪力设计值

某五层砌体结构办公楼，抗震设防烈度7度，设计基本地震加速度值为0.15g，各层层高及计算高度均为3.6m，采用现浇钢筋混凝土楼、屋盖。砌体施工质量控制等级为B级，结构安全等级为二级。

采用底部剪力法对结构进行水平地震作用计算时，假设重力荷载代表值 $G_1 = G_2 = G_3 = G_4 = 5000$kN，$G_5 = 4000$kN，若总水平地震作用标准值为 F_{Ek}，截面抗震验算仅计算水平地震作用。试问，第二层的水平地震剪力设计值 V_2（kN）应与下列何项数值最为接近？

(A) $0.8F_{Ek}$ (B) $0.9F_{Ek}$ (C) $1.1F_{Ek}$ (D) $1.2F_{Ek}$

【答案】(D)

【解答】

(1)《抗震》第5.2.1条，第2层的水平地震作用标准值为：

$$F_{2k} = \frac{G_2 H_2}{\sum\limits_1^5 G_i H_i} F_{Ek}$$

(2) 第 2 层的水平地震剪力标准值为

$$V_{2k} = \sum_2^5 F_{ik} = \frac{\sum_2^5 G_i H_i}{\sum_1^5 G_i H_i} F_{Ek}$$

$$\sum_2^5 G_i H_i = 5000 \times (7.2 + 10.8 + 14.4) + 4000 \times 18 = 234000 \text{kN} \cdot \text{m}$$

$$\sum_1^5 G_i H_i = 5000 \times (3.6 + 7.2 + 10.8 + 14.4) + 4000 \times 18 = 252000 \text{kN} \cdot \text{m}$$

$$V_{2k} = \frac{234000 F_{Ek}}{252000} = 0.9286 F_{Ek} (\text{kN})$$

(3)《抗震》第 5.4.1 条，第 2 层的水平地震剪力设计值

$$V_2 = \gamma_{Eh} V_{2k} = 1.3 \times 0.9286 F_{Ek} = 1.2 F_{Ek} (\text{kN})$$

【砌 14】梁端局部受压求 γ

某钢筋混凝土梁截面 $250\text{mm} \times 600\text{mm}$，如图 3.14.1 所示。梁端支座压力设计值 N_l $=60\text{kN}$，局部受压面积内上部轴向力设计值 $N_0 = 175\text{kN}$。墙 的截面尺寸为 $1500\text{mm} \times 240\text{mm}$（梁支承于墙中部），采用 MU10 级烧结多孔砖（孔洞率为 25%）、M7.5 级混合砂浆砌 筑，砌体施工质量控制等级为 B 级。

假定 $\dfrac{A_0}{A_l} = 5$，试问，梁端支承处砌体的局部受压承载力 (N)，与下列何项数值最为接近？

提示：不考虑强度调整系数 γ_a 的影响。

(A) $1.6A_l$ (B) $1.8A_l$

(C) $2.0A_l$ (D) $2.5A_l$

【答案】(C)

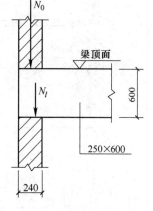

图 3.14.1

【解答】

(1) 梁端支承处砌体的局部受压承载力，按《砌体》式 (5.2.4-1) 计算。

(2)《砌体》5.2.2 条公式 (5.2.2)

$$\gamma = 1 + 0.35 \sqrt{\frac{A_0}{A_l} - 1} = 1 + 0.35 \sqrt{5 - 1} = 1.7 < 2$$

(3)《砌体》表 3.2.1-1，MU10 多孔砖（孔洞率为 25% < 30%），M7.5 混合砂浆 f $= 1.69\text{MPa}$。

(4)《砌体》5.2.4 条

完整系数 $\eta = 0.7$

$$\eta \gamma f A_l = 0.7 \times 1.7 \times 1.69 \times A_l = 2.01 A_l$$

【砌 15】T 形截面墙体高厚比

某三层砌体结构房屋局部平面布置图如图 3.15.1 所示，每层结构布置相同，层高均

为 3.6m，墙体采用 MU10 级烧结普通砖、M10 级混合砂浆砌筑，砌体施工质量控制等级 B 级。现浇钢筋混凝土梁（XL）截面为 250mm×800m，支承在壁柱上，梁下刚性垫块尺寸为 480mm×360mm×180mm，现浇钢筋混凝土楼板。梁端支承压力设计值为 N_l，由上层墙体传来的荷载轴向压力设计值为 N_u。

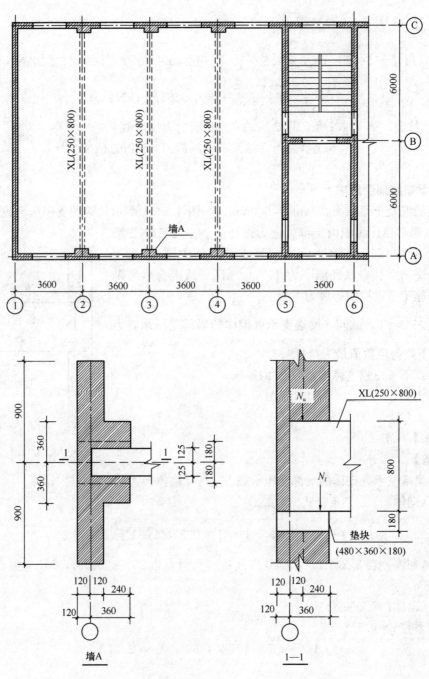

图 3.15.1

假定，墙 A 对于 A 轴方向中和轴的惯性矩 $I=10\times10^{-3}\,\mathrm{m^4}$。试问，二层墙 A 的高厚比 β 与下列何项数值最为接近？

(A) 7.0　　　　(B) 8.0　　　　(C) 9.0　　　　(D) 10.0

【答案】(B)

【解答】

(1)《砌体》第 6.1.1 条和 6.1.2 条，带壁柱的墙体高厚比计算公式：

$$\beta=\frac{H_0}{h_T}$$

(2)《砌体》第 4.2.1 条房屋横墙间距 $s=14.4\mathrm{m}<32\mathrm{m}$，房屋的静力计算方案为刚性方案。

(3)《砌体》第 5.1.3 条，$s=14.4>2H=7.2\mathrm{m}$，所以，$H_0=H=3.6\mathrm{m}$。

(4)《砌体》第 5.1.2 条

带壁柱墙的截面面积：$A=1.8\times0.24+0.72\times0.24=0.432+0.1728=0.6048\mathrm{m^2}$

T 形截面折算厚度 $h_T=3.5i$，$i=\sqrt{\dfrac{I}{A}}$

$$i=\sqrt{\frac{I}{A}}=\sqrt{\frac{10\times10^{-3}}{0.6048}}=0.1286\mathrm{m}$$

$$h_T=3.5i=0.450\mathrm{m}$$

$$\beta=H_0/h_T=3.6/0.45=8.0$$

【砌 16】网状配筋砌体的抗压强度设计值 f_n（注意 e 对 f_n 的影响）

某建筑局部结构布置如图 3.16.1 所示，按刚性方案计算，二层层高 3.6m，墙体厚度均为 240mm，采用 MU10 烧结普通砖，M10 混合砂浆砌筑，已知墙 A 承受重力荷载代表值 518kN，由梁端偏心荷载引起的偏心距 e 为 35mm，施工质量控制等级为 B 级。

假定，二层墙 A 配置有直径 4mm 冷拔低碳钢丝网片，方格网孔尺寸为 80mm，其抗拉强度设计值为 550MPa，竖向间距为 180mm，试问，该网状配筋砌体的抗压强度设计值 f_n（MPa），与下列何项数值最为接近？

(A) 1.89　　　　(B) 2.35

(C) 2.50　　　　(D) 2.70

【答案】(B)

【解答】

(1)《砌体》8.1.2 条式 (8.1.2-2)，网状配筋砌体的抗压强度设计值 f_n（MPa）

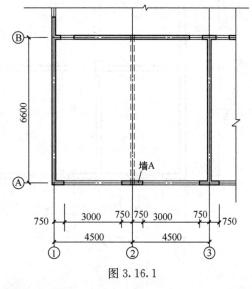

图 3.16.1

$$f_n = f + 2\left(1 - \frac{2e}{y}\right)\rho f_y$$

（2）验算网状配筋砌体的适用条件

《砌体》8.1.1 条 1 款，

$$\frac{e}{h} = \frac{35}{240} = 0.146 < 0.17$$

$$S = 9\text{m} > 2H = 7.2\text{m}，H_0 = 1.0H = 3.6\text{m}$$

$$\beta = \frac{H_0}{h} = \frac{3600}{240} = 15 < 16$$

符合要求，可以采取网状配筋砌体。

（3）《砌体》3.2.1 条，MU10 砖、M10 混合砂浆，$f = 1.89\text{MPa}$。

（4）《砌体》8.1.2 条

$$\rho = \frac{(a+b)A_s}{abs_n} = \frac{(80+80) \times 12.56}{80 \times 80 \times 180} = 0.174\% \quad \begin{matrix} > 0.1\% \\ < 1\% \end{matrix}$$

$$f_y = 550\text{MPa} > 320\text{MPa}，取\ f_y = 320\text{MPa}$$

$$f_n = f + 2(1 - \frac{2e}{y})\rho f_y = 1.89 + 2\left(1 - \frac{2 \times 35}{120}\right) \times 0.00174 \times 320 = 2.35\text{N/mm}^2$$

【砌 17】3 层、横墙较少、大房间，判断构造柱根数

某多层无筋砌体结构房屋，结构平面布置如图 3.17.1 所示，首层层高 3.6m，其他各层层高均为 3.3m，内外墙均对轴线居中，窗洞口高度均为 1800mm，窗台高厚均为 900mm。

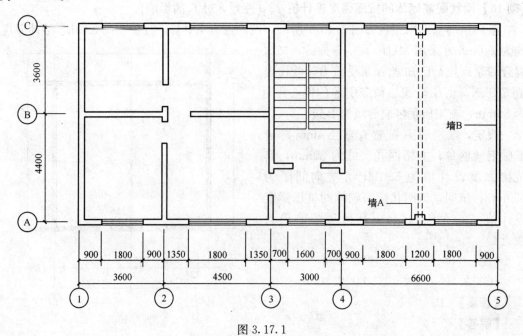

图 3.17.1

假定，该建筑总层数3层，抗震设防类别为丙类，抗震设防烈度7度（0.10g），采用240mm厚普通砖砌筑。试问，该建筑按照抗震构造措施要求，最少需要设置的构造柱数量（根），与下列何项数值最为接近？

(A) 14   (B) 18   (C) 20   (D) 22

【答案】(B)

【解答】

(1) 验算横墙类型

① 根据《抗震》7.1.2条2款

开间大于4.2m的房屋面积占该层面积的比率：

A_j＝（4.5×8＋6.6×8）/17.7×8＝40.1%＞40%   房屋为横墙较少；

② 其中开间大于4.8m的房间面积为：(6.6×8)/17.7×8＝37.2%＜50%

且开间不大于4.2m的房间面积为：(3.6×8＋3×8)/17.7×8＝37.3%＞20%

不属于横墙很少；

③ 根据《抗震》7.3.1条3款，应按3＋1＝4层要求设置构造柱。

(2) 构造柱设置

《抗震》7.3.1 表7.3.1

① 楼梯四角，楼梯斜梯段上下端对应的墙体处，共8根。

② 外墙四角，共4根。

③ 楼梯间对应的另一侧内横墙与外纵墙交接处，2根。

④ 大房间内外墙交接处，2根。

见图3.17.2，最少应设16根构造柱。

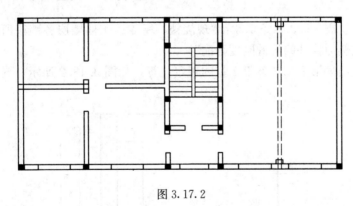

图 3.17.2

（还可以在大梁下两端设置构造柱2根，所以18根也可以）

【砌18】已知二层水平地震剪力，求带门洞墙段分配的剪力

某多层砌体结构房屋，各层层高均为3.6m，内外墙厚度均为240mm，轴线居中。室内外高差0.3m，基础埋置较深且有刚性地坪。采用现浇钢筋混凝土楼、屋盖。平面布置图和A轴剖面如图3.18.1所示。各内墙上门洞均为1000mm×2600mm（宽×高）。外墙上窗洞均为1800mm×1800mm（宽×高）。

假定，该房屋第二层横向（Y向）的水平地震剪力标准值 V_{2k}＝2000kN，试问，第二

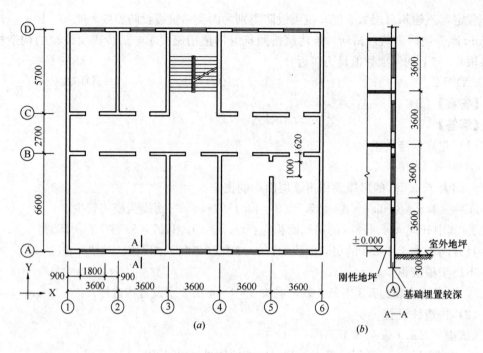

图 3.18.1

层⑤轴墙体所承担的地震剪力标准值 V_k（kN）应与下列何项数值最为接近？

（A）110　　　　　　（B）130　　　　　　（C）160　　　　　　（D）180

【答案】（C）

【解答】

（1）根据《抗震》5.2.6 条 1 款："现浇楼、屋盖的刚性楼层各墙段所承担的地震剪力标准值应按抗侧力构件的等效刚度分配"。

（2）按《抗震》第 7.2.3 条第 1 款的规定计算。如图 3.18.2 所示，⑤轴线墙体等效侧向刚度：

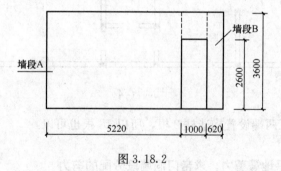

图 3.18.2

墙段 B：

$\dfrac{h_2}{b} = \dfrac{2.6}{0.62} = 4.19 > 4$，该段墙体等效侧向刚度可取 0。

墙段 A：

$\dfrac{h}{b} = \dfrac{3.6}{5.22} = 0.69 < 1.0$，可只计算剪切变形。其等效剪切刚度 $K = \dfrac{EA}{3h}$。

（3）其他各轴线横墙长度均大于层高 h，均无洞口，即 h/b 均小于 <1.0，故均需只计算剪切变形。根据等效剪切刚度计算公式，$K = \dfrac{EA}{3h}$。

由于各层的砖与砂浆相同，所以砌体弹性模量 E、层高 h 及墙体厚度均相同，故各段墙体等效侧向刚度与墙体的长度成正比。

（4）根据《抗震》第5.2.6条第1款的规定，⑤轴墙体地震力分配系数：

$$\mu = \frac{K_5}{\sum K_i} = \frac{A_5}{\sum A_i} = \frac{5220}{15240 \times 2 + 5940 \times 3 + 6840 \times 2 + 5220} = 0.078$$

⑤轴墙段分配的地震剪力标准值：$V_k = 0.078 \times 2000 = 156\text{kN}$。

【砌19～20】

某多层砌体结构房屋对称轴以左平面如图3.19～20（Z）所示（Z是指总题干），各层平面布置相同，各层层高均为3.60m；底层室内外高差0.30m。楼、屋盖均为现浇钢筋混凝土板，静力计算方案为刚性方案。采用MU10级烧结普通砖、M7.5级混合砂浆，纵横墙厚度均为240mm，砌体施工质量控制等级为B级。

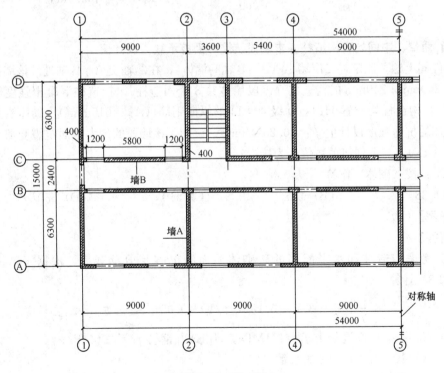

图3.19～20（Z）

【砌19】两端有构造柱墙段抗震受剪承载力设计值（$\gamma_{RE} = 0.9$）

假定，二层墙A（A～B轴间墙体）对应于重力荷载代表值的线荷载为235.2kN/m，在②轴与A、B轴相交处设有240mm×240mm的构造柱（该段墙体共2个构造柱）。试问，该墙段的截面抗震受剪承载力设计值（kN），与下列何项数值最为接近？

提示：根据《砌体》作答。

(A) 200　　　　　(B) 270　　　　　(C) 360　　　　　(D) 400

【答案】(D)

【解答】

(1) 砖砌体的墙的截面抗震受剪承载力，按《砌体》10.2.2条计算

$$V = \frac{f_{vE} \cdot A}{\gamma_{RE}}$$

(2)《砌体》表3.2.2，M7.5混合砂浆，$f_v = 0.14$MPa。

(3)《砌体》表10.2.1

$\sigma_0 = \dfrac{N}{A} = \dfrac{235.2}{0.24} = 980$kN/m² $= 0.98$MPa，$\sigma_0/f_v = 0.98/0.14 = 7$，查表得 $\zeta_N = 1.65$。

(4)《砌体》10.2.1条，砖砌体沿阶梯形截面破坏的抗剪强度设计值为

$$f_{vE} = \zeta_N f_v = 1.65 \times 0.14 = 0.231\text{MPa}$$

(5)《砌体》10.2.2条及表10.1.5，$\gamma_{RE} = 0.9$

$$V = \frac{f_{vE} \cdot A}{\gamma_{RE}} = \frac{0.231 \times 6540 \times 240}{0.9} = 402864\text{N} = 402.9\text{kN}$$

【砌20】两端、中间均有构造柱，求墙段抗震时受剪承载力设计值

条件同上题。假定，二层墙A（A～B轴间墙体），在②轴交A、B轴处及该墙段中间均设有240mm×240mm的构造柱（该段墙体共3个构造柱）。构造柱混凝土强度等级为C20，每根构造柱均配置HPB300级4Φ14的纵向钢筋（$A_{sc} = 615$mm²），砌体沿阶梯形截面破坏的抗剪强度设计值 $f_{vE} = 0.25$N/mm²。试问，该墙段的最大截面抗震受剪承载力设计值（kN），与下列何项数值最为接近？

提示：按《砌体》作答。

(A) 380　　　　　(B) 470　　　　　(C) 510　　　　　(D) 550

【答案】(B)

【解答】

(1) 考虑构造柱和水平配筋的砖砌体截面的抗震受剪承载力，根据《砌体》式(10.2.2-3)计算

$$V \leqslant \frac{1}{\gamma_{RE}}[\eta_c f_{vE}(A - A_c) + \zeta_c f_t A_c + 0.08 f_{yc} A_{sc} + \xi_s f_{yh} A_{sh}]$$

(2)《混规》，C20混凝土 $f_t = 1.1$MPa，HPB300钢筋 $f_{yc} = 270$MPa。

(3) 式(10.2.2-3)中相关参数

砌体截面面积：$A = 240 \times 6540 = 1569600$mm²

构造柱面积：$A_c = 240 \times 240 = 57600$mm²

$\dfrac{A_c}{A} = 57600/1569600 = 0.0367 < 0.15$　取 $A_c = 57600$mm²

中间有一个构造柱：$\zeta_c = 0.5$

构造柱间距 $6300/2=3.15\mathrm{m}>3\mathrm{m}$，取 $\eta_c=1.0$

配筋率：

$$615/240\times240=1.07\% \quad \begin{array}{l} >0.6\% \\ <1.4\% \end{array}$$

水平配筋：$A_{sh}=0$。

(4)《砌体》表 10.1.5，$\gamma_{RE}=0.9$。

(5) 该墙段的最大截面抗震受剪承载力为

$$\frac{1}{\gamma_{RE}}\left[\eta_c f_{vE}(A-A_c)+\zeta_c f_t A_c+0.08 f_{yc}A_{sc}\right]$$

$$=\frac{1}{0.9}\times\left[1.0\times0.25(1569600-57600)+0.5\times1.1\times57600+0.08\times270\times615\right]$$

$$=469960\mathrm{N}=470\mathrm{kN}$$

【砌21】灌孔砌体的抗压强度设计值

某配筋砌块砌体剪力墙房屋，房屋高度 22m，抗震设防烈度为 8 度。首层剪力墙截面尺寸如图 3.21.1 所示，墙体高度 3900mm，为单排孔混凝土砌块对孔砌筑，采用 MU20级砌块、Mb15 级水泥砂浆、Cb30 级灌孔混凝土（$f_c=14.3\mathrm{N/mm^2}$），配筋采用 HRB335级钢筋，砌体施工质量控制等级为 B 级。

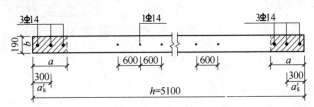

图 3.21.1

假定，混凝土砌块的孔洞率为 46%，混凝土砌块砌体的灌孔率为 40%。试问，灌孔砌体的抗压强度设计值（$\mathrm{N/mm^2}$），与下列何项数值最为接近？

(A) 6.7   (B) 7.3   (C) 10.2   (D) 11.4

【答案】(B)

【解答】

(1)《砌体》第 3.2.1 条，灌孔砌体的抗压强度设计值

$f_g=f+0.6\alpha f_c$。

(2)《砌体》3.2.1 条表 3.2.1-4，$f=5.68\mathrm{MPa}$。

(3)《砌体》3.2.3 条 2 款，水泥砂浆为 Mb15>M5，调整系数 $\gamma_a=1.0$。

(4)《砌体》3.2.1 条式（3.2.1-2），$\alpha=\delta$，$\rho=0.46\times0.40=0.184$。

(5) 灌孔砌体的抗压强度设计值：$f_g=f+0.6\alpha f_c=5.68+0.6\times0.184\times14.3=$ $7.25\mathrm{MPa}<2f=2\times5.68=11.36\mathrm{MPa}$。

【砌22】梁跨度大于9m，求梁端约束引起下层墙体顶部设计值

某砖混结构多功能餐厅，上下层墙体厚度相同，层高相同，采用 MU20 混凝土普通

砖和 Mb10 专用砌筑砂浆砌筑，施工质量为 B 级，结构安全等级二级，现有一截面尺寸为 300mm×800mm 钢筋混凝土梁，支承于尺寸为 370mm×1350mm 的一字形截面墙垛上，梁下拟设置预制钢筋混凝土垫块，垫块尺寸为 $a_b=370mm$，$b_b=740mm$，$t_b=240mm$，如图 3.22.1 所示。

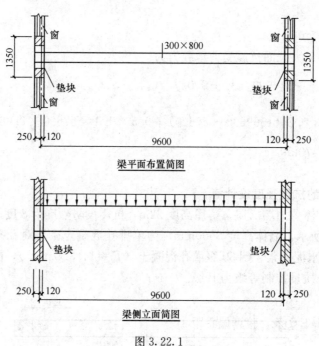

图 3.22.1

提示：计算跨度按 $l=9.6m$ 考虑。

进行刚性方案房屋的静力计算时，假定梁的荷载设计值（含自重）为 48.9kN/m，梁上下层墙体的线性刚度相同。试问，由梁端约束引起的下层墙体顶部弯矩设计值（kN·m）。与下列何项数值最为接近？

(A) 25　　　　　(B) 40　　　　　(C) 75　　　　　(D) 375

【答案】(B)

【解答】

(1)《砌体》4.2.5 条 4 款，因为进深梁跨度 9.6m，大于 9m，应考虑梁端约束的影响，按两端固结计算梁端弯矩：

$$M = \frac{1}{12}ql^2 = \frac{1}{12} \times 48.9 \times 9.6^2 = 375.6 \text{kN} \cdot \text{m}$$

(2)《砌体》式（4.2.5），修正系数：

$$\gamma = 0.2\sqrt{\frac{a}{h}} = 0.2\sqrt{\frac{370}{370}} = 0.2$$

梁端弯矩：$M = \gamma M = 0.2 \times 375.6 = 75.12 \text{kN} \cdot \text{m}$。

（3）梁端约束引起的下层墙体顶部弯矩设计值

梁上下层墙的计算高度相同、墙厚均相同，按刚度把梁段的约束弯矩分配到墙体的上层和下层各 1/2。

下层墙上端弯矩：$M = \dfrac{1}{2}M_A = 37.6\,\text{kN}\cdot\text{m}$。

【砌23】T形截面偏心受压承载力

某单层单跨无吊车房屋窗间墙，截面尺寸如图 3.23.1 所示，采用 MU10 级烧结多孔砖（孔洞率为 25%）、M10 级混合砂浆砌筑，施工质量控制等级为 B 级，计算高度 7m。墙上支承有跨度 8.0m 的屋面梁。图中 x 轴通过窗间墙体的截面中心，$y_1 = 179\,\text{mm}$，截面惯性矩 $I_x = 0.0061\,\text{m}^4$，$A = 0.381\,\text{m}^2$。

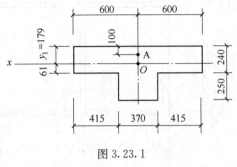

图 3.23.1

假定，墙体折算厚度 $h_T = 0.500\,\text{m}$，试问，当轴向压力作用在该墙截面 A 点时，墙体的承载力设计值（kN），与下列何项数值最为接近？

(A) 240   (B) 270   (C) 300   (D) 330

【答案】(D)

【解答】

(1)《砌体》5.1.1 条式（5.1.1）计算偏心受压承载力
$$N = \varphi f A$$

(2)《砌体》表 3.2.1-1，MU10 多孔砖，孔洞率 25%＜30%，$f = 1.89\,\text{MPa}$。

(3)《砌体》5.1.5 条，验算偏心距 e

$$e = y_1 - 0.1 = 0.179 - 0.1 = 0.079\,\text{m}，\frac{e}{y_1} = \frac{0.079}{0.179} = 0.443 < 0.6$$

$$\frac{e}{h_T} = \frac{0.079}{0.5} = 0.158$$

(4)《砌体》5.1.2 条

$$\beta = \gamma_\beta \cdot \frac{H_0}{h_T} = 1.0 \times \frac{7.0}{0.5} = 14$$

(5)《砌体》表 D.0.1

$$\varphi = 0.47 - \frac{0.158 - 0.15}{0.175 - 0.15} \times (0.47 - 0.43) = 0.4572$$

(6)《砌体》5.1.1 条

$$N = \varphi f A = 0.4572 \times 1.89 \times 0.381 \times 10^6 = 329225\,\text{N} = 329.2\,\text{kN}$$

【砌24】刚性垫块下砌体局部受压承载力（$\varphi\gamma_1 f A_b$）

某多层无筋砌体结构房屋，结构平面布置如图 3.24.1 所示，首层层高 3.6m，其他各层层高均为 3.3m，内外墙均对轴线居中，窗洞口高度均为 1800mm，窗台高度均为 900mm。

假定，该建筑采用单排孔混凝土小型空心砌块砌体，砌块强度等级采用 MU15 级，砂浆采用 Mb15 级，一层墙 A 作为楼盖梁的支座，截面如图 3.24.2 所示，梁的支承长度为 390mm，截面为 250mm×500mm（宽×高）。墙 A 上设有 390mm×390mm×190mm

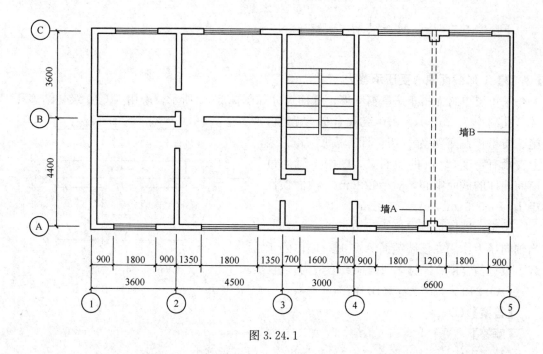

图 3.24.1

(长×宽×高)。钢筋混凝土垫块，如图 3.24.2 所示。试问，该梁下砌体局部受压承载力 (kN)，与下列何项数值最为接近？

提示：$e/h=0.075$。

(A) 400　　　　(B) 450
(C) 500　　　　(D) 550

【答案】(D)

【解答】

(1) 梁端有刚性垫块时的砌体局部受压承载力，按《砌体》5.2.5 条式 (5.2.2-1) 右边项计算：

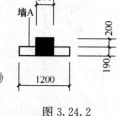

图 3.24.2

$$N = \varphi \gamma_1 f A_b$$

(2)《砌体》表 3.2.1-4，砌体的抗压强度设计值 $f=4.61×0.85=3.92$MPa。

(3)《砌体》第 5.2.5 条第 1 款，垫块外砌体面积的有利影响系数 $\gamma_1=1.0$。

(4)《砌体》第 5.2.5 条和附表 D.0.1-1。

$e/h=0.075$，$\beta<3$，查表得影响系数 $\varphi=0.94$。

(5) 梁下砌体局部受压承载力

$$\varphi \gamma_1 f A_b = 0.94×1.0×3.92×390×390=560\text{kN}$$

【砌25】二层带洞口墙体高厚比验算

某建筑局部结构布置如图 3.25.1 所示，按刚性方案计算，二层层高 3.6m，墙体厚度均为 240mm，采用 MU10 烧结普通砖，M10 混合砂浆砌筑，已知墙 A 承受重力荷载代表值 518kN，由梁端偏心荷载引起的偏心距 e 为 35mm，施工质量控制等级为 B 级。

假定，外墙窗洞 3000mm×2100mm，窗洞底距楼面 900mm，试问，二层 A 轴墙体的高厚比验算与下列何项最为接近？

    (A) 15.0＜22.1   (B) 15.0＜19.1

    (C) 18.0＜19.1   (D) 18.0＜22.1

【答案】(B)

【解答】

(1)《砌体》第 6.1.1 条式（6.1.1）验算高厚比

$$\beta = \frac{H_0}{h} \leqslant \mu_1 \mu_2 [\beta]$$

(2) 墙体高厚比

《砌体》5.1.3 条，构件高度 $H=3.6\text{m}$，刚性方案，横墙间距 $s=9.0\text{m}>2H=7.2\text{m}$，查表 5.1.3，$H_0=1.0H=3.6\text{m}$

$$\beta = \frac{H_0}{h} = \frac{3.6}{0.24} = 15$$

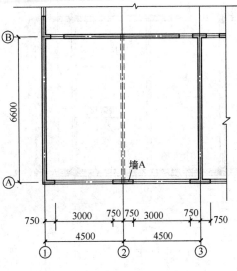

图 3.25.1

(3) 容许高厚比

① 修正系数 μ_1

《砌体》6.1.1 条，该墙为承重墙，不属于自承重墙，$\mu_1=1.0$；

② 洞口修正系数 μ_2

《砌体》6.1.4 条，$0.8 > \dfrac{2.1}{3.6} = 0.58 > 0.2$

式（6.1.4）：$\mu_2 = 1 - 0.4\dfrac{b_s}{s} = 1 - 0.4 \times \dfrac{6000}{9000} = 0.733 > 0.7$；

③《砌体》表 6.1.1，M10 混合砂浆，$[\beta]=26$

$$\mu_1 \mu_2 [\beta] = 1.0 \times 0.733 \times 26 = 19.1$$

【砌 26】90mm 内隔墙容许高厚比

某多层框架结构顶层局部平面布置图如图 3.26.1（a）所示，层高为 3.6m。外围护墙，采用 MU5 级单排孔混凝土小型空心砌块对孔砌筑、Mb5 级砂浆砌筑。外围护墙厚度为 190mm，内隔墙厚度为 90mm，砌体的重度为 12kN/m³（包含墙面粉刷）。砌体施工质量控制等级为 B 级，抗震设防烈度为 7 度，设计基本地震加速度为 0.1g。

假定，内隔墙块体采用 MU10 级单排孔混凝土空心砌块。试问，若满足修正后的容许高厚比 $\mu_1 \mu_2 [\beta]$ 要求，内隔墙砌筑砂浆的最低强度等级，与下列何项数值最为接近？

    (A) Mb10   (B) Mb7.5   (C) Mb5   (D) Mb2.5

【答案】(B)

【解答】

(1)《砌体》6.1.1 条，内隔墙的高厚比为：

$$\beta = \frac{H_0}{h} = 3500/90 = 38.9$$

(2)《砌体》第 6.1.3 条，厚度为 90mm 的自承重墙，容许高厚比修正系数 $\mu_1=1.5$。

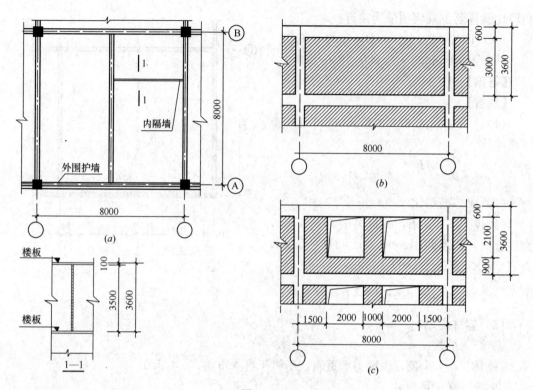

图 3.26.1

(*a*) 局部平面布置图；(*b*) 无洞口外围护墙立面图；(*c*) 有洞口外围护墙立面图

(3)《砌体》第 6.1.1 条，内隔墙无洞口 $\mu_2 = 1.0$

$$\beta \leqslant \mu_1 \mu_2 \ [\beta]$$

$$[\beta] \geqslant \frac{\beta}{\mu_1 \mu_2} = \frac{38.9}{1.5 \times 1.0} = 25.9$$

查表 6.1.1，$[\beta] \geqslant 25.9$，对应的砂浆强度等级 $\geqslant$Mb7.5。

【砌 27】挑梁的倾覆力矩和抗倾覆力矩

如图 3.27.1 所示，某多层砌体结构房屋，在楼层设有梁式悬挑阳台，支承墙体厚度 240mm，悬挑梁截面尺寸 240mm×400mm（宽×高），梁端部集中荷载设计值 $P = 12$kN，梁上均布荷载设计值 $q_1 = 21$kN/m，墙面密度标准值为 5.36kN/m²，各层楼面在本层墙上产生的永久荷载标准值为 $q_2 = 11.2$kN/m。试问，该挑梁的最大倾覆弯矩设计值（kN·m）和抗倾覆弯矩设计值（kN·m），与下列何项数值最为接近？

提示：不考虑梁自重。

(A) 80，160　　　(B) 80，200　　　(C) 90，160　　　(D) 90，200

【答案】(A)

【解答】

(1)《砌体》第 7.4.1 条验算挑梁的抗倾覆

$$M_{ov} \leqslant M_r$$

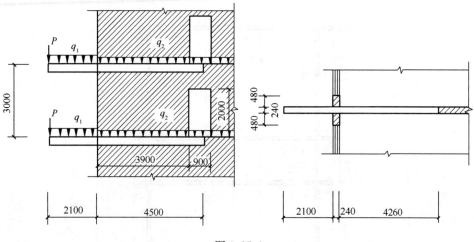

图 3.27.1

（2）《砌体》第 7.4.2 条，计算挑梁的倾覆点

$$l_1 = 4500 > 2.2h_b = 2.2 \times 400 = 880mm$$

计算倾覆点至墙外边缘的距离

$$x_0 = 0.3h_b = 0.3 \times 400 = 120mm$$

$$x_0 = 120mm < 0.13l_1 = 0.13 \times 4500 = 585mm，取 \ x_0 = 120mm$$

（3）倾覆力矩设计值

$$M_{OV} = 12 \times (2.1 + 0.12) + 21 \times 2.1 \times (2.1/2 + 0.12) = 78.24kN \cdot m$$

（4）《砌体》式（7.4.3），抗倾覆力矩：

$$M_r = 0.8G(l_2 - x_0) = 0.8 \times [5.36 \times 2.6 \times 3.9 \times (3.9/2 - 0.12) + 11.2 \times 4.5(4.5/2 - 0.12)]$$
$$= 165.45kN \cdot m$$

【砌 28】网状配筋砖砌体偏心受压承载力（已知 φ_n）

非抗震设防区某四层教学楼局部平面如图 3.28.1 所示。各层平面布置相同，各层层高均为 3.6m。楼、屋盖均为现浇钢筋混凝土板，静力计算方案为刚性方案。墙体为网状配筋砖砌体，采用 MU10 级烧结普通砖，M10 级水泥砂浆砌筑，钢筋网采用乙级冷拔低碳钢丝 $\phi^b 4$ 焊接而成（$f_y = 320N/mm^2$），方格钢筋网间距为 40mm，网的竖向间距 130mm。纵横墙厚度均为 240mm，砌体施工质量控制等级为 B 级。第二层窗间墙 A 的轴向力偏心距 $e = 24mm$。

假定，墙体体积配筋百分率 $\rho = 0.6$。试问，第二层窗间墙 A 的受压承载力设计值（kN）与下列何项数值最为接近？

提示：① 窗间墙 A 的承载力影响系数为 φ_n。

② 偏心距和高厚比满足网状配筋的条件。

(A) $1300\varphi_n$ (B) $1200\varphi_n$ (C) $1050\varphi_n$ (D) $950\varphi_n$

【答案】(B)

【解答】

（1）《砌体》第 8.1.2 条式（8.1.2-1）$N \leqslant \varphi_n f_n A$ 计算。

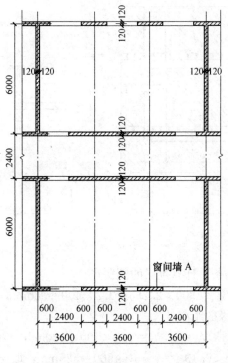

图 3.28.1

（2）《砌体》表 3.2.1-1，$f=1.89\text{N/mm}^2$。

（3）《砌体》第 3.2.3 条

M10 水泥砂浆＞M5，$\gamma_a=1.0$，$A=240\times1200=0.288\text{m}^2＞0.2\text{m}^2$

不调整。

（4）《砌体》式（8.1.2-2）

$$f_n = f + 2\left(1-\frac{2e}{y}\right)\frac{\rho}{100}f_y = 1.89 + 2\left(1-\frac{2\times24}{120}\right)\times\frac{0.6}{100}\times320 = 4.19\text{N/mm}^2$$

（5）代入式（8.1.2-1）

$$\varphi_n f_n A = 4.19\times240\times1200\times\varphi_n = 1207\varphi_n$$

【砌 29】砖和构造柱组合墙平面外小偏心受压，计算构造柱配筋

某砖砌体和钢筋混凝土构造柱组合墙，如图 3.29.1 所示，结构安全等级二级。构造柱截面均为 240mm×240mm，混凝土采用 C20（$f_c=9.6\text{MPa}$）。砌体采用 MU10 烧结多

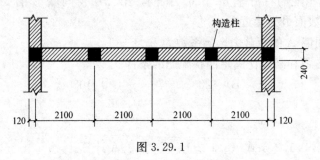

图 3.29.1

孔砖和 M7.5 混合砂浆砌筑，构造措施满足规范要求，施工质量控制等级为 B 级。承载力验算时不考虑墙体自重。

假定，组合墙中部构造柱顶作用一偏心荷载，其轴向压力设计值 $N=672\text{kN}$，在墙体平面外方向的砌体截面受压区高度 $x=120\text{mm}$。构造柱纵向受力钢筋为 HPB300 级，采用对称配筋，$a_s=a'_s=35\text{mm}$。试问，该构造柱计算所需总配筋值（mm^2）与下列何项数值最为接近？

提示：计算截面宽度取构造柱的间距。

(A) 310   (B) 440   (C) 610   (D) 800

【答案】(B)

【解答】

(1)《砌体》8.2.8 条，砖砌体和钢筋混凝土构造柱的组合墙可按 8.2.4 条和 8.2.5 条确定构造柱纵向钢筋。

大偏心受压时，可不计受压区构造柱混凝土和钢筋的作用，构造柱的计算配筋不应小于第 8.2.9 条规定的要求。

(2) 式（8.2.4-1）：$N=fA'+f_cA'_c+\eta_s f'_y A'_s-\sigma_s A_s$

难点在于确定 σ_s，需先判断大、小偏心。

(3)《砌体》式（8.2.5-3），组合砖砌体构件截面的相对受压区高度
$\xi=x/h_0=120/(240-35)=0.585>\xi_b=0.47$，为小偏心受压。

(4) 式（8.2.5-1），钢筋应力：$\sigma_s=650-800\xi=650-800\times0.585=182\text{MPa}<f_y=270\text{MPa}$。

(5) 式（8.2.4-1）中其他参数

表 3.2.1-1，砌体抗压强度设计值为 $f=1.69\text{MPa}$

构造柱间距范围内的受压砌体面积 $A'=(2100-240)\times120=223200\text{mm}^2$

《混规》C20，$f_c=9.6\text{MPa}$；HPB300 钢筋，$f'_y=270\text{MPa}$，$\eta_s=1.0$。

(6)《砌体》式（8.2.4-1）

$$A=A'_s=\frac{(N-fA'-f_cA_c)}{(\eta_s f'_y-\sigma_s)}=\frac{(672\times10^3-1.69\times223200-9.6\times120\times240)}{(1.0\times270-182)}$$

$$=208\text{mm}^2$$

总配筋：$2\times208=416\text{mm}^2$。

【砌 30】配筋砌块砌体轴心受压承载力（无水平筋和箍筋）

一多层房屋配筋砌块砌体墙，平面如图 3.30.1 所示，结构安全等级二级。砌体采用 MU10 级单排孔混凝土小型空心砌块、Mb7.5 级砂浆对孔砌筑，砌块的孔洞率为 40%，采用 Cb20（$f_t=1.1\text{MPa}$）混凝土灌孔，灌孔率为 43.75%，内有插筋共 5φ12（$f_y=270\text{MPa}$）。构造措施满足规范要求，砌体施工质量控制等级为 B 级。承载力验算时不考虑墙体自重。

假定，房屋的静力计算方案为刚性方案，砌体的抗压强度设计值 $f_g=3.6\text{MPa}$，其所在层高为 3.0m。试问，该墙体截面的轴心受压承载力设计值（kN）与下列何项数值最为接近？

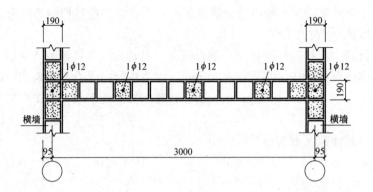

图 3.30.1

提示：不考虑水平分布钢筋的影响。

(A) 1750　　　　　(B) 1820　　　　　(C) 1890　　　　　(D) 1960

【答案】(A)

【解答】

(1) 配筋砌块砌体轴心受压承载力，按《砌体》9.2.2 条式（9.2.2-1）计算

$$N = \varphi_{0g}(f_g A + 0.8 f'_y A'_s)$$

(2)《砌体》9.2.2 条注 1 注 2 无水平筋和箍筋 $f'_y A'_s = 0$，计算高度 $H_0 = 3m$。

(3)《砌体》式（5.1.2-1）

$$\beta = \gamma_\beta \frac{H_0}{h} = 1.0 \times \frac{3.0}{0.19} = 15.79$$

(4)《砌体》式（9.2.2-2），轴心受压构件的稳定系数

$$\varphi_{0g} = \frac{1}{1 + 0.001 \beta^2} = \frac{1}{1 + 0.001 \times 15.79^2} = 0.80$$

(5)《砌体》式（9.2.2-1），轴心受压承载力

$$N = \varphi_{0g}(f_g A + 0.8 f'_y A'_s)$$
$$= 0.80 \times (3.6 \times 190 \times 3190 + 0.8 \times 0) = 1745.57 \text{kN}$$

第四章 木 结 构

【木1】恒载下原木受拉强度

一屋面下撑式木屋架，形状及尺寸如图4.1.1所示，两端铰支于下部结构上。假定，该屋架的空间稳定措施满足规范要求。P 为传至屋架节点处的集中恒荷载，屋架处于正常使用环境，设计使用年限为50年，材料选用未经切削的TC17B东北落叶松。

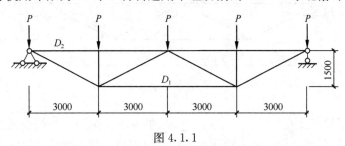

图4.1.1

假定，杆件 D1 采用截面标注直径为120mm原木。试问，当不计杆件自重，按恒荷载进行强度验算时，节点能承受的荷载 P（设计值，kN），与下列何项数值最为接近？

(A) 17　　　　　(B) 19　　　　　(C) 21　　　　　(D) 23

【答案】（C）

【解答】

（1）木构件受拉强度按《木结构》5.1.1条计算

$$\frac{N}{A_n} \leqslant f_t$$

（2）确定构件材料的顺纹抗拉强度设计值

表4.3.1-3，TC17B的顺纹抗拉强度 $f_t = 9.5$MPa；

表4.3.9-1，按照恒荷载验算时，木材强度设计值调整系数为0.8；

表4.3.9-2，设计使用年限为50年，木材强度设计值调整系数为1.0；

$$f_t = 9.5 \times 0.8 \times 1.0 = 7.6 \text{MPa}$$

（3）木构件的结构重要性系数 γ_0

《木结构》第4.1.7条，应考虑结构重要性系数，设计使用年限为50年的结构构件，$\gamma_0 = 1.0$。

（4）式（5.1.1）求木构件的抗拉承载力

$$N = \frac{A_n f_t}{\gamma_0} = \frac{120 \times 120 \times 3.14 \times 7.6}{1.0 \times 4} = 85.91 \text{kN}$$

（5）桁架的节点荷载

对图示桁架的第二跨（D1 上的 P 处）剖开，并对上部两杆交点取矩，只有拉杆 D1 的内力、外荷载和支座反力平衡。

$$N \times 1.5 + P \times 3 + P \times 6 = 2.5P \times 6$$

节点集中荷载：$P = \dfrac{1.5N}{6} = \dfrac{1.5 \times 85.91}{6} = 21.48 \text{kN}$

【木 2】原木受压强度

某屋面下撑式木屋架，形状及尺寸如图 4.2.1 所示，两端铰支于下部结构上。假定，该屋架的空间稳定措施满足规范要求。P 为传至屋架节点处的集中荷载，屋架处于正常使用环境，设计使用年限为 50 年，材料选用未经切削的 TC17B 东北落叶松。

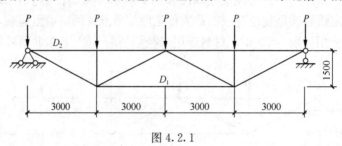

图 4.2.1

假定，杆件 D2 拟采用标注直径 $d = 100 \text{mm}$ 的原木。试问，当按照强度验算且不计杆件自重时，该杆件所能承受的最大轴压力设计值（kN），与下列何项数值最为接近？

提示：不考虑施工和维修时的短暂情况。

(A) 118 　　　　(B) 124 　　　　(C) 130 　　　　(D) 136

【答案】(D)

【解答】

(1) 木构件轴心受压强度验算按《木结构》5.1.2 条式（5.1.2-1）计算

$$\frac{N}{A_n} \leqslant f_c$$

(2) 构件顺纹抗压强度设计值

表 4.3.1-3，TC17B 的顺纹抗压强度 $f_c = 15 \text{MPa}$；

4.3.2 条，采用原木，未经切削的顺纹抗压强度提高 15%；

$$f_c = 15 \times 1.15 = 17.25 \text{MPa}$$

(3) 构件的计算截面面积

5.1.2 条第 1 款，净截面面积应按原木的最小截面面积

$$A_n = \frac{3.14 \times 100^2}{4} = 7850 \text{mm}^2$$

(4) 按强度验算时的杆件的承载力

$$N = f_c A_n = 17.25 \times 7850 = 135.4 \text{kN}$$

【木 3】原木受压稳定

用西伯利亚落叶松原木制作的轴心受压柱，两端铰接，柱计算长度为 3.2m，在木柱 1.6m 高度处有一个直径为 22mm 的螺栓孔穿过截面中央，原木标注直径 $d = 150 \text{mm}$。该受压杆件处于室内正常环境，安全等级为二级，设计使用年限为 25 年。试问，当按稳定

验算时，柱的轴心受压承载力（kN），应与下列何项数值最为接近？

提示：验算部位按经过切削考虑。

(A) 95　　　　　　(B) 100　　　　　　(C) 105　　　　　　(D) 110

【答案】(D)

【解答】

（1）轴心受压稳定验算按《木结构》第5.1.2条2款式（5.1.2-2）计算

$$\frac{N}{\varphi A_0} \leqslant f_c$$

（2）顺纹抗压强度设计值

表4.3.1-1，西伯利亚落叶松强度等级TC13A；

表4.3.1-3，TC13A顺纹抗压强度设计值 $f_c = 12\text{MPa}$；

表4.3.9-2，使用年限25年，强度设计调整系数1.05；

$$f_c = 1.05 \times 12 = 12.6\text{MPa}$$

（3）验算截面参数

4.3.18条，稳定验算取构件中央截面，按每米9mm变化，木柱截面中央直径

$$d_{中} = 150 + \frac{3200}{2} \times \frac{9}{1000} = 164.4\text{mm}$$

5.1.3条，验算稳定时，螺栓孔不做缺口考虑

$$A = \frac{3.14 \times 164.4^2}{4} = 21216\text{mm}^2, i = \sqrt{\frac{I}{A}} = \sqrt{\frac{\frac{\pi d^4}{64}}{\frac{\pi d^2}{4}}} = \frac{d}{4} = \frac{164.4}{4} = 41.1\text{mm}$$

（4）轴心受压构件的稳定系数 φ

5.1.4条和表5.1.4

$$\lambda_c = C_c\sqrt{\frac{\beta E_k}{f_{ck}}} = 5.28 \times \sqrt{1.0 \times 300} = 91.45$$

$$\lambda = \frac{l_0}{i} = \frac{3200}{41.1} = 77.9 < \lambda_c, \quad \varphi = \frac{1}{1 + \frac{\lambda^2 f_{ck}}{b_c \pi^2 \beta E_k}} = \frac{1}{1 + \frac{77.9^2}{1.43 \times \pi^2 \times 1.0 \times 300}} = 0.41$$

（5）按稳定验算的轴心受压构件的承载力

$$N = \varphi A f = 0.41 \times 21216 \times 12.6 = 109602(\text{N}) = 109.6(\text{kN})$$

【木4】中间有缺口原木受压稳定

某木结构办公楼，设计使用年限50年，有一轴心受压柱，两端铰接，使用未经切削的东北落叶松原木，计算高度为3.9m，中央截面直径180mm，回转半径为45mm，中部有一通过圆心贯穿整个截面的缺口。试问，该杆件的稳定承载力（kN），与下列何项数值最为接近？

(A) 100　　　　　　(B) 120　　　　　　(C) 140　　　　　　(D) 160

【答案】(D)

【解答】

（1）轴心受压构件的稳定按《木结构》第5.1.2条2款式（5.1.2-2）计算：

$$\frac{N}{\varphi A_0} \leqslant f_c$$

（2）顺纹抗压强度设计值

表4.3.1-1，东北落叶松强度等级 TC17-B；

表4.3.1-3，强度等级 TC17-B，顺纹抗压强度为 $f_c=15$MPa。

4.3.2条第1款，原木未经切削，顺纹抗压强度可提高15%

$$f_c=1.15\times15=17.25\text{MPa}$$

（3）验算截面

5.1.3条第2款，截面计算面积为：

$$A_0=0.9A=0.9\times\frac{3.14\times180^2}{4}=22891\text{mm}^2$$

（4）稳定系数 φ

5.1.4条和表5.1.4

构件长细比：$\lambda=\dfrac{l}{i}=\dfrac{3900}{45}=86.7$

$$\lambda_c=C_c\sqrt{\frac{\beta E_k}{f_{ck}}}=4.13\times\sqrt{1.0\times330}=75<\lambda=86.7$$

$$\varphi=\frac{a_c\pi^2\beta E_k}{\lambda^2 f_{ck}}=\frac{0.92\times\pi^2\times1.0\times330}{86.7^2}=0.3986$$

（5）式（5.1.2-2）

$$N\leqslant\varphi f_c A_0=0.3986\times17.25\times22891=157.4\text{kN}$$

【木5】原木受弯强度

一未经切削的欧洲赤松（TC17B）原木简支檩条，标注直径为120mm，支座间的距离为4m。该檩条的安全等级为二级，设计使用年限为50年。试问，按抗弯设计时，该檩条所能承担的最大均布荷载设计值（kN/m），与下列何项数值最为接近？

提示：不考虑檩条的自重。

（A）2.0 　　　　（B）2.5 　　　　（C）3.0 　　　　（D）3.5

【答案】（B）

【解答】

（1）受弯强度按《木结构》5.2.1条第1款式（5.2.1-1）计算

$$M/W_n\leqslant f_m$$

（2）抗弯强度设计值

表4.3.1-3，TC17B的抗弯强度设计值 $f_m=17$MPa。

4.3.2条，采用原木时，未经切削，抗弯强度设计值可提高15%。

$$f_m=1.15\times17=19.55\text{MPa}$$

（3）验算截面

4.3.18条，验算抗弯强度时，取最大弯矩处的截面，檩条跨中直径为：$120+9\times2$

—138mm。

（4）抗弯承载力

$$W_n = \frac{\pi d^3}{32} = \frac{3.14 \times 138^3}{32} = 257880\text{mm}^3$$

$$M = f_m W_n = 19.55 \times 257880 = 5041545\text{mm} = 5.04\text{kN} \cdot \text{m}$$

（5）结构重要性系数 γ_0

4.1.7 条，应考虑结构重要性系数，对于设计使用年限为 50 年 $\gamma_0 = 1.0$。

（6）檩条所能承担的均布荷载值：

$$M = \gamma_0 q l^2 / 8$$

$$q = 8M/(l^2 \times \gamma_0) = 8 \times 5.04/4^2 \times 1.0 = 2.52\text{kN/m}$$

【木6】原木受弯挠度

一东北落叶松（TC17B）原木檩条（未经切削），标注直径为 162mm，计算简图如图
4.6.1 所示。该檩条处于正常使用条件，安全等级为
二级，设计使用年限为 50 年。

假定，不考虑檩条自重。试问，该檩条达到挠度
限值 $l/250$ 时，所能承担的最大均布荷载标准值 q_k
(kN/m)，与下列何项数值最为接近？

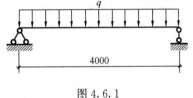

图 4.6.1

(A) 1.6   (B) 1.9

(C) 2.5   (D) 2.9

【答案】（D）

【解答】

（1）木檩条的受弯构件的挠度，应符合《木结构》第 5.2.9 条的规定

$$\omega \leqslant [\omega] = 1/250$$

ω——构件按荷载效应的标准组合计算的挠度。

（2）根据结构力学公式计算的弹性挠度公式为

$$f = \frac{5q_k l^4}{384EI}$$

（3）木材的弹性模量 E

表 4.3.1-3 TC17B 的弹性模量 $E = 10000\text{N/mm}^2$。

4.5.2 条，原木，未经切削，弹性模量可提高 15%

$$E = 1.15 \times 10000\text{MPa} = 11500\text{MPa}$$

（4）确定构件的验算截面

4.3.18 条，原木构件验算挠度时，可取构件的中央截面，其截面的直径 $d = 162 + 9 \times 2 = 180\text{mm}$。

（5）计算截面的惯性矩 I

$$I = \frac{\pi d^4}{64} = \frac{3.14 \times 180^4}{64} = 51503850\text{mm}^4$$

（6）檩条所能承担的最大均布荷载 q_k

挠度限值 $400/250=16$mm

$$f = \frac{5q_k l^4}{384EI}$$

$$q_k = \frac{384EI \times f}{5l^4} = \frac{384 \times 11500 \times 51503850 \times 16}{5 \times 4000^4} = 2.84\text{N/mm}$$

$$= 2.84\text{kN/m}$$

第五章　地　基　基　础

【地1】由含水量、液限、塑限求黏性土的状态，由压缩系数判断土的压缩性

根据地勘资料，某黏土层的天然含水量 $\omega=35\%$，液限 $\omega_L=52\%$，塑限 $\omega_p=23\%$，土的压缩系数 $a_{1\text{-}2}=0.12\text{MPa}^{-1}$，$a_{2\text{-}3}=0.09\text{MPa}^{-1}$。试问，下列关于该土层的状态及压缩性评价，何项是正确的？

(A) 可塑，中压缩性土　　　　　　(B) 硬塑，低压缩性土

(C) 软塑，中压缩性土　　　　　　(D) 可塑，低压缩性土

【答案】(A)

【解答】

(1) 根据液性指数的定义及《地基》第4.1.10条

$$I_L = \frac{\omega - \omega_p}{\omega_L - \omega_p} = \frac{35-23}{52-23} = \frac{12}{29} = 0.41 \begin{matrix} > 0.25 \\ \leqslant 0.75 \end{matrix}$$

土层为可塑。

(2)《地基》第4.2.6条，应根据压缩系数 $a_{1\text{-}2}$ 判断地基土的压缩性

$0.1\text{MPa}^{-1} < a_{1\text{-}2} = 0.12\text{MPa}^{-1} < 0.5\text{MPa}^{-1}$ 为中压缩性土。

【地2】偏心受压基础底部最大压应力

某框架结构商业建筑，采用柱下扩展基础，基础埋深1.5m，基础持力层为中风化凝灰岩。边柱截面为1.0m×1.0m，基础底面形状为正方形，边长 a 为1.8m，该柱下基础剖面及地基情况如图5.2.1所示。地下水位在地表下1.5m处。基础及基底以上填土的加权平均重度为20kN/m³。

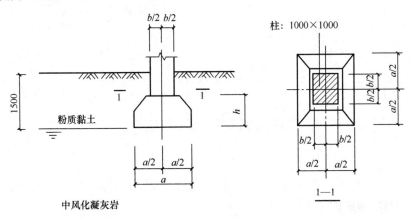

图 5.2.1

假定，$\gamma_0 = 1.0$，荷载效应标准组合时，上部结构柱传至基础顶面处的竖向力 $F_k=$

10000kN，作用于基础底面的弯矩 $M_{xk}=500$kN·m，$M_{yk}=0$。试问，荷载效应标准组合时，作用于基础底面的最大压力值（kPa），与下列何项数值最为接近？

(A) 3100   (B) 3600   (C) 4100   (D) 4600

【答案】(B)

【解答】

(1) 偏心受压独立基础的基础底部压力，按《地基》第5.2.2条计算

$$P_{kmax}=\frac{F_k+G_k}{A}+\frac{M_k}{W}$$

(2) 作用在基础底面的竖向力和弯矩

竖向力：$F_{zk}=F_k+G_k=10000+1.8\times1.8\times1.5\times20=10097$kN

力矩：500kN·m。

(3) 偏心距

偏心矩：$e=\dfrac{M}{N}=\dfrac{500}{10097}=0.05\text{m}<\dfrac{a}{6}=\dfrac{1.8}{6}=0.3\text{m}$。

(4) 式（5.2.2-2）计算底面压力

$$P_{kmax}=\frac{10097}{1.8\times1.8}+\frac{500}{\dfrac{1.8}{6}\times1.8^2}=3630\text{kPa}$$

【地3】自室内地面标高算起，基础修正后的承载力特征值

某新建房屋为四层砌体结构，设一层地下室，采用墙下条形基础。设计室外地面绝对标高与场地自然地面绝对标高相同，均为8.000m，基础B的宽度 b 为2.4m。基础剖面及地质情况见图5.3.1。

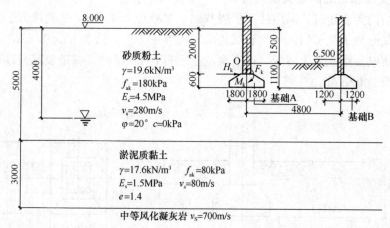

图 5.3.1

已知砂质粉土的黏粒含量为6%。试问，基础B基底土体经修正后的承载力特征值（kPa），与下列何项数值最为接近？

(A) 180   (B) 200   (C) 220   (D) 260

【答案】(B)

114

【解答】

(1) 经修正后的地基承载力特征值，按《地基》5.2.4条计算

$$f_a = f_{ak} + \eta_b \gamma (b - 3) + \eta_d \gamma_m (d - 0.5)$$

(2) 确定承载力修正系数 η_b、η_d

砂质粉土的黏粒含量为 6% < 10%，查表5.2.4，$\eta_b = 0.5, \eta_d = 2.0$。

(3) 经修正的地基承载力特征值 f_a

$f_{ak} = 180\text{kPa}; b = 2.4\text{m} < 3\text{m}$，取 3m，$\gamma_m = \gamma = 19.6\text{kN/m}^3$

自室内地面标高算起，$d = 1.1\text{m}$

$$\begin{aligned}
f_a &= f_{ak} + \eta_b \gamma (b - 3) + \eta_d \gamma_m (d - 0.5) \\
&= 180 + 0.5 \times 19.6 \times (3 - 3) + 0.5 \times 19.6 \times (1.1 - 0.5) = 203.5\text{kPa}
\end{aligned}$$

【地4】由土的抗剪强度指标求地基抗震承载力（不计结构完工后的景观堆土）

某建筑为两层框架结构，设一层地下室，结构荷载均匀对称，采用筏板基础，筏板沿建筑物外边挑出 1m，筏板基础总尺寸为 20m×20m，结构完工后，进行大面积景观堆土施工，堆土平均厚度 2.5m。典型房屋基础剖面及地质情况见图5.4.1。

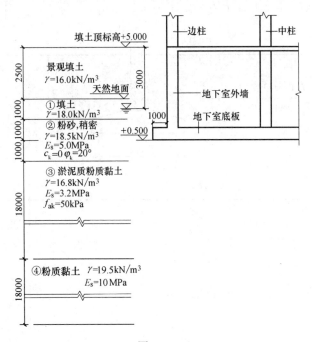

图5.4.1

试问，根据土的抗剪强度指标确定的②层粉砂层地基抗震承载力值（kPa）与下列何项数值最为接近？

(A) 90   (B) 100   (C) 120   (D) 130

【答案】(B)

【解答】

(1) 土的抗剪强度指标确定地基承载力特征值，按《地基》5.2.5条计算

$$F_a = M_b\gamma b + M_d\gamma_m d + M_c C_k$$

（2）确定承载力系数 M_b，M_d，M_c

$\varphi_k = 20°$，查表 5.2.5，$M_b = 0.51$，$M_d = 3.06$，$M_c = 5.66$

（3）计算地基承载力特征值

$\gamma = 18.5\text{kN/m}^2$，$b = 20\text{m} > 6\text{m}$，取 $b = 6\text{m}$，景观堆土是在结构完工后，基础深度 d 应从天然地面算起

$$\gamma_m = \frac{18 \times 0.5 + (18-10) \times 0.5 + 18.5 \times 1}{2} = 10.75\text{kN/m}^3，C_k = 0$$

$$f_a = 0.51 \times (18.5-10) \times 6 + 3.06 \times 10.75 \times 2 + 5.66 \times 0 = 91.8\text{kN/m}^2。$$

（4）计算地基的抗震承载力 f_{aE}

根据《地基》表 4.2.3，粉砂 $\zeta_a = 1.1$

$$f_{aE} = \zeta_a f_a = 1.1 \times 91.8 = 101\text{kPa}$$

【地5】软弱下卧层顶面附加应力

某砌体房屋，采用墙下钢筋混凝土条形基础，其埋置深度为 1.2m，宽度为 1.6m。场地土层分布如图 5.5.1 所示，地下水位标高为 −1.200m。

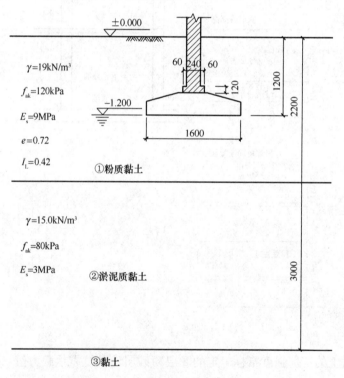

图 5.5.1

假定，在荷载效应标准组合下，基础底面压力值 $p_k = 130\text{kPa}$。试问，②层淤泥质黏土顶面处的附加压力值 p_z（kPa），与下列何项数值最为接近？

(A) 60 　　　　 (B) 70 　　　　 (C) 80 　　　　 (D) 90

【答案】（B）

【解答】

（1）基础下面有软弱下卧层顶面附加压力 P_z 按《地基》5.2.7 条计算

取基础长度 $l=1.0$m 进行计算：$P_z = \dfrac{b(p_k - p_c)}{b + 2z\tan\theta}$。

（2）确定地基压力扩散角

5.2.7 条

$$\frac{E_{s1}}{E_{s2}} = \frac{9}{3} = 3, \frac{z}{b} = \frac{(2.2-1.2)}{1.6} = 0.625 > 0.5$$

查表 5.2.7，可取地基压力扩散角 $\theta = 23°$。

（3）计算②层淤泥质黏土顶面处的附加压力值 p_z

$$b=1.6\text{m}, \quad P_k=130\text{kPa}, \quad Z=2.2-1.2=1.0$$

P_c 为基础底面处单位土的自重：$(19\times1.2\times1.6\times1.0)/1.6\times1.0 = 19\times1.2$

$$P_z = \frac{b(p_k - p_c)}{b + 2z\tan\theta} = \frac{1.6\times(130-1.2\times19)}{1.6+2\times1.0\times\tan23°} = \frac{1.6\times107.2}{1.6+2\times1.0\times0.4245} = \frac{171.5}{1.6+0.849}$$

$$= 70.0\text{kPa}。$$

【地6】由持力层和软弱下卧层求基础宽度（有地下水、条基）

某多层砌体房屋，采用钢筋混凝土条形基础。基础剖面及土层分布如图 5.6.1 所示。

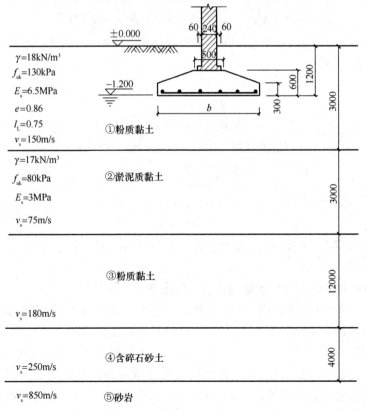

图 5.6.1

基础及以上土的加权平均重度为 $20kN/m^2$。

假定，基础底面处相应于荷载效应标准组合的平均竖向力为 $300kN/m$，①层粉质黏土地基压力扩散角 $=14°$。试问，按地基承载力确定的条形基础最小宽度 b（mm），与下述何项数值最为接近？

(A) 2200   (B) 2500   (C) 2800   (D) 3100

【答案】(B)

【解答】

(1) 按持力层确定基础宽度

① 确定持力层的地基承载力特征值

《地基》第 5.2.4 条，$e = 0.86$，故 $\eta_b = 0$，$\eta_d = 1$

$f_a = f_{ak} + \eta_b \gamma (b-3) + \eta_d \gamma_m (d - 0.5) = 130 + 1 \times 18(1.2 - 0.5) = 142.6kPa$

② 确定基础宽度（取单位长度计算）

《地基》5.2.1 条

$$P_k \leqslant f_a, \quad (F_k + G_k)/A \leqslant f_a$$
$$(F_k + G_k)/b \times 1.0 \leqslant f_a$$
$$b = F/f_a = 300/142.6 = 1.6m$$

(2) 按软弱下卧层确定基础宽度

① 确定软弱下卧层处的地基承载力特征值

《地基》第 5.2.7 条

$$\gamma_m = (1.8 \times 1.2 + 8 \times 1.8)/3 = 12kN/m^3$$
$$f_{az} = f_a + \eta_d \gamma_m (d - 0.5) = 80 + 1 \times 12 \times (3 - 0.5) = 110kPa$$

② 确定基础宽度

《地基》式（5.2.7-1）、（5.2.7-2）

$$P_z + P_{cz} \leqslant f_{az}$$
$$Z = 3.0 - 1.2 = 1.8m, P_k = 300/b, P_c = 18 \times 1.2 = 21.6kPa,$$
$$P_{cz} = 1.8 \times 1.2 + 8 \times 1.8 = 36kPa$$
$$\frac{b(P_k - P_c)}{b + 2z\tan\theta} \leqslant f_{az} - P_{cz}$$
$$300 - 21.6b \leqslant (110 - 36) \times (b + 2 \times 1.8\tan14°)$$
$$b \geqslant 2.44m$$

应按软弱下卧层的承载力确定基础宽度，$b = 2.44m$，选 (B)。

【地7】由持力层和软弱下卧层求基础宽度（有地下水、条基）

某多层砌体结构建筑采用墙下条形基础，荷载效应基本组合由永久荷载控制，基础埋深 1.5m，地下水位在地面以下 2m。其基础剖面及地质条件如图 5.7.1 所示，基础的混凝土强度等级 C20（$f_t = 1.1N/mm^2$），基础及其以上土体的加权平均重度为 $20kN/m^3$。

假定，荷载效应标准组合时，上部结构传至基础顶面的竖向力 $F = 240kN/m$，力矩 $M = 0$；黏土层地基承载力特征值 $f_{ak} = 145kPa$，孔隙比 $e = 0.8$，液性指数 $I_L = 0.75$；淤泥质黏土层的地基承载特征值 $f_{ak} = 60kPa$。

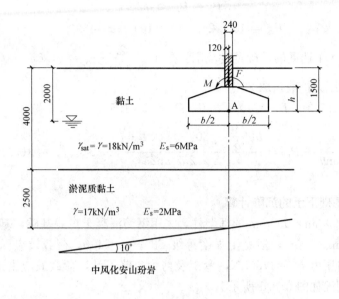

图 5.7.1

试问，为满足地基承载力要求，基础底面的宽度 b（m）取下列何项数值最为合理？

(A) 1.5　　　　(B) 2.0　　　　(C) 2.6　　　　(D) 3.2

【答案】（C）

【解答】

(1) 根据基础底面的地基承载力特征值确定基础宽度

① 根据《地基》5.2.4 条计算地基承载力特征值

4 个选项中 3 个基础宽度均不大于 3m，故式（5.2.4）中不考虑宽度修正。

孔隙比 $e=0.8<0.85$，液性指数 $I_L=0.75<0.85$，$\eta_d=1.6$

$$f_a=f_{ak}+\eta_d\gamma_m(d-0.5)=145+1.6\times18\times(1.5-0.5)=173.8\text{kPa}$$

② 根据《地基》5.2.1 条和 5.2.2 条计算基础宽度

条基取 $l=1$m 计算

$$p_k\leqslant f_a$$

$$P_k=\frac{F_k+G_k}{A}=\frac{240}{b\times1}+\frac{b\times1\times1.5\times20}{b\times1}=\frac{240}{b}+30<173.8,\text{得}\ b>1.67\text{m}$$

(2) 根据软弱下卧层的地基承载力特征值确定基础宽度

① 根据《地基》5.2.7 条计算不考虑宽度修正的地基承载力特征值

$$f_{aZ}=f_{ak}+\eta_d\gamma_m(Z-0.5)$$

$$\gamma_m=\frac{18\times2+(18-10)\times2}{4}=13\text{kN/m}^3$$

查表 5.2.4，淤泥质黏土 $\eta_d=1.0$，

$$f_{az}=f_{ak}+\eta_d\gamma_m(z-0.5)=60+1.0\times13\times(4.0-0.5)=105.5$$

② 计算基础宽度

《地基》式（5.2.7-1）、（5.2.7-2）

$$P_Z + P_{cz} \leqslant f_{az}$$
$$P_{cz} = 18 \times 2 + (18-10) \times 2 = 52$$

$\dfrac{E_{s1}}{E_{s2}} = \dfrac{6}{2} = 3$，4 个选项的基础宽度范围：$\dfrac{z}{b} = \dfrac{2.5}{1.5 \sim 3.2} = (1.67 \sim 0.78) > 0.5$

查表 5.2.7，压力扩散角取 23°，

《地基》第 5.2.7 条，$P_k = 240/b + 30$，$P_c = 18 \times 1.5$

$$p_z = \frac{b(P_k - P_c)}{b + 2z\tan\theta} + P_{cz} = \frac{b\left(\dfrac{240}{b} + 30 - 18 \times 1.5\right)}{b + 2 \times 2.5\tan 23°} + 52 \leqslant f_{az} = 105.5，得\ b \geqslant 2.5\text{m}$$

【地8】矩形底面基础下土的沉降计算

截面尺寸为 500mm×500mm 的框架柱，采用钢筋混凝土扩展基础，基础底面形状为矩形，平面尺寸 4m×2.5m，混凝土强度等级 C30，$\gamma_0 = 1.0$。荷载效应标准组合时，上部结构传来的竖向压力 $F_k = 1750$kN，弯矩及剪力忽略不计，荷载效应由永久作用控制，基础平面及地勘剖面如图 5.8.1 所示。

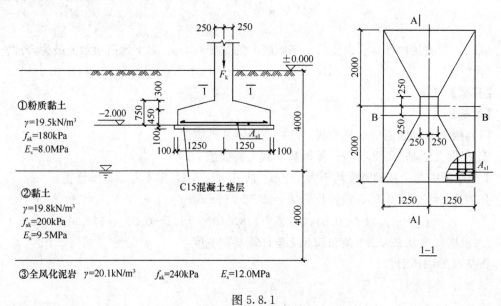

图 5.8.1

假定，荷载效应准永久组合时，基底的平均附加压力值 $P_0 = 160$kPa，地区沉降经验系数 $\psi_s = 0.58$，基础沉降计算深度算至第③层顶面。试问，按照《地基》的规定，当不考虑邻近基础的影响时，该基础中心点的最终沉降量计算值 s（mm），与下列何项数值最为接近？

平均附加应力系数 $\bar{\alpha}$ 表 5.8.1

z/b	l/b	1.2	1.6	2.0
0		0.2500	0.2500	0.2500
1.6		0.2003	0.2079	0.2113
4.8		0.1036	0.1136	0.1204

(A) 20   (B) 25   (C) 30   (D) 35

【答案】（C）

【解答】

（1）地基的变形最终沉降量，按《地基》5.3.5 条计算

$$s = \psi_s S' = \psi_s \sum_{i=1}^{n} \frac{p_0}{E_{si}}(z_i \bar{\alpha}_i - z_{i-1} \bar{\alpha}_{i-1})$$

（2）计算矩形面积上均布荷载作用下角点处的平均附加应力系数 $\bar{\alpha}$

《地基》附录 K，沿基础中心线，将基底分成 4 块矩形，基础中心点为四块矩形的角点。

$l = 2.0 \text{m}$，$b = 1.25 \text{m}$，$l/b = 1.6$

分两层土：$z_1 = 4 - 2 = 2.0 \text{m}$，$z_2 = 4 + 4 - 2 = 6.0 \text{m}$；$z_1/b = 1.6$，$z_2/b = 4.8$

查表得：$\bar{\alpha}_1 = 0.2079$，$\bar{\alpha}_2 = 0.1136$。

（3）根据《地基》式（5.3.5）计算基础中心点处的最终沉降量

$E_{s1} = 8.0 \text{MPa}$，$E_{s2} = 9.5 \text{MPa}$，$\psi_s = 0.58$

$$s = 4\psi_s \sum_{1}^{2} \frac{p_0}{E_{si}}(z_i \bar{\alpha}_i - z_{i-1} \bar{\alpha}_{i-1})$$

$$= 4 \times 0.58 \left[\frac{160}{8000}(2 \times 0.2079 - 0) + \frac{160}{9500}(6 \times 0.1136 - 2 \times 0.2079) \right]$$

$$= 4 \times 0.58 \times (0.00832 + 0.0048) = 0.0297 \text{m}$$

【地9】大面积堆载对基础底面边缘中心 M 点的附加沉降

某三跨单层工业厂房，采用柱顶铰接的排架结构，纵向柱距为 12m，厂房每跨均设有桥式吊车，且在使用期间轨道没有条件调整。在初步设计阶段，基础拟采用浅基础。场地地下水位标高为 −1.5m，厂房的横剖面、场地土分层情况如图 5.9.1 所示。

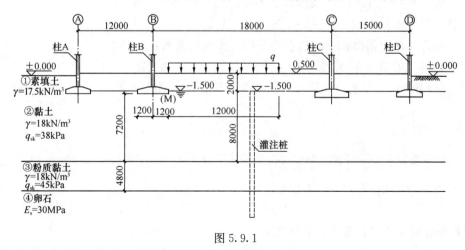

图 5.9.1

假定，根据生产要求，在 BC 跨有大面积的堆载。对堆载进行换算，作用在基础底面标高的等效荷载 $q_{eq} = 45 \text{kPa}$，堆载宽度为 12m，纵向长度为 24mm。②层黏土相应于土的自重压力至土的自重压力与附加压力之和的压力段的 $E_s = 4.8 \text{MPa}$，③层粉质黏土相应于

土的自重压力至土的自重压力与附加压力之和的压力段的 $E_s = 7.5MPa$。试问，当沉降计算经验系数 $\psi_s = 1$，对②层及③层土，大面积堆载对柱 B 基础底面内侧中心 M 的附加沉降值 s_M（mm），与下列何项数值最为接近？

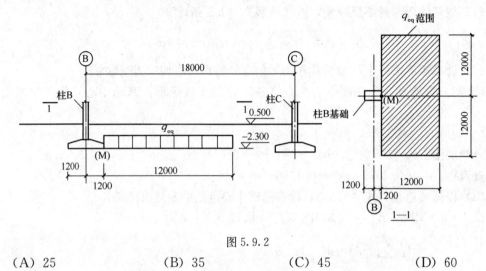

图 5.9.2

(A) 25   (B) 35   (C) 45   (D) 60

【答案】(C)

【解答】

(1) 地基的沉降，按《地基》5.3.5 条的规定计算。

(2) 确定角点的平均附加应力系数 $\bar{\alpha}$，需要划分的矩形面积

矩形基础一般是计算基础中心点的沉降，而本题是求基础底面内侧中心的附加变形，这个位置的角点沉降是大面积堆载引起的，所以应当把堆载范围按角点要求进行矩形面积的划分，沉降点在面积的边上，不在面积的中心，因此可将大面积堆载的范围化成两块。

每块的尺寸：$l = 12m$，$b-12m$，$l/b = 12/12 = 1$

土分两层：$z_1/b = 7.2/12 = 0.6$，$z_2/b = (7.2+4.8)/12 = 1$。

(3) 确定每块矩形面积下的角点的平均附加应力系数 $\bar{\alpha}$

查《地基》附录 K 表 K.0.1-2，$\bar{\alpha}_1 = 0.2423$，$\bar{\alpha}_2 = 0.2252$。

(4)《地基》5.3.5 条，计算大面积堆载引起的柱内测的沉降

$$s_M = \psi_s \sum_{i=1}^{2} \frac{p_0}{E_{si}} (z_i \bar{\alpha}_i - z_{i-1} \bar{\alpha}_{i-1})$$

$$= 1 \times 2 \times \left[\frac{45}{4800}(7200 \times 0.2423) + \frac{45}{7500}(12000 \times 0.2252 - 7200 \times 0.2423) \right]$$

$$= 2 \times [16.4 + 5.7] = 44.2mm$$

【地10】简化公式求地基变形计算深度 z_n

某砌体房屋内墙，轴心受压，墙下采用钢筋混凝土条形扩展基础，垫层混凝土强度等级 C10，100mm 厚，基础混凝土强度等级 C25（$f_t = 1.27N/mm^2$），基底标高为 −1.800m，基础及其上土体的加权平均重度为 20kN/m³。场地土层分布如图 5.10.1 所示，地下水位标高为 −1.800m。

122

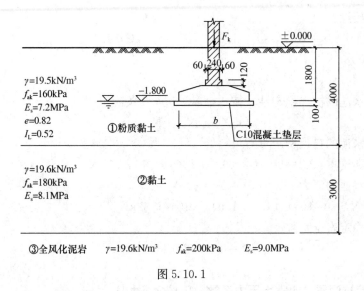

图 5.10.1

基础宽度 2m，当不考虑相邻荷载的影响。试问，条形基础中点的地基变形计算深度（m），与下列何项数值最为接近？

(A) 2.0 　　　　　(B) 5.0 　　　　　(C) 8.0 　　　　　(D) 12.0

【答案】（B）

【解答】

《地基》5.3.8 条，基础宽度在 1～30m 之间时，基础中点的地基变形可按简化公式（5.3.8）计算：

$$z_n = b(2.5 - 0.4\ln b) = 2(2.5 - 0.4\ln 2) = 4.445m$$

【地11】地下消防水池抗浮

某地下消防水池采用钢筋混凝土结构，其底部位于较完整的中风化泥岩上，外包平面尺寸为 6m×6m，顶面埋深 0.8m，地基基础设计等级为乙级，地基土层及水池结构剖面如图 5.11.1 所示。

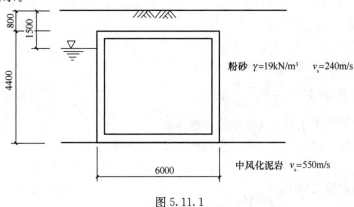

图 5.11.1

假定，水池外的地下水位稳定在地面以下 1.5m，粉砂土的重度为 19kN/m^2，水池自重 G_k 为 900kN，试问，当水池里面的水全部放空时，水池的抗浮稳定安全系数，与下列何项数值最为接近?

(A) 1.5 (B) 1.3 (C) 1.1 (D) 0.9

【答案】(C)

【解答】

(1) 消防水池的抗浮稳定性,按《地基》5.4.3条确定

$$G_k/N_{wk} \geqslant K_w$$

(2) 计算水池的自重和压重 G_k

水池自重和压重: $G_k = 900 + 6 \times 6 \times 0.8 \times 19 = 1447.2$kN。

(3) 计算水池的浮力 N_{wk}

水池浮力 $N_{wk} = 6 \times 6 \times (4.4 - 1.5) \times 10 = 1332$kN。

(4) 抗浮稳定安全系数

$$K_w = 1447.2/1332 = 1.09$$

【地12】挡土墙抗倾覆(朗肯土压力系数,摩擦角 $\delta = 0$)

某土坡高差 4.3m,采用浆砌块石重力式挡土墙支挡,如图 5.12.1 所示。墙底水平,墙背竖直光滑;墙后填土采用粉砂,土对挡土墙墙背的摩擦角 $\delta = 0$,地下水位在挡墙顶部地面以下 5.5m。

提示:朗肯土压力理论主动土压力系数 $k_a = \tan^2\left(45° - \dfrac{\varphi}{2}\right)$。

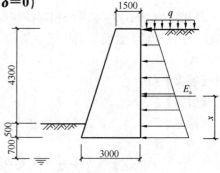

图 5.12.1

假定,作用在挡土墙上的主动土压力每延米合力为 116kN,合力作用点与挡墙底面的垂直距离 $x = 1.9$m,挡土墙的重度 $\gamma = 25$kN/m³。试问,当不考虑墙前被动土压力的作用时,挡土墙的抗倾覆安全系数(抵抗倾覆与倾覆作用的比值),与下列何项数值最为接近?

(A) 1.8 (B) 2.2 (C) 2.6 (D) 3.0

【答案】(B)

【解答】

(1) 根据《地基》式 (6.7.5-6)

抗倾覆安全系数: $K = \dfrac{Gx_0 + E_{az}x_f}{E_{ax}z_f}$

(2) 计算抗倾覆力矩 Gx_0(取单位长度计算)

将挡土墙的梯形截面分成一个三角形面积和一个矩形面积

$Gx_0 = 25 \times 1/2 \times 4.8 \times 2/3 \times 1.5 + 25 \times 1.5 \times 4.8 \times (1.5/2 + 1.5) = 495$kN·m

(3) 计算抗倾覆力矩 $E_{ax}Z_f$

$$E_{ax}Z_f = 116 \times 1.9 = 220.4\text{kN·m}$$

抗倾覆安全系数: $K = Gx_0/E_{ax}Z_f = 495/220.4 = 2.25$。

某土坡高差 4.3m，采用浆砌块石重力式挡土墙支挡，如图 5.13.1 所示。墙底水平，墙背竖直光滑，墙后填土采用粉砂，土对挡土墙墙背的摩擦角 $\delta=0$，地下水位在挡墙顶部地面以下 5.5m。

提示：朗肯土压力理论主动土压力系数 $k_a=\tan^2\left(45°-\dfrac{\varphi}{2}\right)$。

条件同上题，土对挡土墙基底的摩擦系数 $\mu=0.6$，试问，当不考虑墙前被动土压力的作用时，挡土墙的抗滑移安全系数（抵抗滑移与滑移作用的比值），与下列何项数值最为接近？

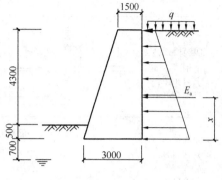

图 5.13.1

(A) 1.2

(B) 1.3

(C) 1.4

(D) 1.5

【答案】(C)

【解答】

(1) 挡土墙的抗滑移稳定性，按《地基》6.7.5 条计算

抗滑移安全系数：$K=\dfrac{(G_n+E_{an})\mu}{E_{at}-G_t}$。

(2) 计算抗滑移的摩阻力（取单位长度计算）

挡土墙的基底倾角 $\alpha_0=0°$，挡土墙的墙背倾角 $\alpha=90°$，$E_{an}=0$，$G_t=0$，$G_n=G$

按梯形面积计算挡土墙自重

$$G_n=\gamma A=25\times1/2\times(1.5+3)\times4.8=270\text{kN}$$

摩阻力：$G\times\mu=270\times0.6=162\text{kN}$。

(3) 土对挡土墙的滑移水平力 E_a

$$E_a=116\text{kN}$$

(4) 抗滑移安全系数：$K=162/116=1.4$。

【地 14】柱下独立基础受冲切承载力（$M=0$）

截面尺寸为 500mm×500mm 的框架柱，采用钢筋混凝土扩展基础，基础底面形状为矩形，平面尺寸 4m×2.5m，混凝土强度等级 C30，$\gamma_0=1.0$。荷载效应标准组合时，上部结构传来的竖向压力 $F_k=1750$kN，弯矩及剪力忽略不计，荷载效应由永久作用控制，基础平面及地勘剖面如图 5.14.1 所示。

提示：基础有效高度 $h_0=700$m。

试问，在柱与基础的交接处，冲切破坏锥体最不利一侧斜截面的受冲切承载力（kN），与下列何项数值最为接近？

(A) 850

(B) 750

(C) 650

(D) 550

【答案】(A)

125

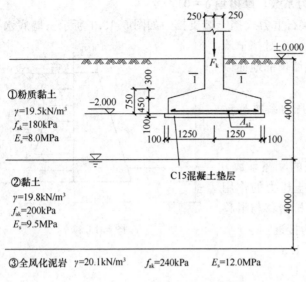
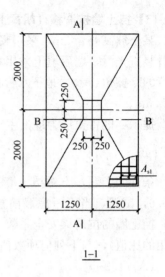

图 5.14.1

【解答】

(1) 柱下独立基础抗冲切承载力，按《地基》8.2.8 条计算

$$F_l \leqslant 0.7\beta_{\rm hp}f_t a_m h_0$$

(2) 确定参数

《混规》表 4.1.4-1，C30：$f_t = 1.43{\rm N/mm^2}$

$$h = 750{\rm mm} < 800{\rm mm}, \quad \beta_{\rm hp} = 1.0$$

(3) 计算冲切破坏锥体最不利一侧的计算长度 a_m

$$a_t = 500{\rm mm}, \quad a_b = a_t + 2h_0 = 500 + 2 \times 700 = 1900{\rm mm}$$

$$a_m = (u_t + a_b)/2 = (500 + 1900)/2 = 1200{\rm mm}$$

(4) 受冲切承载力

$$0.7\beta_{\rm hp}f_t a_m h_0 = 0.7 \times 1.0 \times 1.43 \times 1200 \times 700 = 840840{\rm N} = 840.84{\rm kN}$$

【地 15】墙下条形扩展基础抗剪计算（永久荷载控制）

某轴心受压砌体房屋内墙，$\gamma_0 = 1.0$，采用墙下钢筋混凝土条形扩展基础，垫层混凝土强度等级 C10，100mm 厚，基础混凝土强度等级 C25（$f_t = 1.27{\rm N/mm^2}$），基底标高为 -1.800m，基础及其上土体的加权平均重度为 20kN/m³，场地土层分布如图 5.15.1 所示，地下水位标高为 -1.800m。

假定，基础宽度 $b = 2$m，荷载效应由永久荷载控制，荷载效应标准组合时，作用于基础底面的净反力标准值为 140kPa。试问，由受剪承载力确定的墙与基础底板交接处的基础截面最小厚度（mm），与下列何项数值最为接近？

提示：基础钢筋的保护层厚度为 40mm。

(A) 180   (B) 250   (C) 300   (D) 350

【答案】（B）

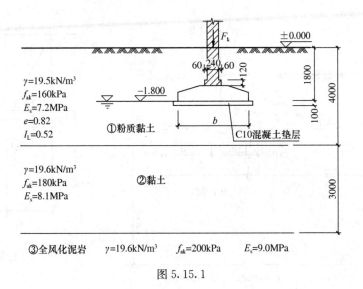

图 5.15.1

【解答】

（1）由受剪承载力确定基础截面最小厚度，按《地基》8.2.9条计算

$$V_s \leqslant 0.7 f_t A_0$$

（2）《地基》3.0.6条4款

永久作用控制的基本组合，荷载效应设计值 $S_d=1.35 S_k$。

（3）计算作用的基本组合时，在地基净反力作用下的剪力设计值 V_s（取单位长度）

$$V_s=1.35 V_k=1.35 \times ql=1.35 q(2-0.36)/2=1.35 \times 140 \times 0.82=154.98 \text{kN/m}$$

（4）单位长度的基础截面的受剪承载力

《地基》8.2.1条构造规定，基础边缘厚度不宜小于200mm。题中所给四个选项答案的尺寸均小于800mm，故 $\beta_{hs}=1.0$

$$V_s=154.98 \leqslant 0.7 f_t A_0=0.7 f_t b h_0=0.7 \times 1 \times 1.27 \times 1000 \times h_0$$

$$h_0 \geqslant \frac{154980}{0.7 \times 1.27 \times 1000}=174.3 \text{mm}$$

（5）估算板厚：$h=h_0+50=224.3 \text{mm}$。

【地16】求独立基础底板弯矩设计值（不计柱弯矩，永久荷载控制）

截面尺寸为500mm×500mm的框架柱，采用钢筋混凝土扩展基础，基础底面形状为矩形，平面尺寸4m×2.5m，混凝土强度等级C30，$\gamma_0=1.0$。荷载效应标准组合时，上部结构传来的竖向压力 $F_k=1750 \text{kN}$，弯矩及剪力忽略不计，荷载效应由永久作用控制，基础平面及地勘剖面如图5.16.1所示。

试问，B-B剖面处基础的弯矩设计值（kN·m），与下列何项数值最为接近？

提示：基础自重和其上土重的加权平均重度按20kN/m³取用。

(A) 770　　　　(B) 660　　　　(C) 550　　　　(D) 500

【答案】（B）

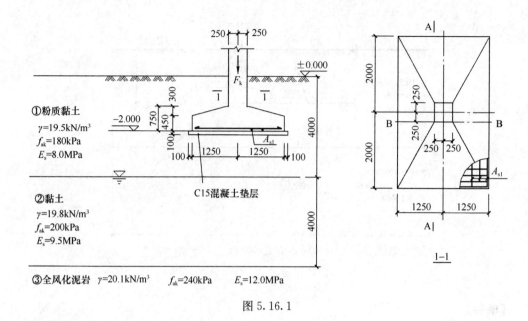

图 5.16.1

【解答】

(1) 独立基础的底板弯矩设计值，按《地基》第 8.2.11 条及式（8.2.11-1）计算：

$$M_{\mathrm{I}} = \frac{1}{12}a_1^2\left[(2l+a')\left(P_{\max}+P-\frac{2G}{A}\right)+(P_{\max}-P)l\right]$$

(2) 式（8.2.11-1）的变形

本题中，只有上部结构传到基础的竖向压力 F_{k}，弯矩及剪力忽略不计，所以基础底面压力为轴心荷载产生的均匀反力。

$$P_{\max}=P_{\min}=P,P_{\max}+P-2G/A=2P-2G/A=2\gamma_{\mathrm{G}}(F_{\mathrm{k}}+G_{\mathrm{k}})/A-2\gamma_{\mathrm{G}}G_{\mathrm{k}}/A=2\gamma_{\mathrm{G}}F_{\mathrm{k}}/A$$

$$P_{\max}-P=P-P=0$$

$$M_{\mathrm{I}} = \frac{1}{12}a_1^2\left[(2l+a')\left(P_{\max}+P-\frac{2G}{A}\right)+(P_{\max}-P)l\right]$$

$$= \frac{1}{12}a_1^2\left[(2l+a')\times\frac{2\gamma_{\mathrm{G}}F_{\mathrm{k}}}{A}\right]=\frac{1}{6}\gamma_{\mathrm{G}}a_1^2(2l+a')\frac{F_{\mathrm{k}}}{A}$$

(3) 计算独立基础 B-B 截面处的弯矩设计值

注意到式（8.2.11-1）为基本组合的设计值，根据《地基》3.0.6 条 4 款，对由永久作用控制的基本组合，效应设计值可按 $S_{\mathrm{d}}=1.35S_{\mathrm{k}}$，即 $\gamma_{\mathrm{G}}=1.35$。

$$a_1 = (2000-250) = 1750\mathrm{mm}=1.75\mathrm{m}$$

$$l=1250\times2=2500\mathrm{mm}=2.5\mathrm{m}$$

$$a'=柱宽=500\mathrm{mm}=0.5\mathrm{m}$$

$$M_{\mathrm{B}} = \frac{1}{6}\gamma_{\mathrm{G}}a_1^2(2l+a')\frac{F_{\mathrm{k}}}{A} = \frac{1}{6}\times1.35\times1.75^2\times(2\times2.5+0.5)\times\frac{1750}{4\times2.5}=663.2\mathrm{kN\cdot m}$$

【地 17】梁板式筏基底板抗剪承载力

某高层建筑梁板式筏基的地基基础设计等级为乙级，筏板的最大区格划分如图 5.17.1 所示。筏板混凝土强度等级为 C35，$f_{\mathrm{t}}=1.57\mathrm{N/mm}^2$。假定筏基底面处的地基土反力均匀分布，且相应于荷载效应基本组合的地基土净反力设计值 $p=350\text{kPa}$。

假设，筏板厚度为 500mm。试问，进行筏板斜截面受剪切承载力计算时，图中阴影部分地基净反力作用下的相应区块筏板斜截面受剪承载力设计值（kN），与下列何项数值最为接近？

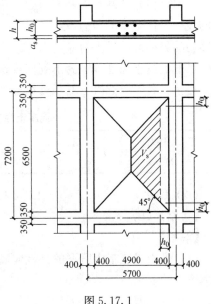

提示：计算时取 $a_s=60\text{mm}$，$\beta_{hp}=1$。

(A) 2100   (B) 2700
(C) 3000   (D) 3300

【答案】（B）

【解答】

(1) 梁板式筏基底板受剪承载力，按《地基》8.4.12 条 3 款式（8.4.12-3）计算

$$V_s \leqslant 0.7\beta_{hs}f_t(l_{n2}-2h_0)h_0$$

(2) 确定参数

根据《地基》图（8.4.12-2）

$h_0 = h - a_s = 500 - 60 = 440\text{mm} < 800\text{mm}$，

$\beta_{hs}=1$，$l_{n2}=6500\text{mm}$，$=1.57\text{N/mm}^2$

图 5.17.1

(3) 计算阴影面积上的地基净反力作用下相应区块筏板斜截面受剪承载力

$0.7\beta_{hs}f_t(l_{n2}-2h_0)h_0 = 0.7\times1.00\times1.57\times(6500-2\times440)\times440\times10^{-3} = 2717.6\text{kN}$

【地18】平板式筏基内筒下筏板抗剪和抗冲切（已知最大剪应力和剪力，求板厚）

抗震设防烈度为 6 度的某高层钢筋混凝土框架-核心筒结构，风荷载起控制作用，采用天然地基上的平板式筏板基础，基础平面如图 5.18.1 所示，核心筒的外轮廓平面尺寸

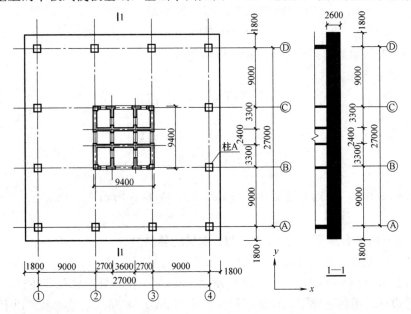

图 5.18.1

为 9.4m×9.4m，基础板厚 2.6m（基础板有效高度按 2.5m 计）。

假定，（1）荷载效应基本组合下。地基土净反力平均值产生的距内筒右侧外边缘 h_0 处的筏板单位宽度的剪力设计值最大，其最大值为 2400kN/m；（2）距离内筒外表面 $h_0/2$ 处冲切临界截面的最大剪应力 $\tau_{max}=0.90N/mm^2$。试问，满足抗剪和抗冲切承载力要求的筏板最低混凝土强度等级为下列何项最为合理？

提示：各等级混凝土的强度指标如表 5.18.1 所示。

混凝土强度等级和抗拉强度设计值　　　　表 5.18.1

混凝土强度等级	C40	C45	C50	C60
f_t (N/mm^2)	1.71	1.80	1.89	2.04

(A) C40　　　　　(B) C45　　　　　(C) C50　　　　　(D) C60

【答案】（B）

【解答】

（1）平板式筏基内筒下的筏板应满足《地基》第 8.4.8 条受冲切承载力和 8.4.9 条受剪承载力的要求。

（2）按受剪承载力要求计算混凝土强度等级 f_t

《地基》式（8.2.9-2）

$h_0 > 2000$，取 $h_0 = 2000$，

$$\beta_{hs} = \left(\frac{800}{h_0}\right)^{0.25} = \left(\frac{800}{2000}\right)^{0.25} = 0.795$$

《地基》第 8.4.9 条

取 $b_w = 1000mm$

$$V_s \leq 0.7\beta_{hs}f_t b_w h_0$$
$$2400000 \leq 0.7 \times 0.795 \times 1000 \times 2500 f_t$$
$$f_t \geq 1.73N/mm$$

（3）按受冲切承载力要求计算混凝土强度等级 f_t

《地基》8.4.8 条 2 款

$$\tau_{max} \leq \frac{0.7\beta_{hs}f_t}{\eta}，\quad \eta = 1.25，$$

《地基》8.4.7 条，$h = 2600mm > 2000mm$，$\beta_{hp} = 0.9$

$$f_t = \frac{\eta\tau_{max}}{0.7\beta_{hs}} \geq \frac{1.25 \times 0.9}{0.7 \times 0.9} = 1.79N/mm^2$$

（4）根据 2 和 3，混凝土强度等级取 C45（$f_t = 1.80N/mm^2$）。

【地 19】等边三桩承台承受柱的 F、V、M，求桩的竖向力

某扩建工程的边柱紧邻既有地下结构，抗震设防烈度 8 度，设计基本地震加速度值为 $0.3g$，设计地震分组第一组，基础采用直径 800mm 泥浆护壁旋挖成孔灌注桩，图 5.19.1 为某边柱等边三桩承台基础图，柱截面尺寸为 500mm×1000mm，基础及其以上土体的加权平均重度为 20kN/m^3。

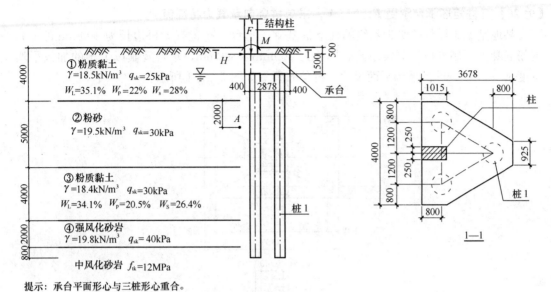

提示：承台平面形心与三桩形心重合。

图 5.19.1

地震作用效应和荷载效应标准组合时，上部结构柱作用于基础顶面的竖向力 $F=$ 6000kN，力矩 $M=1500$kN·m，水平力为 800kN。试问，作用于桩 1 的竖向力（kN）最接近于下列何项数值？

提示：等边三角形承台的平面面积为 10.6m^2。

(A) 570　　　　　　(B) 2100　　　　　　(C) 2900　　　　　　(D) 3500

【答案】（A）

【解答】

(1) 将基础顶部的作用换算为作用于基础底部形心的作用：

作用于桩顶的竖向力有上部结构作用在基础顶面的竖向力 F 和基础及其以上的土体自重 G

$$F_k+G_K=6000+10.6\times 2\times 20=6424\text{kN}$$

考虑竖向力 F、水平力 V 及弯矩 M 对承台形心的旋转方向，得到总弯矩：

$$M_k=1500+800\times 1.5-6000\times(0.3+2.078/3)=-3256.2\text{kN·m}$$

其中：竖向力 F 作用在柱子长边 1000mm 的中心为 500mm。图 1-1 中竖向力 F 到三根桩圆心连线形成的三角形竖边的距离为 800mm－500mm＝300mm＝0.3m。

三角形中的形心线的长度为 2878mm－2×400mm（基础边到桩圆心的距离）＝2078mm。

(2)《桩基》5.1.1 条式（5.1.1-2）

三角形形心距三角形边的距离为 2078/3＝0.6927m，形心距顶点的距离为（2×2078）/3＝1.3853m。

对桩 1 的竖向力为

$$N_k=\frac{F_k+G_k}{n}\pm\frac{M_{yk}y_i}{\sum y_i^2}=\frac{6424}{3}-\frac{3256.2\times 1.3853}{1.3853^2+2\times 0.6927^2}=574\text{kN}$$

【地 20】 五桩矩形承台承受 F、M、V，求单桩竖向承载力特征值 R_a

某地基基础设计等级为乙级的柱下桩基础，承台下布置有 5 根边长为 400mm 的 C60 钢筋混凝土预制方桩。框架柱截面尺寸为 600mm×800mm，承台及其以上土的加权平均重度 $\gamma_0 = 20\text{kN/m}^3$。承台平面尺寸、桩位布置等如图 5.20.1 所示。

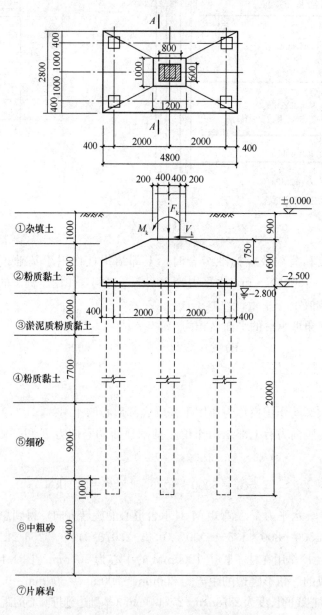

图 5.20.1

假定，在荷载效应标准组合下，由上部结构传至该承台顶面的竖向力 $F_k = 5380\text{kN}$，弯矩 $M_k = 2900\text{kN·m}$，水平力 $V_k = 200\text{kN}$。试问，为满足承载力要求，所需单桩竖向承载力特征值 R_a（kN）的最小值，与下列何项数值最为接近？

(A) 1100   (B) 1250   (C) 1350   (D) 1650

【答案】(C)

【解答】

(1) 单桩的承载力特征值应按《桩基》5.1.1条和5.2.1条计算。

(2)《桩基》式(5.1.1-1),计算轴心竖向力作用下的基桩平均竖向力

$$N_k = \frac{F_k + G_k}{n} = \frac{5380 + 4.8 \times 2.8 \times 2.5 \times 20}{5} = 1210kN$$

(3)《桩基》式(5.1.1-2),计算偏心竖向力作用下的基桩最大的竖向力

$$N_{max} = \frac{F_k + G_k}{n} + \frac{M_{xk} y_i}{\sum y_i^2} = 1210 + \frac{(2900 + 200 \times 1.6) \times 2}{2^2 \times 4} = 1210 + 402.5 = 1613kN$$

(4)《桩基》第5.2.1条,计算单桩的承载力特征值

$$N_{kmax} \leqslant 1.2R$$

$$R_n \geqslant \frac{N_{kmax}}{1.2} = \frac{1613}{1.2} = 1344kN > N_k$$

【地21】抗震时四桩矩形承台基桩承载力

某抗震设防烈度为8度(0.30g)的框架结构,采用摩擦型长螺旋钻孔灌注桩基础,初步确定某中柱采用如图5.21.1所示的四桩承台基础,已知桩身直径为400mm,单桩竖向抗压承载力特征值 $R_a = 700kN$,承台混凝土强度等级C30($f_t = 1.43N/mm^2$),桩间距有待进一步复核。考虑 x 向地震作用,相应于荷载效应标准组合时,作用于承台底面标高处的竖向力 $F_{Ek} = 3341kN$,弯矩 $M_{Ek} = 920kN \cdot m$,水平力 $V_{Ek} = 320kN$,承台有效高度 $h_0 = 730mm$,承台及其上土重可忽略不计。

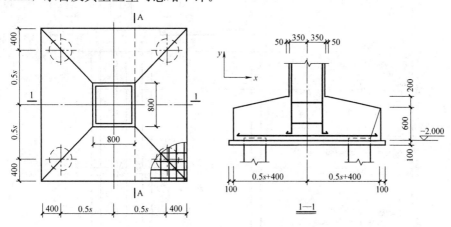

图 5.21.1

假定 x 向地震作用效应控制桩中心距,x、y 向桩中心距相同,且不考虑 y 向弯矩的影响。试问,根据桩基抗震要求确定的桩中心距 s(mm)与下列何项数值最为接近?

(A) 1400   (B) 1800   (C) 2200   (D) 2600

【答案】(C)

【解答】

(1) 抗震时偏心竖向力作用下基桩承载力应满足《桩基》第5.2.1条式(5.2.1-4)的要求:

$$N_{Ekmax} \leqslant 1.5R = 1.5 \times 700 = 1050$$

(2)《桩基》式 (5.1.1-2)，计算基桩的竖向力

$$N_{Ekmax} = \frac{F_k + G_k}{n} + \frac{M_{yk}x_i}{\sum x_i^2} = \frac{F_{Ek}}{4} + \frac{M_{Ek}x_i}{\sum x_i^2}$$

$$= \frac{3341}{4} + \frac{920 \times 0.5s}{4 \times (0.5s)^2} = 835.25 + \frac{460}{s} \leqslant 1050$$

$S \geqslant 2.142m$，故选 (C) 2200mm。

【地 22】预制桩抗压极限承载力标准值及承载力特征值

某商业楼为五层框架结构，设一层地下室，基础拟采用承台下桩基，柱 A 截面尺寸 800mm×800mm，预制方桩边长 350mm，桩长 27m，承台厚度 800mm，有效高度 h_0 取 750mm，板厚 600mm，承台及柱的混凝土强度等级均为 C30（$f_t = 1.43N/mm^2$），抗浮设计水位+5.000，抗压设计水位+3.500。柱 A 下基础剖面及地质情况见图 5.22.1。

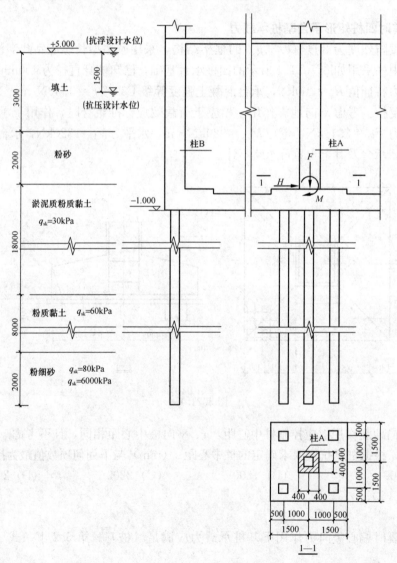

图 5.22.1

提示：根据《桩基》作答。

试问，当根据土的物理指标与承载力参数之间的经验关系确定单桩竖向极限承载力标准值时，预制桩单桩抗压承载力特征值（kN）与下列何项数值最为接近？

(A) 1000   (B) 1150   (C) 2000   (D) 2300

【答案】（B）

【解答】

（1）根据土的物理指标与承载力参数之间的经验关系确定单桩竖向极限承载力标准值，按《桩基》第5.3.5条计算

$$Q_{uk} = Q_{sk} + Q_{pk} = u \sum q_{sik} l_i + q_{pk} A_p$$

$Q_{uk} = 4 \times 0.35 \times (17 \times 30 + 8 \times 60 + 2 \times 80) + 0.35 \times 0.35 \times 6000 = 2345 \text{kN}$

（2）计算预制桩单桩抗压承载力特征值

《桩基》第5.2.2条，$R_a = \dfrac{Q_{uk}}{K} = \dfrac{2345}{2} = 1172.5 \text{kN}$。

【地23】由承载力特征值求桩端进入粉土层深度

某主要受风荷载作用的框架结构柱，桩基承台下布置有4根 $d=500\text{mm}$ 的长螺旋钻孔灌注桩。承台及其以上土的加权平均重度 $\gamma=20\text{kN/m}^3$。承台的平面尺寸、桩位布置等如图5.23.1所示。

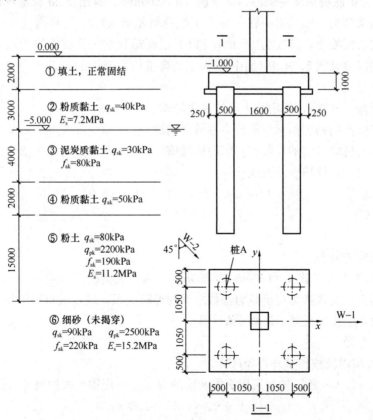

图 5.23.1

提示：根据《桩基》作答，$\gamma_0 = 1.0$。

初步设计阶段，要求基桩的竖向抗压承载力特征值不低于 600kN。试问，基桩进入⑤层粉土的最小深度（m），与下列何项数值最为接近？

(A) 1.5　　　　　(B) 2.0　　　　　(C) 2.5　　　　　(D) 3.5

【答案】(B)

【解答】

(1) 计算⑤层粉土以上土层提供的基桩承载力特征值

根据《桩基》5.2.2 条和 5.3.5 条

$$R_1 = \frac{Q_{uk}}{K} = \frac{u}{2} \sum q_{sik} l_i = \frac{3.14 \times 0.5 \times (40 \times 3 + 30 \times 4 + 50 \times 2)}{2} = 266.9 \text{kN}$$

(2) 计算桩端进入⑤层粉土的最小深度 x

要求⑤层粉土提供的承载力特征值不少于 $600 - 266.9 = 333.1$kN

桩端进入粉土层深度：

$$3.14 \times 0.5 \times 80 \cdot x/2 + \frac{\pi}{4} \times 0.5^2 \times 2200/2 \geqslant 333.1$$

$$62.8x \geqslant 333.1 - 215.9$$

$$x \geqslant 1.87\text{m}$$

【地 24】大直径扩底桩极限桩侧阻力标准值（$d \geqslant 800$mm，斜面及 $2d$ 长度不计侧阻力）

某多层框架结构，拟采用一柱一桩人工挖孔桩基础 ZJ-1，桩身内径 $d = 1.0$m，护壁采用振捣密实的混凝土，厚度为 150mm，以⑤层硬塑状黏土为桩端持力层，基础剖面及地基土层相关参数见图 5.24.1（图中 E_s 为土的自重压力至土的自重压力与附加压力之和的压力段的压缩模量）。

提示：根据《桩基》，粉质黏土可按黏土考虑。

试问，根据土的物理指标与承载力参数之间的经验关系，确定单桩极限承载力标准值时，该人工挖孔桩能提供的极限桩侧阻力标准值（kN），与下述何项数值最为接近？

提示：桩周周长按护壁外直径计算。

(A) 2050　　　　(B) 2300　　　　(C) 2650　　　　(D) 300

【答案】(C)

【解答】

(1) 判断桩的分类

《桩基》3.3.1 条 3 款 $d = 1000$mm > 800mm，属于大直径桩。

(2) 根据土的物理指标与承载力参数之间的经验关系，确定大直径桩能提供的极限桩侧阻力标准值，应按《桩基》5.3.6 条计算。

(3) 桩身直径

① 提示桩周周长按护壁外直径计算。

②《桩基》5.3.6 条，护壁采用振捣密实的混凝土桩周周长按护壁外直径计算

$$d = 1.0 + 2 \times 0.15 = 1.30\text{m}。$$

(4) 确定大直径桩的侧阻力尺寸效应系数

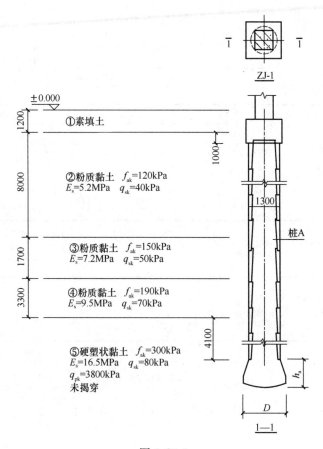

图 5.24.1

《桩基》表 5.3.6-2，$\psi_{si} = (0.8/d)^{1/5} = (0.8/1.3)^{1/5} = 0.907$

(5) 极限桩侧阻力标准值

《桩基》式（5.3.8-1），计算人工挖孔桩侧阻承载力时，①桩身直径将护壁计算在内，并考虑②侧阻力尺寸效应系数，对于扩底桩③斜面及变截面以上 2d 范围内不计侧阻力。

$$Q_{sk} = u \sum \psi_{si} q_{sik} l_i$$
$$= 3.14 \times 1.3 \times 0.907 \times [40 \times 7 + 50 \times 1.7 + 70 \times 3.3 + 80 \times (4.1 - 2 \times 1.3)]$$
$$= 2650.9 \text{kN}$$

【地 25】混凝土管桩（敞口）承载力特征值 R_a

某多层框架结构办公楼采用筏形基础 $\gamma_0 = 1.0$，基础平面尺寸为 39.2m×17.4m。基础埋深为 1.0m。地下水位标高为-1.0m，地基土层及有关岩土参数见图 5.25.1。初步设计时考虑三种地基基础方案：方案一，天然地基方案；方案二，桩基方案；方案三，减沉复合疏桩方案。

采用方案二时，拟采用预应力高强混凝土管桩（PHC 桩），桩外径 400mm，壁厚 95mm，桩尖采用敞口形式，桩长 26m，桩端进入第④层土 2m，桩端土塞效应系数 $\lambda_p = 0.8$。试问，按《桩基》的规定，根据土的物理指标与桩承载力参数之间的经验关系，单桩竖向承载力特征值 R_a（kN）与下列何项数值最为接近？

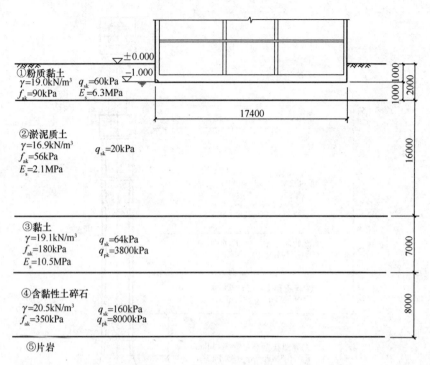

图 5.25.1

(A) 1100   (B) 1200   (C) 1240   (D) 2500

【答案】(B)

【解答】

(1) 根据土的物理指标与桩承载力参数之间的经验关系，确定预应力混凝土空心管桩的单桩竖向承载力标准值，应按《桩基》第 5.3.8 条计算

$$A_j = \frac{\pi}{4}(d^2 - d_1^2) = \frac{3.14}{4} \times (0.4^2 - 0.21^2) = 0.091\text{m}^2; A_{pl} = \frac{3.14}{4} \times 0.21^2 = 0.035\text{m}^2$$

$$Q_{uk} = u\sum q_{sik}l_i + q_{pk}(A_i + \lambda_p A_{pl})$$

$$= 3.14 \times 0.4 \times (60 \times 1 + 20 \times 16 + 64 \times 7 + 160 \times 2) + 8000 \times (0.091 + 0.8 \times 0.035)$$

$$= 2394\text{kN}$$

(2)《桩基》5.2.2 条，计算单桩竖向承载力特征值 R_a

$$R_a = \frac{1}{K}Q_{uk} = 2394/2 = 1197\text{kN}$$

【地 26】嵌岩桩承载力（嵌岩段包含端阻力和侧阻力）

某框架结构办公楼边柱的截面尺寸为 $800\text{mm} \times 800\text{mm}$，采用泥浆护壁钻孔灌注桩两桩承台独立基础。荷载效应标准组合时，作用于基础承台顶面的竖向力 $F_k = 5800\text{kN}$，水平力 $H_k = 200\text{kN}$，力矩 $M_k = 350\text{kN} \cdot \text{m}$，基础及其以上土的加权平均重度取 20kN/m^3，承台及柱的混凝土强度等级均为 C35。抗震设防烈度 7 度，设计基本地震加速度值 $0.10g$，设计地震分组第一组。钻孔灌注桩直径 800mm，承台厚度 1600mm，h_0 取 1500mm。基础剖面及土层条件见图 5.26.1。

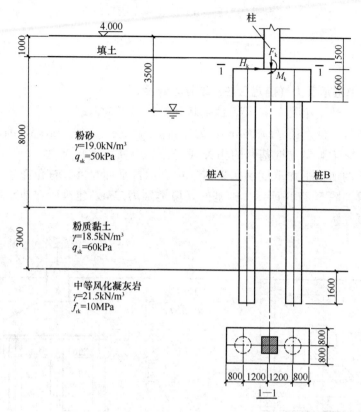

图 5.26.1

提示：C35 混凝土，$f_t = 1.57\text{N/mm}^2$。

试问，钻孔灌注桩单桩承载力特征值（kN）与下列何项数值最为接近？

(A) 3000   (B) 3500   (C) 6000   (D) 7000

【答案】(B)

【解答】

(1) 钻孔灌注桩的部分桩身进入中等风化凝灰岩，属于嵌岩桩，应按《桩基》第 5.3.9 条，确定钻孔灌注桩单桩承载力标准值

$$Q_{uk} = Q_{sk} + Q_{rk}$$

(2) 基桩嵌岩段总极限阻力标准值 Q_{rk}

中等风化凝灰岩 $f_{rk} = 10\text{MPa} < 15\text{MPa}$，根据《桩基》表 5.3.9 注 1，属极软岩、软岩类。

极软岩、软岩类，$\dfrac{h_r}{d} = \dfrac{1.6}{0.8} = 2$，查表 5.3.9，得 $\xi_r = 1.18$

$$Q_{rk} = \xi_r f_{rk} A_p = 1.18 \times 10000 \times (3.14 \times 0.8^2 / 4) = 5928.3\text{kN}$$

(3) 计算桩的总极限侧阻力标准值 Q_{sk}

$$Q_{sk} = \pi \times 0.8 \times (50 \times 5.9 + 60 \times 3) = 1193.2\text{kN}$$

(4) 单桩承载力特征值

《桩基》第 5.2.2 条，

$$Q_{uk} = 1193.2 + 5928.3 = 7121.5kN$$

$$R_a = \frac{7121.5}{2} = 3560kN$$

【地27】后注浆单桩承载力（确定后注浆增强段长度）

某建筑物设计使用年限为 50 年，地基基础设计等级为乙级，柱下桩基础采用九根泥浆护壁钻孔灌注桩，桩直径 $d=600mm$，为提高桩的承载力及减少沉降，灌注桩采用桩端后注浆工艺，且施工满足《桩基》的相关规定。框架柱截面尺寸为 1100mm×1100mm，承台及其以上土的加权平均重度 $\gamma_0 = 20kN/m^3$。承台平面尺寸、桩位布置、地基土层分布及岩土参数等如图 5.27.1 所示。桩基的环境类别为二 a，建筑所在地对桩基混凝土耐久性无可靠工程经验。

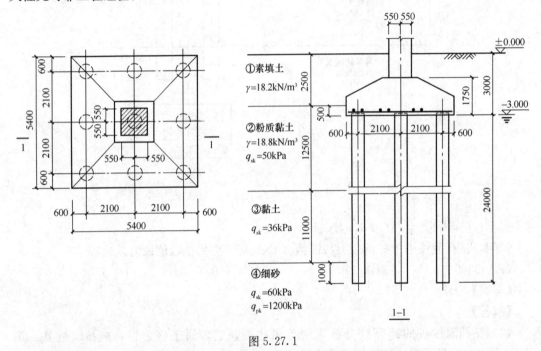

图 5.27.1

假定，第②层粉质黏土及第③层黏土的后注浆侧阻力增强系数 $\beta_s=1.4$，第④层细砂的后注浆侧阻力增强系数 $\beta_s=1.6$，第④层细砂的后注浆端阻力增强系数 $\beta_p=2.4$。试问，在进行初步设计时，根据土的物理指标与承载力参数间的经验公式，单桩的承载力特征值 R_a（kN）与下列何项数值最为接近？

　　(A) 1200　　　　　(B) 1400　　　　　(C) 1600　　　　　(D) 3000

【答案】（C）

【解答】

（1）根据土的物理指标与承载力参数间的经验关系，确定后注浆的泥浆护壁钻孔灌注桩单桩的承载力标准值，按《桩基》第 5.3.10 条计算。

在桩端后注浆，增强段长度从桩端向上取 12m，因此③层的黏土的侧阻力增大，②层的粉质黏土的侧阻力不增大。

$$Q_{uk} = u \sum q_{sjk} l_j + u \sum \beta_{si} q_{sfk} l_{gi} + \beta_p q_{pk} A_p$$
$$= 3.14 \times 0.6 \times 50 \times 12 + 3.14 \times 0.6 \times (1.4 \times 36 \times 11$$
$$+ 1.6 \times 60 \times 1) + 2.4 \times 1200 \times 3.14 \times 0.3^2$$
$$= 1130 + 1225 + 814 = 3169 \text{kN}$$

（2）《桩基》5.2.2条，计算单桩的承载力特征值 R_a

$$R_a = \frac{1}{k} Q_{uk} = \frac{Q_{uk}}{2} = \frac{3169}{2} = 1585 \text{kN}$$

【地28】桩侧负摩阻力引起的下拉荷载（持力层砾砂，负摩阻力小于正摩阻力）

如图 5.28.1 所示，某一柱一桩（端承灌注桩）基础，桩径 1.0m，桩长 20m，上部结构封顶后地面大面积堆载 $p = 60\text{kPa}$，桩周产生负摩阻力，负摩阻力系数 $\xi_n = 0.20$，勘察报告提供的灌注桩与淤泥质土间的侧摩阻力标准值为 26kPa，桩周土层分布如图所示，淤泥质黏土层的计算沉降量大于 20mm。试问，负摩阻力引起的桩身下拉荷载（kN），与下列何项数值最为接近？

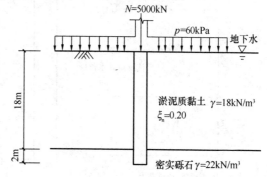

图 5.28.1

(A) 650　　　　(B) 950

(C) 1250　　　　(D) 1550

【答案】（C）

【解答】

（1）负摩阻力引起的桩身下拉荷载，应按《桩基》5.4.4条式（5.4.4-3）计算：

$$Q_g^n = \eta_n u \sum_{i=1}^{n} q_{si}^n l_i$$

（2）负摩阻力的群桩效应系数 η_n。

《桩基》5.4.4条，本题为一柱一桩，不是群桩，$\eta_n = 1.0$

（3）确定中性点深度 l_n

《桩基》表 5.4.4-2，持力层为密实砾石

$$l_n / l_0 = 0.90, \quad l_n = 0.90 \times l_0 = 0.9 \times 18.0 = 16.2\text{m}。$$

（4）桩周淤泥质黏土的平均竖向有效应力 σ_i'

《桩基》5.4.4条，大面积堆载时 $\sigma_i' = p + \sigma_{\gamma i}'$

$$p = 60 \text{kN/m}^2, \quad \sigma_{ri}' = \sum_{e=1}^{i-1} \gamma_e \Delta z_e + \frac{1}{2} \gamma_i \Delta z_i$$

产生负摩阻力的淤泥质黏土以上没有土层，$\gamma_e = \Delta z_e = 0$

$$\sigma_i' = p + \sigma_{\gamma i}' = p + \frac{1}{2} \gamma_i \Delta z_i = 60 + \frac{1}{2} \times (18-10) \times 16.2 = 124.8\text{kPa}$$

（5）中性点以上的单桩桩身淤泥质黏土产生的负摩阻力标准值 q_{si}^n

《桩基》式 （5.4.4-1）

$$q_{si}^n = \xi_n \sigma_i' = 0.2 \times 124.8 = 24.96\text{kPa} < 26\text{kPa}$$

(6) 负摩阻力引起的桩身下拉荷载 Q_g^n

$$Q_g^n = \eta_n u \sum_{i=1}^{n} q_{si}^n l_i = 1.0 \times \pi \times 1.0 \times 24.96 \times 16.2 = 1269.7 \text{kN}$$

【地29】抗拔桩极限承载力标准值（抗压极限侧阻力乘以 λ）

某商业楼为五层框架结构，设一层地下室，基础拟采用承台下桩基，柱 A 截面尺寸 800mm×800m，预制方桩边长 350mm，桩长 27m，承台厚度 800mm，有效高度 h_0 取 750mm，板厚 600m，承台及柱的混凝土强度等级均为 C30（$f_t = 1.43 \text{N/mm}^2$），抗浮设计水位+5.000，抗压设计水位+3.500。柱 A 下基础剖面及地质情况见图 5.29.1。

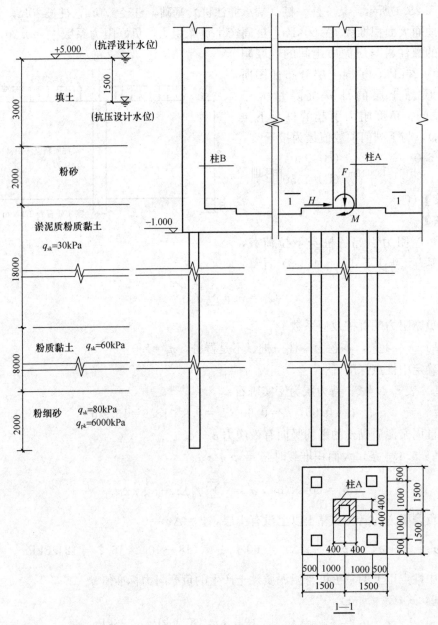

图 5.29.1

假定，各层土的基桩抗拔系数 λ 均为 0.7。试问，预制桩基桩抗拔极限承载力标准值（kN）与下列何项数值最为接近？

(A) 500   (B) 600   (C) 1100   (D) 1200

【答案】(C)

【解答】

基桩抗拔极限承载力标准值，按《桩基》第 5.4.6 条计算

$$T_{uk} = \sum \lambda_i q_{sik} u_i l_i = 0.7 \times 4 \times 0.35 \times (17 \times 30 + 8 \times 60 + 2 \times 80) = 1127 kN$$

【地30】钢筋混凝土桩轴心受压正截面承载力（符合构造，考虑纵筋）

某桩基工程采用泥浆护壁非挤土灌注桩，桩径 d 为 600mm，桩长 $l = 30$m，灌注桩配筋、地基土层分布及相关参数情况如图 5.30.1 所示，第③层粉砂层为不液化土层，桩身配筋符合《桩基》第 4.1.1 条灌注桩配筋的有关要求。

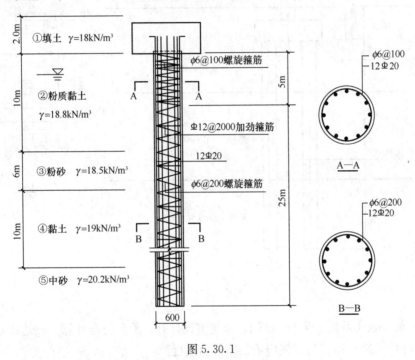

图 5.30.1

已知，桩身混凝土强度等级为 C30（$f_c = 14.3 N/mm^2$），桩纵向钢筋采用 HRB335 级钢（$f_y' = 300 N/mm^2$），基桩成桩工艺系数 $\psi_c = 0.7$。试问，在荷载效应基本组合下，轴心受压灌注桩的正截面受压承载力设计值（kN）与下列何项数值最为接近？

(A) 2500   (B) 2800   (C) 3400   (D) 3800

【答案】(D)

【解答】

(1) 钢筋混凝土轴心受压桩的正截面受压承载力，按《桩基》5.8.2 条计算。

(2) 桩身配筋及螺旋箍的间距符合《桩基》第 5.8.2 条第 1 款的要求，按《桩基》式（5.8.2-1）计算：

$$N \leqslant \psi_c f_c A_{ps} + 0.9 f'_y A'_s = 0.7 \times 14.3 \times 3.14 \times 600^2 / 4 / 1000$$
$$+ 0.9 \times 300 \times 12 \times 3.14 \times 20^2 / 4 / 1000$$
$$= 3846 \text{kN}$$

【地31】四桩承台柱边弯矩 ($M_x = \Sigma N_i y_i$)

某框架结构办公楼采用泥浆护壁钻孔灌注桩独立柱基，承台高度 1.2m，承台混凝土强度等级 C35，图 5.31.1 为边柱基础平面、剖面、土层分布及部分土层参数。荷载效应基本组合时，作用于基础顶面的竖向力 $F = 5000$kN，$M_x = 300$kN·m，$M_y = 0$，基础及基底以上填土的加权平均重度为 20kN/m³。

提示：承台有效高度 h_0 取 1.1m。

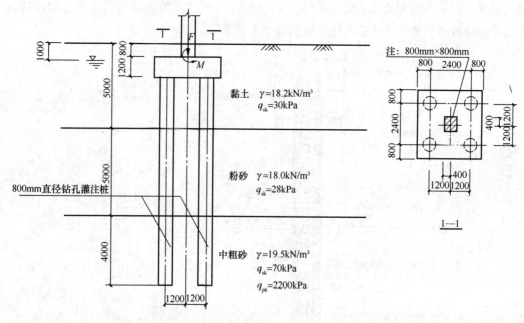

图 5.31.1

假定，承台效应系数 η_c 为 0，试问，非抗震设计时，承台受弯计算，柱边缘正截面最大弯矩设计值（kN·m），与下列何项数值最为接近？

(A) 1900 　　　 (B) 2100 　　　 (C) 2300 　　　 (D) 2500

【答案】（B）

【解答】

(1) 承台的正截面受弯，按《桩基》5.9.2 条 1 款计算。桩顶反力在柱子边截面产生最大弯矩

$$M_x = \Sigma N_i y_i$$

(2)《桩基》5.1.1 条式（5.1.1-2）计算桩顶最大净反力：

$$N = \frac{F_k}{n} + \frac{M_x y_i}{\Sigma y_i^2} = \frac{5000}{4} + \frac{300 \times 1.2}{4 \times 1.2^2} = 1312.5 \text{kN}$$

(3)《桩基》5.9.2 条第 1 款，计算承台的最大弯矩设计值：

$$M = \sum N_i y_i = 1312.5 \times 2 \times (1.2 - 0.4) - 2100 \text{kN} \cdot \text{m}$$

【地32】三桩等腰承台，承台形心至两腰边缘正交截面板带弯矩

某桩基承台如图 5.32.1 所示，采用打入式钢筋混凝土预制方桩，桩截面边长为 400mm。承台高度为 1100mm，承台的有效高度 $h_0 = 1050$mm，混凝土强度等级为 C35 ($F_t = 1.57 \text{N/mm}^2$)，柱截面尺寸为 600mm×600mm。在荷载效应基本组合下，不计承台其上土重，A 桩和 C 桩承受的竖向反力设计值为 1100kN，D 桩承受的竖向反力设计值 900kN。

试问，通过承台形心至两腰边缘正交截面范围内板带的弯矩设计值 M（kN·m），与所列何项数值最为接近？

(A) 780　　　　　(B) 880

(C) 920　　　　　(D) 940

【答案】(B)

【解答】

(1) 承台形心至两腰边缘正交截面范围内板带的弯矩，按《桩基》5.9.2 条式 (5.9.2-4) 计算：

$$M_1 = \frac{N_{max}}{3}\left(s_a - \frac{0.75}{\sqrt{4 - a^2}}c_1\right)$$

(2) 确定基桩的最大竖向反力设计值 N_{max}

根据《桩基》5.9.2 条，扣除承台和其上土重后，相应于荷载效应基本组合时的最大单桩竖向力设计值为 $N_{max} = 1100$kN。

(3)《桩基》图 5.9.2 (C)，长向桩中心距 S_a

$$s_a = \sqrt{1000^2 + 2432^2} = 2629.6 \text{mm}$$

(4) 短向桩中心距与长向桩中心距之比 α

$$\alpha = \frac{1000 + 1000}{S_a} = \frac{2000}{2629.6} = 0.761$$

承台上柱子边长：$C_1 = 600$mm。

(5) 承台的弯矩设计值

《桩基》式 (5.9.2-4)，承台形心至两腰边缘正交截面范围内板带的弯矩设计值为

$$M_1 = \frac{N_{max}}{3}\left(s_a - \frac{0.75}{\sqrt{4 - a^2}}c_1\right) = \frac{1100}{3} \times \left(2629.6 - \frac{0.75}{\sqrt{4 - 0.761^2}} \times 600\right)$$

$$= 874976 \text{N} \cdot \text{m} \approx 875 \text{kN} \cdot \text{m}$$

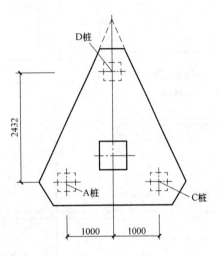

图 5.32.1

【地33】承台受柱的冲切承载力

某商业楼为五层框架结构，设一层地下室，基础拟采用承台下桩基，柱 A 截面尺寸 800mm×800mm，预制方桩边长 350m，桩长 27m，承台厚度 800mm，有效高度 h_0 取 750mm，板厚 600mm，承台及柱的混凝土强度等级均为 C30（$f_t = 1.43 \text{N/mm}^2$），抗浮设

计水位+5.000，抗压设计水位+3.500。柱A下基础剖面及地质情况见图5.33.1。

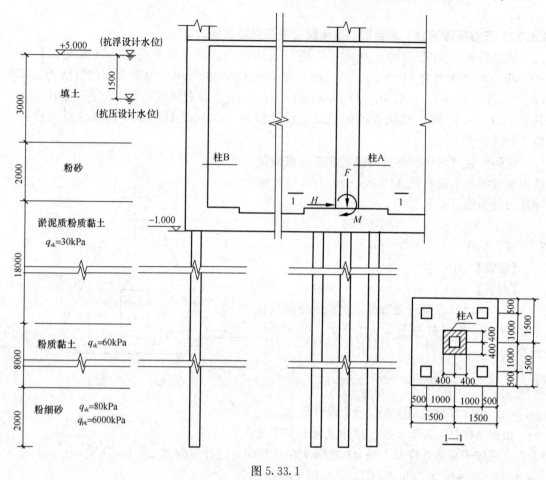

图 5.33.1

试问，承台抵抗柱A冲切时，承台的冲切承载力设计值（kN）与下列何项数值最为接近？

(A) 4650   (B) 5050   (C) 5780   (D) 6650

【答案】(C)

【解答】

(1) 承台承受柱的冲切承载力，按《桩基》第5.9.7条计算，

$$F_l \leqslant \beta_{hp} \beta_0 u_m f_t h_0$$

(2) 确定参数

① 承台截面高度影响系数 β_{hp}

承台的高度小于等于800mm时，$\beta_{hp}=1.0$；

② 冲切系数 β_0

柱边到桩边的距离 $a_0=1000-400-350/2=425mm=0.425m$

承台有效高度 $h_0=0.75m$，$\lambda=a_0/h_0=0.425/0.75=0.567$，满足 $0.25 \leqslant \lambda \leqslant 1.0$

根据《桩基》式 (5.9.7-3)

$$\beta_0 = 0.84/(\lambda+0.2) = 0.84/(0.567+0.2) = 1.1$$

③ 承台冲切破坏锥体的周长 u_m

每边的位置取破坏锥体一半高度处的长度

$$（柱边长＋2×a_0/2)×4＝(800＋a_0)×4＝(0.8＋0.425)×4$$

(3) 承台受柱的冲切承载力

$$\beta_{hp}\beta_0 u_m f_t h_0＝1.0×1.1×(0.8＋0.425)×4×1.43×0.75×10^3＝5781kN$$

【地34】承台受角桩冲切的承载力（λ 在 0.25～1.0 之间）

某公共建筑地基基础设计等级为乙级，其联合柱下桩基采用边长为 400mm 预制方桩，承台及其上土的加权平均重度为 $20kN/m^3$。柱及承台下桩的布置、地下水位、地基土层分布及相关参数如图 5.34.1 所示。该工程抗震设防烈度为 7 度，设计地震分组为第三组，设计基本地震加速度值为 0.15g。

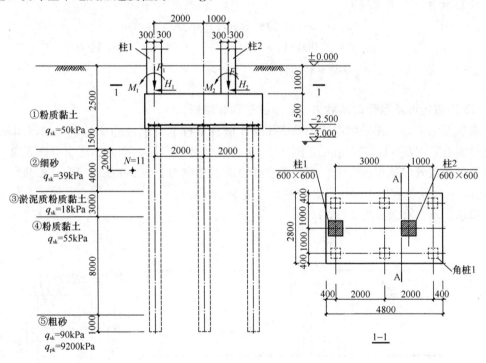

图 5.34.1

假定，承台的混凝土强度等级为 C30，承台的有效高度 $h_0＝1400mm$。试问，承台受角桩 1 冲切的承载力设计值（kN），与下列何项数值最为接近？

(A) 3200　　　　(B) 3600　　　　(C) 4000　　　　(D) 4400

【答案】(A)

【解答】

(1) 承台受角桩冲切的承载力，按《桩基》第 5.9.8 条计算

$$N_l \leqslant [\beta_{1x}(c_2＋a_{1y}/2)＋\beta_{1y}(c_1＋a_{1x}/2)]\beta_{hp}f_t h_0$$

(2) 确定参数

① 受冲切承载力的截面高度影响系数 β_{hp}

承台高度 $h = 1500\text{mm}$ $\genfrac{}{}{0pt}{}{>800\text{mm}}{<2000\text{mm}}$

$$\beta_{hp} = 0.9 + \frac{2-1.5}{2-0.8} \times (1-0.9) = 0.94$$

② 确定冲切系数 β_{1x}, β_{1y}

《桩基》5.9.8 条，因为 x、y 向对称，$a_{1x} = a_{1y} = 1 - 0.3 - 0.2 = 0.5\text{m}$

$\lambda_{1y} = \lambda_{1x} = a_{1x}/h_0 = 0.5/1.4 = 0.357$，在 0.25～1.0 之间。

$$\beta_{1x} = \beta_{1y} = \frac{0.56}{\lambda_{1x} + 0.2} = \frac{0.56}{0.357 + 0.2} = 1.0$$

③ C30 混凝土，$f_t = 1.43\text{N/mm}^2$，桩内侧到承台外边的水平距离 $C_1 = C_2 = 400 + 200 = 600\text{mm}$。

（3）承台的冲切承载力

$$[\beta_{1x}(c_2 + a_{1y}/2) + \beta_{1y}(c_1 + a_{1x}/2)]\beta_{hp}f_t h_0$$
$$= 2 \times 1.0 \times (0.6 + 0.5/2) \times 0.94 \times 1.43 \times 1400$$
$$= 3199\text{kN}$$

【地 35】四桩矩形承台受剪承载力（非阶梯形和非锥形）

某框架结构办公楼采用泥浆护壁钻孔灌注桩独立柱基，承台高度 1.2m，承台混凝土强度等级 C35，$f_t = 1.57\text{N/mm}^2$，图 5.35.1 为边柱基础平面、剖面、土层分布及部分土层参数。荷载效应基本组合时，作用于基础顶面的竖向力 $F = 5000\text{kN}$，$M_x = 300\text{kN} \cdot \text{m}$，$M_y = 0$，基础及基底以上填土的加权平均重度为 20kN/m³。

提示：承台有效高度 h_0 取 1.1m。

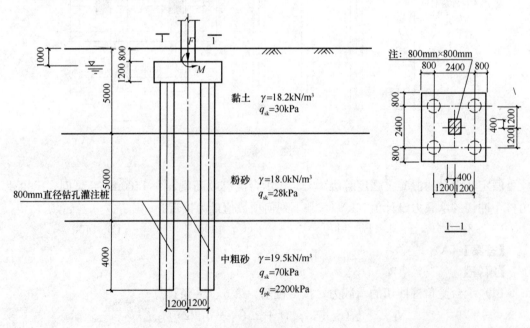

图 5.35.1

试问，非抗震设计时，承台的受剪承载力设计值（kN），与下列何项数值最为接近？

(A) 6400　　　　　(B) 7000　　　　　(C) 7800　　　　　(D) 8400

【答案】（C）

【解答】

(1) 柱下独立桩基承台的斜截面受剪承载力，按《桩基》5.9.10 条计算。承台的形式为非阶梯形和非锥形，可按式（5.9.10-1）计算

$$V \leqslant \beta_{hs} \alpha f_t b h_0$$

(2) 确定参数

① 截面高度影响系数 β_{hs}，《桩基》式（5.9.10-3），

$$\beta_{hs} = \left(\frac{800}{h_0}\right)^{\frac{1}{4}} = \left(\frac{800}{1100}\right)^{\frac{1}{4}} = 0.923$$

② 确定承台的剪切系数 α

《桩基》5.9.4 条，将圆桩换算为方桩，换算桩的边长 $b_p = 0.8d$

桩内侧边缘到柱边的距离：$a_x = 1.2 - 0.4 - b_p/2 = 0.8 - 0.8d/2 = 0.8 - 0.8^2/2 = 0.48m$

$\lambda_x = a_x/h_0 = 0.48/1.1 = 0.436$　（满足 $0.25 < \lambda < 3$ 要求）

《桩基》式（5.9.10-2）

$$\alpha = \frac{1.75}{\lambda + 1} = \frac{1.75}{0.436 + 1} = 1.219$$

(3) 式（5.9.10-1）计算受剪承载力

$$V \leqslant \beta_{hs} \alpha f_t b h_0 = 0.923 \times 1.219 \times 1.57 \times 4000 \times 1100/1000 = 7772.4kN$$

【地36】水泥土搅拌桩单桩承载力特征值（桩承载力和桩身材料确定的承载力两者取小）

某钢筋混凝土条形基础，基础底面宽度为 2m，基础底面标高为 -1.4m，基础主要受力层范围内有软土，拟采用水泥土搅拌桩进行地基处理，桩直径为 600mm，桩长为 11m，土层剖面、水泥土搅拌桩的布置等如图 5.36.1 所示。

假定，水泥土标准养护条件下 90d 龄期，边长为 70.7mm 的立方体抗压强度平均值 $f_{cu} = 1900kPa$，水泥土搅拌桩采用湿法施工，桩端阻力发挥系数 $\alpha_p = 0.5$。试问，初步设计时，估算的搅拌桩单桩承载力特征值 R_a（kN），与下列何项数值最为接近？

(A) 120　　　　　(B) 135　　　　　(C) 180　　　　　(D) 250

【答案】（B）

【解答】

(1)《地基处理》7.3.3 条 3 款，初步设计时，水泥土搅拌桩的单桩承载力特征值可按本规范式（7.1.5-3）估算。

(2)《地基处理》式（7.1.5-3）

$$R_a = u_P \sum_{i=1}^{n} q_{si} l_{pi} + \alpha_p q_p A_p$$
$$= 3.14 \times 0.6 \times (11 \times 1 + 10 \times 8 + 15 \times 2) + 0.5 \times 3.14 \times 0.3^2 \times 200$$
$$= 256kN$$

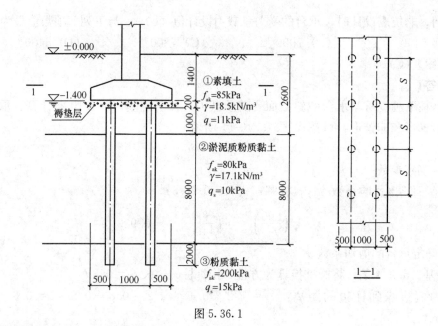

图 5.36.1

(3)《地基处理》7.3.3 条 3 款指出，式（7.1.5-3）……，并应满足式（7.3.3），按桩身材料确定的单桩承载力不小于由桩周土和桩端土的抗力所提供的单桩承载力。

$$R_a = \eta A_p f_{cu} = 0.25 \times 3.14 \times 0.3^2 \times 1900 = 134 \text{kN}$$

二者取小值 134kN，故取（B）。

【地37】已知处理后地基承载力求桩间距（由面积置换率 m 求桩距 S）

某钢筋混凝土条形基础，基础底面宽度为 2m，基础底面标高为 -1.4m，基础主要受力层范围内有软土，拟采用水泥土搅拌桩进行地基处理，桩直径为 600mm，桩长为 11m，土层剖面、水泥土搅拌桩的布置等如图 5.37.1 所示。

假定，水泥土搅拌桩的单桩承载力特征值 $R_a = 145$kN，单桩承载力发挥系数 $\lambda = 1$，①层土的桩间土承载力发挥系数 $\beta = 0.8$。试问，当本工程要求条形基础底部经过深度修正后的地基承载力不小于 145kPa 时，水泥土搅拌桩的最大纵向桩间距 s（mm），与下列何项数值最为接近？

提示：处理后桩间土承载力特征值取天然地基承载力特征值。

(A) 1500　　　　(B) 1800　　　　(C) 2000　　　　(D) 2300

【答案】（C）

【解答】

(1) 复合地基的地基承载力特征值

根据《地基处理》3.0.4 条及《地基》5.2.4 条宽度不修正，深度修正 1.0。

《地基》式（5.2.4）

$$f_a = f_{spk} + \eta_d \gamma_m (d - 0.5)$$

$$f_{spk} = f_a - \eta_d \gamma_m (d - 0.5) = 145 - 1 \times 18.5 \times (1.4 - 0.5) = 128.4 \text{kPa}$$

(2) 确定面积置换率 m

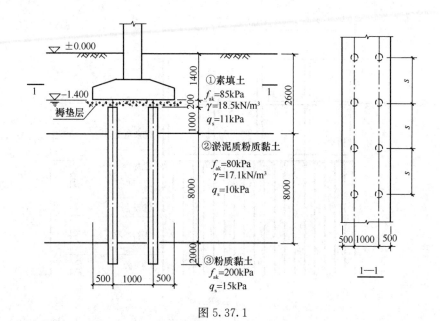

图 5.37.1

《地基处理》第 7.1.5 条

$$f_{spk} = \lambda m \frac{R_a}{A_p} + \beta(1-m)f_{sk}$$

式中：$\lambda = 1.0$，$\beta = 0.8$，$f_{sk} = 85kPa$，$R_a = 145kPa$

$$m = \frac{f_{spk} - \beta f_{sk}}{\lambda R_a / A_p - \beta f_{sk}} = \frac{128.4 - 0.8 \times 85}{1 \times 145/(3.14 \times 0.3^2) - 0.8 \times 85} = 0.136$$

（3）纵向桩间距 S

《地基处理》第 7.1.5 条

$$m = \frac{d^2}{d_e^2} = \frac{d^2}{1.13^2 s_1 s_2}, \quad s_2 = \frac{d^2}{1.13^2 s_1 m} = \frac{0.6^2}{1.13 \times 1 \times 0.136} = 2.07m = 2070mm$$

（4）"或者"按《地基处理》7.9.7 条的"原则"：

$$s = \frac{A_p}{bm} = \frac{2 \times 3.14 \times 0.3 \times 0.3}{2 \times 0.136} = 2.07m = 2070mm$$

原则：面积置换率 m 是指一根桩面积占被其处理的地基面积的比例。如已知面积置换率 m，基础面积及该面积范围内实际布桩数量，求桩间距，可按下列公式计算。

一个地基单元面积 bs，一个地基单元内的实际布桩面积 $2A_p$

面积置换率：$m = 2A_p/bs$

桩间距：$s = 2A_p/bm$。

【地 38】有粘结强度增强体的复合地基承载力特征值（水泥粉煤灰桩）

某高层住宅，采用筏板基础，基底尺寸为 $21m \times 32m$，地基基础设计等级为乙级。地基处理采用水泥粉煤灰碎石桩（CFG 桩），桩直径为 400mm，桩间距 1.6m，按正方形布置，地基土层分布如图 5.38.1 所示。

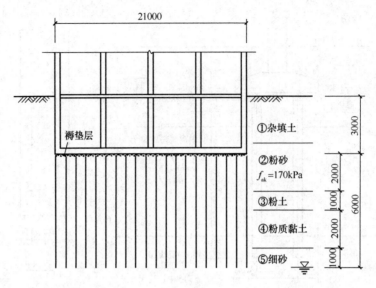

图 5.38.1

假定，试验测得 CFG 桩单桩竖向承载力特征值为 420kN，单桩承载力发挥系数 $\lambda=$ 1.0，②粉砂层桩间土的承载力折减系数 $\beta=0.85$。试问，初步设计时，估算未经修正的基底复合地基承载力特征值 f_{spk}（kPa），与下列何项数值最为接近？

提示：处理后桩间土的承载力特征值，可取天然地基承载力特征值。

(A) 240　　　　　(B) 260　　　　　(C) 300　　　　　(D) 330

【答案】(C)

【解答】

(1) 有粘结强度增强体的复合地基承载力特征值，按《地基处理》7.1.5 条式 (7.1.5-2) 计算

$$f_{spk} = \lambda m \frac{R_a}{A_p} + \beta(1-m)f_{sk}$$

(2) 面积置换率 m

正方形布桩，$s=1.6m$，根据《地基处理》7.1.5 条

$$m = \frac{d^2}{d_e^2} = \frac{d^2}{(1.13s)^2} = \frac{0.4 \times 0.4}{(1.13 \times 1.6)^2} = 0.0489$$

(3) 地基承载力特征值，按《地基处理》式（7.1.5-2）计算

$$\lambda = 1.0, \beta = 0.85, R_a = 420\text{kN}, f_{sk} = 170\text{kPa}$$

$$f_{spk} = \lambda m \frac{R_a}{A_p} + \beta(1-m)f_{sk}$$

$$= 1.0 \times 0.0489 \times \frac{420}{3.14 \times 0.2 \times 0.2} + 0.85 \times (1-0.0489) \times 170$$

$$= 163.5 + 137.4 = 300.9\text{kPa}$$

【地39】散体材料增强体的复合地基承载力特征值（振动沉管碎石桩）

某建筑地基，原方案拟采用以④层圆砾为桩端持力层的高压旋喷桩进行地基处理，高压旋喷桩直径 $d=600$mm，正方形均匀布桩，桩间土承载力发挥系数 β 和单桩承载力发挥系数 λ 分别为 0.8 和 1.0，桩端阻力发挥系数 α_p 为 0.6。

提示：处理后桩间土的承载力特征值，可取天然地基承载力特征值。

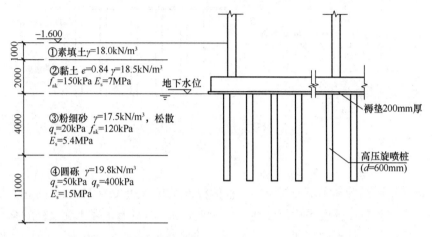

图 5.39.1

现在修改方案，采用以④层圆砾为桩端持力层的振动沉管碎石桩直径 800mm 进行地基处理，正方形均匀布桩，桩间距为 2.4m，桩土应力比 $n=2.8$，处理后③粉细砂层桩间土的地基承载力特征值为 170kPa。试问，按上述要求处理后的复合地基承载力特征值（kPa），与下列何项数值最为接近？

(A) 195   (B) 210   (C) 225   (D) 240

【答案】（A）

【解答】

(1) 散体材料增强体的复合地基承载力特征值，按《地基处理》7.1.5 条式（7.1.5-1）计算

$$f_{spk} = [1 + m(n-1)]f_{sk}$$

(2) 确定面积置换率 m

正方形布桩，$s=2.4$m。根据《地基处理》7.1.5 条置换率：

$$m = \frac{d^2}{d_e^2} = \frac{0.8^2}{(1.13 \times 2.40)^2} = 0.0870$$

(3) 地基承载力特征值

$$f_{spk} = [1 + m(n-1)]f_{sk} = [1 + 0.087(2.8-1)] \times 170 = 196.6\text{kPa}$$

【地40】按地基变形确定复合地基的地基承载力特征值

某建筑地基，拟采用以④层圆砾为桩端持力层的高压旋喷桩进行地基处理，高压旋喷桩直径 $d=600$mm，正方形均匀布桩，桩间土承载力发挥系数 β 和单桩承载力发挥系数 λ 分别为 0.8 和 1.0，桩端阻力发挥系数 α_p 为 0.6。

提示：根据《地基处理》作答。

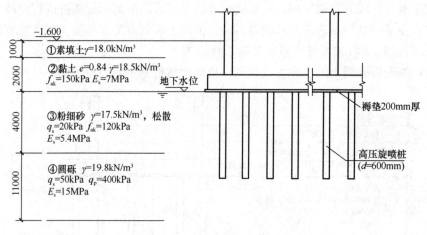

图 5.40.1

假定，③层粉细砂和④层圆砾上中的桩体标准试块（边长为150mm的立方体）标准养护28d的立方体抗压强度平均值分别为5.6MPa和8.4MPa。高压旋喷桩的承载力特征值由桩身强度控制，处理后桩间土③层粉细砂的地基承载力特征值为120kPa，根据地基变形验算要求，需将③层粉细砂的压缩模量提高至不低于10.0MPa，试问，地基处理所需的最小面积置换率 m，与下列何项数值最为接近？

(A) 0.06   (B) 0.08   (C) 0.10   (D) 0.12

【答案】（C）

【解答】

（1）按地基变形确定复合地基的地基承载力特征值，按《地基处理》7.1.7条计算。

（2）处理后的复合地基加固土层压缩模量提高系数 ξ

根据《地基处理》7.1.7条，复合土层的压缩模量等于该土层天然地基压缩模量的 ζ 倍：

$$\zeta = \frac{f_{spk}}{f_{sk}} = \frac{E_{spk}}{E_{sk}} = \frac{10}{5.4} = 1.85$$

（3）处理后的地基承载力特征值按《地基处理》7.1.7条计算

$$f_{spk} = \zeta f_{sk} = \frac{10}{5.4} \times 120 = 1.85 \times 120 = 222.2\text{kPa}$$

（4）单桩竖向承载力特征值

单桩竖向承载力是由桩身材料强度确定，题目中将③层粉细砂的压缩模量提高，所以取③层粉细砂的标准强度试块计算。根据《地基处理》7.1.6条，

$$R_a = \frac{1}{4\lambda} A_p f_{cu} = \frac{1}{4 \times 1.0} \times \frac{\pi}{4} d^2 f_{cu} = \frac{3.14}{16 \times 1.0} \times 600^2 \times 5.6 = 395.6\text{kN}$$

（5）面积置换率 m

《地基处理》7.1.5条

$$f_{spk} = \lambda m \frac{R_a}{A_p} + \beta(1-m) f_{sk}$$

$$222.2 = m \times \frac{395.6}{\pi \times 0.3^2} + 0.8(1-m) \times 120$$

$$222.2 = 1400m + 96 - 96m, \ 得 \ m = 0.0968$$

【地41】剪切波速确定场地类别

某多层砌体房屋，采用钢筋混凝土条形基础。基础剖面及土层分布如图 5.41.1 所示。基础及以上土的加权平均重度为 20kN/m³。

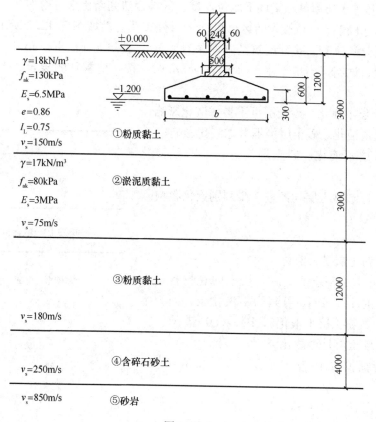

图 5.41.1

假定，场地各土层的实测剪切波速 v_s 如图所示。试问，根据《抗震》，该建筑场地的类别应为下列何项？

(A) Ⅰ   (B) Ⅱ   (C) Ⅲ   (D) Ⅳ

【答案】(C)

【解答】

(1) 建筑场地的类别，按《抗震》4.1.6 条确定。

(2) 场地覆盖层厚度

《抗震》第 4.1.4 条，场地覆盖层厚度为：3+3+12+4=22m>20m

《抗震》第 4.1.5 条，取覆盖层厚度和 20m 较小值，$d_0 = 20m$。

(3) 土层的等效剪切波速 V_{se}

$$t = \sum_1^n (d_i/v_{si}) = 3/150 + 3/75 + 12/180 + 2/250 = 0.135s$$

$$v_{se} = \frac{d_0}{t} = \frac{20}{0.135} = 148m/s, \ v_{se} < 150m/s$$

（4）建筑场地类别

$V_{se} < 150m/s$，覆盖层厚度 22m，查表 4.1.6，Ⅲ类场地。

【地 42】①上覆盖土层厚度、②地下水位深度、③综合法判断土层是否液化

某建筑场地位于 8 度抗震设防区，场地土层分布及土性如图 5.42.1 所示，其中粉土的黏粒含量百分率为 14，拟建建筑基础埋深为 1.5m，已知地面以下 30m 土层地质年代为第四纪全新世。试问，当地下水位在地表下 5m 时，按《抗震》的规定，下述观点何项正确？

（A）粉土层不液化，砂土层可不考虑液化影响

（B）粉土层液化，砂土层可不考虑液化影响

（C）粉土层不液化，砂土层需进一步判别液化
影响

（D）粉土层、砂土层均需进一步判别液化影响

【答案】（A）

【解答】

（1）判断粉土层是否液化

《抗震》第 4.3.3 条第 2 款，粉土的黏粒含量百分率，在 8 度时不小于 13 可判为不液化土，因为本题为 14＞13，故粉土层不液化。（B）、（D）错误。

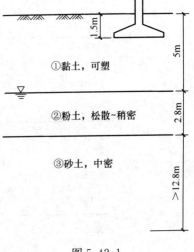

图 5.42.1

（2）判断砂土层是否液化

液化土特征值 d_0：查《抗震》表 4.3.3，8 度，砂土 $d_0 = 8m$

地下水深度 d_w：$d_w = 5m$

基础埋置深度 d_b：基础实际埋深 $d_b = 1.5m < 2m$ 取 2m。

① 根据覆盖层厚度判断液化

$d_u = 5 + 2.8 = 7.8m < d_0 = 8m$，可能液化；

② 根据地下水位判断液化

$d_w = 5m < d_0 + d_b - 2 = 8 + 2 - 2 = 8m$，可能液化；

③ 根据覆盖层厚度和地下水位综合判断液化

$d_u + d_w = 7.8 + 5 = 12.8m > 1.5d_0 + 2d_b - 4.5 = 1.5 \times 8 + 2 \times 2 - 4.5 = 11.5m$，不液化。

根据《抗震》第 4.3.3 条 3 款，上述三条有一条不液化，即可判断为不液化。故砂土层可不考虑液化影响。

第六章　高层建筑和高耸结构

【高1】平面正六边形建筑维护结构风压标准值

某12层办公楼，房屋高度为46m，采用现浇钢筋混凝土框架-剪力墙结构，质量和刚度沿高度分布均匀且对风荷载不敏感，地面粗糙度B类，所在地区50年重现期的基本风压为0.65kN/m²，拟采用两种平面方案如图所示。假定，在如图6.1.1所示的风作用方向，两种结构方案在高度z处的风振系数β_z相同。

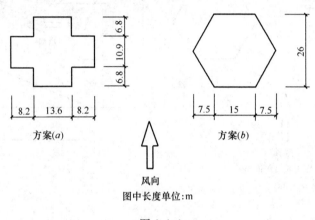

图 6.1.1

假定采用方案（b），试问，对幕墙结构进行抗风设计时，屋顶高度处中间部位迎风面围护结构的风荷载标准值（kN/m²），与下列何项数值最为接近？

提示：按《荷载规范》作答，不计建筑物内部压力。

(A) 1.3　　　　(B) 1.6　　　　(C) 2.3　　　　(D) 2.9

【答案】（B）

【解答】

(1) 围护结构的风荷载标准值，按《荷载规范》8.1.1条2款计算

$$W_k = \beta_{gz}\mu_{sl}\mu_z W_0$$

(2) 阵风系数 β_{gz}

粗糙度类别B类，房屋高度46m，《荷载规范》表8.6.1内插

$$\beta_{gz} = 1.57 - \frac{46-40}{50-40}(1.57-1.55) = 1.558$$

(3) 局部体型系数 μ_{sl}

《荷载规范》8.3.1条表8.3.1中30项和第8.3.3条

$$\mu_{sl} = 1.25 \times 0.8 = 1.0$$

(4) 风压高度变化系数 μ_z

粗糙度类别B类，房屋高度46m，由《荷载规范》表8.2.1内插

$$\mu_z = 1.52 + \frac{46-40}{50-40} \times (1.62-1.52) = 1.580$$

(5) 围护结构的风荷载标准值

$$\omega_k = 1.558 \times 1.0 \times 1.580 \times 0.65 = 1.60，选（B）。$$

【高2】山坡顶处房屋屋顶风压高度变化系数 μ_z

某12层办公楼，房屋高度为46m，采用现浇钢筋混凝土框架-剪力墙结构，质量和刚度沿高度分布均匀且对风荷载不敏感，地面粗糙度B类，所在地区50年重现期的基本风压为 0.65kN/m^2，拟采用两种平面方案如图所示。假定，在如图 6.2.1（a）所示的风作用方向，两种结构方案在高度 z 处的风振系数 β_z 相同。

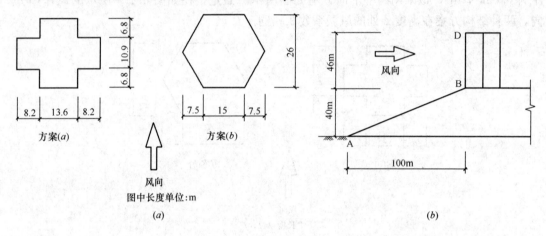

图 6.2.1

假定，建筑物改建于山区，采用方案（b），位于一高度为 40m 的山坡顶部，如图 6.2.1（b）所示，基本风压不变。试问，图示风向屋顶 D 处的风压高度变化系数 μ_z 与下列何项数值最为接近？

(A) 1.6   (B) 2.4   (C) 2.7   (D) 3.7

【答案】（B）

【解答】

(1) 建筑物顶部的风压高度变化系数 μ_z

地面粗糙度类别为 B 类，房屋顶部高度 46m，由《荷载规范》表8.2.1内插

$$\mu_z = 1.52 + \frac{46-40}{50-40} \times (1.62-1.52) = 1.58$$

(2) 风压高度变化系数 μ_z 的修正系数 η_B

《荷载规范》第8.2.2条：

$$\eta_B = \left[1 + k\tan\alpha\left(1 - \frac{z}{2.5H}\right)\right]^2, k = 1.4, \tan\alpha = \frac{40}{100} = 0.40 > 0.3, 取 \tan\alpha = 0.3$$

$$Z = 46\text{m} < 2.5H = 2.5 \times 40 = 100\text{m}$$

$$\eta_B = \left[1 + 1.4 \times 0.3\left(1 - \frac{46}{2.5 \times 40}\right)\right]^2 = 1.505$$

（3）考虑地形条件系数后的风压高度变化系数

$\mu_z = 1.58 \times 1.505 = 2.38$，选（B）。

【高3】底部剪力法估算总水平地震作用

某10层钢筋混凝土框架结构，如图6.3.1所示，质量和刚度沿竖向分布比较均匀，抗震设防类别为标准设防类，抗震设防烈度7度，设计基本地震加速度$0.10g$，设计地震分组第一组，场地类别Ⅱ类。假定，房屋集中在楼盖和屋盖处的重力荷载代表值为：首层$G_1 = 12000$kN，$G_{2-9} = 11200$kN，$G_{10} = 9250$kN，结构考虑填充墙影响的基本自振周期$T_1 = 1.24$s，结构阻尼比$\xi = 0.05$。试问，采用底部剪力法估算时，该结构总水平地震作用标准值F_{Ek}（kN），与下列何项数值最为接近？

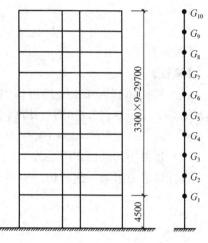

（A）2410　　　　（B）2720

（C）3620　　　　（D）4080

图6.3.1

【答案】（A）

【解答】

（1）结构总水平地震作用标准值F_{Ek}，按《抗震》5.2.1条计算

$$F_{Ek} = \alpha_1 G_{eq}$$

（2）结构的等效重力荷载G_{eq}

$$G_{eq} = (12000 + 8 \times 11200 + 9250) \times 85\% = 110850 \times 0.85 = 94223\text{kN}$$

（3）水平地震影响系数最大值α_{max}

7度，$0.10g$，查表5.1.4-1，$\alpha_{max} = 0.08$。

（4）特征系数T_g。

设计地震分组第一组，场地类别Ⅱ类，查表5.1.4-2，$T_g = 0.35$。

（5）水平地震影响系数α_1

《抗震》5.1.5条，

$$\xi = 0.05，\gamma = 0.9，\eta_2 = 1.0。T_g = 0.35，T_1 = 1.24\text{s} = \frac{1.24}{0.35}T_g = 3.54T_g < 5T_g$$

地震影响系数曲线位于《抗震》图5.1.5曲线下降段，

$$\alpha_1 = \left(\frac{T_g}{T_1}\right)^\gamma \eta_2 \alpha_{max} = \left(\frac{0.35}{1.24}\right)^{0.9} \times 0.08 = 0.0256(\zeta = 0.05\text{s 时}，\gamma = 0.9 \quad \eta_2 = 1.0)$$

（6）结构总水平地震作用标准值F_{Ek}

$$F_{Ek} = \alpha_1 G_{eq} = 0.0256 \times 94223 = 2412\text{kN}$$

【高4】结构顶部附加水平地震作用ΔF

某10层钢筋混凝土框架结构，如图6.4.1所示，质量和刚度沿竖向分布比较均匀，抗震设防类别为标准设防类，抗震设防烈度7度，设计基本地震加速度$0.10g$，设计地震分组第一组，场地类别Ⅱ类。

假定，该框架结构进行方案调整后，结构的基本自振周期 $T_1 = 1.10\text{s}$，总水平地震作用标准值 $F_{Ek} = 3750\text{kN}$。试问，作用于该结构顶部附加水平地震作用 ΔF_{10}（kN），与下列何项数值最为接近？

(A) 210   (B) 260

(C) 370   (D) 590

【答案】（D）

【解答】

(1) 结构顶部附加水平地震作用，应按《抗震》第5.2.1条式（5.2.1-3）计算。

$$\Delta F_n = \delta_n \cdot F_{Ek}$$

(2) 顶部附加地震作用系数 δ_n

设计地震分组第一组，场地类别Ⅱ类，《抗震》表5.1.4-2

$$T_g = 0.35\text{s}, \quad T_1 = 1.1\text{s} = \frac{1.10}{0.35}T_g = 3.14T_g > 1.4T_g$$

《抗震》表5.2.1

$$\delta_n = 0.08T_1 + 0.07 = 0.08 \times 1.10 + 0.07 = 0.158$$

(3) 结构顶部附加水平地震作用 ΔF_{10}

$$\Delta F_{10} = 0.158 \times 3750 = 593\text{kN}$$

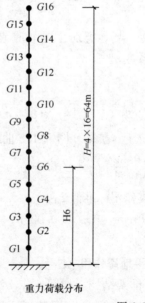

图6.4.1

【高5】振型分解反应谱法求第一振型基底剪力

某16层办公楼采用钢筋混凝土框架剪力墙结构体系，层高均为4m，平面对称，结构布置均匀规则，质量和侧向刚度沿高度分布均匀，抗震设防烈度为8度，设计基本地震加速度为 $0.2g$，设计地震分组为第二组，建筑场地类别为Ⅲ类。考虑折减后的结构自振周期为 $T_1 = 1.2\text{s}$。各楼层的重力荷载代表值 $G_i = 14000\text{kN}$，结构的第一振型如图6.5.1所示。采用振型分解反应谱法计算地震作用。

试问，第一振型时的基底剪力标准值 V_{10}（kN）最接近下列何项数值？

提示：$\sum_{i=1}^{16} X_{1i}^2 = 5.495$；$\sum_{i=1}^{16} X_{1i} = 7.94$；$\sum X_{1i}H_i = 361.72$

(A) 10000   (B) 13000

(C) 14000   (D) 15000

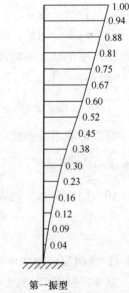

重力荷载分布   第一振型

图6.5.1

【答案】（B）

【解答】

（1）《抗震》5.2.2 条采用振型分解反应谱法时

$$V_k = \sum_{i=1}^{n} F_{ji} = \sum_{i=1}^{n} \alpha_{ji} \gamma_{ji} x_{ji} G_i$$

当仅为第一振型时 i 质点的水平地震作用计算公式

$$F_{1i} = \alpha_1 \gamma_1 X_{1i} G_i (i = 1, 2, \cdots, 16)$$

$$V_{10} = \sum_{i=1}^{16} F_{1i} = \alpha_1 \gamma_1 G_i \sum_{i=1}^{16} X_{1i}$$

（2）水平地震作用影响系数 α_1

8 度，0.2g 根据《抗震》表 5.1.4-1，水平地震影响系数最大值 $\alpha_{max} = 0.16$；

设计地震分组为第二组，建筑场地类别为Ⅲ类，查表 5.1.4-2，特征周期 $T_g = 0.55s$；

结构自振周期 $T_1 = 1.2s$；

$$T_g = 0.55s < T_1 = 1.2s < 5T_g = 2.75s$$

水平地震影响系数

$$\alpha_1 = \left(\frac{T_g}{T_1}\right)^\gamma \eta_2 \times \alpha_{max} = \left(\frac{0.55}{1.2}\right)^{0.9} \times 1.0 \times 0.16 = 0.0793 (\zeta = 0.05 \text{ 时}, \gamma = 0.9, \eta_2 = 1)$$

（3）振型参与系数 γ_1

《抗震》式（5.2.2-2），采用振型分解反应谱法，振型参与系数：

$$\gamma_1 = \frac{\sum\limits_{i=1}^{16} X_{1i} G_i}{\sum\limits_{i=1}^{16} X_{1i}^2 G_i} = \frac{\sum\limits_{i=1}^{16} X_{1i}}{\sum\limits_{i=1}^{16} X_{1i}^2} = \frac{7.94}{5.495} = 1.445$$

（4）第一振型的基底剪力

$$G_i = 14000kN$$

$$V_{10} = \sum_{i=1}^{16} F_{1i} = \alpha_1 \gamma_1 G_i \sum_{i=1}^{16} X_{1i} = 0.0793 \times 1.445 \times 14000 \times 7.94 = 12737kN$$

【高6】平方和开根号求三个振型基底剪力组合的总剪力（SRSS 法）

某 16 层办公楼采用钢筋混凝土框架剪力墙结构体系，层高均为 4m，平面对称，结构布置均匀规则，质量和侧向刚度沿高度分布均匀，抗震设防烈度为 8 度，设计基本地震加速度为 0.2g，设计地震分组为第二组，建筑场地类别为Ⅲ类。考虑折减后的结构自振周期为 $T_1 = 1.2s$。各楼层的重力荷载代表值 $G_i = 4000kN$，结构的第一振型如图所示。采用振型分解反应谱法计算地震作用。

假定，横向水平地震作用计算时，该结构前三个振型基底剪力标准值分别为 $V_{10} = 13100kN$，$V_{20} = 1536kN$，$V_{30} = 436kN$，相邻振型的周期比小于 0.85。试问，横向对应于水平地震作用标准值的结构底层总剪力 V_{Ek}（kN）最接近下列何项数值？

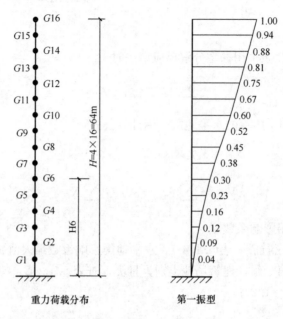

图 6.6.1

提示：① $\sum_{i=1}^{16} X_{1i}^2 = 5.495$；$\sum_{i=1}^{16} X_{1i} = 7.94$；$\Sigma X_{1i} H_i = 361.72$；

② 结构不进行扭转耦联计算且仅考虑前三个振型地震作用。

(A) 13200　　　　(B) 14200　　　　(C) 14800　　　　(D) 15100

【答案】（A）

【解答】

(1) 振型分解反应谱并不进行扭转耦联计算的结构底层总剪力，应按《抗震》5.2.2条 2 款计算。

(2) 相邻振型周期比小于 0.85，按《抗震》式（5.2.2-3）计算水平地震作用效应

$$S_{Ek} = \sqrt{\Sigma S_j^2}$$

$$V_{Ek} = \sqrt{V_{10}^2 + V_{20}^2 + V_{30}^2} = \sqrt{13100^2 + 1536^2 + 436^2} = 13196.94 \text{kN}$$

【高 7】扭转位移比、扭转周期比进行方案比选

某 12 层现浇钢筋混凝土框架剪力墙结构，建筑平面为矩形，各层层高 4m，房屋高度 48.3m，质量和刚度沿高度分布比较均匀，且对风荷载不敏感。抗震设防烈度 7 度，丙类建筑，设计地震分组为第一组，Ⅱ类建筑场地，填充墙采用普通非黏土类砖墙。

假定，方案比较时，由于结构布置的不同，形成四个不同的抗震结构方案。四种方案中与限制结构扭转效应有关的主要数据见表 6.7.1，其中 T_1 为平动为主的第一自振周期；T_t 为结构扭转为主的第一自振周期；u_{max} 为考虑偶然偏心影响的，规定水平地震作用下最不利楼层竖向构件的最大水平位移；$\bar{u}$ 为相应于 u_{max} 的楼层水平位移平均值。试问，如果仅从限制结构的扭转效应方面考虑，下列哪一种方案对抗震最为有利？

表 6.7.1

	T_1 (s)	T_t (s)	u_{max} (s)	$\bar{u}$ (s)
方案 A	0.81	0.62	28	22
方案 B	0.75	0.70	36	26
方案 C	0.70	0.60	28	25
方案 D	0.68	0.65	38	26

(A) 方案 A   (B) 方案 B   (C) 方案 C   (D) 方案 D

【答案】(C)

【解答】

(1) 结构的规则性判断，应符合《高规》3.4.5 条的规定

$$\frac{\mu_{max}}{\bar{\mu}} \leqslant 1.2, \frac{T_t}{T_1} \leqslant 0.9$$

(2) 根据周期比判断：

方案 A：$T_t/T_1 = 0.62/0.81 = 0.76 < 0.9$，合理。

方案 B：$T_t/T_1 = 0.70/0.75 = 0.93 > 0.9$，不合理。

方案 C：$T_t/T_1 = 0.60/0.70 = 0.86 < 0.9$，合理。

方案 D：$T_t/T_1 = 0.65/0.68 = 0.96 > 0.9$，不合理。

(3) 根据位移比判断：

方案 A：$\frac{\mu_{max}}{\bar{\mu}} = \frac{28}{22} = 1.27 > 1.2$，不合理。

方案 B：$\frac{\mu_{max}}{\bar{\mu}} = \frac{28}{25} = 1.12 < 1.2$，合理。

【高8】大底盘双塔结构，按整体和分塔模型分别计算周期，取较不利结果判断规则性

某现浇钢筋混凝土大底盘双塔结构，地上 37 层，地下 2 层，如图 6.8.1 所示。大底盘 5 层均为商场（乙类建筑），高度 23.5m，塔楼为部分框支剪力墙结构，转换层设在 5 层顶板处，塔楼之间为长度 36m（4 跨）的框架结构。6 至 37 层为住宅（丙类建筑），层

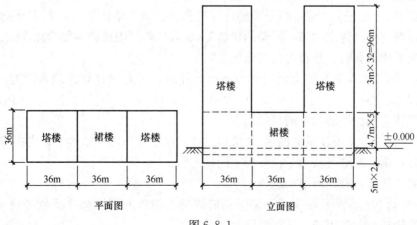

图 6.8.1

高 3.0m，剪力墙结构。抗震设防烈度为 6 度，Ⅲ类建筑场地，混凝土强度等级为 C40。分析表明地下一层顶板（±0.000 处）可作为上部结构嵌固部位。

假定，该结构多塔整体模型计算的平动为主的第一自振周期 T_x、T_y、扭转耦联振动周期 T_t 如表 6.8.1 所示；分塔模型计算的平动为主的第一自振周期 T_x、T_y、扭转耦联振动周期 T_t 如表 6.8.2 所示；试问，对结构扭转不规则判断时，扭转为主的第一自振周期 T_t 与平动为主的第一自振周期 T_1 之比值，与下列何项数值最为接近？

多塔整体计算周期   表 6.8.1

	不考虑偶然偏心	考虑偶然偏心	扭转方向因子
T_x (s)	1.4	1.6	
T_y (s)	1.7	1.8	
T_{t1} (s)	1.2	1.8	0.6
T_{t2} (s)	1.0	1.2	0.7

分塔计算周期   表 6.8.2

	不考虑偶然偏心	考虑偶然偏心	扭转方向因子
T_x (s)	1.9	2.3	
T_y (s)	2.1	2.6	
T_{t1} (s)	1.7	2.1	0.6
T_{t2} (s)	1.5	1.8	0.7

(A) 0.7   (B) 0.8   (C) 0.9   (D) 1.0

【答案】（B）

【解答】

（1）大底盘多塔楼结构的计算模型

《高规》第 5.1.14 条，"对多塔楼结构，宜按整体模型和各塔楼分开的模型分别计算，并采用较不利的结果进行结构设计"。所以应采用整体模型和分塔模型两种计算模型。

（2）模型计算时，判断规则性的参数

《高规》10.6.3 条，"整体和分塔楼计算模型分别验算整体结构和各塔楼结构扭转为主的第一周期与平动为主的第一周期的比值"。所以判断规则性的参数为周期比。

（3）周期比计算时，是否考虑偶然偏心？

《高规》第 3.4.5 条及条文说明，周期比计算时，可直接计算结构的固有自振特征，不必附加偶然偏心。

（4）扭转为主和平动为主的判定

《高规》第 3.4.5 条及条文说明，"可通过计算振型方向因子来判断，当扭转方向因子大于 0.5 时，则该振型可认为是扭转为主的振型"。

（5）周期比计算时，周期的选择

《高规》第 3.4.5 条及条文说明，平动的周期和扭转的周期都选择刚度较弱的方向，即选择周期较长方向的周期，计算周期比。

（6）周期比的计算

多塔整体模型：$T_1 = T_y = 1.7s$，$T_t = 1.2s$，$\dfrac{T_t}{T_1} = \dfrac{1.2}{1.7} = 0.7$

分塔模型：$T_1 = T_y = 2.1s$，$T_t = 1.7s$，$\dfrac{T_t}{T_1} = \dfrac{1.7}{2.1} = 0.81$。

（7）周期比的选择

《高规》第 5.1.14 条，"宜按整体模型和各塔楼分开的模型分别计算，并采用较不利的结果进行结构设计"

比较取分塔时的周期比：$\dfrac{T_t}{T_1} = 0.81$。

【高9】0.15g、Ⅳ类仅影响构造措施，不影响内力计算（框剪结构中框架部分的调整）

某现浇钢筋混凝土框架剪力墙结构，房屋高度 56m，丙类建筑，抗震设防烈度 7 度，设计基本地震加速度为 0.15g，建筑场地类别为Ⅳ类，在规定的水平力作用下结构底层框架承受的地震倾覆力矩大于结构总地震倾覆力矩的 50% 且小于 80%。试问，设计计算分析时框架的抗震等级宜为下列何项？

（A）一级 （B）二级 （C）三级 （D）四级

【答案】（B）

【解答】

（1）确定框架－剪力墙结构的设计方法

《高规》8.1.3 条第 3 款，该结构应按框架-剪力墙体系设计，但框架部分的抗震等级按框架结构的规定选取。

（2）框架部分的抗震设防烈度

《高规》3.9.2 条，当建筑场地为Ⅲ、Ⅳ类时，对设计基本加速度为 0.15g 和 0.30g 的地区，宜分别按抗震设防烈度为 8 度（0.20g）和 9 度（0.40g）时各类建筑的要求采取抗震构造措施。

《高规》3.9.7 条"Ⅲ、Ⅳ类场地且设计基本加速度为 0.15g 和 0.30g 的丙类建筑按本规程 3.9.2 条提高一度确定抗震构造措施"条文解释中都说明，内力计算时的抗震等级不提高，仅提高抗震构造措施。"而不提高抗震措施的其他要求，如内力调整措施""内力调整不提高，只要求抗震构造措施适当提高"所以框架-剪力墙体系中，框架部分的设计计算分析时，仍按 7 度考虑。

（3）确定框架部分的抗震等级

《高规》3.9.3 条表 3.9.3 7 度，框架的抗震等级为二级。

【高10】0.15g、Ⅳ类，求地下一层抗震构造措施（框剪结构中框架部分的调整）

某高层普通民用办公楼，拟建高度为 37.8m，地下 2 层，地上 10 层，如图 6.10.1 所示。该地区抗震设防烈度为 7 度，设计基本地震加速度为 0.15g，设计地震分组为第二组，场地类别为Ⅳ类，采用钢筋混凝土框架-剪力墙结构，且框架柱数量各层保持不变，地下室顶板可作为上部结构的嵌固部位，质量和刚度沿竖向分布均匀。假定，集中在屋盖和楼盖处的重力荷载代表值为 $G_{10} = 15000kN$，$G_{2-9} = 16000kN$，$G_1 = 18000kN$。假定，该结构在规定水平力作用下的结构总地震倾覆力矩 $M_0 = 2.1 \times 10^6 \, \text{kN} \cdot \text{m}$，底层剪力墙所承受的地震倾覆力矩 $M_w = 8.5 \times 10^5 \, \text{kN} \cdot \text{m}$。试问，该结构地下一层主体结构构件抗震构造措施的抗震等级应为下列何项？

(A) 框架一级，剪力墙一级

(B) 框架一级，剪力墙二级

(C) 框架二级，剪力墙二级

(D) 框架二级，剪力墙一级

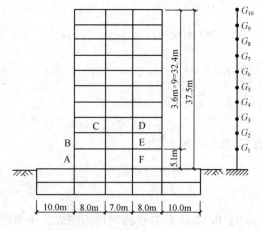

图 6.10.1

【答案】(A)

【解答】

(1) 地下室的抗震等级，按《高规》

3.9.5 条确定"当地下室的顶板作为上部结构的嵌固端时，地下一层相关范围的抗震等级应按上部结构采用。"

(2) 确定上部结构的抗震等级

① 框架部分承受的倾覆力矩

$$M_c = M_0 - M_w = 2.1 \times 10^6 - 8.5 \times 10^5 = 1.25 \times 10^6 \, \text{kN} \cdot \text{m}$$

$$M_c/M_0 = 1.25/2.1 = 0.60 = 60\% \begin{matrix} > 50\% \\ < 80\% \end{matrix}$$

② 框架-剪力墙结构的设计方法

《高规》第 8.1.3 条，仍按框架-剪力墙设计，但框架部分的抗震等级宜按框架结构采用。

③ 抗震构造措施的设防烈度

《高规》第 3.9.2 条，Ⅲ、Ⅳ类场地时，0.15g 的地区，应按 8 度（0.20g）考虑抗震构造措施。

④ 抗震构造措施的抗震等级

《高规》表 3.9.3 及 3.9.2 条，该建筑按 8 度要求采取抗震构造措施，则框架为一级，剪力墙为一级。

(3) 地下一层的抗震等级

《高规》第 3.9.5 条，当地下室顶板作为上部结构的嵌固端时，地下一层相关范围的抗震等级应按上部结构采用，故选（A）。

【高 11】性能 2—连梁受弯中震不屈服

某地上 38 层的现浇钢筋混凝土框架核心筒办公楼，如图 6.11.1 所示，房屋高度为 155.4m，该建筑地上第 1 层至地上第 4 层的层高均为 5.1m，第 24 层的层高 6m，其余楼层的层高均为 3.9m。抗震设防烈度 7 度，设计基本地震加速度 0.10g。设计地震分组第一组。建筑场地类别为 Ⅱ 类，抗震设防类别为丙类，安全等级二级。

假定，核心筒某耗能连梁 LL 在设防烈度地震作用下，左右两端的弯矩标准值 $M_b^l = M_b^r = 1355 \, \text{kN} \cdot \text{m}$（同时针方向）。截面为 600mm×1000mm，净跨 l_n 为 3.0m。混凝土强

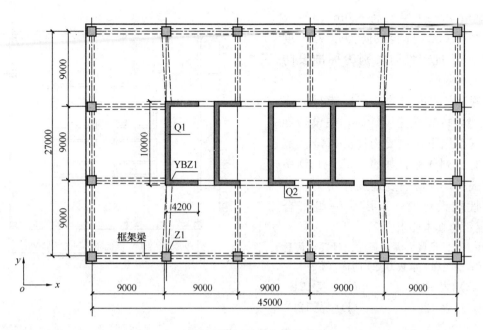

图 6.11.1

度等级 C40，纵向钢筋采用 HRB400（C），对称配筋，$a_s = a'_s = 40\text{mm}$。试问，该连梁进行抗震性能设计时，下列何项纵向钢筋配置符合第 2 性能水准的要求且配筋最小？

提示：忽略重力荷载作用下的弯矩。

(A) 7C25   (B) 6C28   (C) 7C28   (D) 6C32

【答案】（B）

【解答】

（1）结构构件的抗震性能化的第 2 性能水准进行设计时，应按《高规》第 3.11.3 条 2 款计算。

（2）《高规》第 3.11.3 条 2 款，耗能构件的正截面承载力应符合式（3.11.3-2）

$$S_{GE} + S^*_{EvK} \leqslant R_k$$

其中内力、材料强度均取标准值，且不考虑与抗震等级有关的增大系数，$\gamma_{RE} = 1.0$。

（3）计算纵向钢筋的配置

《高规》式（3.11.3-2）和《混规》6.2.14 条

$$M^l_b = M^r_b = f_{yk}(h_0 - a'_s)A_s$$

$$A_s = \frac{M^l_b}{f_{yk}(h_0 - a'_s)} = \frac{1355 \times 10^6}{400 \times (1000 - 40 \times 2)} = 3682\text{mm}^2$$

当钢筋面积大于 3682mm^2 时，钢筋不屈服。

选项（B）6C28，$A_s = 3695\text{mm}^2$，接近且 $>3682\text{mm}^2$，符合要求。

【高 12】性能目标 C，关键构件、普通竖向构件、耗能构件中震时抗弯、抗剪要求

某 38 层现浇钢筋混凝土框架核心筒结构，普通办公楼，如图 6.12.1 所示，房屋高度为 160m，1～4 层层高 6.0m，5～38 层层高 4.0m。抗震设防烈度为 7 度 (0.10g)，抗震设防类别为标准设防类，无薄弱层。

假定，主体结构抗震性能目标定为 C 级，抗震性能设计时，在设防烈度地震作用下，主要构件的抗震性能指标有下列 4 组，如表 12A～12D 所示。试问，设防烈度地震作用下构件抗震性能设计时，采用哪一组符合《高规》的基本要求？

注：构件承载力满足弹性设计要求简称"弹性"；满足屈服承载力要求简称"不屈服"。

(A) 表 12A   (B) 表 12B
(C) 表 12C   (D) 表 12D

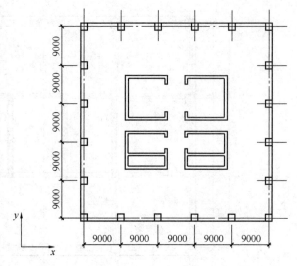

图 6.12.1

结构主要构件的抗震性能指标 A　　　　　　表 12A

		设防烈度
核心筒墙肢	抗弯	底部加强部位：不屈服 一般楼层：不屈服
	抗剪	底部加强部位：弹性 一般楼层：不屈服
核心筒连梁		允许进入塑性，抗剪不屈服
外框梁		允许进入塑性，抗剪不屈服

结构主要构件的抗震性能指标 B　　　　　　表 12B

		设防烈度
核心筒墙肢	抗弯	底部加强部位：不屈服 一般楼层：不屈服
	抗剪	底部加强部位：弹性 一般楼层：弹性
核心筒连梁		允许进入塑性，抗剪不屈服
外框梁		允许进入塑性，抗剪不屈服

结构主要构件的抗震性能指标 C　　　　　　表 12C

		设防烈度
核心筒墙肢	抗弯	底部加强部位：不屈服 一般楼层：不屈服
	抗剪	底部加强部位：弹性 一般楼层：不屈服

	设防烈度
核心筒连梁	抗弯，抗剪不屈服
外框梁	抗弯，抗剪不屈服

结构主要构件的抗震性能指标 D　　　　　　　　　　　　　　**表 12D**

		设防烈度
核心筒墙肢	抗弯	底部加强部位：不屈服 一般楼层：不屈服
	抗剪	底部加强部位：弹性 一般楼层：弹性
核心筒连梁		抗弯，抗剪不屈服
外框梁		抗弯，抗剪不屈服

【答案】（B）

【解答】

（1）确定结构的抗震性能水准

性能目标 C，地震作用为设防烈度（中震），根据《高规》表 3.11.1，结构的抗震性能水准为 3。

（2）确定结构的损坏部位的构件类型

根据《高规》3.11.2 条及条文说明。

关键构件：底部加强部位的核心筒墙肢；

普通竖向构件：一般楼层的核心筒墙肢和框架柱；

耗能构件：核心筒连梁、外框梁。

（3）确定抗震性能水准 3 时，关键构件、普通竖向构件、耗能构件的承载力性能要求

《高规》3.11.3 条第 3 款

关键构件：受剪承载力宜符合：式（3.11.3-1），即"中震弹性"

正截面承载力应符合：式（3.11.3-2），即"中震不屈服"。

普通竖向构件：受剪承载力宜符合：式（3.11.3-1），即"中震弹性"。

正截面承载力应符合：式（3.11.3-2），即"中震不屈服"。

部分"耗能构件"：受剪承载力宜符合：式（3.11.3-2），即"中震不屈服"。

正截面承载力允许进入屈服阶段，即"塑性阶段"。

（4）确定选项

从承载力性能要求分析，关键构件、普通竖向构件两种构件在抗弯，抗剪的要求是相同的，都是抗剪弹性，抗弯不屈服，所以表 12A 和表 12C 不正确。（抗剪要求两者不一致）。

耗能构件的抗弯可进入塑性，抗剪不屈服。所以表 12D 不正确，因为连梁的抗弯不屈服是不对的。

选（B）。

【高13】高度大于 60m，"承载力设计时"基本风压放大 1.1 倍，正反两个方向取大值

某 28 层钢筋混凝土框架-剪力墙高层建筑，普通办公楼，如图 6.13.1 所示，槽形平面，房屋高度 100m，质量和刚度沿竖向分布均匀，50 年重现期的基本风压为 0.6kN/m，地面粗糙度为 B 类。

假定，风荷载沿竖向呈倒三角形分布，地面（±0.000）处为 0，高度 100m 处风振系数取 1.50。试问，估算的 ±0.000 处沿 Y 方向风荷载作用下的倾覆弯矩标准值（kN·m），与下列何项数值最为接近？

(A) 637000 (B) 660000
(C) 700000 (D) 726000

【答案】 (D)

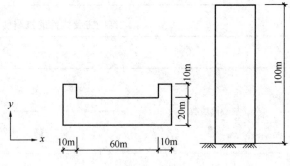

图 6.13.1

【解答】

(1) 按倒三角形估算结构的倾覆力矩，先求 100m 处的风荷载标准值。

(2) 风荷载标准值，按《高规》4.2.1 条计算

$$W_k = \beta_z \cdot \mu_s \cdot \mu_z \cdot w_0$$

(3) 基本风压 w_0

根据《高规》4.2.2 条，房屋高度 100m＞60m，属于对风荷载比较敏感的建筑，承载力设计时（倾覆弯矩属于承载力）应按基本风压的 1.1 倍采用。

$$w_0 = 1.1 \times 0.6 = 0.66 \text{kN/mm}^2$$

(4) 风压高度变化系数 μ_z

《荷载规范》表 8.2.1，地面粗糙度为 B 类，高度 100m，$\mu_z = 2.0$。

(5) 风荷载体型系数 μ_s

《高规》附录 B，查正反向 μ_s

正向：0.8、0.6、−0.5；反向：0.8、0.9、−0.5。

(6) 计算正反向的风荷载标准值

Y 方向高度 100m 处每米正向风荷载

$W_k = 1.5 \times (0.8 \times 80 + 0.6 \times 20 + 0.5 \times 60) \times 2.0 \times 0.66 = 210.0 \text{kN/m}$

Y 方向高度 100m 处每米反向风荷载

$W_k = 1.5 \times (0.8 \times 20 + 0.9 \times 60 + 0.5 \times 80) \times 2.0 \times 0.66 = 217.8 \text{kN/m}$

根据《高规》5.1.10 条，W_k 取较大值：217.8kN/m。

(7) 按倒三角形的荷载分布计算结构的倾覆力矩

地面处风荷载作用下的倾覆弯矩标准值

$$M_{0k} = \frac{1}{2} \times 217.8 \times 100 \times \frac{2}{3} \times 100 = 736000 \text{kN·m}$$

【高14】《高规》计算主体结构风载体型系数的适用条件

某地上 16 层、地下 1 层的现浇钢筋混凝土框架-剪力墙办公楼，如图所示。房屋高度

为 64.2m 该建筑地下室至地上第 3 层的层高均为 4.5m，其余各层层高均为 3.9m，质量和刚度沿高度分布比较均匀，丙类建筑，抗震设防烈度为 7 度，设计基本地震加速度为 0.15g，设计地震分组为第一组，Ⅲ类场地，在规定的水平力作用下，结构底层框架部分承受的地震倾覆力矩大于结构总地震倾覆力矩的 10% 但不大于 50%，地下 1 层顶板为上部结构的嵌固端。构件混凝土强度等级均为 C40（$f_c = 19.1 N/mm^2$，$f_t = 1.71 N/mm^2$）。

假定，该建筑所在地区的基本风压为 0.40kN/m²（50 年一遇），地面粗糙度为 B 类，风向如图 6.14.1 所示，风荷载沿房屋高度方向呈倒三角形分布，地面处（±0.000）为 0，屋顶高度处风振系数为 1.42，L 形剪力墙厚度均为 300mm。试问，承载力设计时，在图示风向风荷载标准值作用下，在（±0.000）处产生的倾覆力矩标准值 M_{wk}（kN·m）与下列何项数值最为接近？

提示：① 按《高规》计算风荷载体型系数；

② 假定风作用面宽度为 24.3m。

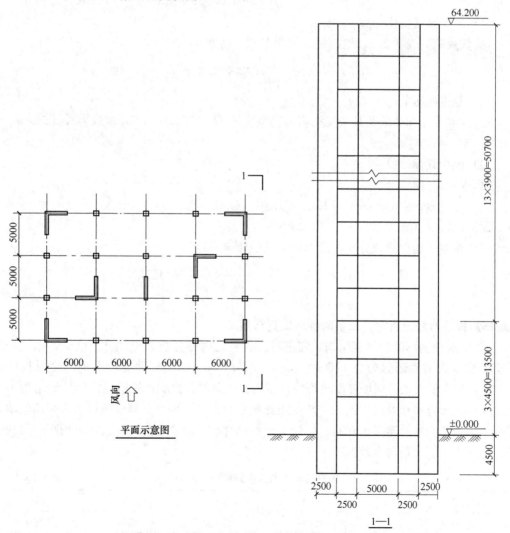

图 6.14.1

(A) 42000　　　　(B) 47000　　　　(C) 52000　　　　(D) 68000

【答案】（C）

【解答】

(1) 按倒三角形估算结构的倾覆力矩，应当首先计算出房屋顶部处的风荷载标准值。

(2) 风荷载标准值，应按《高规》4.2.1条计算

$$W_k = \beta_z \cdot \mu_s \cdot \mu_z \cdot w_0$$

(3) 确定风荷载体型系数 μ_s

高宽比 $H/B = 64.3/15 = 4.29 > 4$，不符合《高规》4.2.2条3款要求。

长宽比 $L/B = 24.3/15 = 1.6 > 1.5$，不符合《高规》4.2.2条4款要求。

根据《高规》附录 B，重新计算。风荷载体型系数 $\mu_{s1} = 0.80$

$$\mu_{s2} = -\left(0.48 + 0.03\frac{H}{L}\right) = -\left(0.48 + 0.03 \times \frac{64.2}{24.3}\right) = -0.56$$

$$\mu_s = \mu_{s1} - \mu_{s2} = 0.8 + 0.56 = 1.36$$

(4) 风压高度变化系数 μ_z

《荷载规范》表 8.2.1，地面粗糙度为 B 类，高度 64.2m

$$\mu_z = 1.77 + \frac{1.86 - 1.77}{70 - 60} \times (64.2 - 60) = 1.81$$

(5) 基本风压 w_0

《高规》第4.2.2条及其条文说明，房屋高度 $H = 64.2m > 60m$ 承载力设计时，$w_0 = 1.1 \times 0.40 = 0.44\text{kN/m}^2$。

(6) 风荷载标准值

《高规》式（4.2.1）

$$w_k = \beta_z\mu_s\mu_z w_0 = 1.42 \times 1.36 \times 1.81 \times 0.44 = 1.54\text{kN/m}^2$$

顶部：$w_k = 1.54 \times 24.3 = 37.42\text{kN/m}$

(7) 按倒三角形荷载分布，计算地面处的倾覆力矩

$$M_{wk} = \frac{1}{2}qh \times \frac{2}{3}h = \frac{37.42 \times 64.2^2}{3} = 51410\text{kN} \cdot \text{m}$$

【高15】弹性时程分析时，三条时程曲线选择规定

某 12 层钢筋混凝土框架结构，需进行弹性动力时程分析补充计算。已知，振型分解反应谱法求得的底部剪力为 12000kN，表 6.15.1 有 4 组实际地震记录加速度时程曲线 $P_1 \sim P_4$，和 1 组人工模拟加速度时程曲线 RP_1。各条时程曲线计算所得的结构底部剪力见表。实际记录地震波及人工波的平均地震影响系数曲线与振型分解反应谱法所采用的地震影响系数曲线在统计意义上相符。试问，进行弹性动力时程分析时，选用下列哪一组地震波（包括人工波）最为合理？

加速度时程曲线得到底部剪力 V_0　　　　　　　　　　表 6.15.1

时程曲线	P_1	P_2	P_3	P_4	RP_1
V_0（kN）	7600	10000	9600	9100	9500

(A) P_1；P_2；P_3　　(B) P_1；P_2；RP_1　　(C) P_2；P_3；RP_1　　(D) P_2；P_4；RP_1

【答案】（C）

【解答】

（1）弹性动力时程分析时，按《高规》第4.3.5条的要求选择地震波。

（2）地震波和人工波的要求

《高规》第4.3.5条，"实际地震记录的数量不应小于总数量的2/3"。故（A）项不符合要求。

（3）单条地震波时程曲线的要求：

《高规》第4.3.5条，"每条时程曲线计算所得的结构底部剪力最小值不小于振型分解反应谱法计算结果的65％"。

$$12000 \times 65\% = 7800kN$$

P_1地震波不能选用，（A）和（B）不满足规程要求。

（4）多条地震波时程曲线的要求：

《高规》第4.3.5条，"多条时程曲线计算所得的结构底部剪力平均值不小于振型分解反应谱法计算结果的80％"。

多条时程曲线计算所得的剪力的平均值为：$12000 \times 80\% = 9600kN$

$(10000 + 9600 + 9500) \times \dfrac{1}{3} = 9700kN > 9600kN$，（C）满足。

$(10000 + 9100 + 9500) \times \dfrac{1}{3} = 9533kN < 9600kN$，（D）不满足。

选（C）。

【高16】最小剪重比控制水平地震作用标准值

某地上35层的现浇钢筋混凝土框架-核心筒公寓，质量和刚度沿高度分布均匀，如图6.16.1所示，房屋高度为150m。基本风压 $W_0 = 0.65kN/m^2$，地面粗糙度为A类。抗震设防烈度为7度，设计基本地震加速度为0.10g，设计地震分组为第一组，建筑场地类别

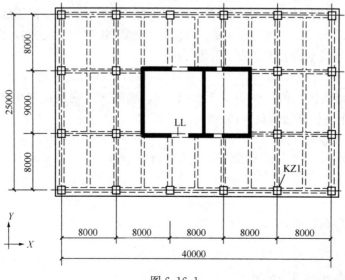

图 6.16.1

为Ⅰ类，抗震设防类别为标准设防类，安全等级二级。

假定，结构基本自振周期 $T_1=4.0s$（Y 向平动），$T_2=3.5s$（X 向平动），各楼层考虑偶然偏心的最大扭转位移比为 1.18，结构总恒载标准值为 600000kN，按等效均布活荷载计算的总楼面活荷载标准值为 80000kN。试问，多遇水平地震作用计算时，按最小剪重比控制对应于水平地震作用标准值的 Y 向底部剪力（kN），不应小于下列何项数值？

(A) 7700   (B) 8400   (C) 9500   (D) 10500

【答案】(C)

【解答】

(1) 按最小剪重比控制时，水平地震作用标准值应符合《高规》第 4.3.12 条的规定

$$V_{Eki} \geqslant \lambda \sum_{J=i}^{n} G_i$$

(2) 重力荷载代表值 G_i

《高规》第 4.3.6 条，公寓的活荷载组合值系数为 0.5，结构总重力荷载代表值：$G_i = 600000 + 80000 \times 0.5 = 640000kN$。

(3) 水平剪力系数 λ

《高规》表 4.3.12，Y 向基本周期为 4.0s，基本周期介于 3.5s 和 5s 之间

$$\lambda = 0.012 + \frac{0.016 - 0.012}{5 - 3.5} \times (5 - 4.0) = 0.0147$$

(4) 水平地震作用

《高规》公式（4.3.12）

$$V_{Eki} \geqslant \lambda \sum_{J=i}^{n} G_i = 0.0147 \times 640000 = 9408kN$$

【高17】9 度设防，根据墙肢承受重力荷载代表值的比例求竖向地震作用产生的轴力

某 10 层现浇钢筋混凝土剪力墙结构住宅，如图 6.17.1 所示，各层层高均为 4m，房屋高度为 40.3m。抗震设防烈度为 9 度，设计基本地震加速度为 0.40g，设计地震分组为第三组，建筑场地类别为Ⅱ类，安全等级二级。

假定，结构基本自振周期 $T_1=0.6s$，各楼层重力荷载代表值均为 14.5kN/m²，墙肢 W1 承受的重力荷载代表值比例为 8.3%。试问，墙肢 W1 底层由竖向地震产生的轴力 N_{Evk}（kN），与下列何项数值最为接近？

提示：按《高规》

(A) 1250   (B) 1550   (C) 1650   (D) 1850

【答案】(D)

【解答】

(1) 结构的竖向地震作用标准值，按《高规》第 4.3.13 条计算

$$F_{Evk} = \alpha_{vmax} G_{eq}$$

(2) 竖向地震影响系数的最大值 α_{vmax}

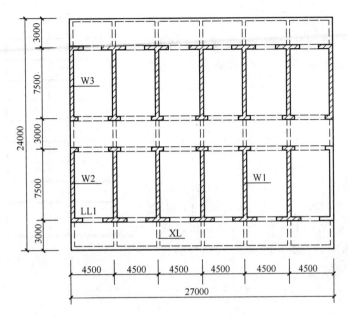

图 6.17.1

《高规》表 4.3.7-1 和式（4.3.13-3），抗震设防烈度为 9 度，水平地震影响系数 α_{max} = 0.32

$$\alpha_{vmax} = 0.65\alpha_{max} = 0.65 \times 0.32$$

（3）结构等效总重力荷载代表值 G_{eq}

$$G_{eq} = 0.75G_E = 0.75 \times 14.5 \times 24 \times 27 \times 10$$

（4）竖向地震作用标准值 F_{EVK}

$$F_{Evk} = \alpha_{vmax}G_{eq} = 0.65 \times 0.32 \times 0.75 \times 14.5 \times 27 \times 24 \times 10 = 14658kN$$

（5）竖向地震作用产生的轴力 N_{EVk}

《高规》4.3.13 条 3 款，W1 墙肢根据构件承受的重力荷载代表值比例分配，并乘以 1.5。

$$N_{Evk} = 0.083 \times 14658 \times 1.5 = 1825kN$$

【高 18】框架结构不考虑重力二阶效应的等效侧向刚度

某 10 层钢筋混凝土框架结构，如图 6.18.1 所示，质量和刚度沿竖向分布比较均匀，抗震设防类别为标准设防类，抗震设防烈度 7 度，设计基本地震加速度 0.10g，设计地震分组第一组，场地类别Ⅱ类。

假定，该结构第 1 层永久荷载标准值为 11500kN，第 2~9 层永久荷载标准值均为 11000kN，第 10 层永久荷载标准值为 9000kN，第 1~9 层可变荷载标准值均为 800kN，第 10 层可变荷载标准值为 600kN。试问，进行弹性计算分析且不考虑重力二阶效应的不利影响时，该结构所需的首层弹性等效侧向刚度最小值（kN/m），与下列何项数值最为接近？

(A) 631200   (B) 731200   (C) 831200   (D) 931200

【答案】（A）

【解答】

（1）框架结构弹性等效侧向刚度满足《高规》5.4.1 条式（5.4.1-2）时，可不考虑重力二阶效应。

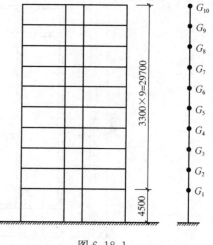

图 6.18.1

$$D_i \geqslant 20 \sum_{j=i}^{n} G_j / h_j$$

（2）《高规》5.6.1 条，各层重力荷载设计值分别为：

$$G_1 = 1.2 \times 11500 + 1.4 \times 800 = 14920\text{kN}$$

$$G_2 \sim G_9 = 1.2 \times 11000 + 1.4 \times 800 = 14320\text{kN}$$

$$G_{10} = 1.2 \times 9000 + 1.4 \times 600 = 11640\text{kN}$$

$$G = 14920 + 8 \times 14320 + 11640 = 141120\text{kN}$$

（3）等效侧向刚度

$$D_1 \geqslant 20 \times 141120 / 4.5 = 627200\text{kN/m}$$

【高 19】由弹塑性位移限值求大震弹性位移限值（框架结构简化方法）

某 10 层钢筋混凝土框架结构，如图 6.19.1 所示，质量和刚度沿竖向分布比较均匀，抗震设防类别为标准设防类，抗震设防烈度 7 度，设计基本地震加速度 $0.10g$，设计地震分组第一组，场地类别 II 类。

假定，该结构楼层屈服强度系数沿高度分布均匀，底层屈服强度系数为 0.45，且不小于上层该系数的 0.8，底层柱的轴压比为 0.60。试问，在罕遇地震作用下按弹性分析的层间位移（mm），最大不超过下列何值时，才能满足结构弹塑性水平位移限值要求？

提示：不考虑重力二阶效应；可考虑柱子箍筋构造措施的提高。

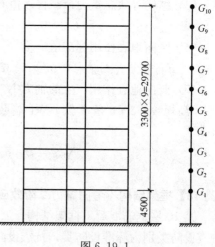

图 6.19.1

(A) 46   (B) 56

(C) 66   (D) 76

【答案】（B）

【解答】

（1）确定结构的弹塑性水平位移限值：

《高规》3.7.5 条，框架结构 $[\theta_p] = 1/50$。

（2）采取相应措施后的框架结构的水平位移限值：

① 轴压比大于 0.4，不能提高 10%。

② 采用柱子全高的箍筋构造比规程中框架柱箍筋最小配箍特征值大 30%，从而层间弹塑性位移角限值可提高 20%。

薄弱层底层：$\Delta u_p \leqslant [\theta_p] h = \dfrac{4500}{50} \times 1.2 = 108\text{mm}$。

(3) 弹塑性位移的增大系数 η_p

《高规》5.5.3 条表 5.5.3 $\xi_y = 0.45$ 内插

$$\eta_p = \frac{1.8 + 2.0}{2} = 1.9$$

(4) 罕遇地震作用下按弹性分析的框架的层间位移 ΔU_e

$$\Delta U_p = \eta_p \Delta U_e$$

$$\Delta u_e = \frac{\Delta u_p}{\eta_p} = \frac{108}{1.9} = 56.84 \text{mm}$$

【高 20】悬臂梁配筋，考虑竖向地震作用组合与非抗震荷载组合两者比较

某 10 层现浇钢筋混凝土剪力墙结构住宅如图 6.20.1 所示，各层层高均为 4m，房屋高度为 40.3m，抗震设防烈度为 9 度，设计基本地震加速度为 $0.40g$，设计地震分组为第三组，建筑场地类别为 II 类，安全等级二级。

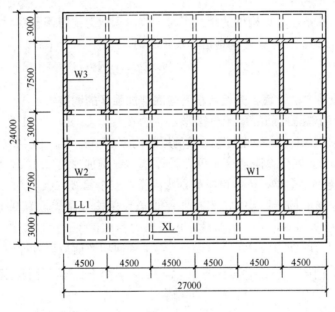

图 6.20.1

假定，对悬臂梁 XL 根部进行截面设计时，应考虑重力荷载效应及竖向地震作用效应，在永久荷载作用下梁端负弯矩标准值 $M_{Gk} = 263 \text{kN} \cdot \text{m}$，按等效均布活荷载计算的梁端负弯矩标准值 $M_{Gk} = 54 \text{kN} \cdot \text{m}$。试问，进行悬臂梁截面配筋设计时，起控制作用的梁端负弯矩设计值 (kN·m) 与下列何项数值最为接近？

提示：按《高规》作答。

(A) 325　　　　　(B) 355　　　　　(C) 385　　　　　(D) 425

【答案】(D)

【解答】

(1) 进行梁截面配筋设计选择内力（效应）的组合时，按《高规》5.6.1 条和 5.6.3 条，非抗震和抗震两者比较。

（2）持久和短暂设计状况下支座弯矩（非抗震）

《高规》5.6.1条：$S_d = \gamma_G S_{GK} + \gamma_L \psi_Q \gamma_Q S_{Qk}$

可变荷载起控制作用时：$M_A = 1.2 \times (-263) + 1.4 \times (-54) = -391 \text{kN} \cdot \text{m}$

永久荷载起控制作用时：$M_A = 1.35 \times (-263) + 0.7 \times 1.4 \times (-54) = -408 \text{kN} \cdot \text{m}$

$$M_{max} = -408 \text{kN} \cdot \text{m}$$

（3）地震设计状况下支座弯矩

《高规》5.6.3条：$S_d = \gamma_G S_{GE} + \gamma_{Ev} S_{Evk}$

① 重力荷载代表值产生的弯矩：$S_{GE} = (-263) - 0.5 \times 54 = -290 \text{kN} \cdot \text{m}$。

② 竖向地震地震作用产生的弯矩：

《高规》表4.3.15，9度，竖向地震作用系数0.2

$$S_{Evk} = 0.2 \times (-290) = -58 \text{kN} \cdot \text{m}。$$

③ 5.6.3条，$M_A = 1.2 \times (-290) + 1.3 \times (-58) = -423 \text{kN} \cdot \text{m}$。

（4）配筋计算时所用的弯矩设计值：

《混规》11.1.6条：验算构件的承载力时，应按承载力抗震调整系数 γ_{RE} 进行调整。

《高规》3.8.2条：仅考虑竖向地震作用组合时，$\gamma_{RE} = 1.0$

$\gamma_{RE} M_A = 1.0 \times 423 = 423 > M_{max} = 408 \text{kN} \cdot \text{m}$，选（D）。

【高21】筒体墙肢剪力设计值，先组合再考虑底部加强区的调整

某地上38层的现浇钢筋混凝土框架核心筒办公楼，如图6.21.1所示，房屋高度为155.4m，该建筑地上第1层至地上第4层的层高均为5.1m，第24层的层高6m，其余楼层的层高均为3.9m。抗震设防烈度7度，设计基本地震加速度0.10g，设计地震分组第一组，建筑场地类别为Ⅰ类，抗震设防类别为丙类，安全等级二级。

假定，第3层核心筒墙肢 Q1 在 Y 向水平地震作用按《高规》第9.1.11条调整后的剪力标准值 $V_{Ehk} = 1900 \text{kN}$，Y 向风荷载作用下剪力标准值 $V_{wk} = 1400 \text{kN}$。试问，该片墙肢考虑地震作用组合的剪力设计值 V (kN)，与下列何项数值最为接近？

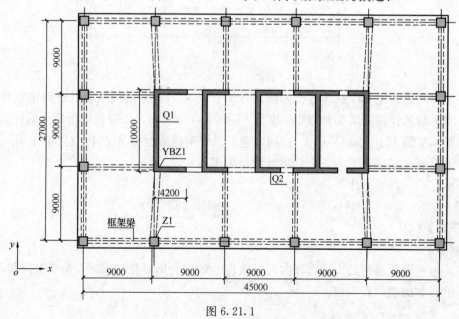

图 6.21.1

提示：忽略墙肢在重力荷载代表值及竖向地震作用下的剪力。

(A) 2900   (B) 4000   (C) 4600   (D) 5000

【答案】（C）

【解答】

(1) 考虑地震作用组合的效应组合，应符合《高规》第5.6.3条的规定：

$$S = \gamma_G S_{GE} + \gamma_{Ek} S_{Evk} + \psi_w \gamma_w S_{wk}$$

$$\gamma_{Eh} = 1.3, \quad \gamma_w = 1.4, \quad \psi_w = 0.2$$

$$V_w = 1.3 \times 1900 + 0.2 \times 1.4 \times 1400 = 2862 \text{kN}$$

(2) 结构的抗震等级：

《高规》3.3.1条，属B级高度。

《高规》表3.9.4. 筒体抗震等级为一级。

根据7.1.4条，本工程底部加强区范围为第1层至第4层，3层属底部加强区范围。

(3) 核心筒底部加强部位的剪力设计值：

《高规》第7.2.6条，7度，一级底部加强区剪力增大系数 η_{vw} 取1.6。

$$V = \eta_{vw} V_w = 1.6 \times 2862 = 4579 \text{kN}$$

【高22】已知梁抗震等级、底部和顶部纵筋比，求梁端受弯承载力，再求弯矩调幅系数

某现浇钢筋混凝土框架结构办公楼。抗震等级为一级。某一框架梁局部平面如图6.22.1所示。梁截面 $350\text{mm} \times 600\text{mm}$，$h_0 = 540\text{mm}$，$a_s' = 40\text{mm}$，混凝土强度等级 C30，纵筋采用 HRB400 钢筋。该梁在各效应下截面 A（梁顶）弯矩标准值分别为：

恒荷载：$M_A = -440 \text{kN} \cdot \text{m}$；活荷载：$M_A = -240 \text{kN} \cdot \text{m}$；

水平地震作用：$M_A = -234 \text{kN} \cdot \text{m}$。

假定，A 截面处梁底纵筋面积按梁顶纵筋面积的二分之一配置，试问，为满足梁端 A（顶面）极限承载力要求，梁端弯矩调幅系数至少应取下列何项数值？

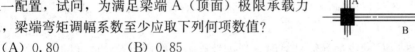

图 6.22.1

(A) 0.80   (B) 0.85

(C) 0.90   (D) 1.00

【答案】（B）

【解答】

(1) 计算梁端 A 截面的实际抗弯承载力：

① 混凝土压区高度

《高规》第6.3.2条第1款，一级抗震要求的框架梁受压区高度：

$$x = 0.25 h_0 = 0.25 \times 540 = 135 \text{mm}$$

② 钢筋面积：

《高规》6.3.2条第3款和《混规》式（6.2.10-2）：

$$A_s \geq 0.5 A_s', \quad \text{本题} A_s = 0.5 A_s'$$

$$\frac{x}{h_0} = \frac{f_y A_s - f_y' A_s'}{\alpha_1 b h_0 f_c} = \frac{360 \times 0.5 A_s}{1 \times 350 \times 540 \times 14.3} = 0.25$$

$$A_s = 3754 \text{mm}^2, \quad A_s' = 1877 \text{mm}^2$$

③ 梁 A 截面抗弯承载力

《混规》式（6.2.10-1）

$$M = \alpha_1 f_c b x \left(h_0 - \frac{x}{2} \right) + f_y' A_s (h_0 - a_s')$$

$$= 1 \times 14.3 \times 350 \times 135 \times \left(540 - \frac{135}{2} \right) + 360 \times 1877 \times (540 - 40)$$

$$= 6.57 \times 10^8 \, \text{N} \cdot \text{mm}$$

（2）地震设计状况截面抗弯承载力 M'

《混规》11.1.6 条

$$M' = \frac{M}{\gamma_{RE}} = \frac{6.57 \times 10^8}{0.75} = 8.76 \times 10^8 \, \text{N} \cdot \text{mm} = 876 \text{kN} \cdot \text{m}$$

《高规》5.6.3 条

$$M_A = 1.2 \times (-440 - 0.5 \times 240) + 1.3 \times (-234) = 976 \text{kN} \cdot \text{m} > M'$$

（3）计算弯矩调幅系数 β

梁端 A 的计算弯矩 976kN·m 大于承载力的弯矩 876kN·m，可进行弯矩调幅，调到承载力的弯矩 876kN·m。

根据《高规》5.2.3 条，只对重力荷载作用下的弯矩可以调幅，调幅系数 β，重力荷载代表值效应调幅后的组合弯矩与梁端承载力相等：

$$M_A = 1.2 \times \beta(-440 - 0.5 \times 240) + 1.3 \times (-234) = -876 \text{kN} \cdot \text{m}$$

得 $\beta = 0.85$，选（B）。

【高 23】框架柱按强柱弱梁调整后分配弯矩

下图所示的框架为某框架剪力墙结构中的一榀边框架，其抗震等级为二级，底部一、二层顶梁截面高度为 700mm，梁顶与板顶平，柱截面为 700mm×700mm。已知在重力荷载和地震作用下，柱 BC 的轴压比为 0.75，节点 B 和柱 BC 未按"强柱弱梁"调整的组合弯矩设计值（kN·m）如图 6.23.1 所示。

试问，底层柱 BC 的纵向配筋计算时，考虑地震组合的弯矩设计值（kN·m）与下列何项数值最为接近？

提示：① 对应于地震作用标准值，各层框架承担的剪力均不小于结构总剪力的 20%；
② 按《高规》作答。

(A) 450   (B) 470   (C) 680   (D) 700

【答案】(B)

【解答】

（1）框架柱考虑地震组合的节点处柱端弯矩设计值，应符合《高规》6.2.1 条式（6.2.1-2）的规定

$$\sum M_c = \eta_c \sum M_b$$

（2）柱端弯矩增大系数 η_c

《高规》第 6.2.1 条，二级框架（其他结构中的框架）$\eta_c = 1.2$。

（3）节点处的梁端弯矩

$$M_b = 560 + 120 = 680 \text{kN} \cdot \text{m}$$

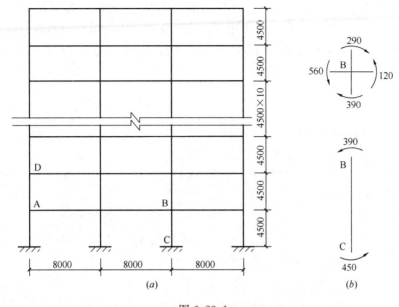

图 6.23.1

（4）节点处柱端弯矩设计值

$$\sum M_c = \eta_c \sum M_b = 1.2 \times (560 + 120) = 816\text{kN} \cdot \text{m}$$

（5）节点处的下柱上端的弯矩设计值

根据力的平衡，按比例分配

$$M_{BC} = \frac{390}{390 + 290} \times 816 = 468\text{kN} \cdot \text{m}$$

（6）框架柱配筋计算时的弯矩设计值

《高规》第 6.2.2 条，底层柱纵向钢筋应根据上、下端的不利情况配置。

$M_{BC} = 468 > M_{CB} = 450$，所以计算弯矩取 M_{BC}，（B）最接近。

【高24】强剪弱弯求框架梁端剪力设计值

某高层普通民用办公楼，拟建高度为 37.8m，地下 2 层，地上 10 层，如图 6.24.1 所示。该地区抗震设防烈度为 7 度，设计基本地震加速度为 0.15g，设计地震分组为第二组，场地类别为Ⅳ类，采用钢筋混凝土框架-剪力墙结构，且框架柱数量各层保持不变，地下室顶板可作为上部结构的嵌固部位，质量和刚度沿竖向分布均匀。假定，集中在屋盖和楼盖处的重力荷载代表值为 G_{10} = 15000kN，G_{2-9} = 16000kN，G_1 = 18000kN。

假定，该结构框架抗震等级为二级，四层以下柱截面尺寸均为 0.7m×0.7m（轴线中分）。其中框架梁 CD 在重力荷载和地震作

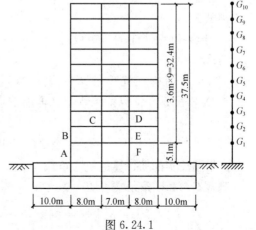

图 6.24.1

用组合下，梁的左、右端顺时针方向截面组合的弯矩设计值分别为 $M'_b=120\text{kN}\cdot\text{m}$、$M^r_b=350\text{kN}\cdot\text{m}$，在重力荷载代表值作用下，按简支梁分析的梁端截面剪力设计值 $V_{Gb}=150\text{kN}$。试问，该框架梁端部截面组合的剪力设计值（kN），与下列何项数值最为接近？

(A) 220　　　　(B) 230　　　　(C) 240　　　　(D) 250

【答案】(C)

【解答】

(1) 框架梁端部截面组合的剪力设计值，应符合《高规》6.2.5 条式（6.2.5-2）的规定：

$$V=\eta_{vb}(M^l_b+M^r_b)/l_n+V_{Gb}$$

(2) 梁剪力增大系数 η_{vb} 和 l_n

《高规》6.2.5 条

$$L_n=7-2\times0.35=6.3\text{m}, \quad \eta_{vb}=1.2$$

(3) 地震作用组合的梁端剪力设计值

$$V=\eta_{vb}(M^l_b+M^r_b)/l_n+V_{Gb}$$
$$=1.2\times(120+350)/6.3+150=240\text{kN}$$

故选 (C)。

【高 25】一级框架结构，实配钢筋求梁端弯矩，强柱弱梁求柱端弯矩

某框架结构，抗震等级为一级，底层角柱如图 6.25.1 所示。考虑地震作用组合时按弹性分析未经调整的构件端部组合弯矩设计值为：柱：$M_{cA\text{上}}=300\text{kN}\cdot\text{m}$，$M_{cA\text{下}}=280\text{kN}\cdot\text{m}$（同为顺时针方向），柱底 $M_B=320\text{kN}\cdot\text{m}$；梁：$M_b=460\text{kN}\cdot\text{m}$。已知梁 $h_0=560\text{mm}$，$a'_s=40\text{mm}$，梁端顶面实配钢筋（HRB400 级）面积 $A_s=2281\text{mm}^2$（计入梁受压筋和相关楼板钢筋影响）。试问，该柱进行截面配筋设计时所采用的组合弯矩设计值（kN·m），与下列何项数值最为接近？

提示按《抗震》作答。

(A) 780　　　　(B) 600

(C) 545　　　　(D) 365

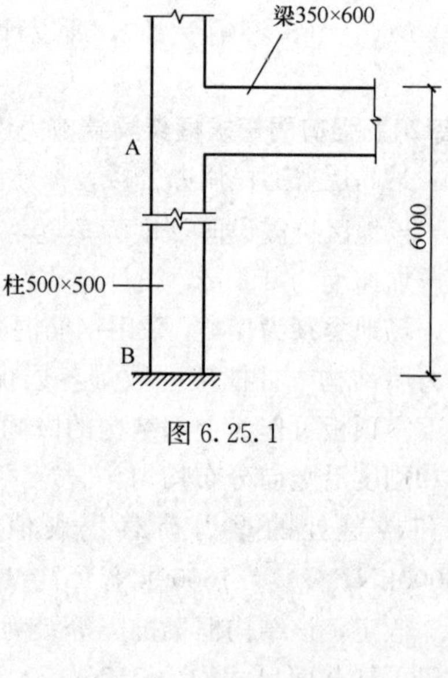

【答案】(B)

【解答】

(1) 框架节点处柱端弯矩设计值，应按《抗震》6.2.2 条计算。

(2) 框架结构，抗震等级一级，节点处按式(6.2.2-2)实配钢筋计算梁端弯矩，再求节点下端柱弯矩。

$$\sum M_c=1.2\sum M_{bua}$$

① 梁端按实配筋计算的抗弯承载力

《高规》6.2.5 条条文说明

$$M_{bua}=\frac{1}{\gamma_{RE}}f_{yk}A_s(h_0-a'_s)=\frac{1}{0.75}\times400\times2281\times(560-40)=6.33\times10^8\text{N}\cdot\text{mm}$$

图 6.25.1

梁350×600

柱500×500

6000

A

B

② 节点处柱端总弯矩设计值

$$\Sigma M_c = 1.2 \times 6.33 \times 10^8 \text{N} \cdot \text{mm} = 7.59 \times 10^8 \text{N} \cdot \text{mm} = 759 \text{kN} \cdot \text{m}$$

③ 节点处的柱下端的弯矩设计值

根据力的平衡原理，按比例分配

$$M'_{cA下} = \frac{280}{300 + 280} \times 759 = 366 \text{kN} \cdot \text{m}。$$

（3）柱底弯矩设计值

《抗震》第 6.2.3 条，抗震等级一级：$M_{cB} = 1.7 \times 320 = 544 \text{kN} \cdot \text{m}$

（4）确定柱配筋计算的弯矩设计值

取柱上端截面（366kN·m），柱下端截面（544kN·m）的大值。

该柱为角柱，根据《抗震》6.2.6 条，弯矩、剪力应乘以不小于 1.10 的增大系数。

$$M'_{cB} = 1.1 M_{cB} = 1.1 \times 544 = 598 \text{kN} \cdot \text{m}$$

【高 26】施工图审校，梁端上部钢筋构造

某框架结构抗震等级为一级，框架梁局部配筋图如图 6.26.1 所示。梁混凝土强度等级 C30（$f_c = 14.3 \text{N/mm}^2$），纵筋采用 HRB400（C）（$f_y = 360 \text{N/mm}^2$），箍筋采用 HRB335（B），梁 $h_0 = 440 \text{mm}$。试问，下列关于梁的中支座（A-A 处）上部纵向钢筋配置的选项，如果仅从规范、规程对框架梁的抗震构造措施方面考虑，哪一项相对准确？

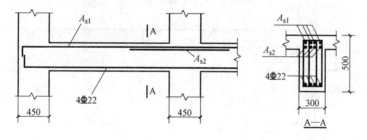

图 6.26.1

(A) $A_{s1} = 4C22$；$A_{s2} = 4C22$ (B) $A_{s1} = 4C22$；$A_{s2} = 2C22$

(C) $A_{s1} = 4C25$；$A_{s2} = 2C20$ (D) 前三项均不准确

【答案】(B)

【解答】

（1）框架梁的抗震构造措施，应符合《高规》6.3.2 条和 6.3.3 条的规定。

（2）直径的规定：

根据《高规》第 6.3.3 条第 2 款，中支座梁纵筋直径：

$$d \leqslant \frac{B}{20} = \frac{450}{20} = 22.5 \text{ (C) 不正确。}$$

（3）混凝土压区的要求：

根据《混规》式（6.2.10-2）

(A) 项：$x = \dfrac{f_y A_s - f'_y A'_s}{\alpha_1 b f_c} = \dfrac{360 \times (2 \times 1520 - 1520)}{1 \times 300 \times 14.3} = 127.6 \text{mm}$

$$\frac{x}{h_0} = \frac{127.6}{440} = 0.29 > 0.25$$

《高规》第 6.3.2 条第 1 款，（A）不正确。

（B）项：$x = \dfrac{360 \times 760}{1 \times 300 \times 14.3} = 63.8 \text{mm}$

$\dfrac{x}{h_0} = \dfrac{63.8}{440} = 0.15 < 0.25$，（B）正确。

【高 27】双肢墙一肢受拉，另一肢弯矩、剪力设计值增大 1.25

某 16 层高层住宅，采用现浇钢筋混凝土剪力墙结构，层高 3.0m，房屋高度 48.3m，地下室顶板可作为上部结构的嵌固部位。抗震设防烈度为 8 度（0.30g），Ⅲ类场地，丙类建筑。该建筑首层某双肢剪力墙，如图所示，采用 C30 混凝土，纵向钢筋和箍筋均采用 HRB400（C）钢筋。

如图 6.27.1，假定该双肢墙的墙肢 2 在反向水平地震作用下出现大偏心受拉情况，其余工况下各墙肢均为受压，相应墙肢 1 在反向地震作用下考虑地震组合的内力计算值 M_w（kN·m）、V_w（kN）分别为：5800kN·m、900kN。试问，墙肢 1 在反向地震作用下的内力设计值 M（kN·m）、V（kN），与下列何项数值最为接近？

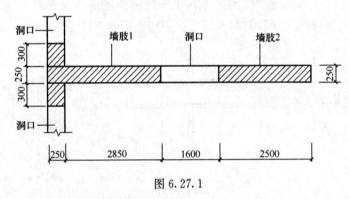

图 6.27.1

（A）5800、900 （B）5800、1260 （C）7250.1800 （D）7250、1600

【答案】（D）

【解答】

（1）墙肢的弯矩设计值：

《高规》第 7.2.4 条，任一墙肢为偏心受拉时，另一墙肢的弯矩设计值及剪力设计值应乘以增大系数 1.25。

$$M = 1.25 \times M_w = 1.25 \times 5800 = 7250 \text{kN} \cdot \text{m}$$

（2）墙肢的剪力设计值：

① 确定剪力墙的抗震等级

《高规》第 3.9.2 条及表 3.9.3，该剪力墙抗震等级为二级，抗震构造措施的抗震等级为一级。

② 确定底部加强范围

《高规》7.1.4 条，墙肢属底部加强范围。

③ 确定剪力设计值

《高规》第 7.2.6 条，二级取 $\eta_c = 1.4$。

$$V = 1.25 \times 1.4 \times V_w = 1.25 \times 1.4 \times 900 = 1575\text{kN}$$

【高28】偏心受压剪力墙求水平分布筋，符合计算和构造要求

某地上 16 层、地下 1 层的现浇钢筋混凝土框架剪力墙办公楼．如图 6.28.1 所示。房屋高度为 64.2m，该建筑地下室至地上第 3 层的层高均为 4.5m，其余各层层高均为 3.9m，质量和刚度沿高度分布比较均匀，丙类建筑。抗震设防烈度为 7 度，设计基本地震加速度为 0.15g，设计地震分组为第一组，Ⅲ类场地，在规定的水平力作用下，结构底层框架部分承受的地震倾覆力矩大于结构总地震倾覆力矩的 10% 但不大于 50%，地下 1 层顶板为上部结构的嵌固端。构件混凝土强度等级均为 C40（$f_c = 19.1\text{N/mm}^2$，$f_t = 1.71\text{N/mm}^2$）。

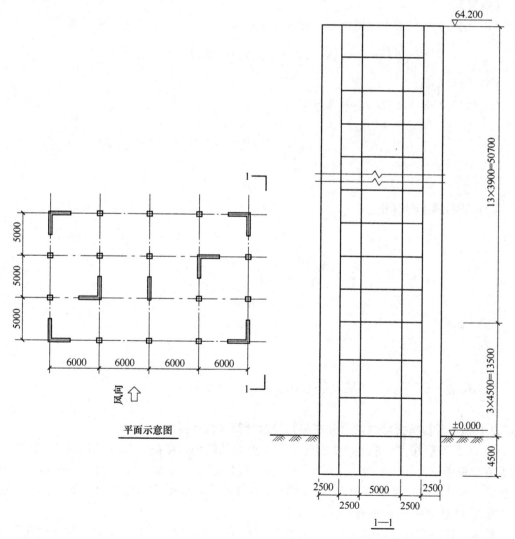

图 6.28.1

如图 6.28.2 所示，假定，剪力墙在地上第1层底部截面考虑地震作用的内力设计值如下：（已按规范、规程要求作了相应的调整）：$N=6800$kN，$M=2500$kN·m，$V=750$kN，计算截面剪跨比 $\lambda=2.38$，$h_{w0}=2300$mm，$b_w=250$mm，墙水平分布筋采用 HPB300 级钢筋（$f_{yh}=270$N/mm²），间距 $s=200$mm。试问，在 s 范围内剪力墙水平分布筋面积 A_{sh}（mm²）最小取下列何项数值时，才能满足规范、规程的最低要求？

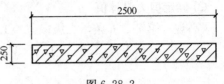

图 6.28.2

提示：① $0.2f_cb_wh_w=2387.5$kN；② $V\leqslant\dfrac{1}{\gamma_{RE}}(0.15\beta_cf_cb_wh_{w0})$。

(A) 107　　　　　(B) 157　　　　　(C) 200　　　　　(D) 250

【答案】(B)

【解答】

(1) 偏心受压的剪力墙的配筋，按《高规》7.2.10 条式（7.2.10-2）计算

$$V\leqslant\frac{1}{\gamma_{RE}}\Big(\frac{1}{\lambda-0.5}\Big(0.4f_tb_wh_{w0}+0.1N\frac{A_w}{A}\Big)+0.8f_{yh}\frac{A_{sh}}{s}h_{w0}\Big)$$

(2) 公式参数

① 《高规》表 3.8.2，$\gamma_{RE}=0.85$。

② 《高规》第 7.2.10 条

$$N=6800\text{kN}>0.2f_cb_wh_w=2387.5\text{kN}，\ \text{取}\ N=2387.5\text{kN}$$
$$\lambda=2.38>2.2.\ \text{取}\ \lambda=2.2$$
$$A_w=A$$

(3) 剪力墙水平钢筋

$$750\times10^3\leqslant\frac{1}{0.85}\Big(\frac{1}{2.2-0.5}(0.4\times1.71\times250\times2300+0.1\times2387500)$$
$$+0.8\times270\frac{A_{sh}}{200}\times2300\Big)$$
$$A_{sh}\geqslant107\text{mm}^2$$

(4) 构造要求

《高规》第 8.2.1 条

$$A_{sh}\geqslant0.25\%\times200\times250=125\text{mm}^2>107\text{mm}^2$$

《抗震》第 6.5.2 条，钢筋直径不宜小于 A10，选 (B)。

【高 29】偏心受拉剪力墙求水平分布筋，符合计算和构造要求

某 16 层高层住宅，采用现浇钢筋混凝土剪力墙结构，层高 3.0m，房屋高度 48.3m，地下室顶板可作为上部结构的嵌固部位。抗震设防烈度为 8 度（0.30g），Ⅲ类场地，丙类建筑。该建筑首层某双肢剪力墙，如图 6.29.1 所示，采用 C30 混凝土，纵向钢筋和箍筋均采用 HRB400（C）钢筋。

假定，首层该双肢墙的墙肢 2 在反向地震作用下为大偏心受拉，根据"强剪弱弯"的原则，墙肢 2 调整后的底部加强部位截面的剪力设计值 $V=\eta_{vw}V_w=700$kN；抗震设计时，

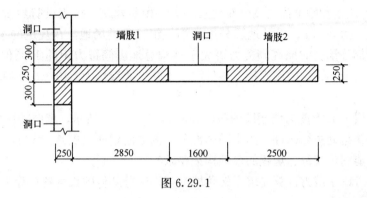

图 6.29.1

考虑地震作用效应组合后墙肢 2 的轴向拉力设计值为 1000kN；计算截面处的剪跨比取 2.2，$\gamma_{RE}=0.85$，h_0 取 2300mm，水平分布筋采用 HRB400（C），双排配筋。试问，该墙肢水平分布筋采用下列何项配置最为合理？

(A) 2C8@200 (B) 2C10@200 (C) 2C12@200 (D) 2C12@150

【答案】(B)

【解答】

(1) 偏心受拉的剪力墙的配筋，按《高规》第 7.2.11 条公式 (7.2.11-2) 计算：

$$V \leqslant \frac{1}{\gamma_{RE}}\left(\frac{1}{\lambda-0.5}\left(0.4f_t b_w h_{w0}-0.1N\frac{A_w}{A}\right)+0.8f_{yh}\frac{A_{sh}}{s}h_{w0}\right)$$

(2) 公式参数

《混规》表 4.1.4-1，表 4.2.3-1，$f_t=1.43\text{N/mm}^2$，$f_{yh}=360\text{N/mm}^2$。

(3) 剪力墙的水平钢筋

$$V \leqslant \frac{1}{\gamma_{RE}}\left(\frac{1}{\lambda-0.5}\left(0.4f_t b_w h_{w0}-0.1N\frac{A_w}{A}\right)+0.8f_{yh}\frac{A_{sh}}{s}h_{w0}\right)$$

$$=\frac{1}{0.85}\times\left[\frac{1}{2.2-0.5}(0.4\times1.43\times250\times2300-0.1\times1000\times10^3\times1)\right.$$

$$\left.+0.8\times360\times2300\frac{A_{sh}}{s}\right]$$

$$\frac{A_{sh}}{s}\geqslant\frac{(700\times0.85-134.65)10^3}{0.8\times360\times2300}=0.695$$

$$A_{sh}\geqslant0.695\times200=139.0\text{mm}^2$$

单根水平分布筋截面面积为 139/2＝69.5mm²，取 C10@200（$A_s=78.5\text{mm}^2/200\text{mm}$）。

(4) 构造要求

《高规》7.2.17 条，$2[A_s]=0.25\%\times250\times200$，$[A_s]=62.5\text{mm}^2<69.5\text{mm}^2<78.5\text{mm}^2$，选 (B)。

【高30】底部加强部位上一层约束边缘构件阴影部分纵筋面积

某地上 16 层、地下 1 层的现浇钢筋混凝土框架-剪力墙办公楼，如图 6.30.1（a）、(b) 所示。房屋高度为 64.2m。该建筑地下室至地上第 3 层的层高均为 4.5m 其余各层层高均为 3.9m，质量和刚度沿高度分布比较均匀，丙类建筑。抗震设防烈度为 7 度，设计基本地震加速度为 0.15g。设计地震分组为第一组，Ⅲ类场地，在规定的水平力作用下，结构底层框架部分承受的地震倾覆力矩大于结构总地震倾覆力矩的 10% 但不大于 50%，地下 1 层顶板为上部结构的嵌固端。构件混凝土强度等级均为 C40（f_c=19.1N/mm²，f_t=1.71N/mm²）。

地上第 3 层某 L 形剪力墙墙肢的截面如图 6.30.1（c）所示，墙肢轴压比为 0.24。试问，该剪力墙转角处边缘构件（图中阴影部分）的纵向钢筋面积 A_s（mm²），最小取下列何项数值时才能满足规范、规程的最低构造要求？

提示：不考虑承载力计算要求。转角墙的阴影部分外伸的长度各自等于墙厚

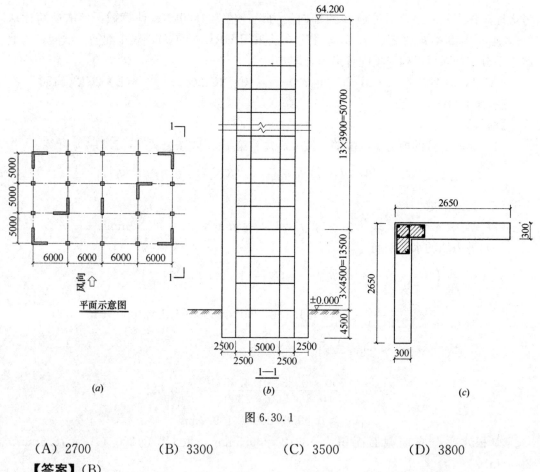

图 6.30.1

(A) 2700　　　　(B) 3300　　　　(C) 3500　　　　(D) 3800

【答案】（B）

【解答】

(1) 剪力墙边缘构件的类型

① 剪力墙抗震构造措施的抗震等级

《高规》第 3.9.2 条，7 度，0.15g，Ⅲ类场地，按 8 度采取抗震构造措施。

《高规》表 3.9.3，8 度，高度 64.2m，剪力墙抗震等级为一级。

② 剪力墙边缘构件的类型

《高规》第 7.1.4 条，底部两层为剪力墙加强部位。第 3 层为相邻的上一层。

7.2.14 条第 1 款，剪力墙抗震等级一级，8 度、轴压比大于 0.2 时，底部加强部位及其上一层墙肢端部应设置约束边缘构件。因此，3 层剪力墙设置约束边缘构件。

（2）约束边缘构件阴影部分的纵筋面积

《高规》第 7.2.15 条 2 款，一级，不应小于 1.2%，并不应少于 8 A 16。

纵筋面积：

$$A_s = 1.2\% \times (600 + 300) \times 300 = 3240 \text{mm}^2$$

$$8 A 16, \quad A_s = 1608 \text{mm}^2$$

选（B）。

【高 31】暗柱、约束边缘构件阴影部分长度和体积配箍率

某普通住宅，采用现浇钢筋混凝土，部分框支剪力墙结构。房屋高度 40.9m，地下 1 层，地上 13 层，首层～三层层高分别为 4.5m、4.2m、3.9m，其余各层层高均为 2.8m，抗震设防烈度为 7 度，Ⅱ类建筑场地。第 3 层设转换层，纵横向均有落地剪力墙。地下一层顶板可作为上部结构的嵌固部位。

假定，该结构第四层某剪力墙。其中一端截面为矩形。如图 6.31.1 所示，墙肢长度为 6000mm，墙厚为 250mm 钢筋保护层厚度为 15mm，抗震等级为一级，重力荷载代表值作用下的轴压比 $\mu_n = 0.40$，混凝土强度等级 C40（$f_c = 19.1 \text{N/mm}^2$），纵筋及箍筋采用 HRB400 钢筋（$f_y = 360 \text{N/mm}^2$）。试问，该剪力墙矩形截面端

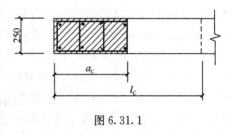

图 6.31.1

部，满足规程最低要求的边缘构件阴影部分长度 a_C 和最小箍筋配置。与下列何项最为接近？

提示：不考虑水平分布钢筋的影响。

（A）$a_c = 600$mm、箍筋 C10@100 　　（B）$a_c = 600$mm、箍筋 C8@100

（C）$a_c = 450$mm、箍筋 C8@100 　　（D）$a_c = 600$mm、箍筋 C10@100

【答案】（A）

【解答】

（1）边缘构件的类型：

《高规》10.2.2 条，带转换层的底部加强部位，宜取转换层以上两层，本工程第四层仍属底部加强部位。

《高规》7.2.14 条，一级、7 度，轴压比大于 0.2，加强部位及相邻上一层应设置约束边缘构件。

（2）阴影部分的长度

《高规》表 7.2.15，一级、7 度，暗柱，轴压比 $\mu_n = 0.40 > 0.2$，约束边缘构件沿墙肢的长度：$l_C = 0.20 h_w = 0.20 \times 6000 = 1200$mm。

《高规》图 7.2.15a，约束边缘构件阴影范围长度取

$$a_c = \max\left\{b_w, \frac{l_c}{2}, 400\right\} = \max\left\{250, \frac{1200}{2}, 400\right\} = 600 \text{mm}$$

(3) 阴影部分的箍筋

《高规》表 7.2.15，约束边缘构件配筋特征值 $\lambda_v = 0.20$。

《高规》公式（7.2.15），体积配箍率

HRB400 级箍筋：$\rho_v = \lambda_v \dfrac{f_c}{f_{yv}} = 0.2 \times \dfrac{19.1}{360} = 0.0106$

《混规》式（6.6.3-2），C10@100 实际体积配箍率：

$$\rho_v = \frac{A_{sk}l_{sk}}{A_{cor}s} = \frac{78.5 \times (2 \times 580 + 4 \times 210)}{200 \times 570 \times 100} = 0.0138 > 0.0106$$

箍筋 C8@100 实际体积配箍率：

$$\rho_v = \frac{A_{sk}l_{sk}}{A_{cor}s} = \frac{50.3 \times (2 \times 581 + 4 \times 212)}{204 \times 573 \times 100} = 0.00865 < 0.0106$$

故选（A）。

【高 32】过渡层边缘构件纵筋和箍筋配置（箍筋高于约束边缘构件，低于构造边缘构件）

某 42 层高层住宅，采用现浇混凝土剪力墙结构，层高为 3.2m，房屋高度 134.7m，地下室顶板作为上部结构的嵌固部位。抗震设防烈度 7 度，Ⅱ 类场地，丙类建筑。采用 C40 混凝土，纵向钢筋和箍筋分别采用 HRB400（C）和 HRB335（B）钢筋。

7 层某剪力墙（非短肢墙）边缘构件如图 6.32.1 所示，阴影部分为纵向钢筋配筋范围，墙肢轴压比 $\mu_N = 0.4$，纵筋混凝土保护层厚度为 30mm。试问，该边缘构件阴影部分的纵筋及箍筋选用下列何项，能满足规范、规程的最低抗震构造要求？

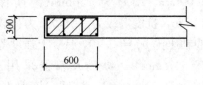

图 6.32.1

提示：① 计算体积配箍率时，不计入墙的水平分布钢筋；

② 箍筋体积配箍率计算时，扣除重叠部分箍筋。

(A) 8C18；B8@100　　　　　(B) 8C20；B8@100

(C) 8C18；B10@100　　　　 (D) 8C20；B10@100

【答案】（C）

【解答】

(1) 房屋的适用高度

《高规》表 3.3.1-1 和 3.3.1-2，7 度、剪力墙结构，高度 134.7m，B 级高层。

(2) 剪力墙抗震等级

《高规》表 3.9.4，剪力墙抗震等级为一级。

(3) 剪力墙结构的底部加强区范围

《高规》第 7.1.4 条，底部加强部位高度：

$$H_1 = 2 \times 3.2 = 6.4\text{m}, \quad H_2 = \frac{1}{10} \times 134.4 = 13.44\text{m}$$

取大值 13.44m，1～5 层为底部加强部位。

(4) 第 7 层剪力墙边缘构件类型

《高规》第 7.2.14 条，1～6 层设置约束边缘构件，B 级高层宜设过渡层，7 层为过渡

层，过渡层边缘构件的箍筋配置要求可低于约束边缘构件的要求，但应高于构造边缘构件的要求。

对过渡层边缘构件的竖向钢筋配置《高规》未作规定，不低于构造边缘构件的要求。

（5）构造边缘构件阴影部分的纵筋配置：

《高规》查表 7.2.16 中的其他部位，抗震等级一级，竖向钢筋最小值 $0.8\%A_c$。《高规》第 7.2.16 条第 4 款，竖向钢筋最小值提高 $0.1A_c$。

$$A_c = 300 \times 600 = 1.8 \times 10^5 \text{mm}^2，A_s = (0.8 + 0.1)\%A_c = 0.9\%A_c = 1620\text{mm}^2$$
$$8C18，A'_s = 2036\text{mm}^2 > A_s$$

（6）构造边缘构件阴影范围箍筋配置

① 选择箍筋

《高规》查表 7.2.16 中的其他部位，抗震等级一级，B8@150。

《高规》第 7.2.14 条，过渡层边缘构件箍筋可低于约束边缘构件的要求，但应高于构造边缘构件的要求。

因此，B8 提高至 B10、@150 提高至@100，即 B10@100。

② 验算 B10@100 体积配箍率

《高规》7.2.16 条 4 款 2 项，配箍特征值 $\lambda_v = 0.1$

$$\rho_v = \lambda_v \frac{f_c}{f_{yv}} = 0.1 \times \frac{19.1}{300} = 0.64\%$$

《高规》表 7.1.15，1~6 层的约束边缘构件的体积配箍率：$\mu_N = 0.4 > 0.3$、一级、7度，$\lambda_v = 0.20$。

$$\rho_v = \lambda_v \frac{f_c}{f_{yv}} = 0.2 \times \frac{19.1}{300} = 1.28\%$$

体积配箍率 $\rho_v = （0.64\% \sim 1.28\%）$ 之间。

B10@100 实际的体积配箍率

$$A_{cor} = (600 - 30 - 5) \times (300 - 30 - 30) = 135600\text{mm}^2$$
$$L_s = (300 - 30 - 30 + 10) \times 4 + (600 - 30 + 5) \times 2 = 2150\text{mm}$$

$$\rho_v = \frac{L_s \times A_s}{A_{cor} \times s} = \frac{2150 \times 78.5}{135600 \times 100} = 1.24\% \begin{matrix} > 0.64\% \\ < 1.28\% \end{matrix}，符合要求。$$

【高 33】暗柱、约束边缘构件阴影部分长度及纵筋

某高层住宅楼（丙类建筑），设有两层地下室，地面以上为 16 层，房屋高度 45.60m，室内外高差 0.30m，首层层高 3.3m，标准层层高为 2.8m。建于 8 度地震区（设计基本地震加速为 $0.2g$，设计地震分组为第一组，Ⅱ类建筑场地）。采用短肢剪力墙较多的剪力墙结构。1~3 层墙体厚度均为 250mm，地上其余层墙体厚度均为 200mm，在规定的水平地震作用下其短肢剪力墙承担底部地震倾覆力矩占结构底部总地震倾覆力矩的 45%。其中一榀剪力墙一至三层截面如图 6.33.1 所示。墙体混凝土强度等级 7 层楼板面以下为 C35（$f_c = 16.7\text{N/mm}^2$，$f_t = 1.57\text{N/mm}^2$），7 层以上为 C30，墙体竖向、水平分布钢筋以及墙肢边缘构件的箍筋均采用 HRB35 级钢筋，墙肢边缘构件的纵向受力钢筋采用 HRB400 级钢筋。墙肢 1 处在第三层时，计算表明其端部所设暗柱仅需按构造配筋，轴压比 0.5。试

问，该墙肢端部暗柱的竖向钢筋最小配置数量应为下列何项时，才能满足规范、规程的最低抗震构造要求？

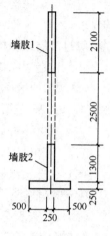

图 6.33.1

提示：按《高规》作答。

(A) 6C20　　　　(B) 6C18

(C) 6C16　　　　(D) 6C14

【答案】(C)

【解答】

(1) 剪力墙的类型

《高规》7.1.8 条

墙肢 1：$\dfrac{h_\mathrm{w}}{b_\mathrm{w}} = \dfrac{2100}{250} = 8.4 > 8$，为一般剪力墙。

(2) 剪力墙的抗震等级

《高规》表 3.9.3，剪力墙的抗震等级为二级。

(3) 底部加强部位的范围：

《高规》第 7.1.4 条，1～2 层属于底部加强部位。

(4) 边缘构件的类型：

《高规》第 7.2.14 条，第三层应设置约束边缘构件。

(5) 约束边缘构件的沿墙肢长度

《高规》表 7.2.15

二级、轴压比大于 0.4，约束边缘构件长度 $0.20h_\mathrm{w}$

暗柱，还需考虑小注 3

$$l_\mathrm{c} = \max(0.20h_\mathrm{w}, b_\mathrm{w}, 400) = \max(0.2 \times 2100, 250, 400) = 420\mathrm{mm}$$

(6) 约束边缘构件的阴影长度和面积

《高规》图 7.2.15a

$$h_\mathrm{c} = \max(b_\mathrm{w}, l_\mathrm{c}/2, 400) - \max(250, 420/2, 400) = 400\mathrm{mm}$$

暗柱面积：$A_\mathrm{c} = h_\mathrm{c}b_\mathrm{w} = 400 \times 250 = 100000\mathrm{mm}^2$

(7) 约束边缘构件暗柱的纵向钢筋

《高规》第 7.2.15 条 2 款，二级，不应小于 1.0%，并不应少于 6 A 16。

$$A_\mathrm{smin} = \rho_{\min}A_\mathrm{c} = 1.0\% \times 100000 = 1000\mathrm{mm}^2$$

6C16，$A_\mathrm{s} = 1205\mathrm{mm}^2 > 1000\mathrm{mm}^2$，选 (C)。

【高 34】9 度一级连梁，实配钢筋反算弯矩，强剪弱弯求剪力设计值

某 10 层现浇钢筋混凝土剪力墙结构住宅，如图 6.34.1 所示，各层层高均为 4m，房屋高度为 40.3m。抗震设防烈度为 9 度，设计基本地震加速度为 0.40g，设计地震分组为第三组，建筑场地类别为 Ⅱ 类，安全等级二级。

提示：按《高规》作答。

假定，第 8 层的连梁 LL1，截面为 300mm×1000mm，混凝土强度等级为 C35，净跨 $l_\mathrm{n} = 2000\mathrm{mm}$，$h_0 = 965\mathrm{mm}$，在重力荷载代表值作用下按简支梁计算的梁端截面剪力设计值 $V_{Gb} = 60\mathrm{kN}$，连梁采用 HRB400 钢筋，顶面和底面实配纵筋面积均为 1256mm^2，$a_\mathrm{s} =$

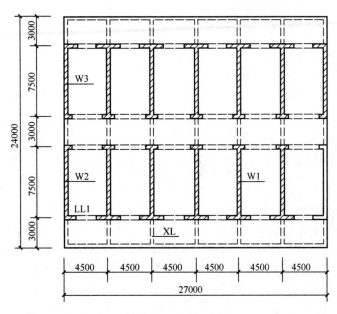

图 6.34.1

$a_s' = 35$mm。试问，连梁 LL1 两端截面的剪力设计值 V（kN），与下列何项数值最为接近？

(A) 750   (B) 690   (C) 580   (D) 520

【答案】（A）

【解答】

(1) 剪力墙中连梁的剪力设计值，按《高规》7.2.21 条计算。

(2)《高规》表 3.9.3，剪力墙抗震等级一级。

(3)《高规》7.2.21 条，9 度、一级，按式（7.2.21-2）计算

$$V = 1.1(M_{bua}^l + M_{bua}^r)/l_n + V_{Gb}$$

(4)《高规》第 6.2.5 条条文说明：

$$M_{bua} = f_{yk}A_s^a(h_0 - a_s')/\gamma_{RE} = 400 \times 1256 \times (965 - 35)/0.75 = 623 \text{kN} \cdot \text{m}$$

(5) 连梁剪力设计值

$$V = 1.1 \times (623 \times 2)/2 + 60 = 745 \text{kN}$$

【高35】连梁抗剪箍筋（验算截面限制条件）

某剪力墙开洞后形成的连梁，其截面尺寸为 $b_b \times h_b = 250\text{mm} \times 800\text{mm}$，连梁净跨 $l_n = 1800\text{mm}$，抗震等级为二级，混凝土强度等级为 C35，箍筋采用 HRB400。

假定，该连梁有地震作用组合时的剪力设计值为 $V_b = 500$kN（已按"强剪弱弯"调整）。试问，该连梁计算的梁端箍筋 A_{SV}/s（mm²/mm）最小值，与下列何项数值最为接近？

提示：① 计算时，连梁纵筋的 $a_s = a_s' = 35$mm，$\dfrac{1}{\gamma_{RE}}(0.15\beta_c f_c b_b h_{b0}) = 563.6$kN。

    ② 箍筋配置满足规范、规程规定的构造要求。

    ③ 按《高规》作答。

(A) 1.10　　　　(B) 1.30　　　　(C) 1.50　　　　(D) 1.55

【答案】(B)

【解答】

(1) 验算连梁的截面限制条件

《高规》第 7.2.22 条

$$\frac{L_n}{h_n} = \frac{1800}{800} = 2.25 < 2.5$$

已知 $\frac{1}{\gamma_{RE}}(0.15\beta_c f_c b_b h_{b0}) = 563.6\text{kN} > V_b$

连梁截面尺寸满足要求。

(2) 连梁箍筋配置

《高规》式 (7.2.23-3)

$$V_b \leqslant \frac{1}{\gamma_{RE}}\left(0.38f_t b_b h_{b0} + 0.9f_{yv}\frac{A_{sv}}{s}h_{b0}\right)$$

《高规》表 3.8.2，$\gamma_{RE} = 0.85$

《混规》表 4.1.4-1，表 4.2.3-1 $f_t = 1.57\text{N/mm}^2$，$f_{yv} = 360\text{N/mm}^2$

$$500 \times 10^3 \leqslant \frac{1}{0.85}\left(0.38 \times 1.57 \times 250 \times 765 + 0.9 \times 360 \times \frac{A_{sv}}{s} \times 765\right)$$

$$\frac{A_{sv}}{s} \geqslant 1.254\text{mm}^2/\text{mm}$$

【高36】抗震时 $\lambda > 1.5$ 的连梁，纵筋按框架梁、箍筋沿全长按框架梁梁端加密

某普通住宅，采用现浇钢筋混凝土部分框支剪力墙结构，房屋高度 40.9m，地下一层，地上 13 层，首层~三层层高分别为 4.5m、4.2m、3.9m，其余各层层高均为 2.8m。抗震设防烈度为 7 度，Ⅱ类场地，第三层设转换层，纵横向均有落地剪力墙，地下一层顶板可作为上部结构的嵌固部位。

假定，该结构中落地剪力墙第四层某连梁截面尺寸为 300mm×700mm，净跨 1500mm 为构造配筋，混凝土强度等级 C40（$f_t = 1.71\text{N/mm}^2$），箍筋采用 HRB400 钢筋（$f_y = 360\text{N/mm}^2$）。试问，符合规范、规程最低要求的连梁的纵筋和箍筋配置，应选用下列何项数值？

(A) 纵筋上下各 3C16　箍筋 C8@100　　(B) 纵筋上下各 3C18　箍筋 C10@100
(C) 纵筋上下各 3C20　箍筋 C10@100　　(D) 纵筋上下各 3C22　箍筋 C12@100

【答案】(C)

【解答】

(1) 剪力墙连梁的构造配筋的最低要求，应符合《高规》7.2.24 条和 7.2.27 条的规定。

(2) 纵筋配置

《高规》第 7.2.24 条 $L_n/h = 1.5/0.7 = 2.14 > 1.5$，纵筋的最小配筋率可按框架梁的要求采用。

《高规》第 10.2.2 条，第三层设转换层，第四层连梁位于底部加强部位。

《高规》表 6.3.2-1，抗震等级一级，连梁单侧的最小配筋百分率（％）：

$$\text{Max}\{0.40,\ 80f_t/f_y=80\times1.71/360=0.38\}=0.40$$

连梁单侧纵筋：$A_s=300\times700\times0.40\%=840\text{mm}^2$

选项（C）（942mm²）和选项（D）（1140mm²）均符合要求。

（3）箍筋配置

《高规》7.2.27 条及表 6.3.2-2

箍筋最小直径 10mm

双肢箍最大间距 $S=\text{min}\{h_b/4,\ 6d,\ 100\}=\{700/4,\ 6\times20,\ 100\}=100\text{mm}$

构造最小配箍 C10@100，选（C）。

【高37】框剪结构框架部分剪力调整，求柱的弯矩和剪力

某 12 层现浇钢筋混凝土框架剪力墙结构，房屋高度 45m。抗震设防烈度 8 度（0.20g），丙类建筑，设计地震分组为第一组，建筑场地类别为Ⅱ类，建筑物平、立面示意如图 6.37.1 所示，梁、板混凝土强度等级为 C30（$f_c=14.3\text{N/mm}^2$，$f_t=1.43\text{N/mm}^2$）；剪力墙为 C40（$f_c=19.1\text{N/mm}^2$，$f_t=1.71\text{N/mm}^2$）。

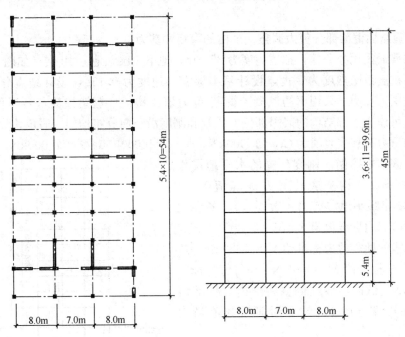

图 6.37.1

假定，在该结构中，各层框架柱数量保持不变，对应于水平地震作用标准值的计算结果为：结构基底总剪力 $V_0=13500\text{kN}$，各层框架所承担的未经调整的地震总剪力中的最大值 $V_{f.max}=1600\text{kN}$，第 3 层框架承担的未经调整的地震总剪力 $V_f=1500\text{kN}$；该楼层某根柱调整前的柱底内力标准值为：弯矩 $M=\pm180\text{kN·m}$，剪力 $V=\pm50\text{kN}$。试问。抗震设计时，水平地震作用下该柱调整后的内力标准值，与下列何项数值最为接近？

提示：楼层剪重比满足规程关于楼层最小地震剪力系数（剪重比）的要求。

(A) $M=\pm180\text{kN}\cdot\text{m}$；$V=\pm50\text{kN}$ (B) $M=\pm270\text{kN}\cdot\text{m}$；$V=\pm75\text{kN}$

(C) $M=\pm288\text{kN}\cdot\text{m}$；$V=\pm80\text{kN}$ (D) $M=\pm324\text{kN}\cdot\text{m}$；$V=\pm90\text{kN}$

【答案】(C)

【解答】

(1) 抗震设计时，框架-剪力墙结构中框架部分剪力应符合《高规》第8.1.4条规定

$$V_f \geqslant 0.2V_0 = 0.2 \times 13500 = 2700\text{kN}$$

第3层框架的地震 $V_f=1500\text{kN}$，不符合要求，需要调整。

(2) 第3层框架总剪力的调整

《高规》第8.1.4条1款

$$1.5V_{f,\text{max}} = 1.5 \times 1600 = 2400\text{kN} < 0.2V_0 = 2700\text{kN}$$

取较小值作为第3层框架部分承担的总剪力，$V=2400\text{kN}$。

(3) 第3层框架柱调整后的弯矩、剪力标准值

《高规》第8.1.4条第2款，该层框架内力调整系数 $=2400/1500=1.6$。

柱底弯矩 $M=\pm180\times1.6=\pm288\text{kN}\cdot\text{m}$；剪力 $V=\pm50\times1.6=\pm80\text{kN}$。

【高38】框剪结构框架部分剪力调整，求柱的弯矩和剪力

某高层普通民用办公楼，拟建高度为37.8m，地下2层，地上10层，如图6.38.1所示。该地区抗震设防烈度为7度，设计基本地震加速度为0.15g，设计地震分组为第二组，场地类别为Ⅳ类，采用钢筋混凝土框架-剪力墙结构，且框架柱数量各层保持不变，地下室顶板可作为上部结构的嵌固部位，质量和刚度沿竖向分布均匀。假定，集中在屋盖和楼盖处的重力荷载代表值为 $G_{10}=15000\text{kN}$，$G_{2-9}=16000\text{kN}$，$G_1=18000\text{kN}$。

假定，该结构按侧向刚度分配的水平地震作用标准值如下：结构基底总剪力标准值 $V_0=15000\text{kN}$（满足最小地震剪力系数要求），各层框架承担的地震剪力标准值最大值 $V_{f.\text{max}}=1900\text{kN}$。首层框架承担的地震剪力标准值 $V_f=1620\text{kN}$，柱EF的柱底弯矩标准值 $M=480\text{KN}\cdot\text{m}$，剪力标准值 $V=150\text{kN}$。试问，该柱调整后的内力标准值 M (kN·m)、V (kN)，与下列何项数值最为接近？

(A) 480、150   (B) 850、260

(C) 890、280   (D) 1000、310

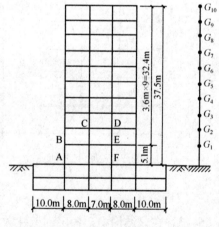

图 6.38.1

【答案】(B)

【解答】

(1) 抗震设计时，框架-剪力墙结构中框架部分承担的剪力应符合《高规》第8.1.4条规定

$$V_f \geqslant 0.2V_0 = 0.2 \times 15000 = 3000\text{kN}$$

首层框架承担的 $V_f = 1620\text{kN}$，不满足要求需要调整。

（2）首层框架总剪力的调整

《高规》第 8.1.4 条 1 款

$$1.5V_{f,max} = 1.5 \times 1900 = 2850\text{kN} < 0.2V_0 = 3000\text{kN}$$

取较小值 $V = 2850\text{kN}$ 作为首层框架部分承担的总剪力。

（3）调整后首层柱 EF 的弯矩、剪力标准值

该层框架内力调整系数：$2850/1620 = 1.76$

EF 柱底弯矩 $M = 1.76 \times 480 = 845\text{kN} \cdot \text{m}$；剪力 $V = 1.76 \times 150 = 264\text{kN}$。

【高 39】筒体剪力调整，框架承担剪力小于 10% 时筒体剪力增大 1.1（筒体构造措施提高一级）

某 38 层现浇钢筋混凝土框架-核心筒结构，普通办公楼，如图 6.39.1 所示，房屋高度为 160m，1～4 层层高 6.0m，5～38 层层高 4.0m，抗震设防烈度为 7 度（0.10g）抗震设防类别为标准设防类，无薄弱层。

假定，多遇地震标准值作用下，X 向框架部分分配的力与结构总剪力比例如图 6.39.2 所示。第 3 层核心筒墙肢 W1，在 X 向水平地震作用下剪力标准值 $V_{Ehk} = 2200\text{kN}$，在 X 向风荷载作用下剪力 $V_{wk} = 1600\text{kN}$。试问，该墙肢的剪力设计值 V（kN），与下列何项数值最为接近？

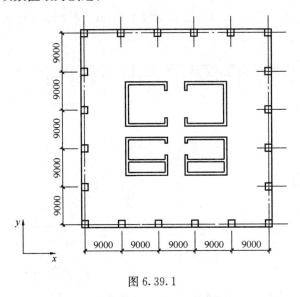

图 6.39.1

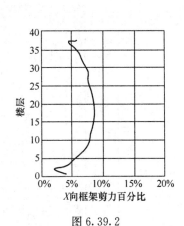

图 6.39.2

提示：忽略墙肢在重力荷载代表值下及竖向地震作用下的剪力。

（A）8200　　　　（B）5800　　　　（C）5300　　　　（D）4600

【答案】（B）

【解答】

（1）计算抗震设计时，荷载与地震作用基本组合的剪力（效应）设计值按《高规》公式（5.6.3）计算

$$S = \gamma_G S_{GE} + \gamma_{Eh} S_{Ehk} + \gamma_{Ev} S_{Evk} + \psi_w \gamma_w S_{wk}$$
$$\gamma_{Eh} = 1.3, \ \gamma_w = 1.4, \ \psi_w = 0.2$$

（2）考虑框架与核心筒协同工作的内力调整

由图 6.39.2 可知，各层框架部分分配的地震剪力标准值最大值小于底部总地震剪力标准值的 10%，根据《高规》9.1.11 条 2 款，核心筒墙体地震剪力标准值增大 1.1 倍。

上述调整代入公式（5.6.3）

$$V = 0 + 1.3 \times 1.1 \times 2200 + 0 + 0.2 \times 1.4 \times 1600 = 3594 \text{kN}$$

（3）核心筒的抗震等级

《高规》表 3.9.4，9.1.11-2 条，筒体抗震等级一级，抗震构造措施特一级。

（4）核心筒底部加强区范围

《高规》7.1.4 条，底部加强区为第 1 层至第 3 层，第 3 层墙肢属于底部加强区。

（5）墙肢的剪力设计值

《高规》公式（7.2.6-1），7 度一级，底部加强区剪力增大系数 η_{vw} 取 1.6。

$$V = \eta_{vw} V_w = 1.6 \times 3594 = 5750 \text{kN}$$

【高 40】筒体底部加强区墙肢构造，3 排分布筋、l_c、阴影部分纵筋面积

某地上 38 层现浇钢筋混凝土框架-核心筒办公楼，如图 6.40.1 所示，房屋高度为 155.4m，该建筑地上第 1 层至地上第 4 层的层高均为 5.1m，第 24 层的层高 6m，其余楼层的层高均为 3.9m。抗震设防烈度为 7 度，设计基本地震加速度 0.10g，设计地震分组第一组，建筑场地类别为 II 类，抗震设防类别为丙类，安全等级二级。

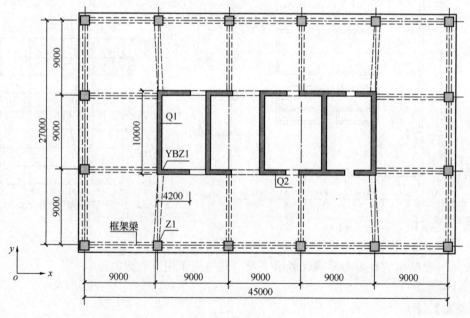

图 6.40.1

假定，核心筒剪力墙墙肢 Q1 混凝土强度等级 C60（$f_c = 27.5 \text{N/mm}^2$），钢筋均采用

HRB400（C）（$f_y = 360\text{N/mm}^2$）墙肢在重力荷载代表值下的轴压比 μ_N 大于 0.3。试问，关于首层墙肢 Q1 的分布筋、边缘构件尺寸 l_c 及阴影部分竖向配筋设计，下列何项符合规程、规范的最低构造要求？

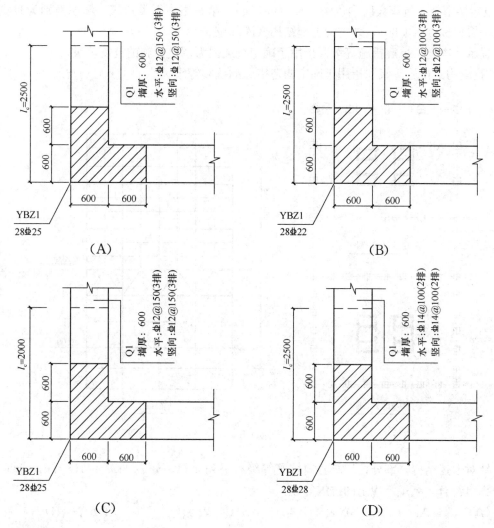

【答案】（A）

【解答】

（1）《高规》7.2.3 条，墙厚大于 400mm、但不大于 700mm 时，宜采用 3 排分布筋，（D）不满足。

（2）9.2.2 条，约束边缘构件沿墙肢长度取截面高度的 1/4，10000/4 = 2500mm，（C）不满足。

（3）7.2.15 条，抗震等级一级时，约束边缘构件阴影部分纵筋配筋率不应小于 1.2%。

$600 \times 1800 \times 0.012 = 12960\text{mm}^2$

选项（A）28C25，面积 13738mm²，满足。

选项（B）28C22，面积 10638mm²，不满足。

【高41】128m 框筒，分别判断地下二层、第 20 层的抗震措施和抗震构造措施

某高层办公楼，地上 33 层，地下 2 层，如图 6.41.1 所示，房屋高度为 128.0m，内筒采用钢筋混凝土核心筒，外围为钢框架，钢框架柱距：1～5 层 9m，6～33 层为 4.5m，5 层设转换桁架。抗震设防烈度为 7 度（0.10g），第一组，丙类建筑，场地类别为Ⅲ类。地下一层顶板（±0.000）处作为上部结构嵌固部位。

提示：本题"抗震措施等级"指用于确定抗震内力调整措施的抗震等级；
"抗震构造措施等级"指用于确定构造措施的抗震等级。

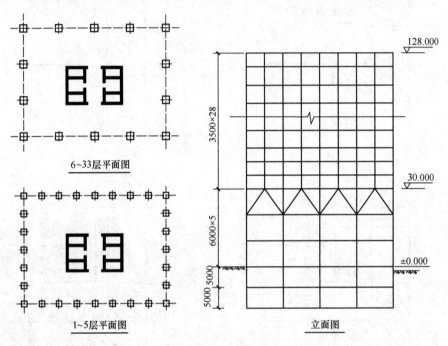

6～33层平面图

1～5层平面图

立面图

图 6.41.1

针对上述结构，部分楼层核心筒抗震等级有下列 4 组，如表 41A～41D 所示，试问，其中哪组符合《高规》规定的抗震等级？

(A) 表 41A (B) 表 41B (C) 表 41C (D) 表 41D

表 41A

	抗震措施等级	抗震构造措施等级
地下二层	不计算地震作用	一级
20 层	特一级	特一级

表 41B

	抗震措施等级	抗震构造措施等级
地下二层	不计算地震作用	二级
20 层	一级	一级

	抗震措施等级	抗震构造措施等级
地下二层	一级	二级
20 层	一级	一级

	抗震措施等级	抗震构造措施等级
地下二层	二级	二级
20 层	二级	二级

【答案】(B)

【解答】

(1)《高规》11.1.4 条表 11.1.4，7 度，$H=128\text{m}<130\text{m}$，20 层的核心筒的抗震等级为一级。表 41A，表 41D 不符合规定。

(2)《高规》3.9.5 条和条文说明，"地下一层以下不要求计算地震作用"，所以地下二层不计算地震作用；

"地下一层相关范围的抗震等级应按上部结构采用，地下一层以下抗震构造措施的抗震等级可逐层降低"，地下一层与地上一层的抗震等级相同，为一级。地下二层的抗震等级降低一级为二级。选（B）。

【高 42】框支柱最小体积配箍率（λ 增加 0.02，ρ_v 不小于 1.5）

某现浇钢筋混凝土部分框支剪力墙结构，房屋高度 49.8m，地下 1 层，地上 16 层，首层为转换层（二层楼面设置转换梁），纵横向均有不落地剪力墙。抗震设防烈度为 8 度，丙类建筑。地下室顶板作为上部结构的嵌固部位。地下一层、首层、层高 4.5m，混凝土强度等级采用 C50；其余各层层高均为 3.0m，混凝土强度等级采用 C35。

假定，某框支柱（截面 1000mm × 1000mm）考虑地震组合的轴压力设计值 $N=19250\text{kN}$，混凝土强度等级改为 C60，箍筋采用 HRB400。试问，柱箍筋（复合箍）满足抗震构造要求的最小体积配箍率 ρ_v，与下列何项数值最为接近？

提示：采取有效措施框支柱的轴压比满足抗震要求。

(A) 1.3% (B) 1.4% (C) 1.5% (D) 1.6%

【答案】(C)

【解答】

(1) 框架柱的体积配箍率 ρ_v，按《高规》式（6.4.7）计算

$$\rho_V = \lambda_V \cdot f_c / f_{yv}$$

(2) 框支柱的抗震等级

《高规》表 3.9.3，8 度，框支框架的抗震等级为一级。

(3) 框支柱的轴压比

《高规》6.4.2 条，

$$\mu_{\mathrm{N}} = \frac{N}{f_c b h} = \frac{19250 \times 10^3}{27.5 \times 1000 \times 1000} = 0.7 \, \text{查表 6.4.7，} \lambda_{\mathrm{V}} = 0.17$$

（4）箍筋的体积配箍率

《高规》表 6.4.7，$\lambda_{\mathrm{V}} = 0.17$

《高规》10.2.10 条第 3 款，$\lambda_{\mathrm{V}} = 0.17 + 0.02 = 0.19$

$$\rho_{\mathrm{V}} = \lambda_{\mathrm{V}} \cdot f_c / f_{\mathrm{yv}} = 0.19 \times \frac{27.5}{360} = 0.0145 = 1.45\% < 1.5\%，\text{取 } 1.5\%，\text{选（C）。}$$

【高 43】转换柱上端与转换梁相连、增大 1.5 倍，下端按强柱弱梁调整（下端不是底层）

某底层带托柱转换层的钢筋混凝土框架-筒体结构办公楼，地下 1 层，地上 25 层，地下一层层高 6.0m，地上一层至 2 层的层高均为 4.5m，其余各层层高均为 3.3m，房屋高度为 85.2m，转换层位于地上 2 层，见图所示。抗震设防烈度为 7 度，设计基本地震加速度为 0.10g，设计分组为第一组，丙类建筑，Ⅲ类场地，混凝土强度等级地上 2 层及以下均为 C50，地上 3 层至 5 层为 C40，其余各层均为 C35。

地上第 2 层某转换柱 KZZ 如图 6.43.1 所示，假定该柱的抗震等级为一级。柱上端和

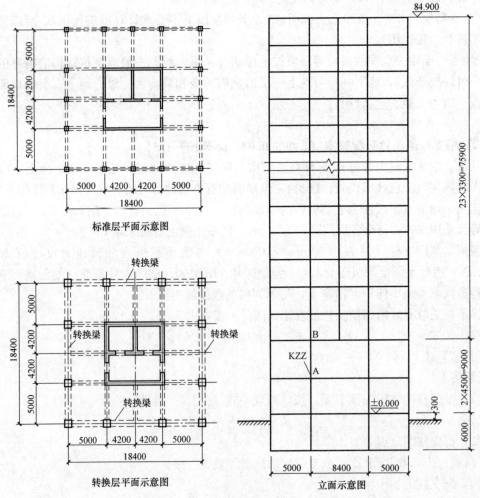

图 6.43.1

下端考虑地震作用组合的弯矩组合值分别为 580kN·m、450kN·m，柱下端节点 A 左右梁端相应的同向组合弯矩设计值之和 $\sum M_b=1100$kN·m。假设，转换柱 KZZ 在节点 A 处按弹性分析的上、下柱端弯矩相等。试问，在进行柱截面设计时，该柱上端和下端考虑地震作用组合的弯矩设计值 M^t、M^b（kN·m）与下列何项数值最为接近？

(A) 870、770   (B) 870、675

(C) 810、770   (D) 810、675

【答案】(A)

【解答】

(1) 计算柱上端的弯矩 M^t

《高规》第 10.2.11 条第 3 款，与转换构件相连的一级转换柱，上端弯矩增大 1.5 倍。

$$M^t=1.5\times580=870\text{kN}\cdot\text{m}$$

(2) 柱下端的弯矩 M^b

《高规》第 6.2.1 条，节点 A 处应符合强柱弱梁要求，一级 $\eta_c=1.4$。

$$\sum M_c=1.4\sum M_b=1.4\times1100=1540\text{kN}\cdot\text{m}$$

$$M^b=0.5\sum M_c=0.5\times1540=770\text{kN}\cdot\text{m}$$

【高 44】框支柱地震剪力标准值（剪力增大 1.25，λ 增大 1.15，小于 10 根取 2%V_0）

某商住楼地上 16 层，地下 2 层（未标出）系部分框支剪力墙结构，如图 6.44.1 所示（仅表示 1/2，另一半对称），2~16 层均匀布置剪力墙，其中①②④⑦轴线剪力墙落地，第③轴线为框支剪力墙。该建筑位于 7 度地震区，抗震设防类别为丙类，设计基本加速度为 0.15g，场地类别Ⅲ类，结构基本周期 1s，墙、柱混凝土强度等级，底层及地下室为

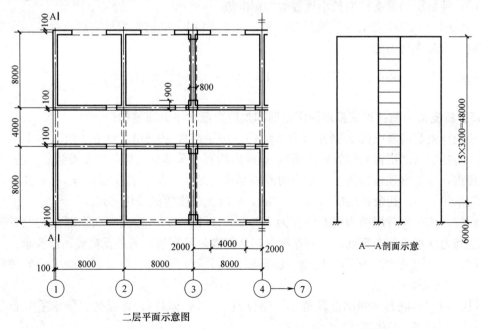

二层平面示意图

A—A剖面示意

图 6.44.1

C50，（$f_c=23.1\text{N/mm}^2$），其他层为 C30（$f_c=14.3\text{N/mm}^2$），框支柱截面为 800mm $\times$ 900mm。

提示：①计算方向仅为横向。②剪力墙肢满足稳定性要求。

1～16 层总重力荷载代表值为 246000kN。假定，该建筑物底层为薄弱层，地震作用分析计算出的对应水平地震作用标准值的底层地震剪力为 $V_{EK}=16000\text{kN}$，试问：底层每根框支柱承受的地震剪力标准值 V_{EKc}（kN）最小取下列何项，才能满足《高规》的最低要求。

(A) 150   (B) 240   (C) 320   (D) 400

【答案】(D)

【解答】

(1) 薄弱层的地震剪力

《高规》3.5.8 条。薄弱层的地震作用标准值的剪力应乘以 1.25 的增大系数。

$$V_{EK}=1.25\times16000=20000\text{kN}$$

(2) 判断薄弱层的剪力是否满足剪重比

《高规》表 4.3.12，楼层最小剪力系数 $\lambda=0.024$。竖向不规则结构的薄弱层，应乘以 1.15 的增大系数。

$$\lambda=0.024\times1.15=0.0276$$

底层水平地震作用标准值的剪力

$$V_{Ek1}=2000\text{kN}\geqslant\lambda\sum_{j=1}^{n}G_i=0.0276\times24600=6789.6\text{kN，满足要求。}$$

(3) 薄弱层的框支柱的最小地震剪力标准值

《高规》10.2.17 条，框支柱数量 8 根，少于 10 根，底层每根框支柱承受的地震剪力标准值应取基底剪力的 2%。

$$V_{EKc}=2\%\times V_{EK}=0.02\times20000=400\text{kN，(D) 满足要求。}$$

【高45】框支剪力墙结构底部加强区范围和加剪力墙水平分布筋构造

某现浇钢筋混凝土部分框支剪力墙结构，房屋高度 49.8m，地下 1 层，地上 16 层，首层为转换层（二层楼面设置转换梁），纵横向均有不落地剪力墙。抗震设防烈度为 8 度，丙类建筑，地下室顶板作为上部结构的嵌固部位。地下一层、首层层高 4.5m，混凝土强度等级采用 C50；其余各层层高均为 3.0m，混凝土强度等级采用 C35。

假定，该结构首层剪力墙的厚度为 300mm。试问，剪力墙底部加强部位的设置高度和首层剪力墙水平分布钢筋取下列何项时，才能满足《高规》的最低抗震构造要求？

(A) 剪力墙底部加强部位设至 2 层楼板顶（7.5m 标高）；首层剪力墙水平分布筋采用双排 C10@200

(B) 剪力墙底部加强部位设至 2 层楼板顶（7.5m 标高）；首层剪力墙水平分布筋采用双排 C12@200

(C) 剪力墙底部加强部位设至 3 层楼板顶（10.5m 标高）；首层剪力墙水平分布筋采

用双排 C10@200

(D) 剪力墙底部加强部位设至 3 层楼板顶（10.5m 标高）；首层剪力墙水平分布筋采用双排 C12@200

【答案】(D)

【解答】

(1) 部分框支剪力墙结构的底部加强部位范围

《高规》第 7.1.4 条，剪力墙的底部加强部位高度取底部两层和总高度的 1/10 较大者。

《高规》第 10.2.2 条，框支剪力墙结构的底部加强部位高度取转换层以上二层和 1/10 较大者。首层为转换层，所以首层～三层均为底部加强部位（10.5m 标高）。(C) (D) 符合规定。

(2) 首层剪力墙的分布钢筋

首层为底部加强部位，《高规》第 10.2.19 条，首层剪力墙水平和竖向分布筋最小配筋率为 0.3%。

双排 C10@200 的配筋率为 $\rho = 78.5 \times 2/(300 \times 200) = 0.26\% < 0.3\%$，不满足要求；

双排 C12@200 的配筋率为 $\rho = 113 \times 2/(300 \times 200) = 0.38\% > 0.3\%$，满足要求。选 (D)。

【高 46】框支梁上一层剪力墙水平和竖向分布钢筋（应力分析配钢筋）

某现浇钢筋混凝土部分框支剪力墙结构，其中底层框支框架及上部墙体如图 6.46.1 所示，抗震等级为一级。框支柱截面为 1000mm×1000mm，上部墙体厚度 250mm，混凝土强度等级 C40，钢筋采用 HRB400。

提示：墙体施工缝处抗滑移能力满足要求。

假定，进行有限元应力分析校核时发现，框支梁上部一层墙体水平及竖向分布钢筋均大于整体模型计算结果。由应力分析得知，框支柱边 1200mm 范围内墙体考虑风荷载、地震作用组合的平均压应力设计值为 25N/mm²，框支梁与墙体交接面上考虑风荷载、地震作用组合的水平拉应力设计值为 2.5N/mm²。试问，该层墙体的水平分布筋及竖向分布筋，宜采用下列何项配置才能满足《高规》的最低构造要求？

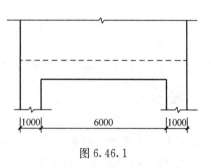

图 6.46.1

(A) 2C10@200；2C10@200
(B) 2C12@200；2C12@200
(C) 2C12@200；2C14@200
(D) 2C14@200；2C14@200

【答案】(D)

【解答】

(1) 框支梁上部一层墙体水平分布钢筋

① 确定底部加强部位

《高规》10.2.2条，底部加强部位为转换层以上二层和总高度的 1/10 较大者，框支梁上部一层墙体位于底部加强部位。

② 根据底部加强部位的要求确定水平分布钢筋

《高规》10.2.19 条，水平分布筋配筋率为 0.3%

$A_{sh} = A_{sv} = 0.3\% \times 250 \times 200 = 150mm^2$，配 2C10@200，$A_s = 2 \times 78.5 = 157mm^2$

③ 根据框支梁上部一层墙体的构造要求确定水平分布钢筋

《高规》10.2.22 条 3 款，框支梁上部 $0.2l_n$（1200mm）高度范围内墙体水平分布钢筋面积：

$$A_{sh} = 0.2l_n b_w \gamma_{RE} \sigma_{max} / f_{yh}$$

$$= 0.2 \times 6000 \times 250 \times 0.85 \times 2.5/360 = 1771mm^2$$

配 2C14@200，$A_s = 2 \times \frac{1200}{200} \times 153.9 = 1847mm^2$

（2）确定框支梁上部一层墙体竖向分布钢筋

① 根据底部加强部位的要求确定竖向分布钢筋

《高规》10.2.19 条，竖向分布筋配筋率为 0.3%

$A_{sh} = A_{sv} = 0.3\% \times 250 \times 200 = 150mm^2$，配 2C10@200，$A_s = 2 \times 78.5 = 157mm^2$。

② 根据框支梁上部一层墙体的构造要求确定竖向分布钢筋

《高规》10.2.22 条 3 款，该墙体在柱边 $0.2l_n$（$0.2 \times 6000 = 1200m$）宽度范围内竖向分布钢筋面积：

$$A_{sw} = 0.2l_n b_w (\gamma_{RE} \sigma_{02} - f_c) / f_{yw}$$

$$= 0.2 \times 6000 \times 250 \times (0.85 \times 25 - 19.1)/360$$

$$= 1792mm^2$$

配 2C14@200，$A_s = 2 \times \frac{1200}{200} \times 153.9 = 1847mm^2$

选（D）。

【高 47】框支梁上一层剪力墙端部在框支柱范围内的竖向钢筋（应力分析配筋）

某现浇钢筋混凝土部分框支剪力墙结构，其中底层框支框架及上部墙体如图 6.47.1 所示，抗震等级为一级。框支柱截面为 1000mm×1000mm，上部墙体厚度 250mm，混凝土强度等级 C40，钢筋采用 HRB400。

提示：墙体施工缝处抗滑移能力满足要求。

假定，进行有限元应力分析校核时发现，框支梁上部一层墙体在柱顶范围竖向钢筋大于整体模型计算结果，由应力分析得知，柱顶范围墙体考虑风荷载、地震作用组合的平均压应力设计值为 32N/mm²。框支柱纵筋配置 40C28，沿四周均布。试问，框支梁方向框支柱顶范围墙体的纵向配筋采用下列何项配置，才能满足《高规》的最低构造要求？

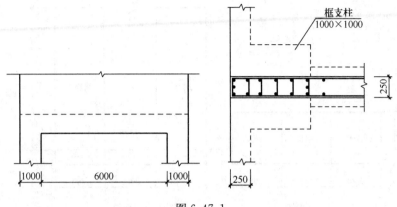

图 6.47.1

(A) 12 Φ 18　　(B) 12 Φ 20　　　(C) 8 Φ 18＋6 Φ 28　(D) 8 Φ 20＋6 Φ 28

【答案】（C）

【解答】

（1）根据《高规》10.2.22 条 3 款，框支梁上部-层柱上墙体的端部竖向钢筋面积按式（10.2.22-1）计算，已知：$h_c=1000mm$，$b_w=250mm$，$f_c=19.1N/mm^2$，$f_y=360N/mm^2$，$\gamma_{RE}=0.85$。

$$A_s = h_c b_w(\gamma_{RE}\sigma_{01} - f_c)/f_y = 1000 \times 250(0.85 \times 32 - 19.1)/360 = 5625mm^2$$

（2）10.2.20 条，框支剪力墙底部加强部位墙体两端应设约束边缘构件。

7.2.15 条，一级约束边缘构件阴影部分纵筋不应小于 1.2%。

$$1.2\%A = 1.2\% \times 1000 \times 250 = 3000mm^2 < 5625mm^2$$

（3）《高规》10.2.11 条 9 款，框支柱在框支梁方向应伸于上层墙体的纵向钢筋面积从图中可知有 6 Φ 28，$A_s=3695mm^2$。

剩余钢筋面积：$A_s=5625-3695=1930mm^2$

配置 8 Φ 18，$A_s=2036mm^2$

框支梁上部一层墙体柱上墙体的端部纵向钢筋配置 8 Φ 16＋6 Φ 28

答案选（C）。

【高48】大底盘双塔结构，裙楼与右侧塔楼交接处设防震缝，问计算模型

某现浇钢筋混凝土大底盘双塔结构，地上 37 层，地下 2 层，如图 6.48.1 所示。大底盘 5 层均为商场（乙类建筑），高度 23.5m，塔楼为部分框支剪力墙结构，转换层设在 5 层顶板处，塔楼之间为长度 36m（4 跨）的框架结构。6 至 37 层为住宅（丙类建筑），层高 3.0m，剪力墙结构。抗震设防烈度为 6 度，Ⅲ类建筑场地，混凝土强度等级为 C40。分析表明地下一层顶板（±0.000 处）可作为上部结构嵌固部位。

假定，裙楼右侧沿塔楼边设防震缝与塔楼分开（1～5 层），左侧与塔楼整体连接。防震缝两侧结构在进行控制扭转位移比计算分析时，有四种计算模型如图 6.48.2 所示。如果不考虑地下室对上层结构的影响，试问：采用下列哪一组计算模型，最符合《高规》的要求。

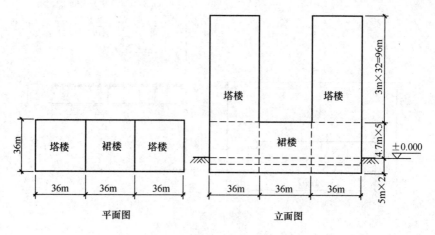

图 6.48.1

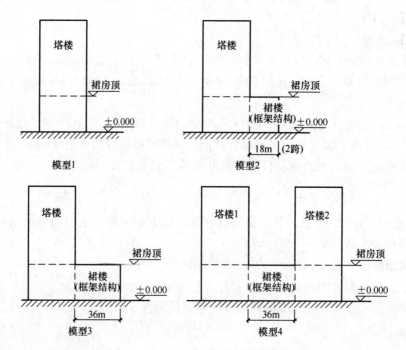

图 6.48.2

（A）模型 1　模型 3　　　　（B）模型 2　模型 3

（C）模型 1　模型 2　模型 4　（D）模型 2　模型 3　模型 4

【答案】（A）

【解答】

（1）确定大底盘塔楼的类型

裙楼与塔楼设缝脱开后，不再属于大底盘多塔楼复杂结构，已经成为两个各自独立、一个是带裙楼的单塔，另一个是带裙楼的偏置单塔。

进行控制扭转位移比计算分析时，不能按《高规》10.6.3 条 4 款要求整体多塔建模。大底盘多塔楼的整体模型 4 不再适用，（C）、（D）不准确。

（2）单塔建模的要求

不属于大底盘多塔楼复杂结构，《高规》5.1.14条建模时的裙楼的"相关范围"不再适用，应按分开后各自的实际结构建模，所以模型2不再适用，（B）不准确。答案选（A）。

【高49】型钢混凝土柱审核轴压比、型钢含钢率、纵筋配筋率、体积配箍率（非转换柱）

某型钢混凝土框架-钢筋混凝土核心筒结构，层高为4.2m，中部楼层型钢混凝土柱（非转换柱）配筋示意如图6.49.1所示。假定，柱抗震等级为一级，考虑地震作用组合的柱轴压力设计值 $N=30000kN$，钢筋采用HRB400，型钢采用Q345B，钢板厚度30mm（$f_a=295N/mm^2$），型钢截面积 $A_a=61500m^2$，混凝土强度等级为C50，剪跨比 $\lambda=1.6$。试问，从轴压比、型钢含钢率、纵筋配筋率及箍筋配箍率4项规定来判断，该柱有几项不符合《高规》的抗震构造要求？

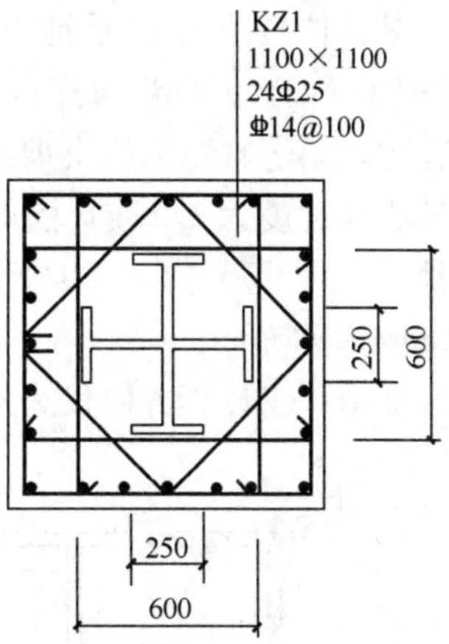

提示：箍筋保护层厚度20mm，箍筋配箍率计算时扣除箍筋重叠部分。

图6.49.1

（A）1　　　　　　　（B）2

（C）3　　　　　　　（D）4

【答案】（A）

【解答】

（1）轴压比的判断

《高规》表11.4.4.柱抗震等级为一级，轴压比限值0.7；剪跨比1.6＜2，减少0.05。柱轴压比限值：$[\mu_N]=0.70-0.05=0.65$。

实际轴压比按式（11.4.4）计算

$\mu_N=N/(f_cA_c+f_aA_a)=30000\times10^3/(23.1\times1148500+295\times61500)=0.67>0.65$
不满足要求。

（2）型钢含钢率的判断

《高规》11.4.5条

$\rho=A_a/bh=61500/(1100\times1100)=5.1\%>4\%$，满足要求。

（3）纵筋配筋率

《高规》11.4.5条

$\rho=A_s/bh=(24\times490.9)/(1100\times1100)=0.97\%>0.8\%$，满足要求。

（4）体积配箍率

《高规》11.4.6条2款，剪跨比不大于2的柱，箍筋全高加密，箍筋间距不应大于100mm。

11.4.6条4款，加密区箍筋体积配箍率应符合式（11.4.6），剪跨比不大于2的柱，体积配箍率不应小于1%。

$$\rho_v\geqslant0.85\lambda_v\frac{f_c}{f_y}$$

式中：λ_v——宜按本规程表 6.4.7 采用。

《高规》表 6.4.7，$\lambda_v = 0.17$。$f_c = 23.1N/mm^2$，$f_y = 360N/mm^2$

$$\rho_v \geq 0.85\lambda_v \frac{f_c}{f_y} = 0.85 \times 0.17 \times \frac{23.1}{360} = 0.93\% < 1.0\%，取 \rho_v = 1.0\%。$$

实际的配箍率：$\rho_v = \dfrac{1046 \times 8 + 740 \times 4}{1032 \times 1032 \times 100} \times 153.9 = 1.65\% > 1\%$，满足要求。

一项不满足，选（A）。

【高 50】首层转换，按等效剪切刚度比 γ_{e1} 确定落地剪力墙墙厚

某商住楼地上 16 层地下 2 层（未示出）。系部分框支剪力墙结构，如图 6.50.1 所示（仅表示 1/2，另一半对称），2~16 层均匀布置剪力墙，其中第①、②、④、⑦轴线剪力墙落地，第③轴线为框支剪力墙。该建筑位于 7 度地震区，抗震设防类别为丙类，设计基本地震加速度为 0.15g，场地类别Ⅲ类，结构基本周期 1s。墙、柱混凝土强度等级：底层及地下室为 C50（$f_c = 23.1N/mm^2$），其他层为 C30（$f_c = 14.3N/mm^2$），框支柱截面为 800mm×900mm。

提示：①计算方向仅为横向；②剪力墙墙肢满足稳定性要求。

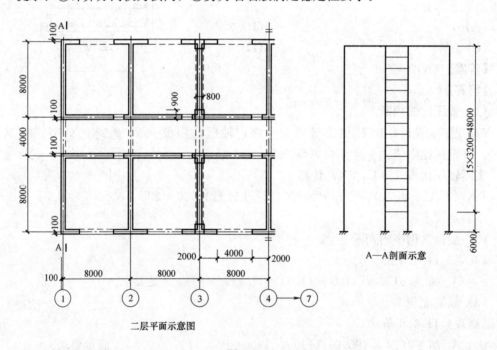

图 6.50.1

假定，承载力满足要求，第 1 层各轴线横向剪力墙厚度相同，第 2 层各轴线横向剪力墙厚度均为 200mm。试问，第 1 层横向落地剪力墙的最小厚度 b_w（mm）为下列何项数值时，才能满足《高规》有关侧向刚度的最低要求？

提示：①1 层和 2 层混凝土剪变模量之比为 $G_1/G_2 = 1.15$；

②第 2 层全部剪力墙在计算方向（横向）的有效截面面积 $A_{W2} = 22.96m^2$。

(A) 200   (B) 250   (C) 300   (D) 350

【答案】（B）

【解答】

（1）转换层在一层的侧向刚度比应满足《高规》附录 E.0.1 条规定。

$$\gamma_{e1} = \frac{G_1 A_1}{G_2 A_2} \times \frac{h_2}{h_1} \geq 0.5$$

（2）转换层上一层（二层）的剪力墙横墙截面积

第二层全部为剪力墙，横向墙每段长$(8+0.1+0.1)=8.2$m，共有 14 片墙，

即：$A_{w2} = 0.2 \times 8.2 \times 14 = 22.96$m^2。

（3）首层转换层的折算抗剪截面面积

《高规》式（E.0.1-3）

一层柱抗剪截面有效系数：

$$c_1 = 2.5\left(\frac{h_{c1}}{h_1}\right)^2 = 2.5 \times \left(\frac{0.9}{6}\right)^2 = 0.056$$

一层有 8 根框支柱、10 片剪力墙，A_1折算面积按式（E.0.1-2）计算：

$$A_1 = A_{w1} + c_1 A_{c1} = 10b_w \times 8.2 + 0.056 \times 8 \times 0.8 \times 0.9 = 82b_w + 0.323$$

（4）首层转换层的剪力墙的最小厚度 b_w

（E.0.1-1）等效剪切刚度比为：$\gamma_{e1} = \dfrac{G_1 A_1}{G_2 A_2} \times \dfrac{h_2}{h_1} \geq 0.5$

代入参数：$1.15 \times \dfrac{82b_w + 0.323}{22.96} \times \dfrac{3.2}{6} \geq 0.5$

故：$b_w \geq 0.224$m，取 $b_w = 250$mm。

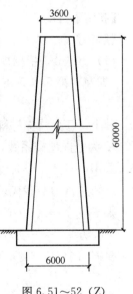

图 6.51～52（Z）

【高 51～52】

某钢筋混凝土圆形烟囱，如图 6.51～52（Z）所示，抗震设防烈度为 8 度，设计基本地震加速度为 $0.2g$，设计地震分组为第一组，场地类别为 II 类，基本自振周期 $T_1 = 1.25$s，50 年一遇的基本风压 $\omega_0 = 0.45$kN/m^2，地面粗糙度为 B 类，安全等级为二级。已知该烟囱基础顶面以上各节（共分 6 节，每节竖向高度 10m）重力荷载代表值如表 6.51～52（Z）所示。

提示：按《烟囱》作答。

表 6.51～52（Z）

节号	6	5	4	3	2	1
每节底截面以上该节的重力荷载代表值G_{iE}（kN）	950	1050	1200	1450	1630	2050

【高 51】烟囱根部竖向地震作用标准

试问，烟囱根部的竖向地震作用标准值（kN）与下列何项数值最为接近？

(A) 650　　(B) 870　　(C) 1000　　(D) 1200

【答案】（A）

【解答】

（1）《烟囱设计规范》第5.5.1条，本工程烟囱抗震设防烈度为8度，应计算竖向地震作用。

（2）烟囱根部的竖向地震作用标准值，按《烟囱》第5.5.5条式（5.5.5-1）计算

$$F_{Ev0} = \pm 0.75\alpha_{vmax}G_E$$

式中 $\alpha_{v,max}$ 取水平地震影响系数最大值的65%。

《抗震》表5.1.4-1得 $\alpha_{v,max} = 0.16 \times 0.65 = 0.104$。

（3）烟囱根部的竖向地震作用标准值

$$F_{Ev0} = \pm 0.75\alpha_{vmax}G_E = 0.75 \times 0.104 \times (950 + 1050 + 1200 + 1450 + 1630 + 2050)$$
$$= 0.75 \times 0.104 \times 8330 = \pm 650kN$$

【高52】烟囱的最大竖向地震作用标准值（$h/3$ 处）

试问：烟囱的最大竖向地震作用标准值（kN）与下列何项数值最为接近？

(A) 650   (B) 870   (C) 1740   (D) 1840

【答案】（D）

【解答】

（1）方法1——根据规范查参数

《烟囱》第5.5.5条及条文说明，最大的竖向地震力标准值在烟囱中下部，数值为

$$F_{EvKmax} = (1+C)K_vG_E$$

其中，C 为结构材料的弹塑性恢复系数，对钢筋混凝土烟囱取 $C=0.7$；

K_v 为竖向地震系数，按现行《抗震》规定的设计基本加速度与重力加速度比值的65%采用，对8度设防烈度，取 $K_v=0.13$。

已知总重力荷载代表值 $G_E = 950 + 1050 + 1200 + 1450 + 1630 + 2050 = 8330kN$，

则 $F_{EVkmax} = (1+C)K_vG_E = (1+0.7) \times 0.13 \times 8330 = 1841kN$，选（D）。

（2）方法2——分段试算

根据《烟囱》第5.5.5-2条，求解烟囱各节底部各截面竖向地震作用标准值进行解答。

$$F_{EVk} = \pm \eta\left(G_{iE} - \frac{G_{iE}^2}{G_E}\right) = \pm 4(1+C)\kappa_v\left(G_{iE} - \frac{G_{iE}^2}{G_E}\right)$$

其中 $G_E = (950 + 1050 + 1200 + 1450 + 1630 + 2050) = 8330$

$$F_{EV1k} = \pm 4(1+0.7) \times 0.13 \times \left[(8330-2050) - \frac{(8330-2050)^2}{8330}\right] = \pm 1366$$

$$F_{EV2k} = \pm 4(1+0.7) \times 0.13 \times \left(4650 - \frac{4650^2}{8330}\right) = \pm 1816kN$$

$$F_{EV3k} = \pm 4(1+0.7) \times 0.13 \times \left(3200 - \frac{3200^2}{8330}\right) = \pm 1742kN$$

$$F_{EV4k} = \pm 4(1+0.7) \times 0.13 \times \left(2000 - \frac{2000^2}{8330}\right) = \pm 1344 kN$$

$$F_{EV5k} = \pm 4(1+0.7) \times 0.13 \times \left(950 - \frac{950^2}{8330}\right) = \pm 744 kN$$

《烟囱》第 5.5.5 条文说明，烟囱最大竖向地震作用标准值发生在距烟囱根部 $h/3$ 处，因此 $F_{Ev2k} = 1816 kN$，亦接近最大竖向地震作用，同样可得正确选项（D）。

第七章 桥 梁 结 构

【桥 1】桥梁全长（两端伸缩缝取一半）

一级公路上的一座桥梁，位于 7 度地震地区，由主桥和引桥组成。其结构：主桥为三跨（70m＋100mm＋70m）变截面预应力混凝土连续箱梁；两引桥各为 5 孔 40m 预应力混凝土小箱梁；桥台为埋置式肋板结构，耳墙长度为 3500m 背墙厚度 400mm；主桥与引桥和两端的伸缩缝均为 160mm。桥梁行车道净宽 15m，全宽 17.5m。设计汽车荷载（作用）公路 I 级。

试问，该桥的全长计算值（m）与下列何项数值最为接近？

(A) 640.00　　 (B) 640.16　　　 (C) 640.96　　　 (D) 647.96

【答案】(D)

【解答】

根据《桥通》第 3.3.5 条 1 款的规定："桥梁全长应按以下规定计算：有桥台的桥梁为两岸桥台侧墙或八字墙尾端间的距离"。

$$\sum L = 2(5 \times 40 + 70 + 100/2 + 0.16/2 + 0.4 + 3.5) = 647.96m$$

【桥 2】考虑自重和车道荷载，求跨中弯矩设计值（车道荷载与车辆荷载 γ_{Q1} 不同）

某高速公路立交匝道桥为一孔 25.8m 预应力混凝土现浇简支箱梁，桥梁全宽 9m，桥面宽 8m，梁计算跨径 25m，冲击系数 0.222，不计偏载系数，梁自重及桥面铺装等恒载作用按 154.3kN/m 计，如图 7.2.1 所示，试问：桥梁跨中弯矩基本组合值（kN·m），与下列何项数值最为接近？

(A) 23900　　 (B) 24400　　 (C) 25120　　 (D) 26290

【答案】(D)

【解答】

(1) 桥梁的弯矩效应基本组合值，应按《桥通》4.1.5 条式（4.1.5-1）计算：

$$S_{ud} = \gamma_0 (\sum \gamma_{Gi} G_{ik} + \gamma_{L1} \gamma_{Q1} Q_{1k} + \psi_c \sum \gamma_{Lj} \gamma_{Qj} Q_{jk})$$

(2) 结构重要性系数 γ_0

《桥通》表 1.0.5，跨径 25m，属于中桥。

《桥通》表 4.1.5-1，高速路的中桥，安全等级一级。

《桥通》4.1.5 条，安全等级一级，$\gamma_0 = 1.1$。

(3) 永久荷载产生的跨中弯矩标准值

$$M_{Gk} = \frac{1}{8} \times 154.3 \times 25^2 = 12054.7 kN \cdot m$$

(4) 汽车荷载产生的弯矩标准值

214

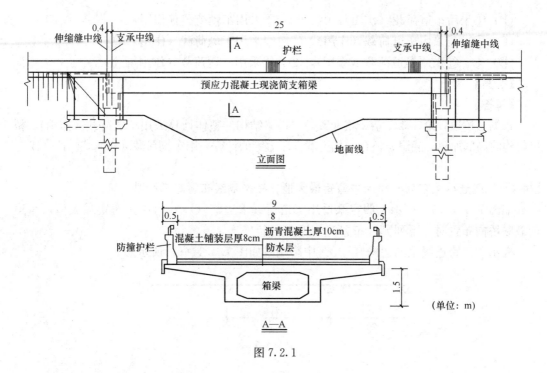

图 7.2.1

① 汽车荷载等级及荷载标准值

《桥通》表 4.3.1-3，高速公路，汽车荷载等级为公路-Ⅰ级。

车道均布荷载标准值 $q_k = 10.5\text{kN/m}$。

车道集中荷载标准值 $p_k = 2(L_0 + 130) = 2 \times (25 + 130) = 310\text{kN}$。

② 确定桥涵的车道数、纵向、横向布载系数：

《桥通》表 4.3.1-4 桥宽 8m，桥涵设计车道数取 2；

表 4.3.1-5，2 条车道，横向车道布载系数取 1.0；

表 4.3.1-6，纵向折减系数不予折减。

题目没有其他可变荷载，ψ_c，γ_{Lj}，γ_{Qj}，Q_{jk} 均为 0，$\gamma_{Ll} = 1.0$，$\gamma_{Ql} = 1.4$。

③ 汽车荷载产生的跨中弯矩标准值

$$M_{Qk} = \gamma_{Ql}(1 + \mu)Q_{1k}$$
$$= 1.4 \times (1 + 0.222) \times (1/8 \times 10.5 \times 25^2 \times 2 + 1/4 \times 310 \times 25 \times 2)$$
$$= 6740\text{kN} \cdot \text{m}$$

（5）桥梁跨中弯矩基本组合值

$$M_{ud} = \gamma_0(M_{GD} + M_{QD}) = 1.1 \times (1.2 \times 12054.7 + 1.4 \times 6740) = 26291.7\text{kN} \cdot \text{m}$$

【桥3】①主梁整体、②主梁桥面板、③桥台、④涵洞选用何种汽车荷载

由《桥通》知：公路桥梁上的汽车荷载（作用）由车道荷载（作用）和车辆荷载（作用）组成，在计算下列桥梁构件时：①主梁整体，②主梁桥面板，③桥台，④涵洞，应各采用下列何项汽车荷载（作用）模式，才符合《桥通》的规定要求？

（A）①、②、③、④均采用车道荷载（作用）

(B) ①采用车道荷载（作用），②、③、④采用车辆荷载（作用）

(C) ①、②采用车道荷载（作用），③、④采用车辆荷载（作用）

(D) ①、③采用车道荷载（作用），②、④采用车辆荷载（作用）

【答案】(B)

【解答】

根据《桥通》第4.3.1条2款（P26）"桥梁结构的整体计算采用车道荷载（作用），桥梁结构的局部加载、涵洞、桥台和挡土墙土压力等的计算采用车辆荷载（作用）"。选（B）。

【桥4】三跨连续梁求第一跨跨中弯矩最大值，按影响线布置车道荷载

如图7.4.1（*a*）所示，假定某桥用车道荷载求边跨（L_1）跨中正弯矩最大值，车道荷载顺桥向布置时，下列哪种布置符合规范规定？

提示：三跨连续梁的边跨（L）跨中影响线如图7.4.1（*b*）所示。

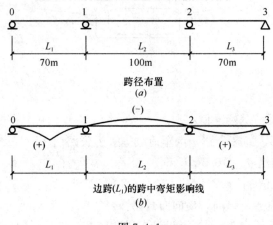

图 7.4.1

(A) 三跨都布置均布荷载和集中荷载

(B) 只在两边跨（L_1 和 L_3）内布置均布荷载，并只在 L_1 跨最大影响线坐标值处布置集中荷载

(C) 只在中间跨（L_2）布置均布荷载和集中荷载

(D) 三跨都布置均布荷载

【答案】(B)

【解答】

(1)《桥通》第4.3.1条第4款第3项规定："车道荷载的均布荷载标准值应满布于使结构产生最不利效应的同号影响线上；集中荷载标准值只作用于相应影响线中一个最大影响线峰值处"。

(2) 根据上述规定，只有 B 种布置才能使要求截面的弯矩产生最不利效应，选（B）。

【桥5】横向车道布载系数（两车道）

一级公路上的一座桥梁，位于7度地震地区，由主桥和引桥组成。其结构：主桥为三跨（70m＋100m＋70m）变截面预应力混凝土连续箱梁；两引桥各为5孔40m预应力混凝土小箱梁；桥台为埋置式肋板结构，耳墙长度为 3500m，背墙厚度 40mm，主桥与引桥和两端的伸缩缝均为 160mm。桥梁行车道净宽 15m，全宽 17.5m。设计汽车荷载（作用）公路Ⅰ级。

试问，该桥按汽车荷载（作用）计算效应时，其横向车道布载系数与下列何项数值最为接近？

(A) 0.60   (B) 0.67   (C) 0.78   (D) 1.00

【答案】(B)

【解答】

(1) 确定桥涵的车道数

《桥通》4.3.1 条表 4.3.1-4，净宽 15m 的行车道各适合于单、双向 4 车道。

(2) 横向布载系数

《桥通》4.3.1 条表 4.3.1-5，4 车道的横向布载系数取 0.67，故该桥涵的车道布载系数应取 0.67。

【桥 6】三跨连续梁，考虑自重和车道荷载，求边支点支座反力（影响线、单车道）

某二级公路立交桥上的一座直线匝道桥，为钢筋混凝土连续箱梁结构（单箱单室）净宽 6.0m，全宽 7.0m。其中一联为三孔，每孔跨径各 25m，梁高 1.3m，中墩处为单支点，边墩为双支点抗扭支座。中墩支点采用 550mm×1200mm 的氯丁橡胶支座。设计荷载为公路-Ⅰ级，结构安全等级一级。

假定，上述匝道桥的边支点采用双支座（抗扭支座），梁的重力密度为 158kN/m，汽车居中行驶，冲击系数 0.15。若双支座平均承担反力，试问，在重力和车道荷载作用时，每个支座的组合反力值 R_A（kN）与下列何项数值最为接近？

提示：反力影响线的面积：第一孔 $\omega_1 = +0.433L$；第二孔 $\omega_2 = -0.05L$；第三孔 $\omega_3 = +0.017L$。

(A) 1292   (B) 1410   (C) 1378   (D) 1490

【答案】(D)

【解答】

(1) 重力荷载产生的反力

重力荷载是箱梁自重，满布在所有跨上，重力荷载的反力标准值：

$$R_d = q_k \times \omega \times l = q_k(\omega_1 - \omega_2 + \omega_3)l$$
$$= 158 \times (0.433 - 0.05 + 0.017)l = 158 \times 0.40 \times 25 = 1580\text{kN}$$

(2) 车道荷载产生的反力

① 车道荷载标准值

《桥通》4.3.1 条 4 款，公路-Ⅰ级

均布荷载标准值 $q_k = 10.5\text{kN/m}$

集中荷载标准值 $P_k = 2(L_0 + 130) = 2 \times (25 + 130) = 310\text{kN}$。

《桥通》4.3.1 条 4 款 3 项，均布荷载布置在同号影响线上。公路-Ⅰ级均布荷载的反力标准值：

$$R_{Q1} = q_k(\omega_1 + \omega_2)l = 10.5 \times (0.443 + 0.017) \times 25 = 10.5 \times 0.45 \times 25 = 118\text{kN}$$

集中荷载布置在相应影响线的峰值，公路I级集中荷载的反力标准值：

$$R_{Q2} = P_k \times 1.0 = 310 \times 1 = 310kN$$

$$R_Q = (1+\mu)R_{Q2} = 1.15(118 + 310) = 1.15 \times 428 = 492.2kN$$

②《桥通》表 4.3.1-4，净宽 6m，设计车道数为 1 个车道。根据表 4.3.1-5，横向车道布载系数 1.2。

$$1.2 \times 492.2 = 590.6kN$$

（3）重力和车道荷载共同作用下的反力

《桥通》4.1.5 条和表 1.0.5，25m 跨径为中桥，中桥的安全等级为一级，$\gamma_0 = 1.1$。

$$R_d = 1.1 \times (1.2 \times 1580 + 1.4 \times 590.64) = 2995.2kN$$

每个支座的平均反力组合值

$$R_2 = \frac{1}{2} \times 2995.2kN = 1497.6kN$$

【桥7】车辆两后轴在 3m 跨涵洞盖板上产生的弯矩（填土 2.6m，考虑压力扩散）

某二级公路，设计车速 60km/h，双向两车道，全宽（B）为 8.5m，汽车荷载等级为公路Ⅱ级。其下一座现浇普通钢筋混凝土简支实体盖板涵洞，涵洞长度与公路宽度相同，涵洞顶部填土厚度（含路面结构层厚）2.6m，若盖板计算跨径 $l_{计} = 3.0m$。试问，汽车荷载在该盖板跨中截面每延米产生的活载弯矩标准值（kN·m）与下列何项数值最为接近？

提示：两车道车轮横桥向扩散宽度取为 8.5m。

(A) 16　　　　(B) 21　　　　　(C) 25　　　　　(D) 27

【答案】(A)

【解答】

(1)《桥通》4.3.1 条 2 款："涵洞计算采用车辆荷载"。

《桥通》4.3.1 条 5 款，车辆荷载的立面、平面尺寸如图 4.3.2-1 所示，重要技术指标规定见表 4.3.1-3。公路-Ⅰ级和公路-Ⅱ级汽车荷载采用相同的车辆荷载标准值。

(2) 车辆荷载的参数

根据《桥通》表 4.3.1-3 或图 4.2.1-2，取最重的车辆后轴计算。后轮着地宽度（横向）0.6m、长度（纵向）0.2m。两个后轴各重 140kN，轴距 1.4m，轮距 1.8m，如图 7.7.1 所示。

(3) 车辆荷载扩散到盖板上的长度

《桥通》第 4.3.4 条第 2 款规定，"计算涵洞顶上汽车荷载引起的竖向土压力时，车轮按其着地面积的边缘向下作 30°角分布，当几个车轮的压力扩散线相重叠时，扩散面积以最外边的扩散线为准"。计算如下：

① 纵桥向单轴扩散长度 $a_1 = 2.6 \times \tan 30° \times 2$

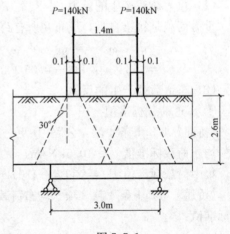

图 7.7.1

$+0.2=1.5\times2+0.2=3.2\mathrm{m}>1.4\mathrm{m}$

两轴压力扩散线重叠，所以两轴压力扩散长度：$a=1.5+0.1+1.4+0.1+1.5=4.6\mathrm{m}$。

② 双车道车辆荷载，两后轴重在盖板顶面引起的压力：$q_{活}=\dfrac{2\times2\times140}{4.6\times8.5}=14.32\mathrm{kN/m^2}$。

③ 计算双车道车辆荷载两后轴重量在该盖板跨中截面每延米产生的活载弯矩标准值

$M_{活}=\dfrac{1}{8}ql^2\times1.0=\dfrac{1}{8}\times14.32\times3^2\times1.0=16.11\mathrm{kN\cdot m}\approx16\mathrm{kN\cdot m}$，选（A）。

【桥8】悬臂板上汽车冲击系数直接取 0.3

某桥为一座预应力混凝土箱梁桥。假定，主梁的结构基频 $f=4.5\mathrm{Hz}$，试问，在计算其悬臂板的内力时，作用于悬臂板上的汽车作用的冲击系数 μ 值应取用下列何值？

(A) 0.45　　　(B) 0.30　　　(C) 0.25　　　(D) 0.05

【答案】(B)

【解答】

(1) 汽车作用的冲击系数，应按《桥通》第 4.3.2 条确定。

(2) 冲击系数 μ

《桥通》第 4.3.2 条第 6 款规定，"汽车荷载在局部加载及 T 梁、箱梁悬臂板上的冲击系数采用 0.3"。所以正确答案为 (B)。

【桥9】主梁间行车道板的荷载分布宽度（多个车轮重叠）

假定，桥梁主梁间车行道板计算跨径取为 2250mm，桥面铺装层厚度为 200mm，车辆的后轴车轮作用于车行道板跨中部位。试问，垂直于板跨方向的车轮作用分布宽度（mm）与下列何项数值最为接近？

(A) 1350　　　(B) 1500　　　(C) 2750　　　(D) 2900

【答案】(D)

【解答】

(1) 后轴车轮作用在车行道板的跨中部位，按《公路混凝土》第 4.1.3 条 2 款规定，分别计算单个车轮和多个车轮即式（4.1.3-2）和式（4.1.3-3），取较大值。

(2) 式（4.1.3-2）按单个车轮计算

$$a=(a_1+2h)+L/3\geqslant2L/3$$

查表 4.3.1-3，$a_1=0.2\mathrm{m}=200\mathrm{mm}$，桥面铺装厚度 $h=200\mathrm{mm}$，板计算跨径 $L=2250\mathrm{mm}$

$a=(200+2\times200)+2250/3=1350\mathrm{mm}\leqslant2L/3=2\times2250/3=1500\mathrm{mm}$，取 1500mm。

(3) 式（4.1.3-3）按多个车轮计算

$$a=(a_1+2h)+d+L/3\geqslant2L/3+d$$

根据《桥通》图 4.3.1-2，车辆两后轴间距 $d=1400\mathrm{mm}<1500\mathrm{mm}$，两后轴车轮在板跨中部位的荷载分布宽度重叠，应按多个车轮计算

$$a=(a_1+2h)+d+L/3\geqslant2L/3+d$$

$$a = (200 + 2 \times 200) + 1400 + 2250/3$$
$$= 2750\text{mm} < 2 \times 2250/3 + 1400 = 2900\text{mm}$$

取两后轴重叠后的分布宽度 $a = 2900\text{mm}$，选 (D)。

【桥 10】T 形梁受压翼缘有效宽度 b'_f

某二级干线公路上一座标准跨径为 30m 的单跨简支梁桥，其总体布置如图 7.10.1 所示。桥面宽度为 12m，其横向布置为 1.5m（人行道）+9m（车行道）+1.5m（人行道）。桥梁上部结构由 5 根各 29.94m，高 2.0m 的预制预应力混凝土 T 型梁组成，梁与梁间用现浇混凝土连接。桥台为单排排架桩结构，矩形盖梁，钻孔灌注桩基础，设计荷载：公路-I 级，人群荷载 3.0kN/m^2。

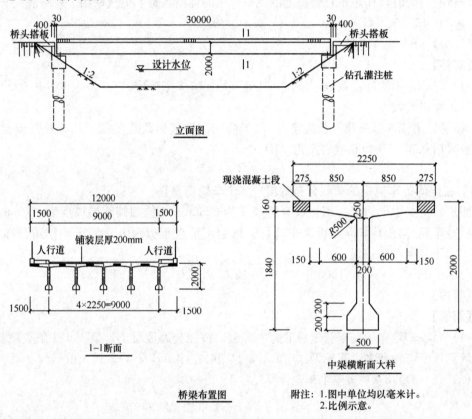

图 7.10.1

假定，前述桥主梁计算跨径以 29m 计。试问，该桥中间 T 型主梁在弯矩作用下的受压翼缘有效宽度（mm）与下列何值最为接近？

(A) 9670   (B) 2250   (C) 2625   (D) 3320

【答案】(B)

【解答】

(1) T 型主梁的受压翼缘的有效宽度 b'_f，按《公路混凝土》4.3.3 条 1 款计算，并取下列三者中的最小值。

(2) 按简支梁的计算跨径计算

取计算跨径的 1/3，$b'_f = 29000/3 = 9666.6$mm。

（3）按相邻两梁的平均间距计算

相邻两梁的平均间距，$b'_f = 2250$mm。

（4）按 $(b + 2b_h + 12h'_f)$ 计算

b 为 T 形梁腹板宽度，图中为 200mm；b_h 为承托结构长度，图中为 600mm。

当 $h_h/b_h = (250 - 160)/600 = 1/6.66 < 1/3$，取承托长度 (b_h) 以 3 倍的 h_h 代替，此处 $b_h = 3 \times (250 - 160) = 270$mm

h'_f 为受压区翼缘悬臂板的厚度，图中为 160mm

$$b'_f = 200 + 2 \times 270 + 12 \times 160 = 200 + 540 + 1920 = 2660\text{mm}$$

（5）《公路混凝土》第 4.3.3 条第 1 款，T 形截面内主梁的翼缘有效宽度取三者中的最小值。翼缘有效宽度应为 2250mm，选（B）。

【桥 11】连续梁中间支承处负弯矩

某二级公路立交桥上的一座直线匝道桥，为钢筋混凝土连续箱梁结构（单箱单室）净宽 6.0m，全宽 7.0m。其中一联为三孔，每孔跨径各 25m，梁高 1.3m，中墩处为单支点，边墩为双支点抗扭支座。中墩支点采用 550mm×1200mm 的氯丁橡胶支座。设计荷载为公路-I 级，结构安全等级一级。

假定，该桥中墩支点处的理论负弯矩为 15000kN·m，中墩支点总反力为 6600kN。试问，考虑折减因素后的中墩支点的有效负弯矩（kN·m），取下列何项数值较为合理？

提示：梁支座反力在支座两侧向上按 45° 扩散交于梁重心轴的长度 a 为 1.85m。

(A) 13474   (B) 13500   (C) 14595   (D) 15000

【答案】（B）

【解答】

（1）连续梁中间支座负弯矩折减，应按《公路混凝土》第 4.3.5 条计算。

$$M_e = M - M', \quad M' = \frac{1}{8} \times q \times a^2$$

（2）计算梁支点处反力扩散后的荷载强度 q 和折减弯矩 M'

$$a = 1.85\text{m}$$

$$q = R/a = 6600/1.85 = 3567\text{kN/m}$$

$$M' = \frac{1}{8}qa^2 = \frac{1}{8} \times 3567 \times 1.85^2 = 1526\text{kN·m}$$

（3）折减后支座负弯矩 M_e

根据《公路混凝土》第 4.3.5 条规定，"计算连续梁中间支点处的负弯矩时，可考虑支座宽度对负弯矩折减的影响。但折减后的弯矩不得小于未经折减弯矩的 0.9 倍"。

$M_e = 15000 - 1526 = 13474$kN·m $< 0.9 \times 15000 = 13500$kN·m，取 13500kN·m。

【桥12】梁斜截面受剪承载力上、下限值验算

某二级公路上的一座单跨 30m 的跨线桥梁，可通过双向两列车。重车较多，抗震设防烈度为 7 度，地震动峰值加速度为 0.15g，设计荷载为公路-Ⅰ级，人群荷载 3.5kPa，桥面宽度与路基宽度都为 12m。上部结构：横向五片各 30m 的预应力混凝土 T 型梁，梁高 1.8m，混凝土强度等级 C40；桥台为等厚度的 U 形结构，桥台台身计算高度 4.0m，基础为双排 1.2m 的钻孔灌注桩。整体结构的安全等级为一级。

上述桥梁的中间 T 形梁的抗剪验算截面取距支点 $h/2$（900mm）处，且已知该截面的最大剪力 $\gamma_0 v_d$ 为 940kN，腹板宽度 540mm，梁的有效高度为 1360mm，混凝土强度等级 C40 的抗拉强度设计值 f_{td} 为 1.65MPa。试问，该截面需要进行下列何项工作？

提示：预应力提高系数 α_2 取 1.25。

(A) 要验算斜截面的抗剪承载力，且应加宽腹板尺寸

(B) 不需要验算斜截面抗剪承载力

(C) 不需要验算斜截面抗剪承载力，但要加宽腹板尺寸

(D) 需要验算斜截面抗剪承载力，但不要加宽腹板尺寸

【答案】（D）

【解答】

(1) 桥梁的 T 形梁的抗剪验算，按《公路混凝土》第 5.2.9 条～5.2.12 条的规定计算。

(2) 验算构件的截面限制条件

《公路混凝土》第 5.2.11 条规定，T 形截面的受弯构件，其抗剪的上限值应符合下式：

$$\gamma_0 v_d \leqslant 0.51 \times 10^{-3} \sqrt{f_{cu \cdot k}} b \cdot h_0 (\text{kN})$$

$$\gamma_0 v_d = 940\text{kN} < 0.51 \times 10^{-3} \times \sqrt{40} \times 540 \times 1360 = 2369\text{kN}$$

T 形的截面尺寸符合规定，不需要加大腹板尺寸。(A)，(C) 不正确。

(3) 是否需要验算截面抗剪承载力

《公路混凝土》第 5.2.12 条规定，抗剪的下限值按下式验算：

$$\gamma_0 v_d \leqslant 0.50 \times 10^{-3} \alpha_2 \cdot f_{td} \cdot b \cdot h_0 (\text{kN})$$

$$\gamma_0 v_d = 940\text{kN} > 0.5 \times 10^{-3} \times 1.25 \times 1.65 \times 540 \times 1360 = 757\text{kN}$$

不能仅按构造配箍筋，需按 5.2.9 进行斜截面的抗剪承载力验算。所以 (D) 情况最合理。

【桥13】梁斜截面受剪上限值

某公路桥在二级公路上，重车较多，该桥上部结构为装配式钢筋混凝土 T 形梁，标准跨径 20m，计算跨径为 19.50m，主梁高度 1.25m，主梁距 1.8m。设计荷载为公路Ⅰ级。结构安全等级为一级。梁体混凝土强度等级为 C30。按持久状况计算时某内主梁支点截面剪力组合设计值 650kN（已计入结构重要性系数）。试问，该梁最小腹板厚度（mm）

与下列何项数值最为接近？

提示：主梁有效高度 h_0 为 1200mm。

(A) 180   (B) 200   (C) 220   (D) 240

【答案】(B)

【解答】

《公路混凝土》5.2.11 条规定，T 形截面的受弯构件，其抗剪截面应符合下列要求：

$$\gamma_0 V_d \leqslant 0.51 \times 10^{-3} \sqrt{f_{cu\cdot k}} b \cdot h_0 (kN)$$

式中：$f_{cu\cdot k}$——混凝土强度等级（MPa）；

      b——腹板厚度（mm）；

      h_0——主梁的有效高度（mm）；

    $\gamma_0 V_d$——剪力组合设计值（kN）。

$$b = \frac{\gamma_0 V_d}{0.51 \times 10^{-3} \sqrt{f_{cu,k}} h_0} = \frac{650 \times 10^3}{0.51 \times 10^{-3} \sqrt{30} \times 1200} = 193.9 mm$$

取最小腹板厚度为 200mm。

【桥 14】支座脱空、稳定验算

某梁梁底设一个板式橡胶支座，有效承压面积 $A_e = 0.3036 m^2$，橡胶层总厚度 $t_e = 0.089 m$，抗压弹性模量 $E_e = 677.4 MPa$，橡胶弹性体体积模量 $E_b = 2000 MPa$，支座与梁墩相接的支座顶、底面水平，在常温下运营，由结构自重与汽车荷载标准值（已计入冲击系数）引起的支座反力为 2500kN，上部结构梁沿纵向梁端转角为 0.003rad，试问，验证支座竖向平均压缩变形时，符合下列哪种情况？

(A) 支座会脱空、不致影响稳定

(B) 支座会脱空、影响稳定

(C) 支座不会脱空、不致影响稳定

(D) 支座不会脱空、影响稳定

【答案】(C)

【解答】

(1)《公路混凝土》8.7.3-3，式 (8.7.3-8)

$$\delta_{c,m} = \frac{R_{ck} t_e}{A_e E_e} + \frac{R_{ck} t_e}{A_e E_b} = \frac{2500 \times 0.089}{0.3036 \times 677.4} + \frac{2500 \times 0.089}{0.3036 \times 2000} = 1.45 mm$$

(2) 8.7.3 条文说明公式 (8.7.3-9)

① 当 $\delta_{c,m} \geqslant \theta \dfrac{l_a}{2}$，不致脱空

$\theta \cdot \dfrac{l_a}{2} = 0.003 \times 0.45/2 = 0.000675 m = 0.675 mm < \delta_{c,m} = 1.45 mm$，不致脱空。

② 当 $\delta_{c,m} \leqslant 0.07 t_e$，不致影响支座稳定

$0.07 t_e = 0.07 \times 0.089 = 0.00623 m = 6.23 mm > \delta_{c,m} = 1.45 mm$，不致影响支座稳定。

【桥 15】板式橡胶支座平面尺寸验算

前述桥梁的主梁为 T 形梁，其下采用矩形板式氯丁橡胶支座，支座内承压加劲钢板的侧向保护层每侧各为 5mm；主梁底宽度为 500mm。若主梁最大支座反力为 950kN（已计入冲击系数）。试问，该主梁的橡胶支座平面尺寸[长（横桥向）×宽（纵桥向）]，单位为（mm）选用下列何项数值较为合理？

提示：① 假定橡胶支座形状系数符合规范；

② $[\sigma_c] = 10MPa$。

(A) 450×200   (B) 400×250   (C) 450×250   (D) 310×310

【答案】(C)

【解答】

(1) 板式橡胶支座的平面尺寸，应满足《公路混凝土》公式 (8.7.3-1)

$$A_e = \frac{R_{ck}}{\sigma_c}$$

(2) R_{ck} 支座压力（含汽车冲击系数），即 950kN。

A_e 橡胶支座承压加劲钢板面积，钢板尺寸为支座尺寸扣除钢板侧向保护层

(A) $\sigma_c = (950\times10^3)/(450-10)(200-10) = 11.36MPa > 10.0MPa$ 不符合

(B) $\sigma_c = (950\times10^3)/(400-10)(250-10) = 10.15MPa > 10.0MPa$ 不符合

(C) $\sigma_c = (950\times10^3)/(450-10)(250-10) = 9.0MPa < 10.0MPa$ 符合规定

(D) $\sigma_c = (950\times10^3)/(310-10)(310-10) = 10.56MPa > 10.0MPa$ 不符合

选（C）。

【桥 16】板式橡胶支座厚度验算（剪切变形、受压稳定）

某高速公路上的一座高架桥，为三孔各 30m 的预应力混凝土简支 T 梁桥，全长 90m，中墩处设连续桥面，支承采用水平放置的普通板式橡胶支座，支座平面尺寸（长×宽）为 350mm×300mm。假定，在桥台处由温度下降、混凝土收缩和徐变引起的梁长缩短 $\Delta_l = 26mm$。试问，当不计制动力时，该处普通板式橡胶支座的橡胶层总厚度 t_e（mm）取下列何项数值？

提示：假定该支座的形状系数、承压面积、竖向平均压缩变形、加劲板厚度及抗滑稳定等均符合《公路混凝土》的规定。

(A) 29   (B) 45   (C) 53   (D) 61

【答案】(C)

【解答】

板式橡胶支座的橡胶层总厚度，应符合《公路混凝土》8.7.3 条 2 款的公式 (8.7.3-2) 和 (8.7.3-6)。

① 不计制动力时：$t_e \geqslant 2\Delta_l$ (8.7.3-2)（剪切变形）；

② 矩形支座：$\frac{l_a}{10} \leqslant t_e \leqslant \frac{l_a}{5}$ (8.7.3-6)（受压稳定）。

按上述条件验算各个选项，见下表

	t_e (mm)	$2\Delta_l = 52mm$	$\dfrac{l_a}{10}\left(\dfrac{300}{10}=30\right)$	$\dfrac{l_a}{5}\left(\dfrac{300}{5}=60\right)$
(A)	29	小	小	小
(B)	45	小	大	小
(C)	53	大	大	小
(D)	61	大	大	大

选（C）。

【桥17】人行天桥上部结构自振频率

某城市一座人行天桥，跨越街道车行道，根据《人行天桥》，对人行天桥上部结构竖向自振频率（Hz）严格控制。试问，这个控制值的最小值应为下列何项数值？

(A) 2.0　　　　(B) 2.5　　　　(C) 3.0　　　　(D) 3.5

【答案】(C)

【解答】

根据《人行天桥》第2.5.4条规定："为避免共振，减少行人不安全感，人行天桥上部结构竖向自振频率不应小于3Hz"。所以应选用（C）即3.0Hz。

【桥18】人行天桥梯道净宽

某城市拟建一座人行天桥、横跨30m宽的大街，桥面净宽5.0m，全宽5.6m。其两端的两侧顺人行道方向各建同等宽度的梯道一处。试问，下列梯道净宽（m）中的哪项与规范的最低要求最为接近？

(A) 1.8　　　　(B) 2.5　　　　(C) 3.0　　　　(D) 2.0

【答案】(C)

【解答】

(1) 根据《人行天桥》第2.2.2条规定："天桥每端梯道净宽之和应大于桥面净宽的1.2倍以上，且梯道的最小净宽为1.8m。"

(2) 设天桥净宽为 B，每侧梯道净宽为 b，已知各梯道净宽都相同。

$1.2B = 2b$，$b = \dfrac{1.2 \times 5}{2} = 3.0$m，大于1.8m。

选（C）。

【桥19~20】

某城市快速路上的一座立交匝道桥，其中一段为四孔各30m的简支梁桥，其总体布置如图7.19~20（Z）所示。单向双车道，桥梁总宽9.0m，其中行车道净宽度为8.0m，上部结构采用预应力混凝土箱梁（桥面连续），桥墩由扩大基础上的钢筋混凝土圆柱墩身及带悬臂的盖梁组成。梁体混凝土线膨胀系数取 $\alpha = 0.00001$。设计荷载：城-A级。

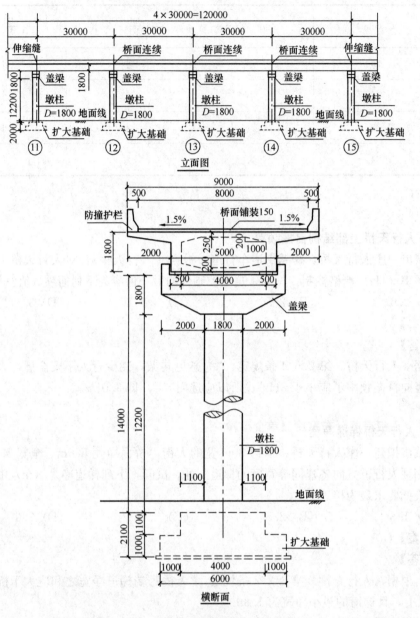

图 7.19~20 （Z）

【桥19】主梁支点截面剪力标准值（P_k 乘以 1.2，箱梁）

该桥主梁的计算跨径为 29.4m，冲击系数 $\mu = 0.25$。试问，该桥主梁支点截面城-A 级汽车荷载作用下的剪力标准值（kN）与下列何项数值最为接近？

提示：不考虑活载横向不均匀因素。

(A) 620   (B) 990   (C) 1090   (D) 1220

【答案】 (D)

【解答】

(1)《城市桥梁》10.0.2 条 2 款，"桥梁结构的整体计算，应采用车道荷载"。

226

（2）《城市桥梁》第 10.0.2 条 3 款，城-A 级的车道荷载的均布荷载标准值和集中荷载标准值分别为：

$$q_k = 10.5 \text{kN/m}, \quad P_k = 180 + \frac{360-180}{50-5}(29.4-5) = 278 \text{kN}$$

（3）确定参数

① 《城市桥梁》10.0.1 条 "作用与作用效应组合均按现行《桥通》有关规定执行"。

② 《桥通》4.1.5 条 "汽车荷载应计入冲击力"。

③ 《桥通》表 4.3.1-4，桥宽 9.0m，可布置两条车道。$n=2$。

（4）计算主梁支座截面的剪力设计值

《城市桥梁》10.0.2 条 3 款 1 项，"当计算剪力效应时，集中荷载标准值（P_k）应乘以 1.2 的系数"。

《城市桥梁》10.0.2 条 3 款 3 项，"车道荷载的均布荷载标准值应满布于使结构产生最不利效应的同号影响线上，集中荷载标准值应只作用于相应影响线中最大影响线峰值处"

$$\begin{aligned}
V &= (q_k \times \Omega + P_k y_k) \times (1+\mu) \times n \\
&= \left[\left(10.5 \times \frac{1}{2} \times 29.7 \times \frac{29.7}{29.4} + 1.2 \times 278 \times 1\right) \times (1+0.25)\right] \times 2 \\
&= (157.52 + 333.6) \times 1.25 \times 2 \\
&= 613.9 \times 2 = 1227.8
\end{aligned}$$

【桥 20】悬臂板荷载分布宽度（单个车轮，不重叠）

试问，当城-A 级车辆荷载的最重轴（4 号轴）作用在桥中箱梁悬臂板上时，其垂直于悬臂板跨径方向的车轮荷载分布宽度（m）与下列何项数值最为接近？

　　(A) 0.55　　　　(B) 3.45　　　　(C) 4.65　　　　(D) 4.80

【答案】（B）

【解答】

（1）《城市桥梁》第 10.0.2 条第 4 款，计算箱梁悬臂板上的车辆荷载其布置如图 7.20.1 所示。

《城市桥梁》第 3.0.15 条规定："桥梁结构构件的设计应符合国家现行有关标准的规定"。

（2）悬臂长度为 2.0m 小于 2.5m，根据《公路混凝土》第 4.2.5 条，垂直于悬臂板跨径方向的车轮荷载分布宽度，可按式（4.2.5）计算：

$$a = (a_1 + 2h) + 2l_c$$

（3）确定参数

① 桥面铺装厚度 $h=0.15$m。

② 《城市桥梁》第 10.0.2 条及表 10.0.2 知，车辆 4 号轴的车轮的横桥面着地宽度（b_1）为 0.6m，纵桥向着地长度（a_1）为 0.25m。

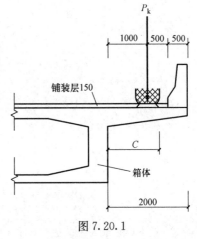

图 7.20.1

③ 横桥向 $l_c = 1 + \dfrac{0.6}{2} + 0.15 = 1.45\text{m}$。

(4) 荷载分布宽度 a

车辆 4 号轴纵桥向荷载分布宽度

$$a = (0.25 + 2 \times 0.15) + 2 \times 1.45 = 0.55 + 2.9 = 3.45\text{m}$$

由图 10.2.2-2a 可知，3.45m 小于前轴距离 6m，后轴距离 7.2m，荷载分布宽度不重叠。选（B）。

第八章 模 拟 题

【题 1】

框架梁如图 1 所示，抗震等级二级，截面尺寸 350mm×900mm，混凝土强度等级 C30。梁端截面上部和下部配筋分别为 HRB400 级 5C25 和 4D20，$a_s = a_s' = 40$mm。

试问，当考虑梁下部受压钢筋的作用时，该梁端截面的最大抗震受弯承载力设计值 M（kN·m），与下列何项数值最为接近？

(A) 461   (B) 662

(C) 769   (D) 964

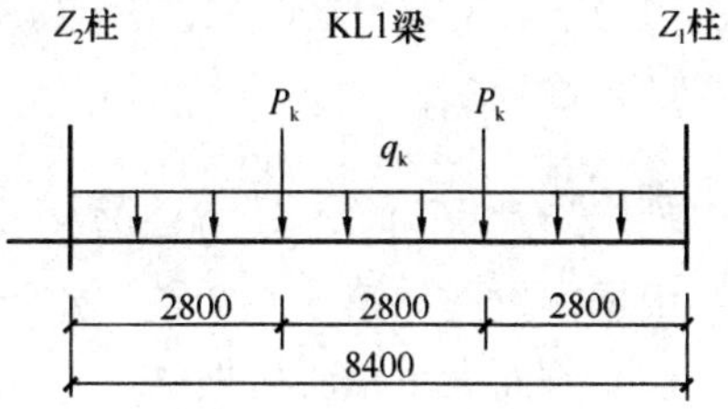

图 1

【答案】（D）

【解答】

$A_s = 2454$mm²，$A_s' = 1257$mm²，$f_c = 14.3$N/mm²，$f_y = 360$N/mm²

(1) 根据《混规》11.3.1 条，抗震等级二级框架梁端的相对压区高度控制值 $\xi_b = 0.35$。

(2) 根据《混规》6.2.10 条，式（6.2.10-2）

$$\alpha_1 f_c b x = f_y (A_s - A_s')$$

$$x = \frac{360 \times (2454 - 1257)}{1.0 \times 14.3 \times 350}\text{mm} = 86.1\text{mm}$$

(3) 根据《混规》式（6.2.10-4）和式（11.3.1-2）

$$2a_s' = 80\text{mm} < x < 0.35 h_0 = 0.35 \times 860\text{mm} = 301\text{mm}$$

(4) 根据《混规》11.1.6 条，表（11.1.6）

考虑地震作用组合的框架梁承载力计算时，应考虑承载力抗震调整系数 $\gamma_{RE} = 0.75$。

(5) 根据《混规》11.1.6 条，式（6.2.10-1）计算框架梁抗震受弯承载力 $[M]$

$$[M] = \frac{1}{\gamma_{RE}} \left[\alpha_1 f_c b x \left(h_0 - \frac{x}{2} \right) + A_s' f_y' (h_0 - a_s') \right]$$

$$= \frac{1}{0.75} \left[1 \times 14.3 \times 350 \times 86.1 \times \left(860 - \frac{86.1}{2} \right) + 1257 \times 360 \times (860 - 40) \right] \times 10^{-6}\text{kN·m}$$

$$= 964.15\text{kN·m}$$

【题 2】

某框架结构的底层某角柱截面为 700mm×700mm，抗震等级二级，混凝土强度等级 C40，钢筋 HRB400，$a_s = a_s' = 50$mm。柱底截面考虑水平地震作用组合的，未经调整的弯矩设计值为 900kN·m，相应的轴压力设计值为 3000kN。柱纵筋采用对称配筋，相对界限受压区高度 $\xi_b = 0.518$，不需要考虑二阶效应。试问，按单偏压构件计算，该角柱满足柱底正截面承载能力要求的单侧纵筋截面面积 A_s（mm^2），与下列何项数值最为接近？提示：不需要验算最小配筋率。

(A) 1300   (B) 1800   (C) 2200   (D) 2900

【答案】（D）

【解答】

（1）弯矩调整

根据《抗震》第 6.2.3、6.2.6 条，二级框架底层角柱柱底截面的弯矩增大系数为 $1.5 \times 1.1 = 1.65 M = 900 \times 1.65 = 1485$kN·m。

（2）确定 γ_{RE}

轴压比 $\mu_c = \dfrac{3000 \times 10^3}{19.1 \times 700 \times 700} = 0.32 > 0.15$

根据《抗震》第 5.4.2 条，$\gamma_{RE} = 0.8$。

（3）判断大小偏心根据

《混规》第 6.2.17 条和第 11.1.6 条，

$$x = \frac{\gamma_{RE} N}{\alpha_1 f_c b} = \frac{0.8 \times 3000 \times 10^3}{1 \times 19.1 \times 700} = 179.51\text{mm} < \xi_b h_0 = 0.518 \times (700 - 50) = 336.7\text{mm}$$

属大偏心受压，$x = 179.51$mm $> 2a_s' = 2 \times 50 = 100$mm。

（4）求 A_s

因为不需要考虑二阶效应，所以 $e_0 = \dfrac{M}{N} = \dfrac{1485 \times 10^6}{3000 \times 10^3} = 495$mm

$$e_a = \max(20, 700/30) = 23.33\text{mm} \quad e_i = e_0 + e_a = 518.33\text{mm}$$

$$e = e_i + \frac{h}{2} - a_s = 518.33 + \frac{700}{2} - 50 = 818.33\text{mm}$$

根据《混规》式（6.2.17-2）

$$\gamma_{RE} Ne = \alpha_1 f_c bx\left(h_0 - \frac{x}{2}\right) + f_y' A_s'(h_0 - a_s')$$

$$A_s' = \frac{\gamma_{RE} Ne - \alpha_1 f_c bx(h_0 - x/2)}{f_y'(h_0 - a_s')}$$

$$= \frac{0.8 \times 3000 \times 10^3 \times 818.33 - 1 \times 19.1 \times 700 \times 179.51 \times (650 - 179.51/2)}{360 \times (650 - 50)}$$

$$= \frac{1963992000 - 1344615284}{216000} = 2867\text{mm}^2$$

【题 3】

某外挑三脚架，安全等级为二级，计算简图如图 3 所示。其中横杆 AB 为混凝土构件，截面尺寸 300mm×400mm，混凝土强度等级为 C35，纵向钢筋采用 HRB400，对称配筋，$a_s = a'_s = 45mm$。

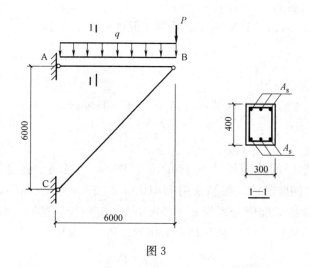

图 3

假定，均布荷载设计值 $q = 25kN/m$（包括自重），集中荷载设计值 $P = 350kN$（作用于节点 B 上）。试问，按承载能力极限状态计算（不考虑抗震），横杆最不利截面的纵向配筋 A_s（mm^2）与下列何项数值最为接近？

(A) 980　　　　(B) 1190　　　　(C) 1400　　　　(D) 1600

【答案】(D)

【解答】

(1) 内力计算

对点 C 取矩，可得横杆 AB 的拉力设计值

$$N = \frac{1}{6}\left(350 \times 6 + \frac{25 \times 6^2}{2}\right) = 425kN$$

横杆 AB 跨中的弯矩设计值

$$M = \frac{25 \times 6^2}{8} = 112.5kN \cdot m$$

横杆全跨轴拉力不变，跨中截面弯矩最大，因此跨中截面为最不利截面，按偏心受拉构件计算。

(2) 求偏心距 e_0

$$e_0 = M/N = \frac{112.5kN \cdot m}{425kN} = 0.2647m = 264.7mm > 0.5h - a_s = 200 - 45 = 155m，为大偏心受拉。$$

(3) 求钢筋面积。

由于对称配筋，故可按《混规》式 (6.2.23-2) 计算配筋：

$$h'_0 = h_0 = 400 - 45 = 355mm$$

$$e' = e_0 + \frac{h}{2} - a'_s = 264.7 + 200 - 45 = 419.7mm$$

$$A_s \geqslant \frac{Ne'}{f_y(h_0'-a_s)} = \frac{425 \times 1000 \times 419.7}{360 \times (355-45)} = 1598.3 \text{mm}^2$$

(4) 验查最小配筋率

$f_t = 1.57 \text{N/mm}^2$，$f_y = 360 \text{N/mm}^2$，根据《混规》表 8.5.1，

$\rho_{\min} = 0.45 \dfrac{f_t}{f_y} = 0.45 \dfrac{1.57}{360} = 0.196\% < 0.2\%$，取 $\rho_{\min} = 0.2\%$

一侧最小受拉钢筋面积

$A_{\min} = \rho_{\min} bh = 0.2\% \times 300 \times 400 = 240 \text{mm}^2 < A_s = 1598 \text{mm}^2$，可以。

【题 4】

如图 4 所示框架梁的截面尺寸为 $400 \text{mm} \times 700 \text{mm}$，混凝土强度等级为 C30（$f_t = 1.43 \text{N/mm}^2$），配置四肢箍筋，箍筋采用 HRB335（$f_{yv} = 300 \text{N/mm}^2$），作用在梁上的均布静荷载、均布活荷载标准值分别为 $q_D = 20 \text{kN/m}$、$q_L = 7.5 \text{kN/m}$；作用在 KL3 上的集中静荷载、集中活荷载标准值分别为 $P_D = 180 \text{kN}$、$P_L = 60 \text{kN}$。

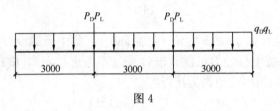

图 4

提示：$h_0 = 660 \text{mm}$；不考虑抗震设计。

试问，支座截面处梁的箍筋配置下列何项较为合适？

(A) $\Phi 8@200$ 四肢箍   (B) $\Phi 8@100$ 四肢箍

(C) $\Phi 10@200$ 四肢箍   (D) $\Phi 10@100$ 四肢箍

【答案】（A）

【解答】

支座处剪力设计值。

$\gamma_G = 1.2$ 的组合：

$$V = 1.2 \times (180 + 20 \times 9/2) + 1.4 \times (60 + 7.5 \times 9/2) = 455.25 \text{kN}$$

$\gamma_G = 1.35$ 的组合：

$$V = 1.35 \times (180 + 20 \times 9/2) + 1.4 \times 0.7 \times (60 + 7.5 \times 9/2) = 456.375 \text{kN}$$

取剪力设计值为 456.375kN 进行设计。

由于不是独立梁，依据《混规》6.3.4 条，得

$$\frac{A_{sv}}{s} = \frac{456.375 \times 10^3 - 0.7 \times 1.43 \times 400 \times 660}{300 \times 660} = 0.97 \text{mm}^2/\text{mm}$$

按照最小配箍率计算，$\dfrac{A_{sv}}{s} = \dfrac{0.24 f_t b}{f_{yv}} = \dfrac{0.24 \times 1.43 \times 400}{300} = 0.46 \text{mm}^2/\text{mm}$

可见，应按 $\dfrac{A_{sv}}{s} = 0.97 \text{mm}^2/\text{mm}$ 选择箍筋。A、B、C、D 选项的 $\dfrac{A_{sv}}{s}$ 分别为 1、

2.01、1.57、3.14，单位为 mm^2/mm。

【题 5】

某钢筋混凝土边梁，截面 $400\text{mm} \times 600\text{mm}$，$h_0 = 550\text{mm}$。混凝土强度等级为 C35（$f_t = 1.57\text{N/mm}^2$），配置四肢箍筋，箍筋采用 HPB300（$f_{yv} = 270\text{N/mm}^2$），箍筋内表面范围内截面核心部分的短边和长边分别为 320mm 和 520mm，未配置受压钢筋。截面受扭塑性抵抗矩 $W_t = 37.33 \times 10^6\text{mm}^3$。梁中最大剪力设计值 $V = 150\text{kN}$，最大扭矩设计值 $T = 10\text{kN} \cdot \text{m}$。试问，梁中应选用下列何项箍筋配置最为合理？

(A) A6@200 (4)   (B) A8@350 (4)
(C) A10@350 (4)   (D) A12@400 (4)

【答案】 (C)

【解答】

依据《混规》6.4.2 条判断是否仅需构造配筋。

$$\frac{V}{bh_0} + \frac{T}{W_t} = \frac{150 \times 10^3}{400 \times 550} + \frac{10 \times 10^6}{37.33 \times 10^6} = 0.95 < 0.7f_t = 0.7 \times 1.57 = 1.1\text{N/mm}^2$$

可按构造要求配置纵筋及箍筋。

由于 $0.7f_t bh_0 = 0.7 \times 1.57 \times 400 \times 550 = 241.78 \times 10^3\text{N} > V = 150\text{kN}$，且梁高为 600mm，依据《混规》表 9.2.9，箍筋最大间距为 350mm。

依据《混规》9.2.10 条，箍筋最小配箍率为

$$\rho_{sv,min} = 0.28\frac{f_t}{f_{yv}} = 0.28 \times \frac{1.57}{270} = 0.001628$$

当采用 $\Phi 10@350$ (4) 时，配箍率为 $\rho_{sv} = \frac{A_{sv}}{b_s} = \frac{314}{400 \times 350} = 0.002243 > \rho_{sv,min}$，满足要求。

$\Phi 6@200$ (4)、$\Phi 8@350$ (4) 时，配箍率分别为 0.002825、0.001436。故选择 (C)。

【题 6】

已知一无梁楼板，柱网尺寸为 $5.5\text{m} \times 5.5\text{m}$，板厚 160mm，中柱截面尺寸为 $400\text{mm} \times 400\text{mm}$；混凝土为 C30 级（$f_t = 1.43\text{N/mm}^2$），在距柱边 565mm 处开有一 $700\text{mm} \times 500\text{mm}$ 的孔洞，安全等级二级，环境类别为一类。

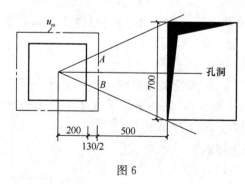

图 6

试问，在局部荷载作用下，该楼板的抗冲切承载力设计值 $[F_l]$ (kN)，与下列何项数值最为接近？

(A) 245   (B) 220   (C) 272   (D) 300

【答案】 (A)

【解答】

(1) 查《混规》第 8.2.1 条，已知混凝土保护层厚度为 15mm，设纵向钢筋合力点到近边距离 $a_s = 30mm$，$h_0 = h - a_s = 160 - 30 = 130mm$。

(2) 求 u_m，根据《混规》第 6.5.1 条的规定

$$u_m = 4\left(b + 2 \times \frac{h_0}{2}\right) = 4 \times (0.4 + 0.130) = 2.12m = 2120mm$$

但板开有洞口，因 $6h_0 = 6 \times 130 = 780mm > 565mm$，根据《混规》第 6.5.2 条的规定，尚应考虑开洞的影响。由图可知

$$\frac{AB}{700} = \frac{200 + 65}{200 + 65 + 500}$$

$$AB = 242mm$$

$$u_m = 2120 - 242 = 1878mm$$

因集中反力作用面积为正方形，故取 $\beta_s = 2$，按《混规》式（6.5.1）得

$$\eta_1 = 0.4 + \frac{1.2}{\beta_s} = 0.4 + \frac{1.2}{2} = 1.0$$

因该柱为中柱，故取 $a_s = 40$。

按《混规》式（6.5.1-3）得

$$\eta_2 = 0.5 + \frac{a_s h_0}{4u_m} = 0.5 + \frac{40 \times 130}{4 \times 1878} = 1.192$$

因 $\eta_1 = 1.0 < \eta_2 = 1.192$，故取 $\eta = 1.0$。

(3) 冲切承载力

因板厚 $h = 160mm < 800mm$，根据《混规》第 6.5.1 条的规定，取 $\beta_h = 1.0$。

按《混规》式（6.5.1-1）得

$$0.7\beta_h f_t \eta u_m h_0 = 0.7 \times 1.0 \times 1.43 \times 1.0 \times 1878 \times 130 \approx 244.4kN$$

【题 7】

某工字形截面钢筋混凝土简支梁（图 7），混凝土 C30，纵向钢筋 HRB400，$c_s = 28mm$，纵向受拉钢筋 4C12 + 3C28，合力点至梁截面受拉边缘的距离为 40mm。安全等级为二级，不承受地震作用，不直接承受重复荷载，准永久组合下截面弯矩值为 $M_q = 275kN \cdot m$。

试问，该梁的最大裂缝宽度计算值 w_{max}（mm）与下列何项数值最为接近？

(A) 0.17   (B) 0.29

(C) 0.33   (D) 0.45

【答案】（C）

【解答】

$F_{ftk} = 2.01N/mm^2$，$h_0 = 500 - 40 = 460mm$，

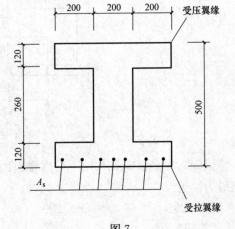

图 7

$E_s = 2.0 \times 10^5 \text{N/mm}^2$

（1）根据《混规》式（7.1.2-4）

纵向受拉钢筋 4C12+3C28，$A_s = 452 + 1847 = 2299 \text{mm}^2$

截面有效受拉面积：$A_{te} = 0.5bh + (b_f - b)h_f = 0.5 \times 200 \times 500 + 400 \times 120 = 98000 \text{mm}^2$

$$\rho_{te} = \frac{2299}{98000} = 0.0235 > 0.01$$

（2）根据《混规》式（7.1.2-3），相对粘结特性系数 $\nu_i = 1.0$

$$d_{eq} = \frac{4 \times 12^2 + 3 \times 28^2}{4 \times 12 + 3 \times 28} = 22.2 \text{mm}$$

（3）根据《混规》式（7.1.4-3）

$$\sigma_{sq} = \frac{M_q}{0.87h_0 A_s} = \frac{275 \times 10^6}{0.87 \times 460 \times 2299} = 299 \text{N/mm}^2$$

（4）根据《混规》式（7.1.2-2）

$$\psi = 1.1 - 0.65 \frac{f_{tk}}{\rho_{te}\sigma_{sq}} = 1.1 - 0.65 \times \frac{2.01}{0.0235 \times 299} = 0.914$$

$$0.2 < \psi < 1.0$$

（5）根据《混规》式（7.1.2-1）

$$\alpha_{cr} = 1.9$$

$$w_{max} = \alpha_{cr}\psi\frac{\sigma_{sq}}{E_s}\left(1.9c_s + 0.08\frac{d_{eq}}{\rho_{te}}\right)$$

$$= 1.9 \times 0.914 \times \frac{299}{2.0 \times 10^5} \times \left(1.9 \times 28 + 0.08 \times \frac{22.2}{0.0235}\right) = 0.33 \text{mm}$$

【题8】

某钢筋混凝土五跨连续梁及 B 支座配筋如图 8 所示，混凝土采用 C30（$f_t = 1.43 \text{N/mm}^2$，$f_{tk} = 2.0 \text{IN/mm}^2$，$E_c = 3.0 \times 10^4 \text{N/mm}^2$），纵筋采用 HRB400（$E_s = 2.0 \times 10^5 \text{N/mm}^2$）。

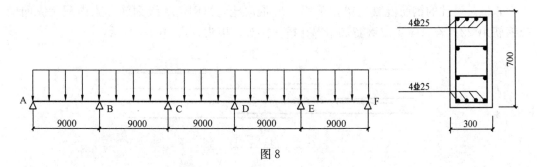

图 8

如下图所示，假定 AB 跨按荷载效应准永久组合并考虑长期作用影响的跨中最大弯矩截面的刚度和 B 支座处的刚度，依次分别为 $B_1 = 8.4 \times 10^{13} \text{N} \cdot \text{mm}^3$，$B_2 = 6.5 \times 10^{13} \text{N} \cdot \text{mm}^3$，作用在梁上的永久荷载标准值 $q_{Gk} = 15 \text{kN/m}$，可变荷载标准值 $q_{Qk} = 30 \text{kN/m}$，准永久值系数为 0.5。

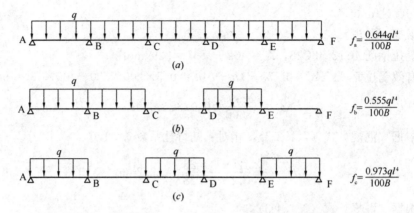

$f_a = \dfrac{0.644ql^4}{100B}$

(a)

$f_b = \dfrac{0.555ql^4}{100B}$

(b)

$f_c = \dfrac{0.973ql^4}{100B}$

(c)

试问，AB 跨中点处的挠度值 f（mm），应与下列何项数值最为接近？

(A) 19.0   (B) 22.6   (C) 30.4   (D) 34.2

【答案】（A）

【解答】

依据《混规》的 8.2.1 条，当计算跨度内的支座截面刚度不大于跨中截面刚度的两倍或不小于跨中截面刚度的二分之一时，该跨也可按等刚度构件进行计算，其构件刚度可取跨中最大弯矩截面的刚度。

今跨中刚度 $B = 8.4 \times 10^{13} \text{N} \cdot \text{mm}^2$，支座处刚度 $B = 6.5 \times 10^{13} \text{N} \cdot \text{mm}^2$，大于 $8.4 \times 10^{13}/2 = 4.2 \times 10^{13} \text{N} \cdot \text{mm}^2$，故按跨中截面的刚度计算。

今按照永久荷载全跨布置，可变荷载隔跨布置，得到 AB 跨中点挠度值如下：

$$f = \dfrac{(0.644 q_{\text{Gk}} + 0.973 \times 0.5 \times q_{\text{Qk}})l^4}{100B}$$

$$= \dfrac{(0.644 \times 15 + 0.973 \times 0.5 \times 30) \times 9000^4}{100 \times 8.4 \times 10^{13}}$$

$$= 18.94 \text{mm}$$

【题 9】

非抗震设计的钢筋混凝土梁，采用 C30 混凝土，HRB400 级钢筋。梁内配置纵向受拉钢筋 4C22。若纵向受拉钢筋采用绑扎搭接接头，接头方式如图 9 所示，

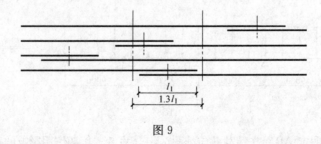

图 9

问纵向受力钢筋最小搭接长度 l_1（mm）与下列何项数值最为接近？

(A) 650   (B) 780   (C) 910   (D) 1050

【答案】（D）

【解答】

图示的钢筋搭接接头面积百分率应为 50%，满足《混规》8.4.3 条的要求。

$$f_c = 1.43\text{N/mm}^2, \quad f_y = 360\text{N/mm}^2, \quad \alpha = 0.14。$$

根据《混规》式（8.3.1-1）

$$l_a = \alpha \frac{f_y}{f_c} d = 35.2d = 774.4\text{mm}$$

由《混规》式（8.4.4）

$$l_1 = \xi l_a = 1.4 \times 774.4 = 1084\text{mm}$$

【题 10】

某顶层的钢筋混凝土框架梁，混凝土等级为 C30，截面为矩形，宽度 $b = 300\text{mm}$，端节点处梁的上部钢筋为 3C25。中间节点处柱的纵向钢筋为 4C25，钢筋等级为 HRB400，$a_s = 40\text{mm}$，则梁截面的最小高度（h）与下列项数值最为接近？

(A) 481   (B) 392   (C) 425   (D) 453

【答案】（A）

【解答】

混凝土强度：$f_c = 14.3\text{N/mm}^2, \quad f_t = 1.43\text{N/mm}^2$。

钢筋强度：$f_y = 360\text{N/mm}^2, \quad 3\Phi25, \quad A_s = 1473\text{mm}^2$。

由《混规》式（9.3.8），截面的有效高度需满足：

$$h_0 \geqslant \frac{f_y A_s}{0.35 \beta_c f_c b_b} = \frac{360 \times 1473}{0.35 \times 1.0 \times 14.3 \times 300} = 353.4\text{mm}$$

截面高度：$h = h_0 + a_s = 353.4 + 40 = 392\text{mm}$

根据《混规》8.3.1 条、9.3.6 条的规定，中间节点处梁的高度应满足：

$$h \geqslant 0.5 \times \alpha \times \frac{f_y}{f_t} = 0.5 \times 0.14 \times \frac{360}{1.43} \times 25 = 440.5\text{mm}$$

由此可知梁的截面高度 $h \geqslant 440.5\text{mm} + 40\text{mm} = 480.5\text{mm}$。

【题 11】

关于预制构件吊环的以下 3 种说法：

Ⅰ．应采用 HPB300 或更高强度的钢筋制作。当采用 HRB335 级钢筋时，末端可不设弯钩；

Ⅱ．宜采用 HPB300 级钢筋制作。考虑到该规格材料用量可能很少，采购较难，也允许采用 HRB335 级钢筋制作，但其容许应力和锚固均应按 HPB300 级钢筋采用；

Ⅲ．应采用 HPB300 级钢筋或 Q235B 圆钢。当吊环直径 $d \leqslant 14\text{mm}$ 时采用 HPB300 钢筋；当 $d > 14\text{mm}$ 时可采用 Q235B 圆钢。

试问，针对上述说法正确性的判断，下列何项正确？

(A) Ⅰ、Ⅱ、Ⅲ均错误   (B) Ⅰ正确，Ⅱ、Ⅲ错误

(C) Ⅱ正确，Ⅰ、Ⅲ错误   (D) Ⅲ正确，Ⅰ、Ⅱ错误

【答案】（D）

【解答】

根据《混规》9.7.6 条以及该条的条文说明，（D）正确。

【题 12】

某 8 度区的框架结构，抗震等级一级。框架梁混凝土强度等级 C35，采用 HRB400 钢筋。A 轴框架梁 KL-1 的配筋平面表示如图 12 所示 $a_s = a'_s = 60\text{mm}$。①轴的柱为边柱，框架柱截面 $b \times h = 800\text{mm} \times 800\text{mm}$，定位轴线均与梁、柱中心线重合。

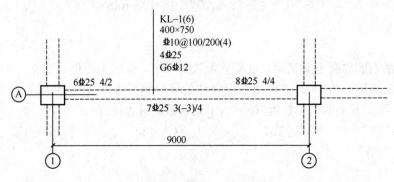

图 12

假定，该梁为中间层框架梁，作用在此梁上的重力荷载全部为沿梁全长的均布荷载，梁上永久均布荷载标准值为 46kN/m（包括自重），可变均布荷载标准值为 12kN/m（可变均布荷载按等效均布荷载计算）。试问，此框架梁端考虑地震组合的剪力设计值 V_b（kN），应与下列何项数值最为接近？

提示：不考虑楼板内的钢筋作用。

(A) 470   (B) 520   (C) 570   (D) 600

【答案】（B）

【解答】

《混规》式（11.3.2-1）$V_b = 1.1 \dfrac{(M_{\text{bua}}^l + M_{\text{bue}}^r)}{l_n} + V_{Gb}$

$$l_n = 9 - 0.8 = 8.2\text{m}$$

$$V_{Gb} = 1.2 \times \frac{(46 + 0.5 \times 12) \times 8.2}{2} = 255.8\text{kN}$$

由梁端配筋情况可知梁两端均按顺时针方向计算 M_{bua} 时 V_b 最大，

$$M_{\text{bua}}^l = \frac{1}{\gamma_{RE}} f_{yk} A_s^{a,l} (h_0 - a'_s) = \frac{400 \times 4 \times 490.9 \times (690 - 60)}{0.75} = 659769600\text{N} \cdot \text{m}$$
$$= 659.8\text{kN} \cdot \text{m}$$

$$M_{\text{bua}}^r = \frac{1}{\gamma_{RE}} f_{yk} A_s^{a,r} (h_0 - a'_s) = \frac{400 \times 8 \times 490.9 \times (690 - 60)}{0.75} = 1319539200\text{N} \cdot \text{m}$$
$$= 1319.5\text{kN} \cdot \text{m}$$

$$V_b = 1.1 \times \frac{(659.8 + 1319.5)}{8.2} + 255.8 = 521.3\text{kN}$$

【题 13】

框架梁 BC，跨度 $l_0=8.4\text{m}$，$b=400\text{mm}$，$h=900\text{mm}$，$a_s=70\text{mm}$，$h_0=830\text{mm}$，考虑地震作用组合时，框架梁 BC 的 B 端截面组合剪力设计值为 320kN，纵向钢筋直径 $d=25\text{mm}$，梁端纵向受拉钢筋配筋率 $\rho=1.80\%$。已知：抗震等级为二级，$\gamma_{\text{RE}}=0.85$，$f_t=1.57\text{N/mm}^2$，$f_c=16.7\text{N/mm}^2$，$f_{yv}=360\text{N/mm}^2$。试问，该截面抗剪箍筋采用下列何项配置最为合理？

(A) $\Phi 8@150$ (4)   (B) $\Phi 10@150$ (4)

(C) $\Phi 8@100$ (4)   (D) $\Phi 10@100$ (4)

【答案】(C)

【解答】

梁跨高比：$\dfrac{l_n}{h}=\dfrac{8400}{900}=9.33>2.5$，根据《混规》第 11.3.3 条，

$$\frac{1}{\gamma_{\text{RE}}}(0.20\beta_c f_c bh_0)=\frac{1}{0.85}\times 0.2\times 1.0\times 16.7\times 400\times 830\times 10^{-3}=1305\text{kN}>V,$$

受剪截面满足要求

根据《混规》第 11.3.4 条，

$$V\leqslant \frac{1}{\gamma_{\text{RE}}}\left(0.6\alpha_{cv}f_t bh_0+f_{yv}\frac{A_{sv}}{s}h_0\right)$$

$$\frac{A_{sv}}{s}\geqslant \frac{\gamma_{\text{RE}}V-0.6\alpha_{cv}f_t bh_0}{f_{yv}h_0}$$

$$=\frac{0.85\times 320\times 10^3-0.6\times 0.7\times 1.57\times 400\times 830}{360\times 830}=0.18\approx 0$$

按构造要求配筋即可。

根据《混规》第 11.3.6 条及 11.3.8 条，二级框架，且配筋率小于 2%，箍筋最小直径取 8mm，箍筋间距取 $s=\min(900/4,\ 8\times 25,\ 100)=100\text{mm}$，箍筋肢距不宜大于 250mm，取四肢箍，选用 $\Phi 8@100$ (4)。

【题 14】

某五层现浇钢筋混凝土框架-剪力墙结构，位于 8 度（0.3g）抗震设防地区，设计地震分组为第二组，场地类别为 Ⅲ 类，建筑抗震设防类别为丙类。假设，某框架角柱截面尺寸及配筋形式如图 14 所示，混凝土强度等级为 C30，箍筋采用 HRB335 钢筋，纵筋混凝土保护层厚度 $c=40\text{mm}$。该柱地震作用组合的轴力设计值 $N=3603\text{kN}$。

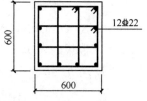

图 14

试问，以下何项箍筋配置相对合理？

提示：假定对应于抗震构造措施的框架抗震等级为二级。

(A) $\Phi 8@100$ (B) $\Phi 8@100/200$ (C) $\Phi 10@100$ (D) $\Phi 10@100/200$

【答案】(C)

【解答】

$f_t=1.43\text{N/mm}^2$，$f_c=14.3\text{N/mm}^2$，$f_{yv}=300\text{N/mm}^2$

柱轴压比 $\mu = \dfrac{3603 \times 10^3}{14.3 \times 600 \times 600} = 0.7$

查《混规》表 11.4.17，配箍特征值 $\lambda_v = 0.15$

根据《混规》式（11.4.17），体积配箍率 $\rho_v = \lambda_v \dfrac{f_c}{f_{yv}}$

混凝土强度等级为 C30，根据《混规》第 11.4.17 条规定，f_c 按 C35 取值，$f_c = 16.7 \text{N/mm}^2$

$$\rho_v = 0.15 \times \frac{16.7}{300} \times 100\% = 0.84\%$$

$\Phi 8@100$：$\rho_v = \dfrac{(600 - 2 \times 40 + 8) \times 8 \times 50.3}{(600 - 2 \times 40)^2 \times 100} = 0.79\%$

$\Phi 10@100$：$\rho_v = \dfrac{(600 - 2 \times 40 + 10) \times 8 \times 78.5}{(600 - 2 \times 40) \times (600 - 2 \times 40) \times 100} = 1.23\% > 0.84\%$

根据《混规》第 11.4.14 条，二级框架角柱箍筋应全部加密，故选（C）。

【题 15】

某框架结构，抗震等级二级，各柱截面均为 600mm×600mm，混凝土强度等级 C40。有一梁柱节点，上柱底部的轴向压力设计值为 2300kN，节点核心区箍筋采用 HRB335 级钢筋，配置如图 15 所示，正交梁的约束影响系数 $\eta_j = 1.5$，框架梁 $a_s = a'_s = 35\text{mm}$，两侧梁的截面高度 $h_b = 600\text{mm}$。

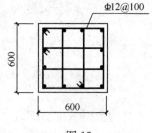

图 15

试问，此框架梁柱节点核心区的 x 向抗震受剪承载力（kN）与下列何项数值最为接近？

(A) 800   (B) 1100

(C) 1900   (D) 2200

【答案】（D）

【解答】

$$f_t = 1.71 \text{N/mm}^2, \quad f_c = 19.1 \text{N/mm}^2, \quad f_{yv} = 300 \text{N/mm}^2$$

根据《混规》公式（11.6.4-2）

$$V_j \leqslant \frac{1}{\gamma_{RE}} \left(1.1 \eta_j f_t b_j h_j + 0.05 \eta_j N \frac{b_j}{b_c} + f_{yv} A_{svj} \frac{h_{b0} - a'_s}{s} \right)$$

其中，$N = 2300\text{kN} \leqslant 0.5 \times f_c \times A_c = 0.5 \times 19.1 \times 600^2 \times 10^{-3} = 3438\text{kN}$

根据《混规》表 5.4.2，$\gamma_{RE} = 0.85$

$\eta_j = 1.5$，$h_j = h_c = 600\text{mm}$，$b_j = b_c = 600\text{mm}$，$A_{svj} = 4 \times 113 = 452\text{mm}^2$，

$$h_{b0} = 600 - 35 = 565\text{mm}, \quad s = 100\text{mm}$$

$$V_j \leqslant \frac{1}{0.85} \Big(1.1 \times 1.5 \times 1.71 \times 600 \times 600 \times 10^{-3} + 0.05 \times 1.5 \times 2300 \times \frac{600}{600}$$

$$+ 300 \times 452 \times \frac{565 - 35}{100} \times 10^{-3} \Big)$$

$$= 2243\text{kN}$$

【题 16】

某连梁截面和配筋如图 16 所示。门洞净宽 1000mm，连梁中未配置斜向交叉钢筋。抗震等级二级，$h_0=720$mm，混凝土强度等级 C35，HRB400 钢筋。

试问，考虑地震作用组合，根据截面和配筋，该连梁所能承受的最大剪力设计值（kN）与下列何项数值最为接近？

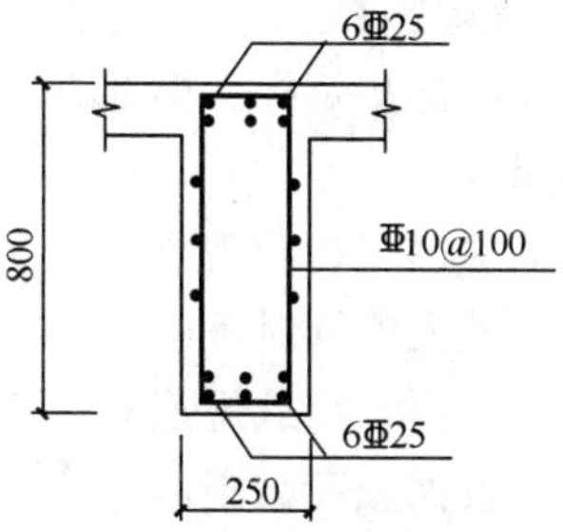

(A) 500　　　　　　　　　　(B) 530

(C) 560　　　　　　　　　　(D) 640

【答案】（B）

【解答】

$\gamma_{RE}=0.85$，$f_t=1.57$N/mm^2，$f_c=16.7$N/mm^2，$f_{yv}=360$N/mm^2。

跨高比=1000/800=1.25<2.5，《混规》公式（11.7.9-3）：

$$V_{wb} \leqslant \frac{1}{\gamma_{RE}}(0.15\beta_c f_c bh_0) = \frac{0.15\times1.0\times16.7\times250\times720}{0.85}$$

$$=530471\text{N}=530.5\text{kN}$$

《混规》公式（11.7.9-4），

$$V_{wb} \leqslant \frac{1}{\gamma_{RE}}\left(0.38f_t bh_0 + 0.9\frac{A_{sv}}{s}f_{yv}h_0\right)$$

$$=\frac{1}{0.85}\times\left(0.38\times1.57\times250\times720+0.9\times\frac{2\times78.5}{100}\times360\times720\right)$$

$$=557221\text{N}=557.22\text{kN}$$

$\min(530.5,557,22)=530.5$kN，因此选（B）。

图 16

6Φ25

800

Φ10@100

6Φ25

250

【题 17～19】

某轻屋盖钢结构厂房，屋面不上人，屋面坡度为 1/10。采用热轧 H 型钢屋面檩条，其水平间距为 3m，钢材采用 Q235 钢。屋面檩条按简支梁设计，计算跨度 $l=12$m。假定，屋面水平投影面上的荷载标准值：屋面自重为 0.18kN/m^2，均布活荷载为 0.5kN/m^2，积灰荷载为 1.00kN/m^2，雪荷载为 0.65kN/m^2。热轧 H 型钢檩条型号为 H400×150×8×13，自重为 0.56kN/m，其截面特性：$A=70.37\times10^2$mm^2，$I_x=18600\times10^4$mm^4，$W_x=929\times10^3$mm^3，$W_y=97.8\times10^3$mm^3，$i_y=32.2$mm。屋面檩条的截面形式如图 17～19（Z）所示。

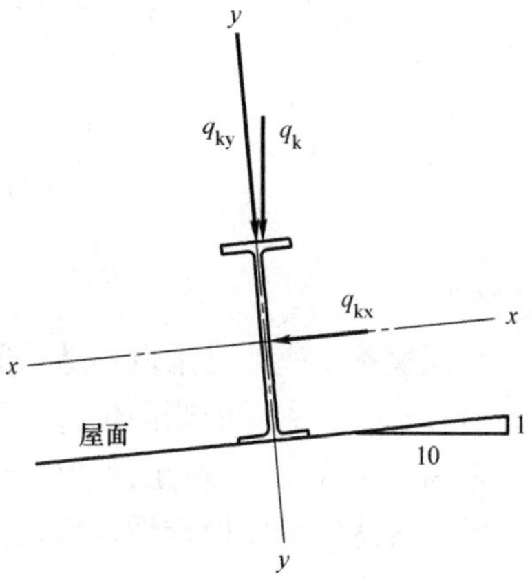

q_{ky}　q_k

q_{kx}

屋面

1

10

图 17～19（Z）

【题 17】

试问，屋面檩条垂直于屋面方向的最大挠度

（mm）应与下列何项数值最为接近？

(A) 40　　　　(B) 50　　　　(C) 60　　　　(D) 80

【答案】（A）

【解答】

根据《钢标》第 3.1.4 条：按正常使用极限状态设计钢结构时，应考虑荷载效应的标准组合。

根据《荷载规范》第 5.4.3 条：积灰荷载应与雪荷载或不上人的屋面均布活荷载两者中的较大值同时考虑。

根据《荷载规范》第 7.1.5 条：雪荷载的组合值系数可取 0.7。

根据《荷载规范》第 3.2.8 条：作用在屋面檩条上的线荷载标准值为：

$$q_k = (0.18 \times 3 + 0.56) + (1.00 + 0.7 \times 0.65) \times 3 = 5.465 \text{kN/m}$$

垂直于屋面方向的荷载标准值为：

$$q_{ky} = 5.465 \times \frac{10}{\sqrt{10^2 + 1^2}} = 5.44 \text{kN/m}$$

$$v = \frac{5}{384} \cdot \frac{q_{ky} l^4}{EI_x} = \frac{5}{384} \cdot \frac{5.44 \times 12000^4}{206 \times 10^3 \times 18600 \times 10^4} = 38.3 \text{mm}$$

【题 18】

假定，屋面檩条垂直于屋面方向的最大弯矩设计值 $M_x = 133 \text{kN} \cdot \text{m}$，同一截面处平行于屋面方向的侧向弯矩设计值 $M_y = 0.3 \text{kN} \cdot \text{m}$。试问，若计算截面无削弱，在上述弯矩作用下，强度计算时，屋面檩条上翼缘的最大正应力计算值（N/mm²）应与下列何项数值最为接近？

(A) 180　　　　(B) 165　　　　(C) 150　　　　(D) 140

【答案】（D）

【解答】

根据《钢标》6.1.2 条规定，取 $\gamma_x = 1.05$，$\gamma_x = 1.20$，

根据《钢标》6.1.1 条式（6.1.1）

$$\sigma = \frac{M_x}{\gamma_x W_x} + \frac{M_y}{\gamma_y W_y}$$

$$= \frac{133 \times 10^6}{1.05 \times 929 \times 10^3} + \frac{0.3 \times 10^6}{1.20 \times 97.8 \times 10^3}$$

$$= 138.9 \text{N/mm}^2，（D）正确。$$

【题 19】

屋面檩条支座处已采取构造措施以防止梁端截面的扭转。假定，屋面不能阻止屋面檩条的扭转和受压翼缘的侧向位移，而在檩条间设置水平支撑系统，则檩条受压翼缘侧向支承点之间间距为 4m。弯矩设计值同题 18。试问，对屋面檩条进行整体稳定性计算时，以应力形式表达的整体稳定性计算值（N/mm²）应与下列何项数值最为接近？

(A) 205　　　　(B) 190　　　　(C) 170　　　　(D) 145

【答案】（C）

【解答】

根据《钢标》附录 C.0.1 计算屋面檩条的整体稳定系数 φ_b；

根据《钢标》附录 C 表 C.0.1：$\beta_b = 1.20$

$l_1 = 4000\text{mm}$，$i_y = 32.2\text{mm}$，$\lambda_y = \dfrac{l_1}{i_y} = \dfrac{4000}{32.2} = 124.2$

$h = 400\text{mm}$，$t_1 = 13\text{mm}$，$A = 70.37 \times 10^2\,\text{mm}^2$，$W_x = 929 \times 10^3\,\text{mm}^3$　$\eta_b = 0$，

$f_y = 235\text{N/mm}^2$

$$\varphi_b = \beta_b \times \frac{4320}{\lambda_y^2} \cdot \frac{Ah}{W_x}\left[\sqrt{1 + \left(\frac{\lambda_y t_1}{4.4h}\right)^2} + \eta_b\right]\frac{235}{f_y}$$

$$= 1.20 \times \frac{4320}{124.2^2} \cdot \frac{70.37 \times 10^2 \times 400}{929 \times 10^3}\left[\sqrt{1 + \left(\frac{124.2 \times 13}{4.4 \times 400}\right)^2} + 0\right] \times \frac{235}{235}$$

$$= 1.20 \times 0.8485 \times 1.357 = 1.38 > 0.6$$

根据《钢标》附录 C.0.1 公式（C.0.1-7）：

$$\varphi'_b = 1.07 - \frac{0.282}{\varphi_b} = 1.07 - \frac{0.282}{1.38} = 0.866 < 1.0$$

根据《钢标》第 6.2.3 条：$\gamma_y = 1.20$

$$\frac{M_x}{\varphi_b W_x} + \frac{M_y}{\gamma_y W_y} = \frac{133 \times 10^6}{0.866 \times 929 \times 10^3} + \frac{0.3 \times 10^6}{1.20 \times 97.8 \times 10^3}$$

$$= 165.3 + 2.6 = 167.7\text{N/mm}^2$$

【题 20】

某 12m 跨重级工作制简支焊接实腹工字形吊车梁的截面几何尺寸及截面特性如图 20-1 所示。吊车梁钢材为 Q345 钢，焊条采用 E50 型。假定，吊车最大轮压标准值 $P_k = 441\text{kN}$。

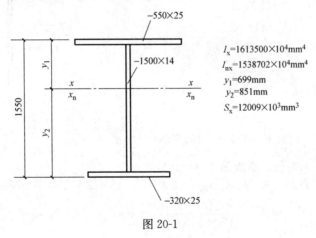

$I_x = 1613500 \times 10^4\,\text{mm}^4$
$I_{nx} = 1538702 \times 10^4\,\text{mm}^4$
$y_1 = 699\text{mm}$
$y_2 = 851\text{mm}$
$S_x = 12009 \times 10^3\,\text{mm}^3$

图 20-1

假定，计算吊车梁支座处剪力时，两台吊车轮压作用位置如图 20-2 所示。试问，若仅考虑最大轮压设计值的作用，吊车梁截面最大剪应力设计值 τ（N/mm²）与下列何项数值最为接近？

提示：吊车梁支座为平板式支座。

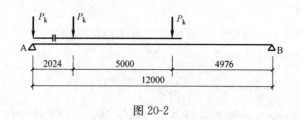

图 20-2

(A) 81   (B) 91   (C) 101   (D) 111

【答案】（A）

【解答】

(1)《荷载规范》6.3.1 条，吊车梁动力系数为 1.1。

最大轮压设计值 $P = 1.1 \times 1.4 \times 441 = 679.1\text{kN}$

$$R_\text{A} = \frac{679.1 \times (12 + 9.976 + 4.976)}{12} = 1525.3\text{kN}$$

(2)《钢标》式（6.1.3）

$$\tau = \frac{V \cdot S_\text{x}}{I_\text{x} t_\text{w}} = \frac{1525.3 \times 10^3 \times 12009 \times 10^3}{1613500 \times 10^4 \times 14} = 81.1\text{N/mm}^2$$

【题 21】

某起重机梁为焊接工字形截面如图 21 所示，采用 Q345C 钢，E50 型焊条。起重机轨道高度 $h_\text{R} = 150\text{mm}$，重级吊车，起重机最大轮压标准值 $P_{\text{k,max}} = 355\text{kN}$。

试问，在最大轮压作用下，起重机梁在腹板计算高度上边缘的局部承压应力设计值（N/mm²），与下列何项数值最为接近？

(A) 78   (B) 71

(C) 61   (D) 52

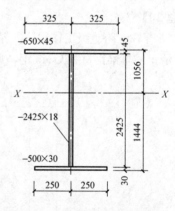

图 21 （长度单位为 mm）

【答案】（B）

【解答】

(1)《荷载规范》3.2.3 条、6.3.1 条，动力系数 1.1，荷载分项系数 1.4。

$$F = 1.1 \times 1.4 \times 355 = 546.7\text{kN}$$

(2)《钢标》6.1.4 条，重级吊车 $\psi = 1.3$

$$l_\text{z} = a + 5h_\text{y} + 2h_\text{R} = 50 + 5 \times 45 + 2 \times 150 = 575\text{mm}$$

$$\sigma_\text{c} = \frac{\psi F}{t_\text{w} l_\text{z}} = \frac{1.35 \times 546.7 \times 10^3}{18 \times 575}\text{N/mm}^2 = 71.3\text{N/mm}^2$$

【题 22】

跨度为 12m 的桁架结构简图如图 22 所示。采用 Q235B 钢材，上弦杆的轴心压力设计值 $N = 120\text{kN}$，采用 [10，$A = 1274\text{mm}^2$，$i_\text{x} = 39.5\text{mm}$（$x$ 轴为截面对称轴）。$i_\text{y} = 14.1\text{mm}$；槽钢的腹板与桁架平面相垂直。上弦杆在集中力 F 作用点有侧向支承。

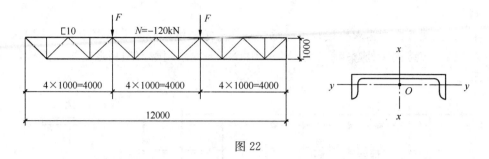

图 22

试问，当上弦杆按照轴心受压构件进行稳定性计算时，最大压应力（N/mm²）与下列何项数值最为接近？

(A) 101.0　　　　(B) 126.4　　　　(C) 143.4　　　　(D) 171.6

【答案】(D)

【解答】

由于槽钢的腹板与桁架平面相垂直，依图可知，绕槽钢弱轴（截面 y 轴）的计算长度即为弯矩作用平面内的计算长度，$l_{0y}=1000mm$；绕槽钢强轴（截面 x 轴）的计算长度为弯矩作用平面外计算长度，$l_{0x}=4000mm$。于是

$$\lambda_x=4000/39.5=101,\quad \lambda_y=1000/14.1=71$$

依据《钢标》的表 7.2.1-1，得到槽钢截面绕 x 轴、y 轴均属于 b 类。Q235 钢，由 $\lambda=101$ 查《钢标》的表 D.0.2，得到 $\varphi=0.549$，于是

$$\frac{N}{\varphi A}=\frac{120\times10^3}{0.549\times1274}=171.6\text{N/mm}^2$$

【题 23】

某厂房的纵向天窗宽 8m，高 4m，如图 23 所示；采用 Q235 钢，杆件 CD 的轴心压力很小（远小于其承载能力的 50%），可按长细比选择截面，试问，下列何项截面较为经济合理？

(A) $\llcorner 45\times5$ $(i_{min}=17.2mm)$

(B) $\llcorner 56\times5$ $(i_{min}=21.7mm)$

(C) $\llcorner 50\times5$ $(i_{min}=19.2mm)$

(D) $\llcorner 70\times5$ $(i_{min}=27.3mm)$

【答案】(C)

【解答】

(1) 杆件 CD 几何长度 $l=4000mm$。

(2) 《钢标》7.4.6 条 2 款，当杆件内力设计

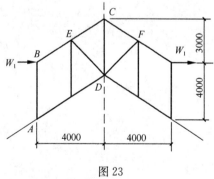

图 23

值不大于承载能力的 50% 时，容许长细比可取 200，即 $[\lambda]=200$。

(3) 表 7.4.1 小注 2，对双角钢组成的十字形截面腹杆，应采用斜平面的计算长度，即 $l_0=0.9l$。

$$i_{min}=\frac{l_0}{[\lambda]}=\frac{0.9\times4000}{200}=18mm$$

【题 24】

假定，钢梁按内力需求拼接，翼缘承受全部弯矩，钢梁截面采用焊接 H 型钢 H450×200×8×12，连接接头处弯矩设计值 $M=210$kN·m，采用摩擦型高强度螺栓连接，如图 24 所示。

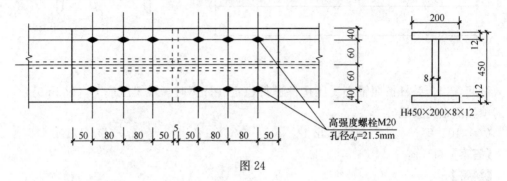

图 24

试问，该连接处翼缘板的最大应力设计值 $\sigma(\mathrm{N/mm^2})$，与下列何项数值最为接近？

提示：翼缘板根据弯矩按轴心受力构件计算。

(A) 120　　　　　(B) 150　　　　　(C) 190　　　　　(D) 200

【答案】（D）

【解答】

(1) 求轴力

$$N = \frac{210 \times 10^6}{450 - 12} \times 10^{-3} = 479.5 \mathrm{kN}$$

(2) 根据《钢标》式（7.1.1-2）

其中：$n_1 = 2$，$n = 6$

$$A_n = (200 - 2 \times 21.5) \times 12 = 1884 \mathrm{mm^2}$$

$$\sigma = \left(1 - 0.5 \times \frac{2}{6}\right) \times \frac{479.5 \times 10^3}{1884} = 212 \mathrm{N/mm^2}$$

(3) 式（7.1.1-3）

$$\sigma = \frac{N}{A} = \frac{479.5 \times 10^3}{200 \times 12} = 199.8 \mathrm{N/mm^2}$$

【题 25】

某厂房的围护结构设有悬吊式墙架柱，墙架柱支承于吊车梁的辅助桁架上，其顶端采用弹簧板与屋盖系统相连，底端采用开椭圆孔的普通螺栓与基础相连，计算简图如图 25-1所示。钢材采用 Q235 钢，墙架柱选用热轧 H 型钢 HM244×175×7×11，其截面特性：$A = 55.49 \times 10^2 \mathrm{mm^2}$，$W_x = 495 \times 10^3 \mathrm{mm^3}$。

墙架柱在竖向荷载和水平风吸力共同作用下的弯矩分布图如图 25-2 所示。已知 AB 段墙架柱在 D 点处的最大弯矩设计值 $M_x = 54$kN·m，轴力设计值 $N = 15$kN。

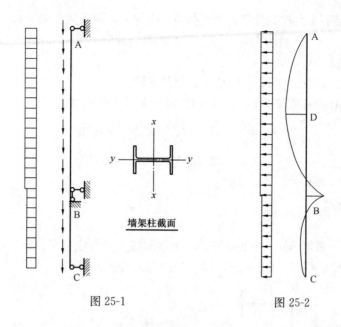

墙架柱截面

图 25-1　　　　　　　　　　图 25-2

试问，AB 段墙架柱的最大应力计算数值（N/mm²）与下列何项数值最为接近？

提示：计算截面无栓（钉）孔削弱。

(A) 107　　　　　(B) 126　　　　　(C) 148　　　　　(D) 170

【答案】(A)

根据《钢标》第 8.1.1 条和表 8.1.1，取 $\gamma_x = 1.05$

$$\frac{N}{A_n} + \frac{M_x}{\gamma_x W_{nx}} = \frac{15 \times 10^3}{55.49 \times 10^2} + \frac{54 \times 10^6}{1.05 \times 495 \times 10^3} = 2.7 + 103.9$$

$$= 106.6 \text{N/mm}^2$$

【题 26】

某钢结构框架结构，柱列纵向设交叉支撑，柱脚铰接（平板支座）。平台主次梁间采用简支平接，平台板采用带肋钢铺板，梁柱构件均选用轧制 H 型钢。其中框架 GJ1 计算简图及梁柱截面特性如图 26 所示。

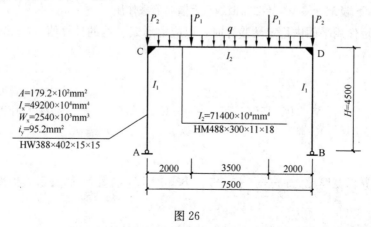

$A = 179.2 \times 10^2 \text{mm}^2$
$I_x = 49200 \times 10^4 \text{mm}^4$
$W_x = 2540 \times 10^3 \text{mm}^3$
$i_y = 95.2 \text{mm}^2$

HW388×402×15×15

$I_2 = 71400 \times 10^4 \text{mm}^4$
HM488×300×11×18

图 26

试问，在框架平面内柱的计算长度系数 μ，应与下列何项数值最为接近？

(A) 0.7   (B) 1.0   (C) 1.25   (D) 2.0

【答案】(D)

【解答】根据《钢标》附录 E 表 E.0.2 及其附注：

由于 GJ-1 为有侧移框架，且柱与基础铰接（平板支座），根据注 1：

$$K_1 = \frac{I_2}{I_1} \cdot \frac{H}{l} = \frac{71400}{49200} \times \frac{4500}{7500} = 0.87$$

$$K_2 = 0.1 \quad \text{（附注 E.0.2 注 3）}$$

查表 E.0.2：$\mu \approx 1.95$。

【题 27】

刚架跨度 8m，柱距 6m。柱下端铰接，梁柱刚接，梁与原有平台铰接，刚架铺板为钢格栅板，计算简图见图 27，Q235 钢，梁、柱的截面特征见表 27。

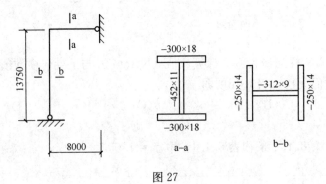

图 27

梁、柱的截面特征　　　　　　　　　　　　　　　　　　　　表 27

截面	$A(\mathrm{mm}^2)$	$i_x(\mathrm{mm})$	$i_y(\mathrm{mm})$	$W_x(\mathrm{mm}^3)$	$I_x(\mathrm{mm}^4)$
HM340×250×9×14	99.53×10²	146	60.5	1250×10³	21200×10⁴
HM488×300×11×18	159.2×10²	208	71.3	2820×10³	68900×10⁴

刚架无侧移，柱弯矩作用平面内计算长度 $l_{0x}=10.1\mathrm{m}$，柱上端设计值 $M_2=192.5\mathrm{kN \cdot m}$，$N_2=276.6\mathrm{kN}$，下端 $M_1=0$，$N_1=292.1\mathrm{kN}$，无横向荷载作用。

试问，弯矩作用平面内稳定性验算时，以应力形式表达的计算值（$\mathrm{N/mm^2}$），应为下列何项？

提示：$1-0.8\dfrac{N}{N'_{Er}} = 0.942$。

(A) 134   (B) 156   (C) 173   (D) 189

【答案】(A)

【解答】

(1) 受压翼缘宽厚比为，$\dfrac{(250-9)/2}{14} = 8.6 < 13$，满足 S3 级要求，根据《钢标》表 8.1.1，取 $\gamma_x = 1.05$。

(2) 无横向荷载作用，且较小弯矩为零，根据《钢标》式（8.2.1-5）

$$\beta_{mx} = 0.6 + 0.4 \frac{M_2}{M_1} = 0.6$$

（3）根据《钢标》式（7.2.2-1），$\lambda_x = \dfrac{l_{0x}}{i_x} = \dfrac{10100}{146} = 69.2$。

（4）轧制截面，$b/h = 250/340 = 0.73 < 0.8$，查《钢标》表 7.2.1-1，对 x 轴属于 a 类截面。

（5）按 $\lambda_x = 69$、Q235 钢，a 类截面，查《钢标》表 D.0.1，得到 $\varphi_x = 0.844$。

（6）依据《钢标》式（8.2.1-1）计算。

$$\frac{N}{\varphi_x A} + \frac{\beta_{mx} M_x}{\gamma_x W_{1x}\left(1 - 0.8\dfrac{N}{N'_{Ex}}\right)} = \frac{276.6 \times 10^3}{0.843 \times 99.53 \times 10^2} + \frac{0.6 \times 192.5 \times 10^6}{1.05 \times 1250 \times 10^3 \times 0.942}$$

$$= 33 + 93.4 = 126.4 \text{N/mm}^2$$

【题 28】

框架柱截面为口 500mm×25mm 箱形柱，按单向弯矩计算时，弯矩设计值见框架柱弯矩图（图28），

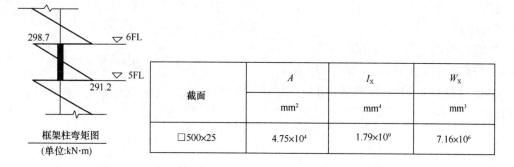

截面	A	I_x	W_x
	mm²	mm⁴	mm³
□500×25	4.75×10^4	1.79×10^9	7.16×10^6

图 28

轴压力设计值 $N = 2693.7$kN，在进行弯矩作用平面外的稳定性计算时，构件以应力形式表达的稳定性计算数值（N/mm²）与下列何项数值最为接近？

提示：① 框架柱截面分类为 C 类：$\lambda_y\sqrt{\dfrac{f_y}{235}} = 41$。

② 框架柱所考虑构件段无横向荷载作用。

（A）75 　　　（B）90 　　　（C）100 　　　（D）110

【答案】（A）

【解答】

（1）依据《钢标》8.2.1 条第 2 款，'其他截面'的截面影响系数 $\eta = 0.7$。

（2）根据《钢标》8.2.1 条第 2 款，'闭口截面''的稳定系数 $\varphi_b = 1.0$。

（3）根据《钢标》式（8.2.1-12），所考虑构件段无横向荷载作用的等效弯矩系数

$$\beta_{tx} = 0.65 + 0.35 \frac{M_2}{M_1} = 0.65 - 0.35 \times \frac{291.2}{298.7} = 0.31$$

（4）根据提示，框架柱截面分类为 C 类，$\lambda_y\sqrt{\dfrac{f_y}{235}} = 41$，

查《钢标》表 D.0.2，得到 $\varphi_y=0.833$。

（5）依据《钢标》式（8.2.1-3）计算：

$$\frac{N}{\varphi_y A}+\eta\frac{\beta_{tx}M_x}{\varphi_b W_{1x}}=\frac{2693.7\times10^3}{0.833\times4.75\times10^4}+0.7\times\frac{0.31\times298.7\times10^6}{1\times7.16\times10^6}=68.1+9.1=$$

77.2N/mm^2。

【题 29】

某钢平台承受静荷载，支撑与柱的连接节点如图 29 所示，支撑杆的斜向拉力设计值 $N=650\text{kN}$，采用 Q235B 钢制作，E43 型焊条。节点板与钢柱采用双面角焊缝连接，取焊脚尺寸 $h_f=8\text{mm}$。

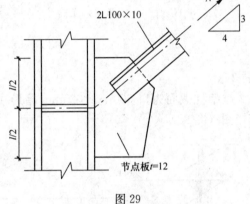

试问，焊缝连接长度（mm），与下列何项数值最为接近？

(A) 290　　　　(B) 340

(C) 390　　　　(D) 460

【答案】（B）

【解答】

焊缝受到的水平力为 $N_x=4/5\times650=520\text{kN}$，竖向力为 $N_y=3/5\times650=390\text{kN}$。

根据《钢标》11.2.2 条式（11.2.2-3）进行计算

$$\sqrt{\left(\frac{\sigma_f}{\beta_f}\right)^2+\tau_f^2}\leqslant f_f^w$$

于是，得到

$$\sqrt{\left(\frac{N_x}{2\times1.22\times0.7h_f l_w}\right)^2+\left(\frac{N_y}{2\times0.7h_f l_w}\right)^2}\leqslant f_f^w$$

即

$$\sqrt{\left(\frac{520\times10^3}{2\times1.22\times0.7\times8l_w}\right)^2+\left(\frac{390\times10^3}{2\times0.7\times8l_w}\right)^2}\leqslant160$$

解方程得到 $l_w=322\text{mm}$。

11.2.2 条符号说明，角焊缝实际长度为计算长度加 $2h_f$。

$322+2\times8=338\text{mm}$，选（B）。

【题 30】

次梁与主梁连接采用 10.9 级 M16 的高强度螺栓摩擦型连接，连接处钢材接触表面的处理方法为钢丝刷清除浮锈，其连接形式如图 30 所示。

钢材为 Q345，考虑了连接偏心的不利影响后，

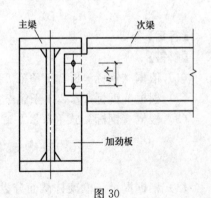

图 30

取次梁端部剪力设计值 $V=110.2\mathrm{kN}$，连接所需的高强度螺栓数量（个）与下列何项数值最为接近？

(A) 2 　　　　　　　(B) 3 　　　　　　　(C) 4 　　　　　　　(D) 5

【答案】(C)

【解答】

根据《钢标》第11.4.2条表11.4.2-1、表11.4.2-2，查表得 $\mu=0.35$，$P=100\mathrm{kN}$。

根据《钢标》第11.4.2条第1款，式（11.4.2-1）

一个10.9级M16高强度螺栓的抗剪承载力设计值为：

$$N_v^b=0.9n_f\mu P=0.9\times1\times0.35\times100=31.5\mathrm{kN}$$

高强度螺栓数量计算：$n=\dfrac{V}{N_v^b}=\dfrac{110.2\times10^3}{31.5\times10^3}=3.49$ 取 4 个。

【题31】

有一配筋砌块砌体墙，平面如图31所示，砌体采用MU10级单排孔混凝土小型空心砌块、Mb7.5级砂浆对孔砌筑，砌块的孔洞率为 40%，采用Cb20（$f_c=9.6\mathrm{MPa}$）混凝土灌孔；灌孔率为 43.75%，内有插筋共5A12（$f_y=270\mathrm{MPa}$），构造措施满足规范要求。

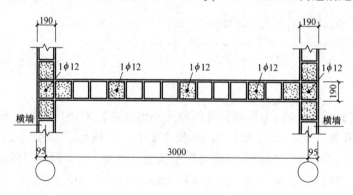

图 31

试问，砌体的抗剪强度设计值 f_{vg}（MPa）与下列何项数值最为接近？

提示：小数点后四舍五入取两位。

(A) 0.33 　　　　　(B) 0.38 　　　　　(C) 0.40 　　　　　(D) 0.48

【答案】(C)

【解答】

根据《砌体》表3.2.1-4，MU10级砌体、Mb7.5级砂浆的砌体抗压强度，$f=2.5\mathrm{MPa}$。

根据《砌体》式（3.2.1-2），孔洞率 $\delta=40\%$，灌孔率 $\rho=43.75\%$

$$\alpha=\delta\rho=0.4\times43.75\%=0.175$$

根据《砌体》式（3.2.1-1），未灌孔砌体强度 $f=2.5\mathrm{MPa}$，灌孔混凝土强度 $f_c=9.6\mathrm{MPa}$，灌孔砌体的抗压强度设计值，

$$f_g=f+0.6\alpha f_c=2.5+0.6\times0.175\times9.6=3.508\mathrm{MPa}$$

$$<2f=2\times2.5=5.0\text{MPa}$$

取 $f_g=3.508\text{MPa}$

根据《砌体》式（3.2.2），砌体的抗剪强度设计值

$$f_{vg}=0.2f_g^{0.55}=0.2\times3.508^{0.55}=0.40\text{MPa}$$

【题 32】

某多层无筋砌体结构房屋，结构平面布置如图 32 所示，首层层高 3.6m，其他各层层高均为 3.3m，内外墙均对轴线居中，窗洞口高度均为 1800mm，窗台高度均为 900mm。

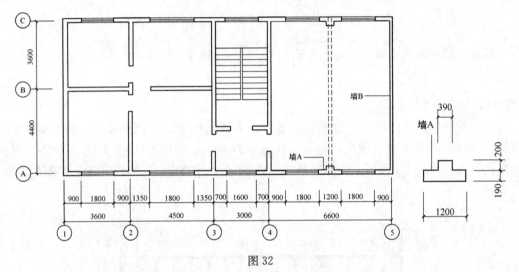

图 32

假定，该建筑采用 190mm 厚单排孔混凝土小型空心砌块砌体结构，砌块强度等级采用 MU15 级，砂浆采用 Mb10 级，墙 A 截面如图 32 所示，承受荷载的偏心距 $e=44.46\text{mm}$。试问。第二层该墙垛非抗震受压承载力（kN），与下列何项数值最为接近？

提示：$I=3.16\times10^9\text{mm}^4$，$A=3.06\times10^5\text{mm}^2$，$H_0=3.3\text{m}$。

(A) 425　　　　(B) 525　　　　(C) 625　　　　(D) 725

【答案】（C）

【解答】

根据《砌体》式（5.1.2-2），墙段 A 的折算厚度为：

$$h_T=3.5i=3.5\sqrt{\frac{I}{A}}=3.5\times\sqrt{3.16\times10^9/3.06\times10^5}=355.7\text{mm}$$

墙体高厚比

$$\beta=\gamma_\beta\frac{H_0}{h_T}=1.1\times\frac{3300}{355.7}=10.2$$

其中

$$\frac{e}{h_T}=\frac{44.46}{355.7}=0.125$$

查《砌体》表 D.0.1-1，已知承载力的影响系数 $\varphi=5.595$

查《砌体》表 3.2.1-4，砌体的抗压强度设计值 $f=4.02\times0.85=3.417\text{MPa}$

根据《砌体》式（5.1.1），则受压构件的承载力 $\varphi fA = 0.595 \times 3.417 \times 3.06 \times 10^5 = 622kN$。

【题 33】

某钢筋混凝土梁截面 250mm×600mm，如图 33 所示。梁端支座压力设计值 $N_l = 60kN$. 局部受压面积内上部轴向力设计值 $N_0 = 175kN$。墙的截面尺寸为 1500mm×240mm（梁支承于墙长中部），采用 MU10 级烧结多孔砖（孔洞率为 25%）、M7.5 级混合砂浆砌筑，砌体施工质量控制等级为 B 级。

假定 $A_0/A_l = 5$，试问，梁端支承处砌体的局部受压承载力（N），与下列何项数值最为接近？

提示：不考虑强度调整系数 γ_a 的影响。

(A) $1.6A_l$　　　　(B) $1.8A_l$

(C) $2.0A_l$　　　　(D) $2.5A_l$

【答案】(C)

【解答】

根据《砌体》公式（5.2.4）计算，梁端支承处砌体的局部受压承载力为 $\eta \gamma f A_l$，其中 $\eta = 0.7$；

γ 按《砌体》公式（5.2.2）计算，

$$\gamma = 1 + 0.35\sqrt{\frac{A_0}{A_l} - 1} = 1 + 0.35\sqrt{5-1} = 1.7 < 2; \quad f = 1.69\text{MPa}$$

$$\eta \gamma f A_l = 0.7 \times 1.7 \times 1.69 A_l = 2.01 A_l$$

【题 34】

某三层砌体结构房屋局部平面布置图如图 34 所示，每层结构布置相同，层高均为 3.6m。墙体采用 MU10 级烧结普通砖、Ml0 级混合砂浆砌筑，砌体施工质量控制等级 B 级。现浇钢筋混凝土梁（XL）截面为 250mm×800mm，支承在壁柱上，梁下刚性垫块尺寸为 480mm×360mm×180mm，现浇钢筋混凝土楼板。梁端支承压力设计值为 N_l，由上层墙体传来的荷载轴向压力设计值为 N_u。

假定，墙 A 对于Ⓐ轴方向中和轴的惯性矩 $I = 10 \times 10^{-3} \text{m}^4$。试问，二层墙 A 的高厚比 β 与下列何项数值最为接近？

(A) 7.0　　　　(B) 8.0　　　　(C) 9.0　　　　(D) 10.0

【答案】(B)

【解答】

根据《砌体》表 4.2.1 条，房屋横墙间距 $s = 14.4\text{m} < 32\text{m}$，静力计算方案为刚性方案。

根据《砌体》第 6.1.1 条和 6.1.2 条，墙体高厚比计算公式为：$\beta = \dfrac{H_0}{h_T}$

根据《砌体》第 5.1.3 条，$s = 14.4 > 2H = 7.2\text{m}$，所以，$H_0 = H = 3.6\text{m}$

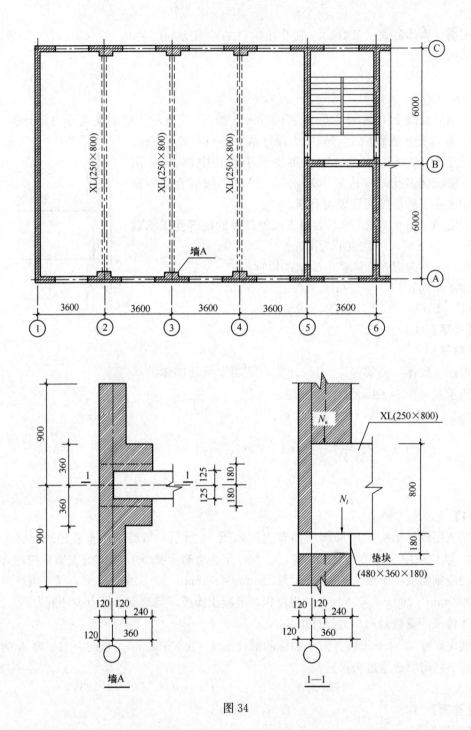

图 34

h_T 为 T 形截面折算厚度，取为 $3.5i$，i 为截面回转半径，$i = \sqrt{\dfrac{I}{A}}$

截面面积 $A = 1.8 \times 0.24 + 0.72 \times 0.24 = 0.432 + 0.1728 = 0.6048\text{m}^2$

$$i = \sqrt{\frac{I}{A}} = \sqrt{\frac{10 \times 10^{-3}}{0.6048}} = 0.1286\text{m}$$

$$h_T = 3.5i = 0.450\text{m}$$

$$\beta = \frac{H_0}{h_T} = 3.6/0.45 = 8.0$$

【题 35】

某多层砌体结构房屋，在楼层设有梁式悬挑阳台如图 35 所示，支承墙体厚度 240mm，悬挑梁截面尺寸 240mm×400mm（宽×高），梁端部集中荷载设计值 $P=12\text{kN}$，梁上均布荷载设计值 $q_1=21\text{kN/m}$，墙体面密度标准值为 5.36kN/m^2，各层楼面在本层墙上产生的永久荷载标准值为 $q_2=11.2\text{kN/m}$。

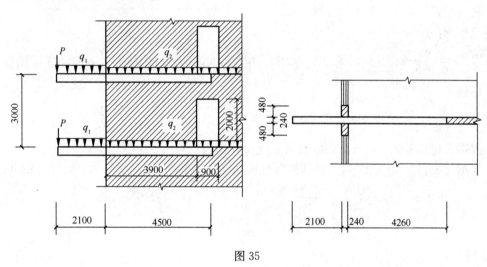

图 35

试问，该挑梁的最大倾覆弯矩设计值（kN·m）和抗倾覆弯矩设计值（kN·m），与下列何项数值最为接近？

提示：不考虑梁自重，

(A) 80，160　　　(B) 80，200　　　(C) 90，160　　　(D) 90，200

【答案】（A）

【解答】

根据《砌体》第 7.4.2 条，$l_1 = 4500 > 2.2h_b = 2.2 \times 400 = 800\text{mm}$

计算倾覆点至墙外边缘的距离 $x_0 = 0.3h_b = 0.3 \times 400 = 120\text{mm}$

$x_0 < 0.13l_1 = 0.13 \times 4500 = 585\text{mm}$，取 $x_0 = 120\text{mm}$

倾覆力矩设计值 $M_{0v} = 12 \times (2.1 + 0.12) + 21 \times 2.1 \times \left(\frac{2.1}{2} + 0.12\right) = 78.24\text{kN·m}$

根据《砌体》式（7.4.3），抗倾覆力矩设计值：

$$M_r = 0.8G_r(l_2 - x_0)$$

$$= 0.8 \times \left[5.36 \times 2.6 \times 3.9 \times \left(\frac{3.9}{2} - 0.12\right) + 11.2 \times 4.5\left(\frac{4.5}{2} - 0.12\right)\right]$$

$$= 165.45\text{kN·m}$$

【题 36】

砌体结构某段墙体如图 36 所示，层高 3.6m，墙体厚度 370mm. 采用 MU10 级烧结多孔砖（孔洞率为 35%）、M7.5 级混合砂浆砌筑，砌体施工质量控制等级为 B 级。

试问，该墙层间等效侧向刚度（N/mm），与下列何项数值最为接近？

(A) 450000　　　(B) 500000

(C) 550000　　　(D) 600000

【答案】（B）

【解答】

按《抗震》7.2.3 条 1 款计算

墙段 B：

$\dfrac{h_1}{b} = \dfrac{2.8}{0.65} = 4.3 > 4$，根据《抗震》第 7.2.3 条，该段墙体等效侧向刚度可取 0

墙段 A：

$\dfrac{h}{b} = \dfrac{3.6}{6} = 0.6 < 1.0$，可只计算剪切变形，其剪切刚度 $K = \dfrac{EA}{3h}$

根据《砌体》表 3.2.1，砌体抗压强度设计值为：$f = 1.69 \times 0.9 = 1.521$MPa

根据《砌体》表 3.2.5-1，砌体的弹性模量 $E = 1600f = 1600 \times 1.521 = 2433.6$MPa

$$K = \frac{EA}{3h} = \frac{2433.6 \times 370 \times 6000}{3 \times 3600} = 500246\text{N/mm}$$

【题 37】

某抗震设防烈度为 8 度的多层砌体结构住宅，底层某道承重横墙的尺寸和构造柱设置如图 37 所示。墙体采用 MU10 级烧结多孔砖、M10 级混合砂浆砌筑。构造柱截面尺寸为 240mm×240mm，采用 C25 混凝土，纵向钢筋为 HRB335 级 4C14，箍筋采用 HPB300 级 A6@200。砌体施工质量控制等级为 B 级。在该墙顶作用的竖向恒荷载标准值为 210kN/m，按等效均布荷载计算的传至该墙顶的活荷载标准值为 70kN/m，不考虑本层墙体自重。

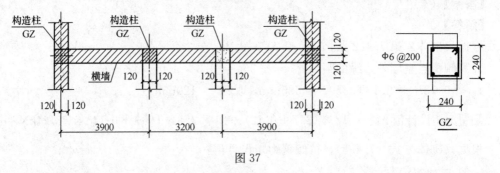

图 37

假定砌体抗震抗剪强度的正应力影响系数 $\xi_N = 1.6$，试问，该墙体截面的最大抗震受剪承载力设计值（kN），与下列何项数值最为接近？

(A) 880　　　(B) 850　　　(C) 810　　　(D) 780

【答案】（A）

$$f_{vE} = \xi_N \cdot f_v = 1.6 \times 0.17 = 0.272 \text{N/mm}^2$$

根据《抗震》第 7.2.7 条第 3 款，

横墙：$A = 240 \times (3900 + 3200 + 3900 + 240) = 2697600 \text{mm}^2$

$$A_c = 2 \times 240 \times 240 = 115200 \text{mm}^2$$

$$\frac{A_c}{A} = \frac{115200}{2697600} = 0.04 < 0.15,$$

取 $$A_c = 115200 \text{mm}^2$$

取 $\zeta_c = 0.4$，$\eta_c = 1.0$，按《抗震》表 5.4.2，

取 $\gamma_{RE} = 0.9$，$A_{sh} = 0.0$，$f_t = 1.27 \text{N/mm}^2$，$f_{yc} = 300 \text{N/mm}^2$，$A_{sc} = 1231 \text{mm}^2$

$$\rho = 1.06\% > 0.6\%$$

$$V = \frac{1}{\gamma_{RE}} \left[\eta_c f_{vE} (A - A_c) + \zeta_c f_t A_c + 0.08 f_{yc} A_{sc} + \zeta_s f_{yh} A_{sh} \right]$$

$$= \frac{1}{0.9} \times \left[1.0 \times 0.272 \times (2697600 - 115200) + 0.4 \times 1.27 \times 115200 \right.$$

$$\left. + 0.08 \times 300 \times 1231 + 0 \right]$$

$$= 878.3 \text{kN}$$

【题 38】

某多层砌体结构房屋对称轴以左平面如图 38 所示，各层平面布置相同，各层层高均为 3.60m；底层室内外高差 0.30m。楼、屋盖均为现浇钢筋混凝土板，静力计算方案为刚性方案。采用 MU10 级烧结普通砖、M7.5 级混合砂浆，纵横墙厚度均为 240mm，砌体

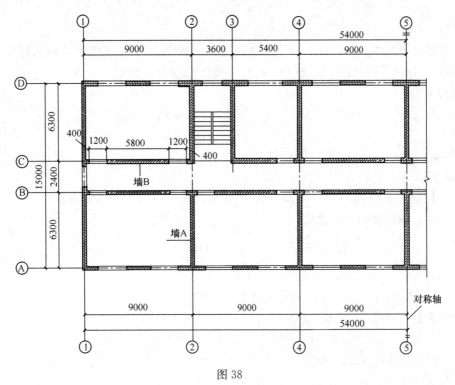

图 38

施工质量控制等级为 B 级。

假定，二层墙 A（A～B 轴间墙体）对应于重力荷载代表值的砌体线荷载为 235.2kN/m，在②轴交 A、B 轴处均设有 240mm×240mm 的构造柱（该段墙体共 2 个构造柱）。试问，该墙段的截面抗震受剪承载力设计值（kN），与下列何项数值最为接近？

(A) 200   (B) 270   (C) 360   (D) 400

【答案】(D)

【解答】

砖砌体的墙的截面抗震受剪承载力应按《砌体》10.2.2 条计算

$$V = \frac{f_{vE} \cdot A}{\gamma_{RE}}$$

根据《砌体》表 3.2.2，M7.5 混合砂浆，$f_v = 0.14$MPa

根据《砌体》表 3.2.2，M7.5 混合砂浆，$f_v = 0.14$MPa

根据《砌体》表 10.2.1

$$\sigma_0 = \frac{N}{A} = \frac{235.2}{0.24} = 980\text{kN/m}^2 = 0.98\text{MPa}$$

$$\sigma_0/f_v = 0.98/0.14 = 7 \quad \zeta_N = 1.65$$

根据《砌体》10.2.1 条，砖砌体沿阶梯形截面破坏的抗剪强度设计值为

$$f_{vE} = \zeta_N f_v, \quad f_{vE} = 1.65 \times 0.14 = 0.231\text{MPa}$$

根据《砌体》10.2.2 条及表 10.1.5，$\gamma_{RE} = 0.9$

$$V = \frac{f_{vE} \cdot A}{\gamma_{RE}} = \frac{0.231 \times 6540 \times 240}{0.9} = 402864\text{N} = 402.9\text{kN}$$

【题 39】

某原木柱选用东北落叶松，原木标注直径 $d = 120$mm，木柱沿其长度的直径变化率为每米 9mm，计算简图见图 39。试问，柱轴心受压的稳定系数 φ 与下列何项数值最为接近？

(A) 0.50   (B) 0.45

(C) 0.37   (D) 0.30

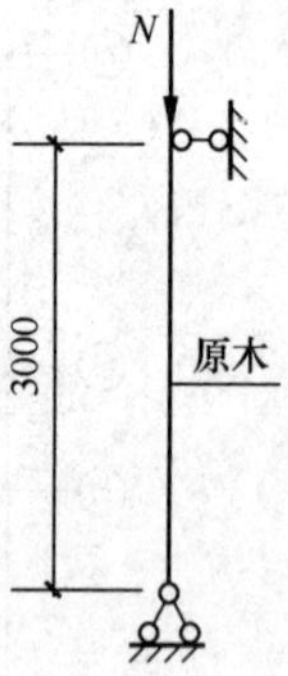

【答案】(C)

【解答】

(1) 根据《木结构》4.3.18 条，标注原木直径时，应以小头为准。验算稳定时，取构件的中央截面。

$$d_{中} = 120 + \frac{3000}{2} \times \frac{9}{1000} = 133.5\text{mm}$$

圆形截面：$i = 0.25d_{中} = 0.25 \times 133.5 = 33.375$mm。

(2) 5.1.5 条，两端铰接构件计算长度 $l_0 = 1.0l = 3000$mm，$\lambda = 3000/33.375 = 89.89$。

(3) 东北落叶松 TC17B，查表 5.1.4

$$a_c = 0.92, \ b_c = 1.96, \ c_c = 4.13, \ \beta = 1.00, \ E_k/f_{ck} = 330。$$

(4) 5.1.4 条式 (5.1.4-1)

图 39

$$\lambda_c = c_c\sqrt{\frac{\beta E_k}{f_{ck}}} = 4.13\sqrt{1.00 \times 330} = 75.03 < \lambda = 89.89$$

式（5.1.4-3）

$$\varphi = \frac{a_c \pi^2 \beta E_k}{\lambda^2 f_{ck}} = \frac{0.92 \times 3.14^2 \times 1.00 \times 330}{89.89^2} = 0.37$$

【题 40】

东北落叶松（TC17B）简支檩条，截面 $b \times h = 150mm \times 300mm$（沿全长无切口），支座间的距离为 6m，作用在檩条顶面上的均布线荷载设计值 9kN/m。该檩条的安全等级为三级，设计使用年限 25 年，承载力计算时不计檩条自重。

试问，檩条的受弯强度计算时，承载力 M（kN·m）为下列何项？

(A) 38.25　　　　(B) 40.16　　　　(C) 44.18　　　　(D) 48.08

【答案】（C）

【解答】

(1) 根据《木结构》表 4.3.1-3，抗弯强度设计值 $f_m = 17MPa$。

(2) 4.3.2-2 条，短边尺寸不小于 150mm，可以提高 10%。

(3) 表 4.3.9-2，设计使用年限 25 年，强度调整系数 1.05。

(4) 调整后抗弯强度设计值 $f_m = 17 \times 1.10 \times 1.05 = 19.635MPa$。

(5) 取跨中弯矩最大处验算截面强度，式（5.2.1-1）

$$W_n = \frac{bh^2}{6} = \frac{150 \times 300^2}{6} = 2250000\ mm^3, f_m = 19.635MPa$$

$$M = f_m W_n = 19.635 \times 2250000 = 44.18kN \cdot m$$

【下午试题】

【题 1～2】

某土质建筑边坡采用毛石混凝土重力式挡土墙支护，挡土墙墙背竖直，如图 1～2（Z）所示，墙高为 6.5m，墙顶宽 1.5m，墙底宽 3m，挡土墙毛石混凝土重度为 24kN/m³。假定，墙后填土表面水平并与墙齐高，填土对墙背的摩擦角 $\delta = 0$，排水良好，挡土墙基底水平，底部埋置深度为 0.5m，地下水位在挡土墙底部以下 0.5m。

提示：① 不考虑墙前被动区土体的有利作用，不考虑地震设计状况。

　　　② 不考虑地面荷载影响。

　　　③ $\gamma_0 = 1.0$。

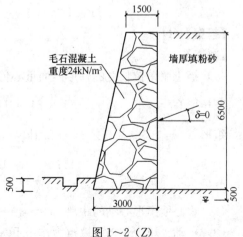

图 1～2（Z）

【题1】

假定墙后填土的重度为 $20kN/m^3$，主动土压力系数 $k_a = 0.22$，土与挡土墙基底的摩擦系数 $\mu = 0.45$，试问，挡土墙的抗滑移稳定安全系数 K 与下列何项数值最为接近？

(A) 1.35   (B) 1.45   (C) 1.55   (D) 1.65

【答案】(C)

【解答】

(1)《地基》6.7.5 条 1 款，按式（6.7.5-1）计算抗滑移稳定性

$$\frac{(G_n + E_{an})\mu}{E_{at} - G_t} \geqslant 1.3$$

(2) 挡土墙的抗滑移稳定安全系数 K 应为

$$K = (G_n \times \mu) / E_{at}$$

① 计算挡土墙的自重（取单位长度计算）

$$G = \frac{1}{2} \times (1.5 + 3) \times 6.5 \times 24 = 351kN/m$$

② 计算填土的主动土压力

式（6.7.3-1）

$$E_a = \frac{1}{2} \times 1.1 \times 20 \times 6.5^2 \times 0.22 = 102.245kN/m$$

(3) 计算抗滑移稳定安全系数 K

$$K = \frac{uG}{E_a} = \frac{0.45 \times 351}{102.245} = 1.55$$

【题2】

假定作用于挡土墙的主动土压力 E_a 为 112kN，试问，基础底面边缘最大压应力 P_{max}（kN/m^2）与下列何项数值最为接近？

(A) 170   (B) 180   (C) 190   (D) 200

【答案】(D)

【解答】

(1) 挡土墙单位长度的梯形截面重心位置 e_G

三角形 $G_1 = \frac{1}{2} \times 1.5 \times 6.5 \times 24 = 117kN/m$

矩形 $G_2 = 1.5 \times 6.5 \times 24 = 234kN/m$

对挡土墙前趾取矩：$e_G = \dfrac{117 \times \frac{2}{3} \times 1.5 + 234 \times \left(1.5 + \frac{1.5}{2}\right)}{117 + 234} = 1.833m$。

(2) 重心偏离形心轴的距离：$x = e_G - b/2 = 1.833 - 3/2 = 0.333m$。

(3) 主动土压力和挡土墙重力作用下基础底面的偏心距 e

$$e = \frac{M}{N} = \frac{E \times \frac{h}{3} + G \times x}{N}$$

$$= \frac{112 \times \frac{6.5}{3} + (117 + 234) \times 0.333}{117 + 234} = 0.358\text{m} < \frac{b}{6} = \frac{3}{6} = 0.5\text{m}$$

（4）《地基》式（5.2.2-2）求基础底面边缘的最大压应力

$$P_{\text{kmax}} = \frac{F_k + G_k}{A} + \frac{M}{W} = \frac{117 + 234}{3 \times 1} + \frac{112 \times \frac{6.5}{3} - (117 + 234) \times 0.333}{\frac{1 \times 3^2}{6}} = 200.8\text{kPa}$$

【题3】

某墙下条形基础，基础剖面、土层分布及部分土层参数如图3所示。

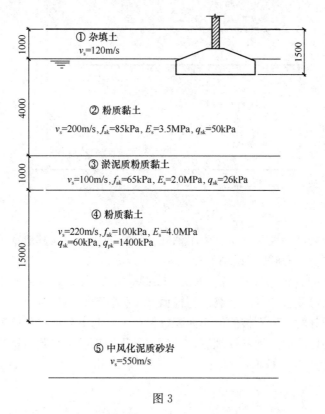

图3

试问，建筑的场地类别为下列何项？

（A）Ⅰ类场地　　（B）Ⅱ类场地　　（C）Ⅲ类场地　　（D）Ⅳ类场地

【答案】（B）

【解答】

根据《抗震》4.1.5条：覆盖层的厚度＝1＋4＋1＋15＝21m＞20m 因此计算深度 d 取 20m。

$$v_{se} = \frac{20}{\frac{1}{120} + \frac{4}{200} + \frac{1}{100} + \frac{14}{220}} = \frac{20}{0.102} = 196\text{m/s}$$

根据《抗震》表 4.1.6，场地类别为Ⅱ类。

【题 4】

某场地位于 7 度抗震设防区，设计基本地震加速度 0.10g，地震设计分组为第三组。地下水位在－1.000m，地基土层分布及有关参数情况见图 4。

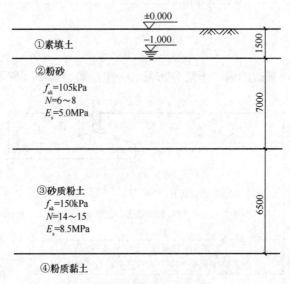

图 4

经判定，②层粉砂为液化土层。为了消除②层土液化，提高其地基承载力，拟采用直径 400mm 振动沉管砂石桩进行地基处理。

假定，筏板基础底面标高为－2.500m，砂石桩桩长 7m，砂石桩与土的应力比 $n=3$，要求经处理后的基底复合地基的承载力特征值 f_{spk} 不小于 138kPa。

试问，初步设计时，砂石桩的最小面积置换率 m，与下列何项数值最为接近？

提示：根据地区经验，地基处理后，②层土处理后桩间土承载力特征值可提高 10%。

(A) 6%   (B) 9%   (C) 10%   (D) 16%

【答案】(C)

【解答】

《地基处理》7.1.5 条式（7.1.5-1）

$$f_{spk} = [1 + m(n-1)]f_{sk}$$

根据提示：②层土处理后桩间土承载力特征值可提高 10%

$$f_{sk} = 1.1 f_{ak} = 115.5\text{kPa}$$

假定砂石桩与土的应力比 $n=3$

要求处理后的基底复合地基的承载力特征值 $f_{spk} = 138\text{kPa}$

根据《地基处理》7.1.5 条第 1 款和式（7.1.5-1）

$$f_{spk} = [1 + m(n-1)]f_{sk}$$

$$138 = [1 + m(3-1)] \times 115.5$$

解得：$m-0.0974$，选（C）。

【题5】

某框架结构，采用人工处理地基上的筏板基础，场地土层分布如图5所示。

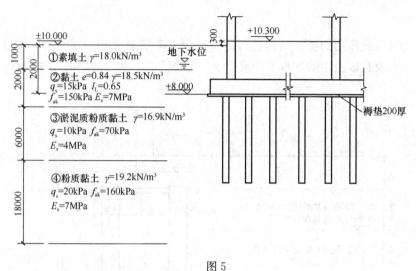

图5

假定，采用湿法水泥土搅拌桩复合地基，桩径600mm，桩长10m，正方形布桩，桩距1350mm，增强体顶部设200mm褥垫层。

假定，增强体单桩承载力特征值为200kN，单桩承载力发挥系数$\lambda = 1.0$，受软弱下卧层影响，桩间土承载力发挥系数$\beta = 0.35$。

试问，按《地基处理》，处理后基底的复合地基承载力特征值f_{spk}（kPa），与下列何项数值最为接近？

提示：处理后桩间土承载力特征值取未经修正的天然地基承载力特征值。

（A）210   （B）190   （C）170   （D）155

【答案】（D）

【解答】

已知：桩径$d = 600$mm，桩距$s = 1350$mm，等效圆直径$d_e = 1.13s$。

根据假定：增强体单桩承载力特征值$R_a = 200$kN

单桩承载力发挥系数$\lambda = 1.0$

桩间土承载力发挥系数$\beta = 0.35$

根据提示：处理后桩间土承载力特征值取未经修正的天然地基承载力特征值

$$f_{sk} = f_{ak} = 150\text{kPa}$$

根据《地基处理》7.1.5条第2款和式（7.1.5-2），

$$f_{spk} = \lambda m \frac{R_a}{A_P} + \beta(1-m)f_{sk}$$

置换率m：

263

$$m = \frac{d^2}{d_e^2} = \frac{d^2}{(1.13s)^2} = \frac{600^2}{(1.13 \times 500)^2} = 0.1547$$

处理后基底的复合地基承载力特征值

$$f_{spk} = 1.0 \times 0.1547 \times \frac{200}{3.14 \times 0.30^2} + 0.35(1 - 0.1547) \times 150 = 153.9\text{kPa}$$

【题 6】

某主要受风荷载作用的框架结构柱，桩基承台下布置有 4 根 $d = 500\text{mm}$ 的长螺旋钻孔灌注桩。承台及其以上土的加权平均重度 $\gamma = 20\text{kN/m}^3$。承台的平面尺寸、桩位布置等如图 6 所示。

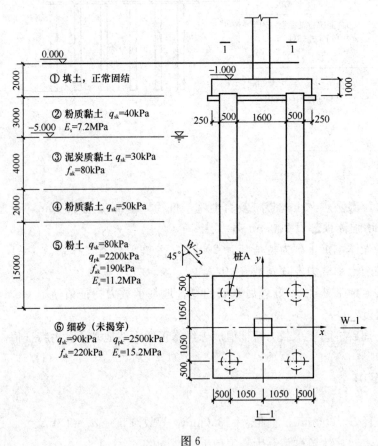

图 6

假定，在 W-2 方向风荷载效应标准组合下，传至承台顶面标高的控制内力为：竖向力 $F_k = 560\text{kN}$，弯矩 $M_{xk} = M_{yk} = 800\text{kN·m}$，水平力可忽略不计。试问，基桩 A 所受的竖向力标准值（kN），与下列何项数值最为接近？

(A) 150（受压）   (B) 300（受压）   (C) 150（受拉）   (D) 300（受拉）

【答案】(C)

【解答】

根据《桩基》第 5.1.1 条第 1 款

$$N_k = \frac{F_k + G_k}{n} = \frac{560 + 3.1 \times 3.1 \times 2.0 \times 20}{4} = 236.1\text{kN}$$

$$M_{xk} = M_{yk} = 800\text{kN} \cdot \text{m}$$

$$N_{max} = \frac{F_k + G_k}{n} - \left(\frac{M_{xk} y_i}{\sum y_i^2} + \frac{M_{yk} x_i}{\sum x_i^2} \right) = 236.1 - \left(\frac{800 \times 1.05}{1.05^2 \times 4} + \frac{800 \times 1.05}{1.05^2 \times 4} \right)$$

$$= 236.1 - 380.9 = -144.8\text{kN}(受拉)$$

【题7～8】

某工程桩采用泥浆护壁旋挖成孔灌注桩，采用一柱一桩的布置形式，桩身纵筋锚入承台内 800mm，桩径 800mm，有效桩长 26m，以碎石土层作为桩端持力层，桩端进入持力层 7m；地基中分布有厚度达 17m 的淤泥，其不排水抗剪强度为 9kPa。局部基础剖面及地质情况如图 7～8（Z）所示，地下水位稳定于地面以下 1m，λ 为抗拔系数。

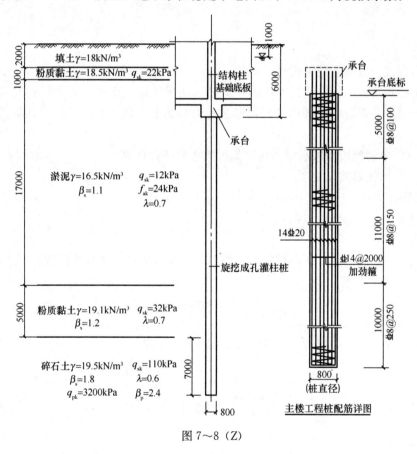

图 7～8（Z）

【题7】

灌注桩采取桩端后注浆措施，注浆技术符合《桩基》的有关规定，根据地区经验，各土层的侧阻增强系数 β_{si} 及端阻增强系数 β_p 如图 7～8（Z）所示。

试问，根据《桩基》估算得到的后注浆灌注桩单桩极限承载力标准值 Q_{uk}（kN），与下列何项数值最为接近？

(A) 4500 　　　　(B) 6000 　　　　(C) 8200 　　　　(D) 10000

【答案】（C）

【解答】

根据《桩基》第5.3.10条，采用式（5.3.10）计算：

$$Q_{uk} = \mu \sum q_{sjk} l_j + u \sum \beta_{si} q_{sik} l_{gi} + \beta_p q_{pk} A_p$$

桩端后注浆的影响深度应按12m取用。

因桩径很大，尺寸效应影响见《桩基》第5.3.6条表5.3.6-2的规定，桩身直径为800mm，故侧阻和端阻尺寸效应系数均为1.0。

$$\begin{aligned} Q_{uk} &= 3.14 \times 0.8 \times 12 \times 14 + 3.14 \times 0.8 \times (1.0 \times 1.2 \times 32 \times 5 + 1.0 \times 1.8 \times 110 \times 7) \\ &\quad + 2.4 \times 3200 \times \frac{3.14}{4} \times 0.8^2 \\ &= 8244.38 \text{kN} \end{aligned}$$

【题8】

现将本工程桩改按抗拔桩设计，一柱一桩，抗拔桩未采取后注浆措施。已知抗拔桩的桩径、桩顶标高及桩底端标高同图7-8（Z）所示的承压桩（重度为25kN/m³）。试问，为满足抗浮要求，荷载效应标准组合时，基桩允许拔力最大值（kN）与下列何项数值最为接近？

　　提示：① 单桩抗拔极限承载力标准值可按土层条件计算。

　　　　　② 抗拔系数 λ_i 见图。

(A) 850 　　　　(B) 1000 　　　　(C) 1700 　　　　(D) 2000

【答案】（B）

【解答】

根据《桩基》第5.4.6条的规定，群桩呈非整体破坏时，基桩的抗拔极限承载力标准值按式（5.4.6-1）计算：

$$T_{uk} = \sum \lambda_i q_{sik} u_i l_i$$

参数代入式（5.4.6-1），

$$T_{uk} = \sum \lambda_i q_{sik} u_i l_i = 3.14 \times 0.8 \times (0.7 \times 12 \times 14 + 0.7 \times 32 \times 5 + 0.6 \times 110 \times 7) = 1737.3 \text{kN}$$

$$G_P = \frac{\pi}{4} \times 0.8^2 \times 26 \times (25 - 10) = 195.9 \text{kN}$$

$$N_k \leqslant \frac{1737.3}{2} + 195.9 = 1064 \text{kN}$$

【题9】

某基础采用承台下桩基；柱A截面尺寸800mm×800mm，预制方桩边长350mm，桩长27m，承台厚度800mm，有效高度 $h_0 = 750$mm，板厚600mm，承台及柱的混凝土强度等级均为C30（$f_t = 1.43$N/mm²），柱A下基础剖面及地质情况见图9。

试问，承台受角桩冲切的承载力设计值（kN）与下列何项数值最为接近？

(A) 600 　　　　(B) 1100 　　　　(C) 1390 　　　　(D) 1580

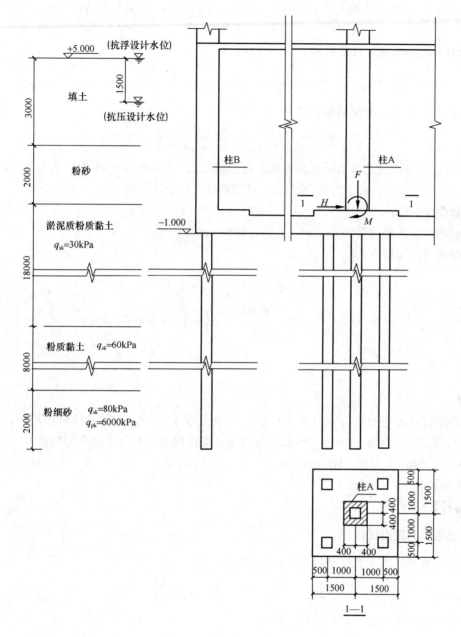

图 9

【答案】(C)

【解答】

根据《桩基》第 5.9.8 条

a_{1x}、a_{1y}——由柱边与桩内边缘边线为冲切锥体的锥线，因为 x、y 向对称，方柱边长为 800mm，预制方桩边长为 350mm。

$$a_{1x} = a_{1y} = 1 - 0.4 - \frac{0.35}{2} = 0.425$$

λ_{1x}、λ_{1y}——角桩冲跨比，$\lambda_{1x}=a_{1x}/h_0$，$\lambda_{1y}=a_{1y}/h_0$，其值均应满足 $0.25\sim1.0$ 的要求。

承台厚度 800mm，有效高度 $h_0=750$mm。

$\lambda_{1x}=\lambda_{1y}=\dfrac{a_{1x}}{h_0}=\dfrac{0.425}{0.75}=0.567$，满足 $0.25<\lambda<1.0$，

β_{1x}、β_{1y}——角桩冲切系数；

$$\beta_{1x}=\beta_{1y}=\frac{0.56}{\lambda_{1x}+0.2}=\frac{0.56}{0.567+0.2}=0.73$$

β_{hp}——承台受冲切承载力截面高度影响系数，当 $h\leqslant800$mm 时，β_{hp} 取 1.0，$h\geqslant$ 2000mm 时，β_{hp} 取 0.9，其间按线性内插法取值。

承台厚度 800mm，$\beta_{hp}=1.0$。

承台的混凝土强度等级为 C30，$f_t=1.43\text{N/mm}^2$。

根据式 （5.9.8-1）

$$\left[\beta_{1x}\left(c_2+\frac{a_{1y}}{2}\right)+\beta_{1y}\left(c_1+\frac{a_{1x}}{2}\right)\right]\beta_{hp}f_th_0$$

$$=2\times0.73\times\left(0.5+\frac{0.35}{2}+\frac{0.425}{2}\right)\times1\times1.43\times750$$

$$=1389.7\text{kN}$$

【题 10】

条形基础底面处的平均压力为 170kPa，基础宽度 $b=3$m，在偏心荷载作用下，基础边缘处的最大压力值为 280kPa。该基础合力偏心距最接近下列哪个选项的数值？

(A) 0.50m　　　　(B) 0.33m　　　　(C) 0.25m　　　　(D) 0.20m

【答案】(B)

【解答】

基础底面的截面抵抗矩：　$W=\dfrac{b^2l}{6}=\dfrac{3^2\times1.0}{6}=1.5\text{m}^3$

根据《地基》第 5.2.2 条的规定，公式可变形为

$$p_{kmax}=\frac{F_k+G_k}{A}+\frac{M_k}{W}=p_k+\frac{M_k}{W}$$

已知条件代入上式，可得基底弯矩为

$$M_k=(280-170)\times1.5=165\text{kN}\cdot\text{m}$$

基础合力偏心距为

$$e=\frac{M_k}{F_k}=\frac{165}{170\times3}=0.324\text{m}$$

【题 11】

条形基础宽度 3m，基础埋深 2.0m，基础底面作用有偏心荷载，偏心距 0.6m。已知深宽修正后的地基承载力特征值为 200kPa，作用至基础底面的最大允许总竖向压力最接近下列哪个选项？

提示：土和基础的加权平均重度为 20kN/m³。

(A) 200kN/m 　　(B) 270kN/m 　　(C) 324kN/m 　　(D) 600kN/m

【答案】(C)

【解答】

基础单位长度土的重力：

$$G_k = 3 \times 2 \times 20 = 120\text{kN/m}$$

(1) 按偏心荷载作用下 $p_{kmax} \leqslant 1.2f_a$ 验算：

根据《地基》5.2.2 条的规定，偏心距的判断

$$e = 0.6\text{m} > b/6 = 3/6 = 0.5\text{m}$$

根据《地基》式（5.2.2-4）和式（5.2.1-2），有

$$p_{kmax} = \frac{2(F_k + G_k)}{3la}$$

$$p_{max} \leqslant 1.2f_a = 1.2 \times 200 = 240\text{kPa}$$

将以上两式合并，有

$$\frac{2(F_k + G_k)}{3la} = 240 \quad \frac{2(F_k + 120)}{3 \times 1 \times (1.5 - 0.6)} = 240 \quad F_k = 204\text{kN/m}$$

$$F_k + G_k = 204 + 120 = 324\text{kN/m}$$

(2) 按 $p_k \leqslant f_a$ 验算

$$(F_k + G_k)/A < f_a$$

$$(F_k + G_k)/(3 \times 1) \leqslant 200, \quad (F_k + G_k) \leqslant 600\text{kN/m}$$

两者取小值 $F_k + G_k = 324\text{kN/m}$。

【题 12】

某砌体房屋，采用墙下钢筋混凝土条形基础，其埋置深度为 1.2m，宽度为 1.6m。场地土层分布如图 12 所示，地下水位标高 -1.200m。

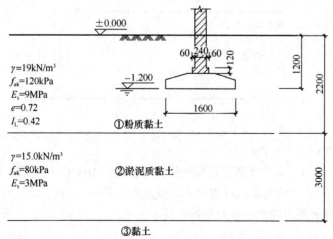

图 12

假定，在荷载效应标准组合下，基础底面压力值 $p_k=130\text{kPa}$。试问，②层淤泥质黏土顶面处的附加压力值 p_z，与下列何项数值最为接近？

(A) 60   (B) 70   (C) 80   (D) 90

【答案】(B)

【解答】

(1) 取基础长度 1m 为计算单元。

(2) 根据《地基》5.2.7 条

$$\frac{E_{s1}}{E_{s2}}=\frac{9}{3}=3,\ \frac{z}{b}=\frac{1.0}{1.6}=0.625>0.5$$

查表 5.2.7，地基压力扩散角 $\theta=23°$

$$p_z=\frac{b(p_k-p_c)}{b+2z\tan\theta}=\frac{1.6\times(130-1.2\times19)}{1.6+2\times1.0\cdot\tan23°}=70.0\text{kPa}$$

【题 13】

钢筋混凝土墙下条形基础，基础剖面及土层分布如图 13 所示。

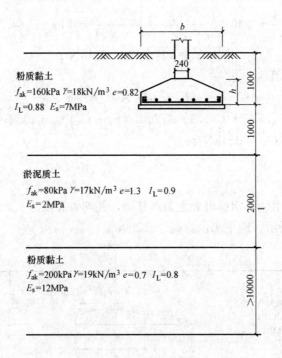

图 13

上部结构荷载在每延米长度基础底面处相应于正常使用极限状态下荷载效应的标准组合的平均压力值为 250kN，土和基础的加权平均重度为 20kN/m³，地基压力扩散角取 $\theta=12°$。

试问，按地基承载力确定的条形基础宽度 b（mm），最小不应小于下列何项数值？

(A) 1800   (B) 2500   (C) 3100   (D) 3800

【答案】(B)

【解答】

淤泥质土属于软弱下卧层，基础宽度应满足基础底面和软弱下卧层承载力两方面要求。

（1）满足基底持力层承载力要求

由地基持力层的液性指数 $I_L = 0.88 > 0.85$，查《地基》表 5.2.4，地基承载力修正系数为 $\eta_b = 0$，$\eta_d = 1$。

由于 $\eta_b = 0$，无须考虑地基宽度。根据《地基》式（5.2.5），

$f_{az} = f_{ak} + \eta_b \gamma (b-3) + \eta_d \gamma_m (d-0.5) = 160 + 1 \times 18 \times (1-0.5) \text{kPa} = 169 \text{kPa}$

根据《地基》式（5.2.1-1）和式（5.2.2-1）规定有

$$b \geqslant \frac{F_k}{f_a - \gamma_G d} = \frac{250}{169 - 20 \times 1.0} = 1.68 \text{m}$$

（2）由于存在软弱下卧层，需满足软弱下卧层承载力要求。

对下卧层淤泥质土，查《地基》表 5.2.4，地基承载力修正系数为

$$\eta_b = 0, \quad \eta_d = 1$$

根据《地基》式（5.2.4），进行深度修正，得 $f_{az} = 80 + 1 \times 18 \times (2-0.5) \text{kPa} = 107 \text{kPa}$。

根据《地基》5.2.7 条，软弱下卧层顶面处土的自重压力值为 $p_{cz} = 18 \times 2 = 36 \text{kPa}$。

条形基础取 1m 长计算，则基底压力为 $p_k = 250/b$

基底自重应力为 $p_c = 18 \times 1 = 18 \text{kPa}$

综合《地基》式（5.2.7-1）和式（5.2.7-2）

即 $p_z + p_{cz} \leqslant f_{az}$ 和 $p_z = \dfrac{b(p_k - p_c)}{b + 2z\tan\theta}$ 可得 $\dfrac{b(p_k - p_c)}{b + 2z\tan\theta} \leqslant f_{az} - p_{cz}$

已知地基压力扩散角为 $\theta = 12°$，代入上式得

$$\frac{b\left(\dfrac{250}{b} - 18\right)}{b + 2 \times 1 \times \tan 12°} \leqslant 107 - 36$$

解得 $b \geqslant 2.47 \text{m}$。

【题 14】

某柱下扩展基础，平面尺寸为 3.4m×3.4m，基础埋深为 1.6mm，场地土层分布及土性如图 14 所示。

假定，相应于作用的准永久组合时，基底的附加平均压力值 $p_0 = 150 \text{kPa}$。试问，当沉降经验系数 $\psi_s = 0.8$ 时，不考虑相邻基础的影响，基础中心点由第①层土产生的最终变形量 s_1（mm），与下列何项数值最为接近？

（A）30　　　　（B）40　　　　（C）50　　　　（D）60

【答案】（B）

【解答】

$$l/b = 1.7/1.7 = 1, \quad z_1/b = 3.4/1.7 = 2$$

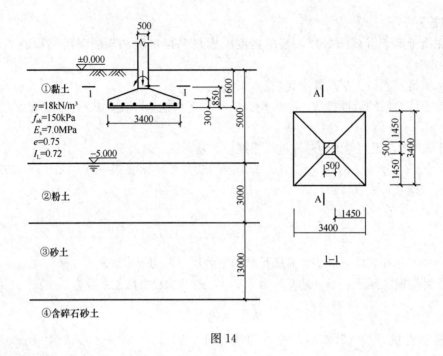

图 14

查《地基》表 K.0.1-2，$\bar{a}_1 = 0.1746$

根据《地基》第 5.3.5 条：

$$s_1 = 4\psi_s \sum_{i=1}^{n} \frac{P_0}{E_s}(z_i \bar{a}_i - z_{i-1} \bar{a}_{i-1})$$

$$= 4 \times 0.8 \times \frac{150}{7000} \times 3400 \times 0.1746 = 40.7\text{mm}$$

【题 15】

某墙下条形基础，如图 15 所示。

作用于条形基础的最大弯矩设计值 $M = 140\text{kN}\cdot\text{m/m}$，最大弯矩处的基础高度 $h = 650\text{mm}$（$h_0 = 600\text{mm}$），基础均采用 HRB400 钢筋（$f_y = 360\text{N/mm}^2$）。

试问，下列关于该条形基础的钢筋配置方案中，何项最为合理？

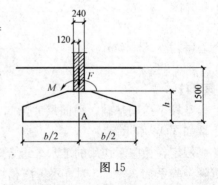

图 15

(A) 受力钢筋 12@200，分布钢筋 8@300

(B) 受力钢筋 12@150，分布钢筋 8@200

(C) 受力钢筋 14@200，分布钢筋 8@300

(D) 受力钢筋 14@150，分布钢筋 8@200

【答案】(D)

【解答】根据《地基》第 8.2.12 条规定，条形基础受力主筋配置需满足以下条件：

(1) 受弯承载力要求，《地基》式（8.2.12）

$$A_s = \frac{M}{0.9 f_y h_0} = \frac{140 \times 10^6}{0.9 \times 360 \times 600} = 720\text{mm}^2/\text{m}$$

（2）最小配筋率构造要求，《地基》8.2.1 条 3 款
$$A_s = 0.15\% \times 1000 \times 650 = 975\text{mm}^2/\text{m}$$

四个选项中，受力主筋 14@150，实配 1077mm²，满足要求，其余选项不满足要求；分布钢筋 8@200，实配 252mm²，大于 15%×975＝146mm²，满足《地基》第 8.2.1 条第 3 款的要求，故选（D）。

【题 16】

某框架-核心筒结构体系，框架柱截面尺寸均为 900mm×900mm，筒体平面尺寸为 11.2m×11.6m，如图 16 所示。基础采用平板式筏形基础，板厚 1.4m，筏形基础的混凝土强度等级为 C30（$f_t=1.43\text{N/mm}^2$）。

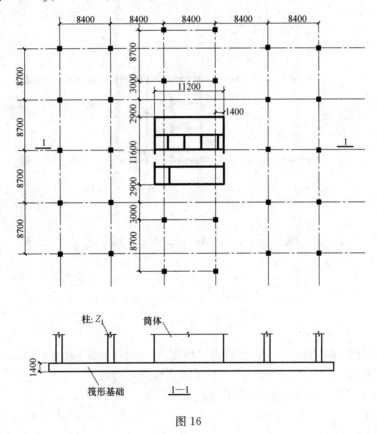

图 16

试问，当对筒体下板厚进行受冲切承载力验算时，内筒下筏板受冲切混凝土的剪应力设计值 τ_c（kPa），最接近下列何项数值？

提示：计算时取 $h_0=1.35\text{m}$。

(A) 760　　　　(B) 800　　　　(C) 950　　　　(D) 1000

【答案】（A）

【解答】

根据《地基》8.4.8 条

$$F_l/u_m h_0 \leqslant 0.7\beta_{hp} f_t/\eta$$

$$\beta_{hp}=1-\frac{1.4-0.8}{1.2}\times0.1=0.95,\ \eta=1.25$$

$$\tau_c=\frac{0.7\beta_{hp}f_t}{\eta}=\frac{0.7\times0.95\times1430}{1.25}=761\text{kPa}$$

【题 17】

某 31 层普通办公楼，采用现浇钢筋混凝土框架-核心筒结构，标准层平面如图 17 所示，首层层高 6m，其余各层层高 3.8m，结构高度 120m。基本风压 $w_0=0.80\text{kN/m}^2$，地面粗糙度为 C 类。安全等级二级。

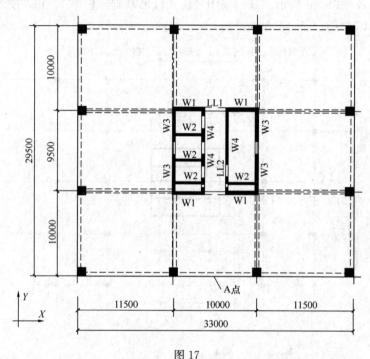

图 17

围护结构为玻璃幕墙，试问，计算办公区室外幕墙骨架结构承载力时，100m 高度 A 点处的风荷载标准值 W_k（kN/m^2），与下列何项数值最为接近？

提示：幕墙骨架结构非直接承受风荷载，从属面积为 25m²；

(A) 1.5   (B) 2.0   (C) 2.5   (D) 3.0

【答案】（B）

【解答】

根据《荷载规范》第 8.1.2 条及条文说明，高度大于 60m，但非主体结构，基本风压 $w_0=0.80\text{kN/m}^2$。

根据《荷载规范》表 8.3.3 项次 1，幕墙外表面 $\mu_{sl}=1.0$，第 8.3.5 条第 1 款，内表面 $\mu_{sl}=0.2$，表 8.6.1，$\beta_{gz}=1.69$，表 8.2.1，$\mu_z=1.50$，第 8.3.4 条第 2 款，从属面积 25m² 时，折减系数为 0.8。

根据《荷载规范》式（8.1.1-2），

$$w_k=\beta_{gz}\mu_{sl}\mu_z w_0=1.69\times0.8\times(1.0+0.2)\times1.5\times0.80=1.95\text{kN/m}^2$$

274

【题 18～19】

某 10 层钢筋混凝土框架结构，如图 18～19（Z）所示，质量和刚度沿竖向分布比较均匀，抗震设防类别为标准设防类，抗震设防烈度 7 度，设计基本地震加速度 0.10g，设计地震分组第一组，场地类别Ⅱ类。

【题 18】

假定，房屋集中在楼盖和屋盖处的重力荷载代表值为：首层 $G_1 = 12000kN$，$G_{2-9} = 11200kN$，$G_{10} = 9250kN$，结构考虑填充墙影响的基本自振周期 $T_1 = 1.24s$，结构阻尼比 $\xi = 0.05$。试问，采用底部剪力法估算时，该结构总水平地震作用标准值 F_{Ek}（kN），与下列何项数值最为接近？

（A）2410　　　　（B）2720

（C）3620　　　　（D）4080

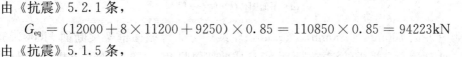

图 18～19（Z）

【答案】（A）

【解答】

由《抗震》5.2.1 条，

$$G_{eq} = (12000 + 8 \times 11200 + 9250) \times 0.85 = 110850 \times 0.85 = 94223kN$$

由《抗震》5.1.5 条，

$$\xi = 0.05,\ \gamma = 0.9,\ \eta_2 = 1.0,\ T_g = 0.35,\ T_1 = 1.24s = \frac{1.24}{0.35}T_g = 3.54T_g$$

地震影响系数曲线位于《抗震》图 5.1.5 曲线下降段，

$$\alpha_1 = \left(\frac{T_g}{T_1}\right)^{0.9}\alpha_{max} = \left(\frac{0.35}{1.24}\right)^{0.9} \times 0.08 = 0.0256$$

$F_{Ek} = 0.0256 \times 94223 = 2412kN$，故选（A）。

【题 19】

假定，该框架结构进行方案调整后，结构的基本自振周期 $T = 1.10s$，总水平地震作用标准值 $F_{Ek} = 3750kN$。试问，作用于该结构顶部附加水平地震作用 ΔF_{10}（kN），与下列何项数值最为接近？

（A）210　　　　（B）260　　　　（C）370　　　　（D）590

【答案】（D）

【解答】

根据《抗震》5.2.1 条

$$\Delta F_n = \delta_n \cdot F_{Ek},\ T_1 = 1.1s = \frac{1.10}{0.35}T_g = 3.14T_g > 1.4T_g$$

根据《抗震》表 5.2.1 条：

$$\delta_n = 0.08T_1 + 0.07 = 0.08 \times 1.10 + 0.07 = 0.158$$

$\Delta F_{10} = 3750 \times 0.158 = 593kN$，故选（D）。

【题 20】

某 26 层钢结构办公楼，采用钢框架-支撑系统，如图 20-1 所示。Ⓐ轴第 6 层偏心支撑框架，局部如图 20-1 (b) 所示。

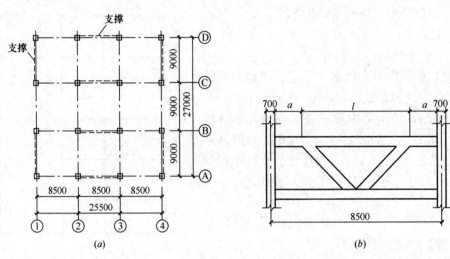

图 20-1

(a) 平面图；(b) 偏心支撑

箱形柱断面 700mm×700mm×40mm，轴线中分。等截面框架梁断面 H600×300×12×32。为把偏心支撑中的消能梁段 a 设计成剪切屈服型，试问，偏心支撑的 l 梁段长度最小值，与下列何项数值最为接近？

提示：① 为简化计算，梁腹板和翼缘的 $f=295\text{N/mm}^2$，$f_y=325\text{N/mm}^2$；

② 假设消能梁段受剪承载力不计入轴力影响，剪切屈服型：$\dfrac{2M_{lp}}{a}>0.58A_wf_y$，$a\leqslant$

$\dfrac{1.6M_{lp}}{V_l}$。

(A) 2.90m   (B) 3.70m   (C) 4.40m   (D) 5.40m

【答案】（A）

【解答】

(1) 根据《高钢规》式 (7.6.3-1)

$$h_0 = 600 - 2 \times 32 = 536\text{mm}$$

$$V_l = 0.58f_yh_0t_w = 0.58 \times 325 \times 536 \times 12 = 1212\text{kN}$$

(2) 全截面屈曲计算塑性抵抗矩（塑性截面模量），如图 20-2 所示。

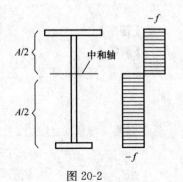

图 20-2

$$W_{np} = 2 \times [300 \times 32 \times (268 + 32/2) + 268 \times 12 \times (268/2)]$$

$$= 6314688 \text{ mm}^3$$

(3) 根据《高钢规》式 (7.6.3-1)

$$M_{lp} = fW_{np} = 295 \times 6314688 = 1862.8\text{kN} \cdot \text{m}$$

(4) 消能梁段净长

$$a \leqslant \frac{1.6 M_{lp}}{V_l} = \frac{1.6 \times 1862.8}{1212} = 2.46\text{m}$$

（5）偏心支撑中的 l 梁段长度的最小值

$$l = 8.5 - 0.7 - 2 \times 2.46 = 2.88\text{m}$$

【题 21】

某钢结构布置如图 21 所示。

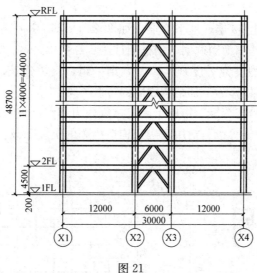

图 21

框架梁、柱采用 Q345，次梁、中心支撑采用 Q235。

中心支撑为轧制 H 型钢 H250×250×9×14，几何长度 5000mm。

截面	$A(\text{mm}^2)$	$i_x(\text{mm})$	$i_y(\text{mm})$
H250×250×9×14	91.43×10²	108.1	63.2

假定支撑的计算长度系数为 1.0. 考虑作用时支撑斜杆的受压承载力限值（kN）与下列何项数值最为接近？

提示：$f = 235\text{N/mm}^2$，$E = 2.06 \times 10^5\text{N/mm}^2$。

(A) 1110　　　(B) 1450　　　(C) 1650　　　(D) 1800

【答案】（A）

【解答】

（1）稳定系数

支撑长细比：$\lambda_y = \frac{5000}{63.2} = 79$

查《钢标》表 7.2.1-1，$b/h = 250/250 = 1$ 支撑斜杆截面对 Y 轴为 b* 类，对于 Q235 钢，按表中小注为 C 类。查《钢标》表 C-2，$\varphi_y = 0.584$。

（2）根据《高钢规》7.5.5

$$\lambda_n = \left(\frac{\lambda}{\pi}\right)\sqrt{\frac{f_y}{E}} = \frac{79}{3.14}\sqrt{\frac{235}{2.06 \times 10^5}} = 0.85$$

$$\psi = \frac{1}{1+0.35\lambda_n} = \frac{1}{1+0.35 \times 0.85} = 0.77$$

(3)《高钢规》3.6.1，支撑稳定时取 $\gamma_{RE}=0.8$。

$$\frac{N}{\varphi A_{br}} \leqslant \frac{\psi f}{\gamma_{RE}}$$

$$N \leqslant \frac{\psi f(\varphi A_{br})}{\gamma_{RE}} = \frac{0.77 \times 215 \times 0.584 \times 9143 \times 10^{-3}}{0.8} = 1106\text{kN}$$

【题 22】

某高层办公楼，地上 33 层，地下 2 层，如图 22 所示，房屋高度为 128.0m，内筒采用钢筋混凝土核心筒，外围为钢框架，钢框架柱距：1～5 层 9m，6～33 层为 4.5m，5 层设转换桁架。抗震设防烈度为 7 度（0.10g），第一组，丙类建筑，场地类别为Ⅲ类。地下一层顶板（±0.000）处作为上部结构嵌固部位。

提示：本题"抗震措施等级"指用于确定抗震内力调整措施的抗震等级；

　　　"抗震构造措施等级"指用于确定构造措施的抗震等级。

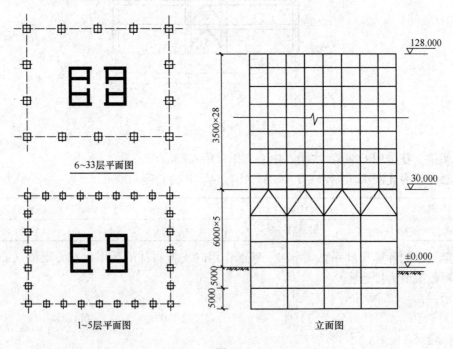

图 22

针对上述结构，部分楼层核心筒抗震等级有下列 4 组，如表 22A～22D 所示，试问，其中哪组符合《高规》规定的抗震等级？

（A）表 22A　　　（B）表 22B　　　（C）表 22C　　　（D）表 22D

表 22A

	抗震措施等级	抗震构造措施等级
地下二层	不计算地震作用	一级
20 层	特一级	特一级

	抗震措施等级	抗震构造措施等级
地下二层	不计算地震作用	二级
20 层	一级	一级

	抗震措施等级	抗震构造措施等级
地下二层	一级	二级
20 层	一级	一级

	抗震措施等级	抗震构造措施等级
地下二层	二级	二级
20 层	二级	二级

【答案】（B）

【解答】

（1）《高规》11.1.4 条表 11.1.4，7 度，$H=128\text{m}<130\text{m}$，20 层的核心筒的抗震等级为一级。表 22A，表 22D 不符合规定。

（2）《高规》3.9.5 条和条文说明，"地下一层以下不要求计算地震作用"，所以地下二层不计算地震作用；

"地下一层相关范围的抗震等级应按上部结构采用，地下一层以下抗震构造措施的抗震等级可逐层降低"，地下一层与地上一层的抗震等级相同，为一级。地下二层的抗震等级降低一级为二级。选（B）。

【题 23】

某 38 层现浇钢筋混凝土框架-核心筒结构，如图 23 所示，房屋高度为 160m，1～4 层

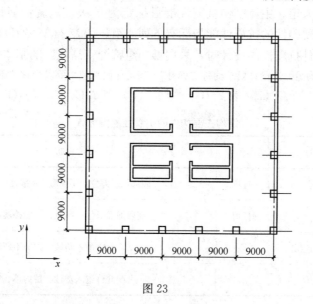

图 23

层高 6.0m，5～38 层层高 4.0m。抗震设防烈度为 7 度（0.10g），抗震设防类别为标准设防类，无薄弱层。

假定，该结构进行方案比较时，刚重比大于 1.4，小于 2.7。由初步方案分析得知，多遇地震标准值作用下，y 方向按弹性方法计算未考虑重力二阶效应的层间最大水平位移在中部楼层，为 5mm。试估算，满足规范对 y 方向楼层位移限值要求的结构最小刚重比，与下列何项数值最为接近？

(A) 2.7　　　　(B) 2.5　　　　(C) 2.0　　　　(D) 1.4

【答案】(B)

【解答】

(1)《高规》3.7.3 条，高度 150m 建筑水平位移限值 $h/800=5mm$；高度 250mm 建筑水平位移限值 $h/500=8mm$。

160m 建筑水平位移限值

$$[\Delta u] = 5 + \frac{8-5}{250-150} \times 10 = 5.3mm$$

(2) 重力二阶效应位移增大系数的最大取值：5.3/5=1.06。

(3) 重力二阶效应按式（5.4.3-3）计算

$$F_1 = \frac{1}{1 - 0.14H^2 \sum_{i=1}^{n} G_i/(EJ_d)} \leqslant 1.06$$

$$\frac{EJ_d}{H^2 \sum_{i=1}^{n} G_i} \geqslant 2.473 < 2.7$$

【题 24】

条件同上题，假定，主体结构抗震性能目标定为 C 级，抗震性能设计时，在设防烈度地震作用下，主要构件的抗震性能指标有下列 4 组，如表 24A～24D 所示。试问，设防烈度地震作用下构件抗震性能设计时，采用哪一组符合《高规》的基本要求？

注：构件承载力满足弹性设计要求简称"弹性"；满足屈服承载力要求简称"不屈服"。

(A) 表 24A　　　(B) 表 24B　　　(C) 表 24C　　　　(D) 表 24D

结构主要构件的抗震性能指标 A　　　　　　　　　　表 24A

		设防烈度
核心筒墙肢	抗弯	底部加强部位：不屈服，一般楼层：不屈服
	抗剪	底层加强部位：弹性，一般楼层：不屈服
核心筒连梁		允许进入塑性、抗剪不屈服
外框梁		允许进入塑性、抗剪不屈服

结构主要构件的抗震性能指标 B　　　　　　　表 24B

		设防烈度
核心筒墙肢	抗弯	底部加强部位：不屈服，一般楼层：不屈服
	抗剪	底层加强部位：弹性，一般楼层：弹性
核心筒连梁		允许进入塑性、抗剪不屈服
外框梁		允许进入塑性、抗剪不屈服

结构主要构件的抗震性能指标 C　　　　　　　表 24C

		设防烈度
核心筒墙肢	抗弯	底部加强部位：不屈服，一般楼层：不屈服
	抗剪	底层加强部位：弹性，一般楼层：不屈服
核心筒连梁		抗弯、抗剪不屈服
外框梁		抗弯、抗剪不屈服

结构主要构件的抗震性能指标 D　　　　　　　表 24D

		设防烈度
核心筒墙肢	抗弯	底部加强部位：不屈服，一般楼层：不屈服
	抗剪	底层加强部位：弹性，一般楼层：弹性
核心筒连梁		抗弯、抗剪不屈服
外框梁		抗弯、抗剪不屈服

【答案】（B）

【解答】

（1）确定结构的抗震性能水准

性能目标 C，地震作用为设防烈度（中震），根据《高规》表 3.11.1，结构的抗震性能水准为 3。

（2）确定结构的损坏部位的构件类型

根据《高规》3.11.2 条及条文说明：

关键构件：底部加强部位的核心筒墙肢；

普通竖向构件：一般楼层的核心筒墙肢和框架柱；

耗能构件：核心筒连梁、外框梁。

（3）确定抗震性能水准 3 时，关键构件、普通竖向构件、耗能构件的承载力性能要求

《高规》3.11.3 条第 3 款：

关键构件：受剪承载力宜符合：式（3.11.3-1）．即"中震弹性"；

　　　　　正截面承载力应符合：式（3.11.3-2），即"中震不屈服"。

普通竖向构件：受剪承载力宜符合：式（3.11.3-1），即"中震弹性"；

　　　　　　　正截面承载力应符合：式（3.11.3-2），即"中震不屈服"。

部分"耗能构件"：受剪承载力宜符合：式（3.11.3-2），即"中震不屈服"；

　　　　　　　　正截面承载力允许进入屈服阶段，即"塑性阶段"。

（4）确定选项

从承载力性能要求分析，关键构件、普通竖向构件两种构件在抗弯，抗剪的要求是相同的，都是抗剪弹性，抗弯不屈服，所以表24A和表24C不正确。（抗剪要求两者不一致）。

耗能构件的抗弯可进入塑性，抗剪不屈服。所以表24D不正确，因为连梁的抗弯不屈服是不对的。

选（B）。

【题 25】

某10层现浇钢筋混凝土剪力墙结构住宅，如图25所示，各层层高均为4m，房屋高度为40.3m。抗震设防烈度为9度，设计基本地震加速度为0.40g，设计地震分组为第三组，建筑场地类别为Ⅱ类，安全等级二级。

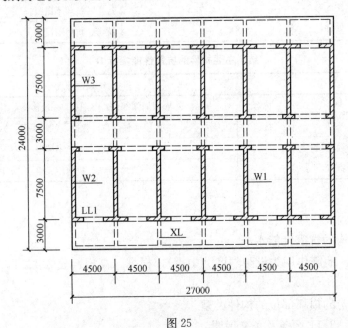

图 25

假定，对悬臂梁XL根部进行截面设计时，应考虑重力荷载效应及竖向地震作用效应，在永久荷载作用下梁端负弯矩标准值 $M_{Gk} = 263$kN·m，按等效均布活荷载计算的梁端负弯矩标准值 $M_{Qk} = 54$kN·m。试问，进行悬臂梁截面配筋设计时，起控制作用的梁端负弯矩设计值（kN·m）。与下列何项数值最为接近？

(A) 325   (B) 355   (C) 385   (D) 425

【答案】（D）

【解答】

(1) 进行梁截面配筋设计选择内力（效应）的组合时，按《高规》5.6.1条和5.6.3条，非抗震和抗震两者比较。

(2) 持久和短暂设计状况下支座弯矩（非抗震）

《高规》5.6.1条：$S_d = \gamma_G S_{GK} + \gamma_L \psi_Q \gamma_Q S_{Qk}$

可变荷载起控制作用时：$M_A = 1.2 \times (-263) + 1.4 \times (-54) = -391$kN·m

永久荷载起控制作用时：$M_A = 1.35 \times (-263) + 0.7 \times 1.4 \times (-54) = -408 \text{kN} \cdot \text{m}$

$$M_{max} = -408 \text{kN} \cdot \text{m}$$

（3）地震设计状况下支座弯矩

《高规》5.6.3 条：$S_d = \gamma_G S_{GE} + \gamma_{Ev} S_{Evk}$

① 重力荷载代表值产生的弯矩：$S_{GE} = (-263) - 0.5 \times 54 = -290 \text{kN} \cdot \text{m}$

② 竖向地震地震作用产生的弯矩：

《高规》表 4.3.15，9 度，竖向地震作用系数 0.2

$$S_{Evk} = 0.2 \times (-290) = -58 \text{kN} \cdot \text{m}$$

③ 5.6.3 条，$M_A = 1.2 \times (-290) + 1.3 \times (-58) = -423 \text{kN} \cdot \text{m}$。

（4）配筋计算时所用的弯矩设计值：

《混规》11.1.6 条：验算构件的承载力时，应按承载力抗震调整系数 γ_{RE} 进行调整。

《高规》3.8.2 条：仅考虑竖向地震作用组合时，$\gamma_{RE} = 1.0$

$\gamma_{RE} M_A = 1.0 \times 423 = 423 > M_{max} = 408 \text{kN} \cdot \text{m}$，选（D）。

【题 26】

某办公楼，采用现浇钢筋混凝土框架-剪力墙结构，房屋高度 73m，地上 18 层，1~17 层刚度、质量沿竖向分布均匀，18 层为多功能厅，仅框架部分升至屋顶，顶层框架结构抗震等级为一级。剖面如图 26 所示，顶层梁高 600mm。抗震设防烈度为 8 度（0.2g），丙类建筑，进行结构多遇地震分析时，顶层中部某边柱，经振型分解反应谱法及三组加速度弹性时程分析补充计算，18 层楼层剪力、相应构件的内力及按实配钢筋对应的弯矩值见表 26，表中内力为考虑地震作用组合，按弹性分析未经调整的组合设计值，弯矩均为顺时针方向。

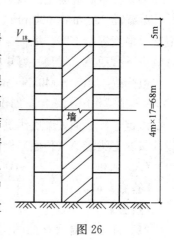

图 26

表 26

	M_c^t、M_c^b （kN·m）	M_{cua}^t、M_{cua}^b （kN·m）	V_c^t （kN）	M_{bua} （kN·m）	V_{18} （kN）
振型分解反应谱	350	450	220	350	2000
时程分析法平均值	340	420	210	320	1800
时程分析法最大值	450	550	250	380	2400

试问，该柱进行本层截面配筋设计时所采用的弯矩设计值 M（kN·m）、剪力设计值 V（kN），与下列何项数值最为接近？

(A) 350；220   (B) 450；250   (C) 340；210   (D) 420；300

【答案】（D）

【解答】

(1)《高规》3.5.9 条，结构顶层取消部分墙、柱形成空旷房间时，宜进行弹性或弹塑性时程分析补充计算并采取有效的构造措施。

(2) 4.3.5-4，三组时程曲线时，取时程法的包络值与振型分解的较大值；七组及以上时，取时程法的平均值与振型分解的较大值。

顶层剪力取时程分析最大值2400kN，构件内力放大系数 $\eta=2400/2000=1.2$。

(3) 柱弯矩设计值

6.2.1，顶层柱弯矩不调整，但须乘以放大系数 η。

$$M_c=350\times1.2=420\text{kN}\cdot\text{m}$$

(4) 柱剪力设计值，须通过 M_{cua} 乘以放大系数 η

6.2.3-1，一级框架结构和9度时的框架：$V=1.2(M_{cua}^t+M_{cua}^b)/H_n$

$$M_{cua}^{'b}=M_{cua}^{'t}=450\times1.2=540\text{kN}\cdot\text{m}$$

代入式（6.2.3-1）

$$V=1.2(M_{cua}^t+M_{cua}^b)/H_n=1.2(540+540)/4.4=295\text{kN}\cdot\text{m}$$

【题 27】

某现浇钢筋混凝土框架结构，抗震等级为一级，某一框架梁局部平面如图27所示。

梁截面 350mm×600mm，$h_0=540$mm，$a_s'=40$mm，混凝土强度等级 C30。纵筋采用 HRB400 钢筋。该梁在各效应下截面 A（梁顶）弯矩标准值分别为：

恒荷载：$M_A=-440$kN·m；活荷载：$M_A=-240$kN·m；水平地震作用：$M_A=-234$kN·m；

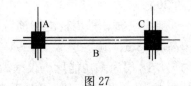

图 27

假定，A 截面处梁底纵筋面积按梁顶纵筋面积的二分之一配置，试问，为满足地震设计状况下梁端 A（顶面）极限承载力要求，梁端弯矩调幅系数至少应取下列何项数值？

(A) 0.80　　　　(B) 0.85　　　　(C) 0.90　　　　(D) 1.00

【答案】(B)

【解答】

(1) 计算梁端 A 截面的实际抗弯承载力：

① 混凝土压区高度

《高规》第6.3.2条第1款，一级抗震要求的框架梁受压区高度：

$$x=0.25h_0=0.25\times540=135\text{mm}$$

② 钢筋面积：

《高规》6.3.2条第3款和《混规》式（6.2.10-2）：

$A_s\geqslant0.5A_s'$，本题 $A_s=0.5A_s'$

$$\frac{x}{h_0}=\frac{f_yA_s-f_y'A_s'}{\alpha_1bh_0f_c}=\frac{360\times0.5A_s}{1\times350\times540\times14.3}=0.25$$

$$A_s=3754\text{mm}^2,\ A_s'=1877\text{mm}^2$$

③ 梁 A 截面抗弯承载力

《混规》式（6.2.10-1）

$$M=\alpha_1f_cbx\left(h_0-\frac{x}{2}\right)+f_y'A_s(h_0-a_s')$$

$$= 1 \times 14.3 \times 350 \times 135 \times \left(540 - \frac{135}{2}\right) + 360 \times 1877 \times (540 - 40)$$

$$= 6.57 \times 10^8 \text{N} \cdot \text{mm}$$

（2）地震设计状况截面抗弯承载力 M'

《混规》11.1.6 条

$$M' = \frac{M}{\gamma_{RE}} = \frac{6.57 \times 10^8}{0.75} = 8.76 \times 10^8 \text{N} \cdot \text{mm} = 876 \text{kN} \cdot \text{m}$$

《高规》5.6.3 条

$$M_A = 1.2 \times (-440 - 0.5 \times 240) + 1.3 \times (-234) = 976 \text{kN} \cdot \text{m} > M'$$

（3）计算弯矩调幅系数 β

梁端 A 的计算弯矩 976kN·m 大于承载力的弯矩 876kN·m，可进行弯矩调幅，调到承载力的弯矩 876kN·m。

根据《高规》5.2.3 条，只对重力荷载作用下的弯矩可以调幅，调幅系数 β，重力荷载代表值效应调幅后的组合弯矩与梁端承载力相等：

$$M_A = 1.2 \times \beta(-440 - 0.5 \times 240) + 1.3 \times (-234) = -876 \text{kN} \cdot \text{m}$$

得 $\beta = 0.85$，选 （B）。

【题 28】

某 25 层部分框支剪力墙结构住宅，剖面如图 28 所示，首层及二层层高 5.5m，其余各层层高 3m，房屋高度 80m。抗震设防烈度为 8 度（0.20g），设计地震分组第一组，建筑场地类别为 II 类，标准设防类建筑，安全等级为二级。

假定，首层一字形独立墙肢 W_1 考虑地震组合且未按有关规定调整的一组不利内力计算值 $M_w = 15000 \text{kN} \cdot \text{m}$，$V_w = 2300 \text{kN}$，剪力墙截面有效高度 $h_{w0} = 4200 \text{mm}$，混凝土强度等级 C35。

试问，满足规范剪力墙截面名义剪应力限值的最小墙肢厚度 b（mm），与下列何项数值最为接近？

（A）250 　　　（B）300
（C）350 　　　（D）400

【答案】（B）

【解答】

根据《高规》表 3.9.3，底部加强区剪力墙抗震等级为一级。根据第 10.2.18 条及 7.2.6 条，

$$V = 1.6 \times V_w = 1.6 \times 2300 = 3680 \text{kN}$$

根据《高规》7.2.7 条：

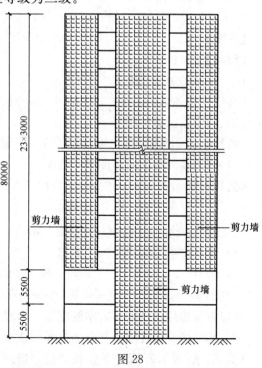

图 28

剪力墙剪跨比 $\lambda = \dfrac{M^c}{V^c h_{w0}} = \dfrac{15000 \times 10^6}{2300 \times 10^3 \times 4200} = 1.55 < 2.5$

根据《高规》式（7.2.7-3）

$$V_w \leqslant \dfrac{1}{\gamma_{RE}} (0.15 \beta_c f_c b_w h_{w0})$$

$$3680 \leqslant \dfrac{1}{0.85} \times (0.15 \times 1.0 \times 16.7 \times b_w \times 4200) \times 10^{-3}$$

$$b_w \geqslant 297.3 \text{mm}$$

【题 29】

某 42 层高层住宅，采用现浇混凝土剪力墙结构，层高为 3.2m，房屋高度 134.7m，地下室顶板作为上部结构的嵌固部位。抗震设防烈度 7 度，Ⅱ类场地，丙类建筑。采用 C40 混凝土，纵向钢筋和箍筋分别采用 HRB400（Ⅲ）和 HRB335（Ⅱ）钢筋。

7 层某剪力墙（非短肢墙）边缘构件如图 29 示，阴影部分为纵向钢筋配筋范围，墙肢轴压比 $\mu_N = 0.4$，纵筋混凝土保护层厚度为 30mm。试问，该边缘构件阴影部分的纵筋及箍筋选用下列何项可能满足规范、规程的最低抗震构造要求？

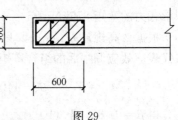

图 29

提示：①计算体积配箍率时，不计入墙的水平分布钢筋；

②箍筋体积配箍率计算时，扣除重叠部分箍筋；

③构造边缘构件箍筋 B8@100。

(A) 8Ⅲ18；Ⅱ8@100　　　　　　(B) 8Ⅲ20；Ⅱ8@100

(C) 8Ⅲ18；Ⅱ10@100　　　　　 (D) 8Ⅲ20；Ⅱ10@100

【答案】(C)

【解答】

(1) 房屋的适用高度

《高规》表 3.3.1-1 和 3.3.1-2，7 度、剪力墙结构，高度 134.7m，B 级高层。

(2) 剪力墙抗震等级

《高规》表 3.9.4，剪力墙抗震等级为一级。

(3) 剪力墙结构的底部加强区范围

《高规》第 7.1.4 条，底部加强部位高度：

$$H_1 = 2 \times 3.2 = 6.4 \text{m}, \quad H_2 = \dfrac{1}{10} \times 134.4 = 13.44 \text{m}$$

取大值 13.44m，1~5 层为底部加强部位。

(4) 第 7 层剪力墙边缘构件类型

《高规》第 7.2.14 条，1~6 层设置约束边缘构件，B 级高层宜设过渡层，7 层为过渡层，过渡层边缘构件的箍筋配置要求可低于约束边缘构件的要求，但应高于构造边缘构件的要求。

对过渡层边缘构件的竖向钢筋配置《高规》未作规定，不低于构造边缘构件的要求。

(5) 构造边缘构件阴影部分的纵筋配置：

《高规》查表 7.2.16 中的其他部位，抗震等级一级，竖向钢筋最小值 0.8%A_c。《高规》第 7.2.16 条第 4 款，竖向钢筋最小值提高 $0.1A_c$。

$$A_c = 300 \times 600 = 1.8 \times 10^5 \text{mm}^2, A_s = (0.8 + 0.1)\%A_c = 0.9\%A_c = 1620\text{mm}^2$$

$$8C18, \quad A'_s = 2036\text{mm}^2 > A_s$$

（6）构造边缘构件阴影范围箍筋配置

①选择箍筋

《高规》查表 7.2.16 中的其他部位，抗震等级一级，B8@150。

《高规》第 7.2.14 条，过渡层边缘构件箍筋可低于约束边缘构件的要求，但应高于构造边缘构件的要求。

因此，B8 提高至 B10、@150 提高至@100，即 B10@100。

②验算 B10@100 体积配箍率

《高规》7.2.16 条 4 款 2 项，配箍特征值 $\lambda_v = 0.1$。

$$\rho_v = \lambda_v \frac{f_c}{f_{yv}} = 0.1 \times \frac{19.1}{300} = 0.64\%$$

《高规》表 7.1.15，1~6 层的约束边缘构件的体积配箍率：$\mu_N = 0.4 > 0.3$、一级、7 度，$\lambda_v = 0.20$。

$$\rho_v = \lambda_v \frac{f_c}{f_{yv}} = 0.2 \times \frac{19.1}{300} = 1.28\%$$

体积配箍率 $\rho_v = (0.64\% \sim 1.28\%)$ 之间。

B10@100 实际的体积配箍率

$$A_{cor} = (600 - 30 - 5) \times (300 - 30 - 30) = 135600\text{mm}^2$$

$$L_s = (300 - 30 - 30 + 10) \times 4 + (600 - 30 + 5) \times 2 = 2150\text{mm}$$

$$\rho_v = \frac{L_s \times A_s}{A_{cor} \times s} = \frac{2150 \times 78.5}{135600 \times 100} = 1.24\% \genfrac{}{}{0pt}{}{> 0.64\%}{< 1.28\%}, 符合要求。$$

【题 30~31】

某地上 35 层的现浇钢筋混凝土框架-核心筒公寓，质量和刚度沿高度分布均匀，如图 30~31（Z）所示，房屋高度为 150m。抗震设防烈度为 7 度，设计基本地震加速度为 0.10g，设计地震分组为第一组，建筑场地类别为Ⅱ类，抗震设防类别为标准设防类，安全等级二级。

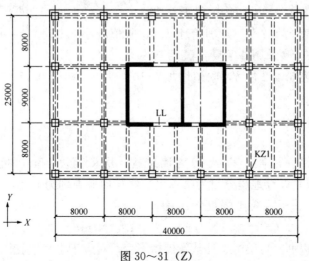

图 30~31（Z）

【题 30】

假定,结构基本自振周期 $T_1=4.0$s(y 向平动),$T_2=3.5$s(x 向平动),各楼层考虑偶然偏心的最大扭转位移比为 1.18,结构总恒载标准值为 600000kN,按等效均布活荷载计算的总楼面活荷载标准值为 80000kN。

试问,多遇水平地震作用计算时,按最小剪重比控制对应于水平地震作用标准值的 y 向底部剪力(kN),不应小于下列何项数值?

(A) 7700   (B) 8400   (C) 9500   (D) 10500

【答案】(C)

【解答】

根据《高规》第 4.3.6 条,公寓的活荷载组合值系数为 0.5,

结构总重力荷载代表值 $\sum G=600000+80000\times0.5=640000$kN

根据《高规》表 4.3.12,y 向基本周期为 4.0s,基本周期介于 3.5s 和 5s 之间。

$$\lambda = 0.012 + \frac{0.016-0.012}{5-3.5} \times (5-4.0) = 0.0147$$

根据《高规》公式(4.3.12):y 向 $V_{Ek} \geqslant \lambda \sum G = 0.0147\times640000 = 9408$kN,选(C)。

【题 31】

假定,某层框架柱 KZ1(1200mm×1200mm),混凝土强度等级 C60,钢筋构造如图 31 所示,钢筋采用 HRB400,剪跨比 $\lambda=1.8$。

试问,框架柱 KZ1 考虑构造措施的轴压比限值,不宜超过下列何项数值?

(A) 0.7   (B) 0.75   (C) 0.8   (D) 0.85

【答案】(C)

【解答】

根据《高规》3.3.1 条,抗震设防烈度为 7 度,高度为 150m 的框架核心筒为 B 级高度。

根据《高规》表 3.9.4,抗震设防烈度 7 度,B 级高度框架核心筒的框架柱抗震等级为一级,

查《高规》表 6.4.2,轴压比限值为 0.75。

根据《高规》表 6.4.2 注 3,剪跨比 1.8,限值减小 0.05,由图 31 可知,该柱全高采用井字复合箍。

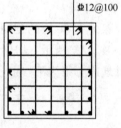

KZ1
1200×1200
24Φ28
Φ12@100

图 31

根据《高规》表 6.4.2 注 4,限值增加 0.10。轴压比限值 0.75-0.05+0.10=0.8。故选(C)。

【题 32】

某 12 层现浇钢筋混凝土框架-剪力墙结构,房屋高度 45m,抗震设防烈度 8 度(0.20g),丙类建筑,设计地震分组为第一组,建筑场地类别为 Ⅱ 类,建筑物平、立面示意如图 32 所示,梁、板混凝土强度等级为 C30($f_c=14.3$N/mm^2,$f_t=1.43$N/mm^2);框架柱和剪力墙为 C40($f_c=19.1$N/mm^2,$f_t=1.71$N/mm^2)。

假定,在该结构中,各层框架柱数量保持不变,对应于水平地震作用标准值的计算结

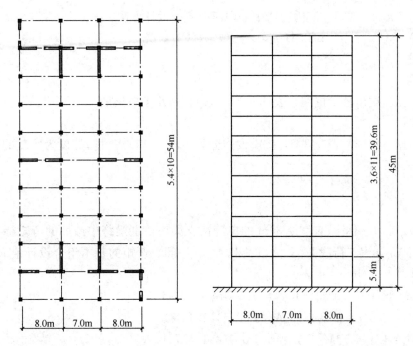

图 32

果为：结构基底总剪力 $V_0 = 13500\text{kN}$，各层框架所承担的未经调整的地震总剪力中的最大值 $V_{f,max} = 1600\text{kN}$，第 3 层框架承担的未经调整的地震总剪力 $V_f = 1500\text{kN}$；该楼层某根柱调整前的柱底内力标准值为：弯矩 $M = \pm180\text{kN·m}$，剪力 $V = \pm50\text{kN}$。试问，抗震设计时，水平地震作用下该柱调整后的内力标准值，与下列何项数值最为接近？

提示：楼层剪重比满足规程关于楼层最小地震剪力系数（剪重比）的要求。

(A) $M = \pm180\text{kN·m}$；$V = \pm50\text{kN}$　　　(B) $M = \pm270\text{kN·m}$；$V = \pm75\text{kN}$

(C) $M = \pm288\text{kN·m}$；$V = \pm80\text{kN}$　　　(D) $M = \pm324\text{kN·m}$；$V = \pm90\text{kN}$

【答案】(C)

【解答】

(1) 抗震设计时，框架-剪力墙结构中框架部分剪力应符合《高规》第 8.1.4 条规定

$$V_f \geqslant 0.2V_0 = 0.2 \times 13500 = 2700\text{kN}$$

第 3 层框架的地震总剪力 $V_f = 1500\text{kN}$，不符合要求，需要调整。

(2) 第 3 层框架总剪力的调整

《高规》第 8.1.4 条 1 款

$$1.5V_{f,max} = 1.5 \times 1600 = 2400\text{kN} < 0.2V_0 = 2700\text{kN}$$

取较小值作为第 3 层框架部分承担的总剪力，$V = 2400\text{kN}$。

(3) 第 3 层框架柱调整后的弯矩、剪力标准值

《高规》第 8.1.4 条第 2 款，该层框架内力调整系数 $= 2400/1500 = 1.6$。

柱底弯矩 $M = \pm180 \times 1.6 = \pm288\text{kN·m}$；剪力 $V = \pm50 \times 1.6 = \pm80\text{kN}$

【题 33】

某城市快速路上的一座立交匝道桥，该桥桥址处地震动峰值加速度 $0.15g$（相当抗震

设防烈度为 7 度)。试问,该桥应选用下列何类抗震设计方法?

(A) A 类   (B) B 类   (C) C 类   (D) D 类

【答案】(A)

【解答】

(1) 根据《城市桥梁抗震》表 3.1.1,城市快速路上桥梁的"桥梁抗震设防分类"为乙类。

(2) 根据《细则》表 3.3.3,抗震设防分类为乙类,抗震设防烈度为 7 度的桥梁,抗震设计方法为 A 类。

【题 34】

某二级公路上一座标准跨径 30m 的单跨简支梁桥,主梁跨中截面的弯矩标准值:结构重力作用 M_G,汽车荷载 M_Q,人群荷载 M_R。试问,弯矩的基本组合设计值 M_d 应按为下列何式计算?

(A) $M_d = 1.0 \ (1.2M_G + 1.4M_Q + 0.75 \times 1.4M_R)$

(B) $M_d = 1.0 \ (1.2M_G + 1.8M_Q + 0.75 \times 1.4M_R)$

(C) $M_d = 1.1 \ (1.2M_G + 1.4M_Q + 0.75 \times 1.4M_R)$

(D) $M_d = 1.1 \ (1.2M_G + 1.8M_Q + 0.75 \times 1.4M_R)$

【答案】(C)

【解答】

(1) 根据《桥通》表 1.0.5,单孔跨径 30m,属于中桥。

(2)《桥通》表 4.1.5-1,中桥安全等级一级,$\gamma_0 = 1.1$。

(3) 表 4.1.5-2,$\gamma_G = 1.2$;4.1.5 条符号说明,汽车荷载按车道荷载 (4.3.1-2) 计算 $\gamma_{Q1} = 1.4$,组合系数 $\psi_c = 0.75$。

(4) $M_d = 1.1 \ (1.2M_G + 1.4M_Q + 0.75 \times 1.4M_R)$。

【题 35】

对某桥预应力混凝土主梁进行持久状况下正常使用极限状态验算时,需分别进行下列验算:①抗裂验算,②裂缝宽度验算,③挠度验算。试问,在这三种验算中,下列关于汽车荷载冲击力是否需要计入验算的不同选择,其中何项是全部正确的?

(A) ①计入、 ②不计入、③不计入

(B) ①不计入、②不计入、③不计入

(C) ①不计入、②计入、 ③计入

(D) ①不计入、②不计入、③计入

【答案】(B)

【解答】《公路混凝土》6.1.1 条,公路桥涵的持久状况设计应按正常使用极限状态的要求,采用作用频遇组合、作用准永久组合,或作用频遇组合并考虑作用长期效应的影响,对构件的抗裂、裂缝宽度和挠度进行验算。在上述各种组合中,汽车荷载不计冲击作用。

【题 36】

某二级公路立交桥上的一座直线匝道桥，为钢筋混凝土连续箱梁结构（单箱单室）净宽 6.0m，全宽 7.0m。其中一联为三孔，每孔跨径 25m，梁高 1.3m，中墩处为单支点，边墩为双支点抗扭支座。中墩支点采用 550mm×1200mm 的氯丁橡胶支座。设计荷载为公路-Ⅰ级，结构安全等级一级。

假定，上述匝道桥的边支点采用双支座（抗扭支座），梁的重力密度为 158kN/m，汽车居中行驶，其冲击系数按 0.15 计。若双支座平均承担反力，试问，在重力和车道荷载作用时，每个支座的组合力值 R_A（kN）与下列何项数值最为接近？

提示：反力影响线的面积：第一孔 $w_1 = +0.433L$；第二孔 $w_2 = -0.05L$；第三孔 $w_3 = +0.017L$。

(A) 1147　　　　(B) 1334　　　　(C) 1366　　　　(D) 1498

【答案】（D）

【解答】

（1）计算重力荷载产生的反力

由于重力荷载是箱梁自重，是不可移动的永久荷载，只能满布在所有跨上，所以重力荷载的反力：

$$R_d = q_k \times \omega \times l = q_k(\omega_1 - \omega_2 + \omega_3)l = 158 \times (0.433 - 0.05 + 0.017)l$$
$$= 158 \times 0.40 \times 25 = 1580\text{kN}$$

（2）计算车道荷载产生的反力

1）确定车道荷载标准值

根据《桥通》4.3.1 条 4 款，公路-Ⅰ级

均布荷载标准值 $q_k = 10.5\text{kN/m}$

集中荷载标准值 $P_k = 2(L_0 + 130) = 2 \times (25 + 130) = 310\text{kN}$。

根据《桥通》4.3.1 条 4 款 3）项，均布荷载布置在同号影响线上。即

公路-Ⅰ级均布荷载反力：

$$R_{Q1} = q_k(\omega_1 + \omega_2)l = 10.5 \times (0.443 + 0.017) \times 25 = 10.5 \times 0.45 \times 25 = 118\text{kN}$$

集中荷载布置在相应影响线的峰值。

公路-Ⅰ级集中荷载反力：

$$R_{Q2} = P_k \times 1.0 = 310 \times 1 = 310\text{kN}$$
$$R_Q = (1 + \mu)R_{Q2} = 1.15(118 + 310) = 1.15 \times 428 = 492.2\text{kN}$$

2）根据《桥通》表 4.3.1-4，净宽 6m，设计车道数为 1 个车道。根据表 4.3.1-5，横向车道布载系数 1.2。

3）$1.2 \times 492.2 = 590.6\text{kN}$。

（3）计算重力和车道荷载共同作用下的反力

根据《桥通》4.1.5 条和表 1.0.5，25m 跨径为中桥，中桥的安全等级为一级，$\gamma_0 = 1.1$

则　　　　　　　$R_d = 1.1 \times (1.2 \times 1580 + 1.4 \times 590.64) = 2995.2\text{kN}$

每个支座的平均反力组合值

$$R_2 = \frac{1}{2} \times 2995.2\text{kN} = 1497.6\text{kN}$$

所以 R_A 与（D）情况最为接近。

【题 37】

一座满堂支架上浇筑的预应力混凝土连续箱形梁桥，跨径布置 60m＋80m＋50m，在两端各设置伸缩缝 A 和 B，采用 C40 硅酸盐水泥混凝土，总体布置如图 37 所示。假定桥梁所在地区的季节性变化平均气温在－20℃至 40℃之间，环境年平均相对湿度 $RH=55\%$，结构理论厚度 $h \geqslant 600\text{mm}$，混凝土弹性模量 $E_c=3.25\times10^4\text{MPa}$，混凝土线膨胀系数 1.0×10^{-5}，预应力引起的箱梁截面重心处的法向压应力 $\sigma_{pc}=8\text{MPa}$，箱梁混凝土加载时的龄期 60d，求混凝土徐变引起伸缩缝 A 处的伸缩量（mm）与下列何项数值最为接近？

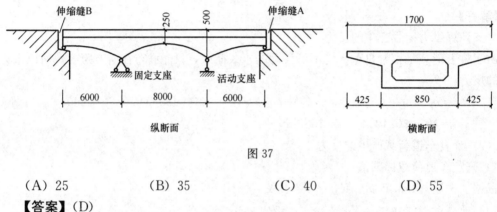

图 37

(A) 25   (B) 35   (C) 40   (D) 55

【答案】（D）

（1）根据《公路混凝土》8.8.2-3 条，徐变引起的梁体缩短量 Δl_c^- 按式（8.8.2-4）计算：

$$\Delta l_c^- = \frac{\sigma_{pc}}{E_c} \phi(t_u, t_0) l$$

（2）根据附录 C 计算徐变终了时梁体的混凝土徐变系数 $\phi(t_u, t_0)$。

（3）环境年平均相对湿度 $RH=55\%$，结构理论厚度 $h \geqslant 600\text{mm}$，箱梁混凝土加载时的龄期 60d。附录 C.2.3 条文说明表 C-2，混凝土徐变系数终极值 $\phi(t_u, t_0)=1.58$。

（4）已知：$\sigma_{pc}=8\text{MPa}$，$E_c=3.25\times10^4\text{MPa}$，$l=80+60=140\text{m}$ 代入式（8.8.2-4）

$$\Delta l_c^- = \frac{\sigma_{pc}}{E_c}\phi(t_u,t_0)l = \frac{-8}{3.25\times10^4} \times 1.58 \times 140 \times 10^3$$

$$= -0.2462\times10^{-3} \times 1.58 \times 140 \times 10^3 = -54.46\text{mm}$$

【题 38】（不是历年考题）

钢筋混凝土五片式 T 形梁桥如图 38 所示。梁的两端采用等厚度的橡胶支座。一个支座的压力标准值 354.12kN，其中结构自重引起的支座反力标准值 162.7kN，公路-Ⅱ级车道荷载（计入冲击系数）引起的支座反力标准值 183.95kN，人群荷载引起的支座反力标准值 7.47kN。主梁的温度变化引起一个支座变形 0.354cm，一个支座承受的汽车制动力

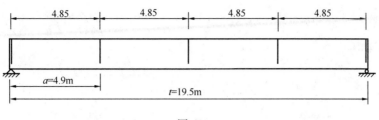

图 38

标准值 9kN。

支座尺寸 18×20（cm×cm），橡胶层厚度 $t_e=2.0$cm，剪切模量 $G_e=1000$kPa，摩擦系数 $\mu=0.3$，验算支座抗滑移稳定。

（A）不计汽车制动力时满足抗滑移要求，计入汽车制动力时不满足抗滑移要求

（B）不计汽车制动力时不满足抗滑移要求，计入汽车制动力时满足抗滑移要求

（C）不计汽车制动力时不满足抗滑移要求，计入汽车制动力时不满足抗滑移要求

（D）不计汽车制动力时满足抗滑移要求，计入汽车制动力时满足抗滑移要求

【答案】（D）

【解答】

（1）根据《公路混凝土》8.7.4 条式（8.7.4-1），不计汽车制动力时 $\mu R_{Gk} \geqslant 1.4 G_e A_g \dfrac{\Delta_l}{t_e}$

$R_{Gk}=162.7$kN，$A_g=0.18 \times 0.20=0.036\text{m}^2$

$\mu R_{Gk}=0.3 \times 162.7=48.81\text{kN} > 1.4 G_e A_g \dfrac{\Delta_l}{t_e}=1.4 \times 1000 \times 0.036 \times \dfrac{0.354}{2.0}=8.921\text{kN}$，满足。

（2）《公路混凝土》式（8.7.4-2）计入汽车制动力时 $\mu R_{ck} \geqslant 1.4 G_e A_g \dfrac{\Delta_l}{t_e}+F_{bk}$

$R_{ck}=162.7+0.5 \times 183.95=254.675\text{kN}$，$F_{bk}=9\text{kN}$

$\mu R_{ck}=0.3 \times 254.675=76.403\text{kN} > 1.4 G_e A_g \dfrac{\Delta_l}{t_e}+F_{bk}=8.921+9=17.921\text{kN}$，满足。

【题 39】

某桥中墩柱采用直径 1.5m 圆形截面，混凝土强度等级 C40，柱高 8m，桥区位于抗震设防烈度 7 度区，拟采用螺旋箍筋，假定，最不利组合轴向压力为 9000kN，箍筋抗拉强度设计值 $f_{yh}=330$MPa，纵向钢筋净保护层 50mm，纵向配筋率 ρ_t 为 1%，混凝土轴心抗压强度设计值 $f_{cd}=18.4$MPa，混凝土圆柱体抗压强度值 $f'_c=31.6$MPa，螺旋箍筋螺距 100mm，试问，墩柱潜在塑性铰区域的加密箍筋最小体积含箍率，与下列何项数值最为接近？

（A）0.004　　　　（B）0.005　　　　（C）0.006　　　　（D）0.008

【答案】（C）

（1）根据《细则》8.1.2 条，7 度区圆形墩柱的最小体积含箍率采用（8.1.2-1）计算

$$\rho_{s,min} = [0.14\eta_k + 5.84(\eta_k - 0.1)(\rho_t - 0.01) + 0.028]\frac{f'_c}{f_{hk}} \geqslant 0.004$$

（2）确定轴压比 η_k

$$\eta_k = \frac{P}{Af_{cd}} = \frac{9000}{\frac{1}{4} \times 3.14 \times 1.5^2 \times 18.4 \times 1000} = 0.277$$

（3）求最小体积含箍率

$$\rho_{s,min} = [0.14 \times 0.277 + 5.84 \times (0.277 - 0.1) \times (0.01 - 0.01) + 0.028] \times \frac{31.6}{330}$$

$$= 0.0064 \geqslant 0.004$$

【题 40】

某高速公路上一座 50m+80m+50m 预应力混凝土连续梁桥，其所处地区场地土类别为Ⅲ类，地震基本烈度 7 度，设计基本地震动峰值加速度 0.10g。结构阻尼比 $\xi=0.05$。当计算该桥梁 E1 地震作用时，试问，该桥梁抗震设计中水平向设计加速度反应谱最大值 S_{max}，与下列何项数值最为接近？

(A) 0.116   (B) 0.126   (C) 0.135   (D) 0.146

【答案】(D)

【解答】

（1）根据《细则》5.2.2 条，$S_{max} = 2.25C_iC_sC_dA$。

（2）根据《细则》表 3.1.2，桥梁抗震设防类别为 B 类。

C_i——桥梁抗震重要性系数。根据《桥通》1.0.5 条，高速公路上 50m+80m+50m 预应力混凝土连续梁桥，属于大桥。根据《细则》表 3.1.4-2 注，高速公路上的大桥，其抗震重要性系数取 B 类括号内的数值，$C_i=0.5$。

C_s——场地系数，7 度 0.1g、Ⅲ类场地，表 5.2.2 查得 1.3。

C_d——阻尼调整系数，根据 5.2.4 条，结构阻尼比 $\xi=0.05$，C_d 取 1.0。

A——水平向设计基本地震动加速度峰值，按表 3.2.2 取 0.1g。

（3）$S_{max} = 2.25C_iC_sC_dA = 2.25 \times 0.5 \times 1.3 \times 1.0 \times 0.10 = 0.14625$。

第二部分

附 2019 年一级注册结构
工程师真题参考答案

1 混 凝 土 结 构

1.1 一级混凝土结构 上午题 1~7

【1~7】

如图 1~7（Z）所示，7 度（0.15g）小学单层体育馆（屋面相对标高 7.000m），屋面用作屋顶花园，覆土（容重 18kN/m³，厚度 600mm）兼作保温层，结构设计使用年限 50 年，Ⅱ类场地，双向均设置适量的抗震墙，形成现浇混凝土框架-抗震墙结构，纵筋 HRB500，箍筋和附加筋 HRB400。

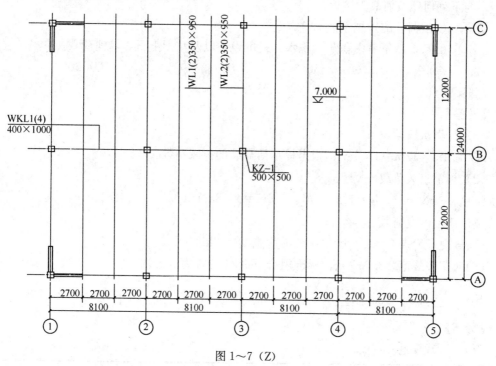

图 1~7（Z）

【1】

关于结构抗震等级，下列何项正确？

(A) 抗震墙一级、框架二级　　　　　(B) 抗震墙二级、框架二级

(C) 抗震墙二级、框架三级　　　　　(D) 抗震墙三级、框架四级

【答案】（C）

【解答】

(1)《分类标准》6.0.8 条及条文说明，小学体育馆应为重点设防类（乙类）。

(2)《分类标准》3.0.3条2款，"重点设防类应高于本地区抗震设防烈度一度的要求加强其抗震措施"。

(3)《抗震》表6.1.2，小学体育馆为乙类，按8度查表，$h=7m<24m$，框剪结构，抗震墙二级，框架三级。

【分析】

(1) 小学体育馆为重点设防类（乙类）。将《分类标准》判定设防类别的条文和《抗震》中确定抗震等级的条文综合应用是出题的趋势。

(2) 历年考题：2014年二级上午第一题，2017年一级上午17题。

(3) 根据《分类标准》判断设防类别，再进行后续计算。

【2】

假定，屋面结构永久荷载（含梁板自重、抹灰、防水，但不包含覆土自重）标准值7.0kN/m²，柱自重忽略不计。试问标准组合下，按负荷从属面积估算的KZ1的轴力（kN）与下列何项数值最为接近？

提示：①活荷载的折减系数1.0；

②活荷载不考虑积灰、积水、机电设备以及花圃土石等其他荷载。

(A) 2950 (B) 2650 (C) 2350 (D) 2050

【答案】(D)

【解答】

(1) 计算从属面积

$A=8.1m \times 12m=97.2m^2$，根据提示活荷载的折减系数1.0。

(2) 确定永久荷载

$G_1=7.0kN/m^2$，$G_2=18kN/m^3 \times 0.6m=10.8kN/m^2$。

(3) 确定可变荷载

《荷载规范》表5.3.1，屋顶花园活荷载 $Q_1=3kN/m^2$。

(4)《荷载规范》3.2.6条，标准组合下 KZ1 的轴力（kN）

$$S_d = \sum_{j=1}^{n} S_{Gjk} + S_{Q1k} + \sum_{j=2}^{n} \psi_{ci} S_{Qjk} = (7+10.8) \times 97.2 + 3 \times 97.2 = 2021.76 kN$$

【分析】

(1)《荷载规范》规定。

2.1.19 从属面积

考虑梁、柱等构件均布荷载折减所采用的计算构件负荷的楼面面积。

---

(2) 计算柱的从属面积时，需计入计算截面以上每一层的楼面和屋面的负荷面积。

(3) 题目提示屋面活荷载的折减系数为1.0，不考虑折减。与之对应的楼面活荷载折减系数即《荷载规范》5.1.2条是一个重要考点。

(4) 活荷载折减系数的历年考题：2014年二级上午11题次梁配筋活荷载折减，2018年二级上午13题消防车活荷载折减。

【3】

假定，不考虑活荷载不利布置，WKL1
（2）由竖向荷载控制设计且该工况下经弹
性内力分析得到的标准组合下支座及跨中
弯矩如图3。该梁按考虑塑性内力重分布的
方法设计。试问，当考虑支座负弯矩调幅
幅度为15%时，标准组合下梁跨中点的弯矩（kN·m），与下列何项最为接近？

提示：按图中给出的弯矩值计算。

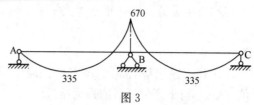

图3

(A) 480 　　　　(B) 435 　　　　(C) 390 　　　　(D) 345

【答案】(C)

【解答】

(1) 支座负弯矩调幅15%：$670 \times 0.15 = 100.5 \text{kN·m}$。

(2) 跨中弯矩向下平移1/2的支座弯矩：$335 + 0.5 \times 100.5 = 385.25 \text{kN·m}$。

【分析】

平移支座弯矩求跨中弯矩是力学基本功。

【4】

KZ1为普通钢筋混凝土构件，假设不考
虑地震设计状况，KZ1可近似作为轴心受压
构件设计。混凝土强度等级为C40，计算长
度8m，截面及配筋如图4所示。试问，
KZ1轴心受压承载力设计值（kN）与下列
何项最接近？

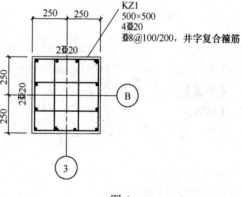

图4

(A) 6300 　　　　(B) 5600

(C) 4900 　　　　(D) 4200

【答案】(C)

【解答】

(1)《混规》6.2.15条，钢筋混凝土轴心受压构件计算公式

$$N \leqslant 0.9\varphi(f_c A + f'_y A'_s)$$

(2) 稳定系数 φ

$L_0/b = 8/0.5 = 16$，查表6.2.15得 $\varphi = 0.87$。

(3) 确定其他参数

C40混凝土，HRB500钢筋，查表4.1.4-1，4.2.3条

$f_c = 19.1 \text{MPa}$，$f'_y = 400 \text{MPa}$

$A'_s = 12 \times 314.2 = 3770 \text{mm}^2 < 3\% \times 500 \times 500 = 7500 \text{mm}^2$

(4) 轴心受压承载力设计值

$0.9\varphi(f_c A + f'_y A'_s) = 0.9 \times 0.87 \times (19.1 \times 500^2 + 400 \times 12 \times 314.2) \times 10^{-3} = 4918 \text{kN}$

【分析】

(1) 轴心受压构件承载力计算注意限制条件，6.2.15条符号说明中纵筋3%的限值，

6.2.16 条中小注 1 和 2 的限制条件。

(2) 历年考试：2018 年一级上午第 6 题。

【5】

KZ1 柱下独立基础如图 5，C30 混凝土。试问，KZ1 处基础顶面的局部受压承载力设计值（kN）与下列何项数值最为接近？

提示：①基础顶压域未设置间接钢筋网，且不考虑柱纵筋的有利影响。

②仅考虑 KZ1 的轴力作用，且轴力在受压面上均匀分布。

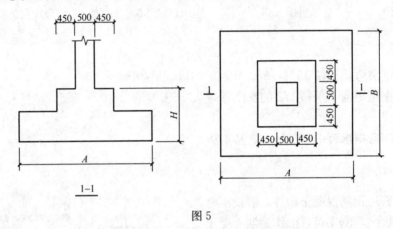

图 5

(A) 7000　　　　　(B) 8500　　　　　(C) 10000　　　　　(D) 11500

【答案】(B)

【解答】

(1)《混规》附录 D.5.1 公式（D.5.1-1）计算素混凝土局部受压承载力

$$F_l \leqslant \omega \beta_l f_{cc} A_l$$

(2) 确定参数

①局部均匀受压，$\omega = 1$。

②公式（6.6.1-2）求 β_l。

$$\beta_l = \sqrt{\frac{A_b}{A_l}} = \sqrt{\frac{1400^2}{500^2}} = 2.8$$

③ $f_{cc} = 0.85 f_c$，$f_c = 14.3 \text{MPa}$。

(3) 局部受压承载力设计值

$$F_l = \omega \beta_l f_{cc} A_l = 1 \times 2.8 \times 0.85 \times 14.3 \times 500^2 = 8508.5 \text{kN}$$

【分析】

(1) 素混凝土局部受压需查附录 D，可将 6.6 节和附录 D 对比学习。

(2) 历年考题：2012 年二级上午 11 题概念题，2013 年二级上午 13 题。

【6】

假定，框架梁 WKL1（4）为普通钢筋混凝土构件，混凝土强度等级为 C40，箍筋沿梁全长 C8@100（4），未设置弯起钢筋。梁截面有效高度 $h_0 = 930 \text{mm}$，试问，不考虑地震设计状况时，在轴线③支座边缘处，该梁的斜截面抗剪承载力设计值（kN）与下列何项最为接近？

提示：WKL1 不是独立梁。

(A) 1000　　　(B) 1100　　　(C) 1200　　　(D) 1300

【答案】（B）

【解答】

(1) 相关参数

C40：$\beta_c=1.0$，$f_c=19.1$MPa，$f_t=1.71$MPa；HRB400：$f_{yv}=360$MPa

(2) 截面尺寸验算

《混规》6.3.1 条

$$h_w=h_0=930\text{mm}，h_w/b=2.325<4$$
$$V\leqslant0.25\beta_c f_c bh_0=0.25\times1\times19.1\times400\times930=1776.3\text{kN}$$

(3) 斜截面抗剪承载力计算

《混规》6.3.4 条，不是独立梁，$\alpha_{cv}=0.7$

$$V=\alpha_{cv}f_t bh_0+f_{yv}\frac{A_{sv}}{s}h_0=0.7\times1.17\times400\times930+360\times\frac{4\times50.3}{100}\times930$$
$$=1118\text{kN}<1776.3\text{kN}$$

【分析】

(1) 注意独立梁和非独立梁的区别，与楼板浇筑成整体的梁是非独立梁，反之是独立梁。

(2) 抗剪计算注意剪压比限制条件和构造验算。

【7】

假定，荷载基本组合下，次梁 WL1（2）传至 WKL1（4）的集中力设计值 850kN，WKL1（4）在次梁两侧各 400mm 宽度范围内共布置 8 道 C8 的 4 肢附加箍筋。试问，在 WKL1（4）的次梁位置计算所需的附加吊筋与下列何项最接近？

提示：①附加吊筋与梁轴线夹角为 60°；

②$\gamma_0=1.0$。

(A) 2Φ18　　　(B) 2Φ20　　　(C) 2Φ22　　　(D) 2Φ25

【答案】（A）

【解答】

(1) 附加箍筋承受的荷载

根据《混规》9.2.11 条

$$F=f_{yv}A_{sv}\sin\alpha=360\times8\times4\times360\times50.3\times\sin90°=579.46\text{kN}$$

(2) 附加吊筋面积

$$A_{sb}=(850\times10^3-579.46\times10^3)/(360\times\sin60°)=868\text{mm}^2$$

选项（A）2Φ18 面积：$A_{sb}=4\times254.5=1070\text{mm}^2>868\text{mm}^2$，满足。

【分析】

(1) 9.2.11 条文说明指出，当采用弯起钢筋作为附加钢筋时，A_{sv} 应为左右弯起钢筋截面面积之和。

（2）历年考题：2009 年二级上午第 8 题，2013 年二级上午第 5 题。

（3）折梁转角增设箍筋考题：2008 年一级上午第 8 题。

1.2 一级混凝土结构 上午题 8～9

【8～9】

某简支斜置普通钢筋混凝土独立梁的设计简图如图 8～9（Z）所示，构件安全等级为二级，假定，梁截面尺寸 $b \times h = 300 \times 700$，混凝土强度 C30，钢筋 HRB400，永久均布荷载设计值为 g（含自重），可变荷载设计值为集中力 F。

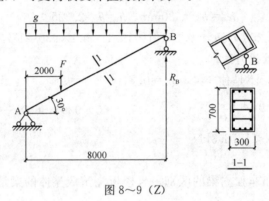

图 8～9（Z）

【8】

假定，$g = 40 \text{kN/m}$（含自重），$F = 400 \text{kN}$，问梁跨中点的弯矩设计值与下列何项数值接近？

(A) 900   (B) 840   (C) 780   (D) 720

【答案】 D

【解答】

（1）永久荷载产生的跨中弯矩
$$M_1 = 1/8 \times 40 \times 8^2 = 320 \text{kN} \cdot \text{m}$$

（2）可变荷载产生的跨中弯矩
$$M_2 = R_a \times 4 - F \times 2 = (400 \times 6)/8 \times 4 - 400 \times 2 = 400 \text{kN} \cdot \text{m}$$

（3）跨中弯矩为
$$M = M_1 + M_2 = 320 + 400 = 720 \text{kN} \cdot \text{m}$$

【分析】

（1）楼梯设计中常用知识点，跨中弯矩计算时，跨度取与水平布置荷载对应的长度，不是斜长。

（2）历年考题：2017 年二级上午第 2 题。

【9】

假定，荷载基本组合下，B 支座的支座反力设计值 $R_B = 428 \text{kN}$（其中集中力 F 产生反力设计值为 160kN），梁支座截面有效高度 $h_0=630$mm，问，不考虑地震设计状况时，按斜截面抗剪承载力计算，支座 B 边缘处梁截面的箍筋配置采用下列何项最为经济合理。

(A) ⬡ 8@150 (2)   (B) ⬡ 10@150 (2)

(C) ⬡ 10@120 (2)   (D) ⬡ 10@100 (2)

【答案】（B）

【解答】

（1）B 支座处梁截面内力

剪力：$V=R_b \times \cos30° = 428 \times \cos30° = 370.7$kN

轴拉力：$N= R_b \times \sin30° = 428 \times \sin30° = 214$kN。

（2）偏心受拉构件的受剪承载力按公式（6.3.14）计算：

$$V \leqslant \frac{1.75}{\lambda+1} f_t bh_0 + f_{yv} \frac{A_{sv}}{s} h_0 - 0.2N$$

（3）确定参数

①6.3.12 条，梁上作用均布荷载，$\lambda=1.5$。

②C30，$f_t=1.43$MPa；HRB400，$f_{yv}=360$MPa。

（4）参数代入公式

$$V \leqslant \frac{1.75}{\lambda+1} f_t bh_0 + f_{yv} \frac{A_{sv}}{s} h_0 - 0.2N$$

$$370.7 \times 10^3 \leqslant \frac{1.75}{1.5+1} \times 1.43 \times 300 \times 630 + 360 \times \frac{A_{sv}}{s} \times 630 - 0.2 \times 214 \times 10^3$$

$$\frac{A_{sv}}{s} = 0.99 \text{ mm}^2/\text{mm}$$

选项（B）⬡ 10@150 (2)，$\frac{A_{sv}}{s} = \frac{2 \times 78.5}{150} = 1.05 > 0.99$，满足。

【分析】

（1）先分析截面受力再代入公式。

（2）偏心受拉构件的受剪承载力计算注意 6.3.14 条最后一段的限制条件，$f_{yv} \frac{A_{sv}}{s} h_0$ 和 $0.36 f_t bh_0$ 两者取大值。

1.3 一级混凝土结构 上午题 10

【10】

某倒 L 形普通钢筋混凝土构件，安全等级为二级，如图 10 所示，梁柱截面均为 400mm×600mm，混凝土强度等级为 C40，钢筋强度等级为 HRB400，$a_s=a_s'=50$mm，$\xi_b=0.518$。假定，不考虑地震作用状况，刚架自重忽略不计。集中荷载设计值 $P=224$kN。柱 AB 采用对称配筋。试问，按正截面承载力计算得出 AB 单边纵向受力筋 A_s（mm²）与下列何项数值最接近？

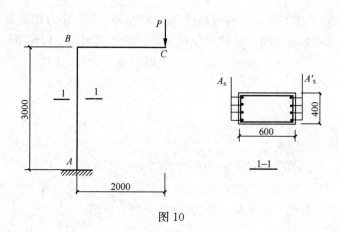

图 10

提示：①不考虑二阶效应；

②不必验算平面外承载力和稳定。

(A) 2550　　　　　(B) 2450　　　　　(C) 2350　　　　　(D) 2250

【答案】(D)

【解答】

(1) 确定参数

①《混规》4.1.4 条，4.2.3 条，6.2.6 条

C40，$\alpha_1 = 1.0$，$f_c = 19.1\text{MPa}$；HRB400，$f_y = 360\text{MPa}$。

② 受压区高度

$$x = \frac{N}{\alpha_1 f_c b} = \frac{224 \times 10^3}{1 \times 19.1 \times 400} = 29.3\text{mm} < 2a'_s = 2 \times 50 = 100\text{mm}$$

(2) 6.2.17-2 条，$x < 2a'_s$ 不满足公式（6.2.10-4），按 6.2.14 条计算，M 以 Ne'_s 代替。

$$Ne'_s \leqslant f_y A_s (h - a_s - a'_s)$$

①公式（6.2.17-4）求初始偏心距

$$e_0 = \frac{M}{N} = \frac{448 \times 10^6}{224 \times 10^3} = 2000\text{mm}, e_a = \max\{20, 600/30\} = 20\text{mm}$$

$$e_i = e_0 + e_a = 2000 + 20 = 2020\text{mm}$$

②6.2.17-2 求 e'_s

$$e'_s = e_i - h/2 + a'_s = 2020 - 600/2 + 50 = 1770\text{mm}$$

(3) 代入上述参数

$$A'_s = A_s = \frac{224 \times 10^3 \times 1770}{360 \times (600 - 50 - 50)} = 2202\text{mm}^2$$

【分析】

(1) 大偏心受压构件配筋计算，当受压区高度不满足公式（6.2.10-4）即受压区高度太小，采用受压区混凝土合力与受压钢筋合力重合的简化计算方法，类似双筋梁受压区高度小于 $2a'_s$ 的情况。

(2) 历年考题：2018 年二级上午第 11 题。

1.4　一级混凝土结构　上午题 11

【11】

下列关于钢筋混凝土施工检验不正确的是：

（A）混凝土结构工程采用的材料、构配件、器具及半成品应按进场批次进行检验，属于同一工程项目且同期施工的多个单位工程，对同一个厂家生产的同批材料、构配件、器具及半成品，可统一划分检验批进行验收。

（B）模板及支架应根据安装、使用和拆除工况进行设计，并应满足承载力、刚度和整体稳固性的要求。

（C）当纵向受力钢筋采用机械连接接头或焊接接头时，同一连接区段内纵向受力钢筋的接头面积百分率应符合设计要求，当设计无具体要求时，不直接承受动力荷载的结构构件中，受拉接头面积百分率不宜大于 50%，受压接头面积百分率可不受限制。

（D）成型钢筋进场时，任何情况下都必须抽取试件作屈服强度、抗拉强度、伸长率和重量偏差检验，检验结果应符合国家现行相关标准的规定。

【答案】（D）

【解答】

（1）根据《混凝土结构工程施工质量验收规范》3.0.8 条，（A）正确。

（2）根据《混凝土结构工程施工质量验收规范》4.1.2 条，（B）正确。

（3）根据《混凝土结构工程施工质量验收规范》5.4.6 条，（C）正确。

（4）根据《混凝土结构工程施工质量验收规范》5.2.2 条，（D）不正确。

【分析】

冷门知识点，涉及条文分散，对《施工验收规范》不熟悉的放到最后有时间再查。

1.5　一级混凝土结构　上午题 12

【12】

在 7 度（0.15g），Ⅲ类场地，钢筋混凝土框架结构，其设计、施工均按现行规范进行，现场功能需求，需在框架柱上新增一框架梁，采用植筋技术，植筋 C18（HRB400），设计要求充分利用钢筋抗拉强度。框架柱混凝土强度为 C40，采用快固型胶粘剂（A 级），其粘结性能通过了耐长期应力作用能力检验。假定植筋间距、边距分别为 150mm、100mm，$\alpha_{spt}=1.0$，$\psi_N=1.265$。

试问，植筋锚固深度最小值（mm）与下列何项接近？

（A）540　　　　（B）480　　　　（C）420　　　　（D）360

【答案】（C）

【解答】

（1）《混凝土结构加固设计规范》15.2.2 条，植筋锚固深度按式（15.2.2-2）计算：

$$l_d = \psi_N \psi_{ae} l_s$$

（2）确定参数

①已知考虑各种因素对植筋受拉承载力修正系数 $\psi_\mathrm{N}=1.265$；

②框架柱混凝土等级 C40，高于 C30，取 $\psi_\mathrm{ae}=1.0$；

③根据公式（15.2.3）求基本锚固深度 l_s

$$l_s=0.2\alpha_\mathrm{spt}df_y/f_\mathrm{bd}$$

已知 $\alpha_\mathrm{spt}=1.0$，$d=18$，HRB400 钢筋 $f_y=360$

植筋间距 $S_1=150\mathrm{mm}>7d=126\mathrm{mm}$，植筋边距 $S_2=100\mathrm{mm}>3.5d=63\mathrm{mm}$，C40 混凝土，A 级胶水，查表 15.2.4 得 $f_\mathrm{bd}=5.0$。

15.2.4 条，混凝土强度等级大于 C30，且采用快固型胶粘剂时，f_bd 应乘以 0.8。

$$f_\mathrm{bd}=5.0\times0.8=4$$

代入公式（15.2.3）

$$l_s=0.2\alpha_\mathrm{spt}df_y/f_\mathrm{bd}=0.2\times1.0\times18\times360/4=324\mathrm{mm}$$

（3）式（15.2.2-2）求植筋锚固深度

$$l_d=\psi_\mathrm{N}\psi_\mathrm{ae}l_s=1.265\times1.0\times324=409.9\mathrm{mm}$$

【分析】

植筋锚固深度计算第一次出现考题，计算公式与钢筋锚固长度公式类似，按规定代入参数即可。

1.6 一级混凝土结构 上午题 13

【13】

假定，在某医院屋顶停机坪设计中，直升机质量为 3215kg，试问，当直升机非正常着陆时，其对屋面构件的竖向等效静力撞击设计值 P（kN）与下列何项数值接近？

(A) 170   (B) 200   (C) 230   (D) 260

【答案】（A）

【解答】

（1）《荷载规范》10.1.3 条，偶然荷载的荷载设计值可直接取用按本章规定的方法确定的偶然荷载标准值。

10.1.3 条文说明，不考虑荷载分项系数，设计值与标准值取相同的值。

（2）10.3.3 条 1 款，竖向等效静力撞击力标准值 P_k（kN）可按式（10.3.3）计算：

$$P_k=c\cdot\sqrt{m}=3\times\sqrt{3125}=167.7\mathrm{kN}$$

【分析】

（1）不考虑荷载分项系数，设计值与标准值取相同值。

（2）类比《桥通》2004 版和 2015 版 4.4.3，偶然荷载汽车撞击力也有类似规定。

1.7 一级混凝土结构 上午题 14

【14】

某先张预应力混凝土环形截面轴心受拉构件，裂缝控制等级为一级，混凝土强度 C60，外径为 700mm，壁厚 110mm，环形截面面积 $A=203889\mathrm{mm}^2$（纵筋采用螺旋肋消除应力钢丝，纵筋总面积 $A_p = 1781 \text{mm}^2$）。假定，扣除全部预应力损失后，混凝土的预应力 $\sigma_{pc} = 6.84\text{MPa}$（全截面均匀受压），试问，为满足裂缝控制要求，按荷载标准组合计算的构件最大轴拉力值 N_k（kN）与下列何项数值最为接近？

提示：环形截面内无内孔道和凹槽。

(A) 1350   (B) 1400   (C) 1450   (D) 1500

【答案】(C)

【解答】

(1)《混规》7.1.1 条 1 款，一级裂缝控制等级构件在荷载标准组合下满足式（7.1.1-1）

$$\sigma_{ck} - \sigma_{Pc} \leqslant 0$$

得：

$$\sigma_{ck} = \sigma_{Pc} = 6.84\text{MPa}$$

(2) 7.1.5 条 1 款，轴心受拉构件法向应力按（7.1.5-1）计算

$$\sigma_{ck} = N_k / A_0$$

(3) 10.1.6 条符号说明

A_0——换算截面面积：包括净截面面积以及全部纵向预应力筋截面面积换算成混凝土的截面面积；

α_E——钢筋弹性模量与混凝土弹性模量的比值：$\alpha_E = E_s / E_c$。

$$A_0 = (A - A_s) + \alpha_E A_s = (203889 - 1781) + 2.05 \times 10^5 / (3.6 \times 10^4) \times 1781$$

$$= 212250 \text{mm}^2$$

(4) 求最大轴拉力

$$N_k = \sigma_{ck} A_0 = 6.84 \times 212250 = 1452\text{kN}$$

【分析】

(1) 抗裂验算的核心思想是：把混凝土、普通钢筋、预应力筋三种材料换算成单一材料即混凝土后，再按素混凝土构件判断是否满足条件。因此，α_E 是关键参数，普通钢筋面积换算成混凝土时乘以 $\alpha_{Es} = E_s / E_c$，预应力筋面积换成混凝土时乘以 $\alpha_{Ep} = E_p / E_c$，如有预应力筋预留孔洞应扣除。

(2) 对比《公路混凝土》6.1.6 条 A_0 符号说明可知，两个参数的计算方法是一样的。

1.8 一级混凝土结构 上午题 15～16

【15～16】

某雨篷如图 15～16（Z）所示，XL-1 为层间悬挑梁，不考虑地震设计状况，截面尺

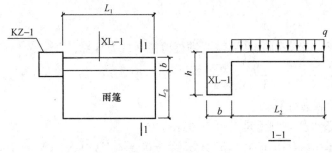

图 15～16（Z）

寸 $b×h$＝350mm×650mm，悬挑长度 L_1（从 KZ-1 柱边起算），雨篷的净悬挑长度为 L_2。所有构件均为普通钢筋混凝土构件，设计使用年限 50 年，安全等级为二级，混凝土强度等级为 C35，纵向钢筋 HRB400，箍筋 HPB300。

【15】

假定，L_1＝3m，L_2＝1.5m，仅雨篷板上的均布荷载设计值 q＝6kN/m²（包括自重），会对梁产生扭矩，试问，悬梁 XL-1 的扭矩图和支座处的扭矩设计值 T 与下列何项最为接近？

(A) ◣ T＝20.3kN·m　　　　(B) ◣ T＝25kN·m

(C) ◣ T＝20.3kN·m　　　　(D) ◣ T＝25kN·m

【答案】（B）

【解答】

（1）取 1m 宽度雨篷板，计算其对悬挑梁的扭矩
$$T_1 = ql^2/2 = 6 × (1.5+.35/2)^2/2 = 8.42 \text{kN·m/m}$$

（2）悬挑梁根部支座扭矩，8.42×3＝25.25kN·m。

（3）雨篷板荷载均布，悬挑梁扭矩线性变化，选（B）。

【分析】

剪力图口诀：零、平、斜；平、斜，抛。梁上没有均布荷载、即零，剪力图是平的，弯矩图是斜的；梁上有均布荷载、即平，剪力图是斜的，弯矩图是抛物线形。

同理，扭矩图和剪力图类似，把均布荷载换成均布扭矩，零、平；平、斜。

【16】

假定，荷载效应基本组合下，悬挑梁 XL-1 支座边缘处的弯矩设计值 M＝150kN·m，剪力设计值 V＝100kN，扭矩设计值 T＝85kN·m，按矩形截面计算。h_0＝600mm，s＝100mm。受扭纵向普通钢筋与箍筋的配筋强度比值为 1.7，悬挑梁 XL-1 支座边缘处的箍筋配置采用下列何项最为经济合理？

提示：①截面满足混凝土规范 6.4.1 的限值条件，不需要验算最小配筋率。
　　　②截面受扭塑性抵抗矩 W_t＝32.67×10⁶mm³，截面核心部分的面积 A_{cor}＝162.4×10³mm²。

(A) Φ8@100 (2)　(B) Φ10@100 (2)　(C) Φ12@100 (2)　(D) Φ14@100 (2)

【答案】（C）

【解答】

（1）《混规》6.4.2 条判断是否需要进行剪扭承载力计算：
$$\frac{V}{bh_0} + \frac{T}{W_t} = \frac{100×10^3}{350×600} + \frac{85×10^6}{32.67×10^6} = 3.08 \text{MPa} > 0.7f_t = 0.7×1.57 = 1.1 \text{MPa}$$
需进行剪扭承载力计算。

（2）6.4.12 条 1 款，判断是否可不考虑剪力
$$0.35f_tbh_0 = 0.35×1.57×350×600 = 115.4 \text{kN} > V = 100 \text{kN}$$
可不进行受剪承载力计算，按纯扭构件进行受扭承载力计算。

（3）6.4.4 条式（6.4.4-1）

$$T \leqslant 0.35 f_{\mathrm{t}} W_{\mathrm{t}} + 1.2 \sqrt{\zeta} f_{\mathrm{yv}} \frac{A_{\mathrm{st1}} A_{\mathrm{cor}}}{s}$$

$$A_{\mathrm{st1}} = \frac{85 \times 10^6 - 0.35 \times 1.57 \times 32.67 \times 10^6}{1.2 \times \sqrt{1.7} \times 270 \times 162.4 \times 10^3 / 100} = 97.8 \ \mathrm{mm^2}$$

（4）Φ 10 面积 $A_{\mathrm{s}} = 78.5 \mathrm{mm^2}$，$\Phi$ 12 面积 $A_{\mathrm{s}} = 113 \mathrm{mm^2}$，选（C）。

【分析】

（1）口诀：剪扭相关，弯扭叠加。

（2）剪扭相关——不急于计算相关系数，先判断是否可以忽略剪力或忽略扭矩，见 6.4.12 条。

（3）历年考题：2013 年一级上午第 13 题，2017 年二级上午第 6 题。

2 钢 结 构

2.1 一级钢结构 上午题 17～21

【17～21】

某焊接工字形等截面简支梁，跨度为 12m，钢材采用 Q235，结构重要性系数 1.0，基本组合下，简支梁的均布荷载设计值（含自重）$q=95$kN/m，梁截面尺寸及特性如图 17～21（Z）所示，截面无栓（钉）孔削弱。毛截面惯性矩：$I_x=590560\times10^4$mm^4，翼缘毛截面对梁中和轴的面积矩：$S_f=3660\times10^3$mm^3，毛截面面积 $A=240\times10^2$mm^2，截面绕 y 轴回转半径：$i_y=61$mm。

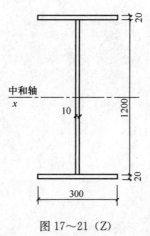

图 17～21（Z）

【17】

对梁跨中截面进行抗弯强度计算时，其正应力设计值（N/mm^2），与下列何项数值最为接近？

(A) 200　　　　　　(B) 190　　　　　　(C) 180　　　　　　(D) 170

【答案】（C）

【解答】

(1) 根据《钢标》表 3.5.1，确定截面的板件宽厚比等级

翼缘　$b/t=(300-10)/2\times20=7.25<9\varepsilon_k$　板件宽厚比等级为 S1 级；

腹板　$h_0/t_w=1200/10=120>93\varepsilon_k$　　　　　　　板件宽厚比等级为 S4 级。

$$<124\varepsilon_k$$

(2) 根据 6.1.1 条求跨中截面抗弯强度

6.1.2 条 1 款，截面板件宽厚比等级为 S4 级时，截面塑性发展系数取 1.0。

跨中弯矩：$M_x = \dfrac{1}{8}ql^2 = \dfrac{95 \times 12^2}{8} = 1710\text{kN} \cdot \text{m}$

正应力值：$\dfrac{M_x}{\gamma_x W_x} = \dfrac{1710 \times 10^6}{1.0 \times 590520 \times 10^4/620} = 179\text{MPa}$。

【分析】

截面板件宽厚比等级体现截面转动能力的划分，当翼缘和腹板板件宽厚比等级不同时取转动能力低的等级，即 S4 级。

【18】

假定简支梁翼缘与腹板的双面角焊缝焊脚尺寸 $h_f = 8\text{mm}$，两焊件间隙 $b \leqslant 1.5\text{mm}$。试问，进行焊接截面工字形梁翼缘与腹板的焊缝连接强度计算时，最大剪力作用下，该角焊缝的连接应力与角焊缝强度设计值之比，与下列何项数值最为接近？

(A) 0.2　　　　(B) 0.3　　　　(C) 0.4　　　　(D) 0.5

【答案】（A）

【解答】

(1)《钢标》11.2.7 条 1 款，双面角焊缝连接强度按公式（11.2.7）计算

$$\frac{1}{2h_e}\sqrt{\left(\frac{VS_f}{I}\right)^2 + \left(\frac{\psi F}{\beta_f l_z}\right)^2} \leqslant f_f^w$$

(2) 梁上翼缘没有集中荷载，$F = 0$，公式（11.2.7）代入参数求连接应力

$$\sigma = \frac{1}{2h_e}\sqrt{\left(\frac{VS_f}{I}\right)^2 + \left(\frac{\psi F}{\beta_f l_z}\right)^2} = \frac{1}{2 \times 0.7 \times 8}\sqrt{\left(\frac{570 \times 10^3 \times 3660 \times 10^3}{590560 \times 10}\right)^2} = 31.54\text{MPa}$$

(3) 连接应力与角焊缝强度设计值之比

$$\sigma/f_f^w = 31.54/160 = 0.197$$

【分析】

(1) 直接承受动力荷载的梁 $\beta_f = 1.0$，承受静力荷载或间接承受动力荷载的梁，当集中荷载处无支撑加劲肋时取 $\beta_f = 1.22$。

(2) 历年考题：2009 年一级上午第 19 题，2011 年一级上午第 30 题。

【19】

简支梁在两端及距两端 $l/4$ 处有可靠的侧向支撑（l 为简支梁跨度）。试问，作为在主平面内受弯的构件，进行整体稳定性计算时，梁的整体稳定性系数 φ_b，与下列何项数值最为接近？

提示：①翼缘板件宽厚比 S_1，腹板板件宽厚比 S_4；

②取梁整件稳定的等效弯矩系数 $\beta_b = 1.2$

(A) 0.52　　　　(B) 0.65　　　　(C) 0.8　　　　(D) 0.91

【答案】（D）

【解答】

(1) 根据《钢标》附录 C 式（C.0.1-1）

$$\varphi_b = \beta_b \frac{4320}{\lambda_y^2} \frac{Ah}{W_x}\left[\sqrt{1 + \left(\frac{\lambda_y t_1}{4.4h}\right)^2} + \eta_b\right]\varepsilon_k^2$$

（2）确定参数

两端 1/4 处有可靠的侧向支撑 $l_y=6000\text{mm}$，$\lambda_y=l_y/i=6000/61=98.3$

双轴对称，$\eta_b=0$；Q235 钢，$\varepsilon_k=1.0$；提示给出 $\beta_b=1.2$。

（3）代入公式

$$\varphi_b=1.2\times\frac{4320}{98.3^2}\times\frac{240\times10^2\times1240}{590560\times10^4/620}\times\left[\sqrt{1+\left(\frac{98.3\times20}{4.4\times1240}\right)^2}+0\right]$$

$$\times1.0=1.78>0.6$$

$$\varphi_b'=1.07-\frac{0.282}{\varphi_b}=1.07-\frac{0.282}{1.78}=0.91$$

【分析】

（1）梁的整体稳定系数计算公式有通用公式和简化公式两类，根据题目条件和提示判断用哪一类公式。

（2）历年考题：2017 年一级上午 20、23 题，2017 年二级上午 24 题，2018 年一级上午 19 题。

【20】

假定简支梁某截面正应力和剪应力均较大，基本组合弯矩设计值为 1282kN·m，剪力设计值为 1296kN。试问，该截面梁腹板计算强度边缘处的折算应力（N/mm²）与下列哪项数值最接近？

提示：①不计局部压应力；

②梁翼缘板件宽厚比 S_1，腹板板件宽厚比 S_4。

(A) 145　　　　　(B) 170　　　　　(C) 190　　　　　(D) 205

【答案】(C)

【解答】

（1）根据《钢标》式（6.1.5-2）

$$\sigma=\frac{M}{I_n}y_1=\frac{1282\times10^6}{590560\times10^4}\times600=130.2\text{MPa}$$

（2）式（6.1.3）

$$\tau=\frac{VS}{It_w}=\frac{1296\times10^3\times3660\times10^3}{590560\times10^4\times10}=80.3\text{MPa}$$

（3）式（6.1.5-1）

$$\sqrt{\sigma^2+3\tau^2}=\sqrt{(130.2)^2+3\times(80.3)^2}=190.5\text{MPa}$$

【21】

假定，简支梁上的均布荷载标准值为 $q_k=90\text{kN/m}$，不考虑起拱时，梁挠度与跨度之比值，与下列哪项数值最为接近？

(A) 1/300　　　　　(B) 1/400　　　　　(C) 1/500　　　　　(D) 1/600

【答案】(D)

【解答】

（1）跨中挠度公式

$$f = \frac{5ql^4}{384EI} = \frac{5 \times 90 \times 12000^4}{384 \times 206 \times 10^3 \times 590560 \times 10^4} = 19.97\text{mm}$$

（2）$f/l = 19.97/12000 = 1/600.7$。

【分析】

结构力学知识，考试时带力学手册。

2.2 一级钢结构 上午题 22～25

【22～25】

如图 22～25（Z），不进行抗震设计，不承受动力荷载，$\gamma_0 = 1.0$，横向（Y 向）为框架结构，纵向（X 向）设置支撑保证侧向稳定。钢材强度 Q235，钢材满足塑性设计要求，截面板件宽厚比等级为 S1。

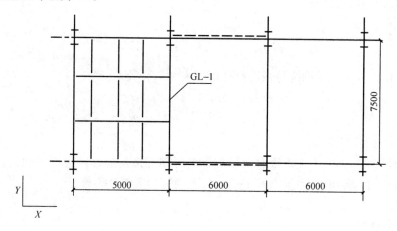

图 22～25（Z）

【22】

假定，GL-1 采用焊接工字形截面：H500×250×12×16，按塑性设计，试问，塑性铰部位的受弯承载力（kN·m）设计值，与下列何项数值最为接近？

提示：①不考虑轴力；

②$V < 0.5h_w t_w f_v$；

③截面无削弱。

(A) 440   (B) 500   (C) 550   (D) 600

【答案】(B)

【解答】

（1）根据《钢标》10.3.4 条，不考虑轴力且 $V < 0.5h_w t_w f_v$，按第一款式（10.3.4-2）

$$M_x = 0.9W_{npx}f$$

（2）塑性净截面模量，$W_{npx} = 250 \times 16 \times (500/2 - 8) \times 2 + 234 \times 12 \times 234/2 \times$

$2=2593072mm^3$

表 4.4.1，Q235 钢抗弯强度设计值，$f=215$。

(3) $M_x=0.9W_{npx}f=0.9\times2593072\times215\times10^{-3}=501.7kN\cdot m$。

【分析】

2010 年一级上午 29 题，2012 年一级上午 18 题考查塑性设计的宽厚比限值和概念，此题进一步考查计算公式。

【23】

设计条件同 22，GL-1 最大剪力设计值 $V=650kN$，试问，进行受弯构件塑性铰部位的剪切强度计算时，梁截面剪应力与抗剪强度设计值之比，与下列何项数值最为接近？

(A) 0.93   (B) 0.83   (C) 0.73   (D) 0.63

【答案】(A)

【解答】

(1)《钢标》10.3.2 条

$$\tau=\frac{V}{h_wt_w}=\frac{650\times10^3}{(500-16\times2)\times12\times125}=115.7MPa$$

(2) 表 4.4.1，Q235 钢抗剪强度设计值，$f_v=125MPa$

$$\tau/f_v=115.7/125=0.93$$

【24】

设计条件同 22，GL-1 上翼缘有楼板与钢梁可靠连接，通过设置加劲肋保证梁端塑性铰长度，试问，加劲肋的最大间距（mm）与下列何项数值最为接近？

(A) 900   (B) 1000   (C) 1100   (D) 1200

【答案】(B)

【解答】

《钢标》10.4.3 条 2 款，"布置间距不大于 2 倍梁高"，$2\times500=1000mm$。

【25】

设计条件同 22，GL-1 在跨内其拼接接头处基本组合的 $M=250kN\cdot m$ 试问该连接能传递的弯矩设计值（kN·m）与下列何项最接近？

提示：$W_x=2285\times10^3mm^3$。

(A) 250   (B) 275   (C) 305   (D) 350

【答案】(B)

【解答】

(1)《钢标》10.4.5 条，构件拼接应能传递该处最大弯矩设计值的 1.1 倍，且不得低于 $0.5\gamma_xW_xf$。

(2) 确定弯矩设计值

①$M_x=1.1M=1.1\times250=275kN\cdot m$。

② 表 3.5.1，Q235 钢 $\varepsilon_k=1.0$，

翼缘：$\dfrac{b}{t}=\dfrac{(250-12)/2}{16}=7.4<9$

腹板：$\dfrac{h_0}{t_w}=\dfrac{500-2\times16}{12}=39<65$

板件宽厚比等级为 S1 级，根据 6.1.2 条 1 款 1）项，$\gamma_x=1.05$。
$$0.5\gamma_x W_x f=0.5\times2285\times10^3\times215\times10^{-6}=258\text{kN}\cdot\text{m}$$

两者取大值，$M_x=275\text{kN}\cdot\text{m}$。

2.3 一级钢结构 上午题 26～30

【26～30】

某框架结构如图 26～30（Z）所示，抗震设防烈度为 8 度（$0.20g$），丙类。框架柱采用焊接 H 形截面，框架梁采用焊接工字形截面，材料强度为 Q345，$H=50\text{m}$。

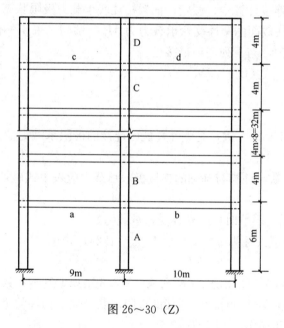

图 26～30（Z）

【26】

该结构采用性能化设计，塑性耗能区承载力性能等级采用性能 7。试问，下列关于构件性能系数的描述，哪项不符合《钢标》中有关钢结构构件性能系数的有关规定？

（A）框架柱 A 的性能系数宜高于框架梁 a、b 的性能系数

（B）框架柱 A 的性能系数不应低于框架柱 C、D 的性能系数

（C）当该框架底层设置偏心支撑后，框架柱 A 的性能系数可以低于框架梁 a、b 的性能系数

（D）框架梁 a、b 和框架梁 c、d 可有不同的性能系数

【答案】(C)

【解答】

(1) 根据《钢标》17.1.5条2款,同层框架柱的性能系数高于框架梁。A正确;

(2) 17.1.5条文说明,性能系数……,关键构件取值较高。多高层结构中低于1/3总高度的框架柱……等都应按关键构件处理。B正确;

(3) 17.1.5条4款,框架-偏心支撑结构的支撑系统,同层各构件性能系数,框架柱>支撑>框架梁>消能梁段。C不正确;

(4) 17.1.5条1款,整个结构中不同部位的构件,可有不同的性能系数。D正确。

【分析】

17.1.5条文说明 性能化设计的基本原则,……,塑性耗能区性能系数取值最低,关键构件和节点取值较高。

【27】

在塑性耗能区的连接计算中,假定,框架柱柱底承载力极限状态最大组合弯矩设计为M,考虑轴力影响时柱截面的塑性受弯承载力为M_{pc}。试问,采用外包式柱脚时,柱脚与基础的连接极限承载力,与下列何项最接近?

(A) $1.0M$ (B) $1.2M$ (C) $1.0M_{pc}$ (D) $1.2M_{pc}$

【答案】(D)

【解答】

(1)《钢标》17.2.9条1款,与塑性耗能区连接的极限承载力应大于与其连接构件的屈服承载力。

(2) 17.2.9条2款,柱脚与基础的连接极限承载力应按下式验算:

$$M_{u,base}^{j} = \eta_{j} M_{pc}$$

式中:M_{pc}——考虑轴力影响时柱的塑性受弯承载力。

查表17.2.9,外包式柱脚$\eta_{j}=1.2$,$M_{u,base}^{j}=1.2M_{pc}$,选(D)。

【分析】

(1) 此题与《抗震》8.2.8条、《高钢规》8.6.3条规定基本一致。

(2) 设计原则:按塑性设计时,连接的极限承载力大于构件的全塑性承载力。

(3) 近似考题:2016年一级上午22题。

【28】

假定,梁柱节点采用梁端加强的办法来保证塑性铰外移,采用下述哪些措施符合《钢标》的规定?

Ⅰ. 上下翼缘加盖板   Ⅱ. 加宽翼缘板且满足宽厚比的规定

Ⅲ. 增加翼缘板的厚度   Ⅳ. 增加腹板的厚度

(A) Ⅰ、Ⅱ、Ⅲ   (B) Ⅰ、Ⅱ、Ⅳ

(C) Ⅱ、Ⅲ、Ⅳ   (D) Ⅰ、Ⅲ、Ⅳ

【答案】(A)

【解答】

(1) 根据《钢标》17.3.9条2款采用盖板、3款采用翼缘加宽且控制宽厚比、4款增加翼缘厚度。

(2) 17.3.9条文说明，采用梁端加腋、梁端换厚板、梁翼缘楔形加宽和上下翼缘加盖板等方法。未提及增加腹板厚度。

【分析】

(1)《钢标》17.3.9条、《抗震》8.3.4条4款条文说明、《高钢规》8.3.4条均有类似规定。

(2) 设计目标是使塑性铰远离梁柱节点处。

【29】

假定框架梁截面 H700×400×12×24，弹性截面模量为 W，塑性截面模量为 W_p。试问：计算梁性能系数时，该构件的塑性耗能区截面模量 W_E 为下列何项？

(A) $1.05W_p$　　　(B) $1.05W$　　　(C) $1.0W_p$　　　(D) $1.0W$

【答案】(C)

【解答】

(1)《钢标》表 17.2.2-2，构件截面模量 W_E 取值与截面板件宽厚比等级有关。

(2) 判断框架梁截面板件宽厚比

① 翼缘板件宽厚比

$$b/t=(400-12)/(2\times24)=8.08$$

根据表 3.5.1

S1 级：$9\varepsilon_k=9\times(235/345)^{(1/2)}=7.43$

S2 级：$11\varepsilon_k=11\times(235/345)^{(1/2)}=9.08$

翼缘的板件宽厚比为 S2 级。

② 腹板板件宽厚比

$$h_0/t=(700-2\times24)/12=54.33$$

S1 级：$65\varepsilon_k=65\times(235/345)^{(1/2)}=53.65$

S2 级：$72\varepsilon_k=72\times(235/345)^{(1/2)}=59.4$

腹板的板件宽厚比为 S2 级。

(3) 表 17.2.2，S2 级，$W_e=W_p$，选（C）。

【30】

假定结构需加一层，高度 $H=54\text{m}$。试问，进行抗震性能化设计时，框架塑性耗能区（梁端）截面板件宽厚比等级应采用下列何项？

(A) S1　　　(B) S2　　　(C) S3　　　(D) S4

【答案】(A)

【解答】

(1) 根据《钢标》表 17.1.4-1，8 度 0.20g，$H=54\text{m}$，塑性耗能区的承载性能等级为性能 7。

（2）表 17.1.4-2，标准设防类（丙类），性能 7，构件的延性最低等级为 I 级。

（3）表 17.3.4-1，构件延性等级所对应的塑性耗能区（梁端）截面的板件宽厚比，I 级为 S1 级。选（A）。

【分析】

表 17.1.4-2 采用高延性-低承载力、低延性-高承载力的设计思路，梁端塑性耗能区属于高延性-低承载力部分。

3 砌体结构与木结构

3.1 一级砌体结构与木结构 上午题 31

【31】

多层砌体抗震设计时，下列关于建筑布置和结构体系的论述，正确的是( )

Ⅰ．应优先选择采用砌体墙与钢筋混凝土墙混合承重；

Ⅱ．房屋平面轮廓凹凸，不应超过典型尺寸的 50%，当超过 25% 时，转角处应采取加强措施；

Ⅲ．楼板局部大洞口的尺寸未超过楼板宽度的 30%，可在墙体两侧同时开洞；

Ⅳ．不应在房屋转角处设置转角窗。

(A) Ⅰ、Ⅲ   (B) Ⅱ、Ⅳ   (C) Ⅱ、Ⅲ   (D) Ⅰ、Ⅳ

【答案】(B)

【解答】

(1)《抗震》7.1.7 条 1 款，Ⅰ 不正确；

(2) 7.1.7 条 2 款 2)，Ⅱ 正确；

(3) 7.1.7 条 2 款 3)，Ⅲ 不正确；

(4) 7.1.7 条 5 款，Ⅳ 正确。

3.2 一级砌体与木结构 上午题 32～34

【32～34】

某砌体房屋，抗震设防烈度为 8 度，基本地震加速度为 0.2g，采用底部框架-抗震墙结构，一层柱墙均采用钢筋混凝土、二、三、四层采用 240mm 厚多孔砖砌体。设防类别为丙类。如图 32～34（Z）所示。

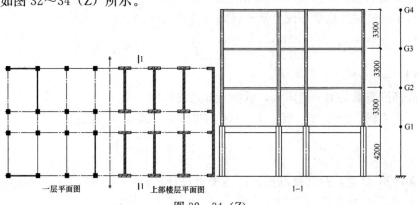

图 32～34（Z）

【32】

假定，该结构各层重力荷载代表值分别为：$G_1=5200$，$G_2=G_3=6000$kN，$G_4=4500$kN，采用底部剪力法计算地震作用，底层剪力设计值增大系数为1.5，试问，底层剪力设计值 V_1（kN）与下列何项数值最为接近？

(A) 2950   (B) 3540   (C) 4450   (D) 5760

【答案】（D）

【解答】

(1) 底部剪力法确定底层剪力标准值

《抗震》5.2.1条，$F_{Ek}=\alpha_1 G_{eq}$

表5.1.4，8度0.20g，$\alpha_1=\alpha_{max}=0.16$

$$G_{eq}=0.85\sum G_i=0.85\times(5200+6000\times2+4500)=21700\text{kN}$$

$$V=F_{Ek}=0.16\times21700=2951\text{kN}$$

(2) 7.2.1条，底部框架-抗震墙房屋的抗震计算，可采用底部剪力法，并应按本节规定调整地震作用效应。

已知底层剪力设计值增大系数为1.5，$V_1=1.3\times1.5\times2951=5755$kN，选（D）。

【分析】

(1) 底部框架-抗震墙砌体房屋上刚下柔，对抗震不利，下部框架薄弱，地震作用剪力应增大，可类比框支剪力墙结构。

(2) 历年考题：2008年二级下午第4题，2018年二级上午36题。

【33】

进行房屋横向地震作用分析时，假设底层横向总刚度为 K_1（墙柱之和），其中框架总侧向刚度 $\sum K_c=0.28K_1$；墙总侧向刚度为 $0.72K_1$；底层剪力设计值 $V_1=6000$kN；墙 W_1 横向侧向刚度 $K_{w1}=0.18K_1$；试问墙 W_1 地震剪力设计值 V_{w1} 与下列何项数值最为接近？

(A) 1100   (B) 1300   (C) 1500   (D) 1700

【答案】（C）

【解答】

(1)《抗震》7.2.4条3款，底层或底部两层的纵向和横向地震剪力设计值应全部由该方向的抗震墙承担，并按各墙体的侧向刚度比例分配。

(2) 根据墙体刚度比例分配全部地震剪力设计值

$$V_{w1}=\frac{0.18K_1}{0.72K_1}V_1=\frac{0.18K_1}{0.72K_1}\times6000=1500\text{kN}$$

【分析】

(1) 底部抗震墙是第一道防线，承担全部地震作用。

(2) 历年考题：2007年一级上午39题，2013年二级上午31题。

【34】

假定条件同33题，框架柱承担的地震剪力设计值 $\sum V_c$（kN），与下列何项数值最为接近？

(A) 3400　　　　　(B) 2800　　　　　(C) 2200　　　　　(D) 1700

【答案】（A）

【解答】

(1)《抗震》7.2.5 条 1 款 1 项，框架柱承担的地震剪力设计值，可按各项抗侧力构件有效侧向刚度比例分配确定；有效侧向刚度的取值，框架不折减；混凝土墙可乘以折减系数 0.30。

(2) 根据混凝土墙有效刚度求框架柱分配剪力设计值

$$\Sigma V_c = \frac{0.28K_1}{0.28K_1 + 0.3 \times 0.72K_1} V_1 = \frac{0.28K_1}{0.28K_1 + 0.216K_1} \times 6000 = 3387\text{kN}$$

【分析】

(1) 框架是第二道防线，当抗震墙开裂时框架仍然保持弹性，因此，框架柱刚度不折减，抗震墙开裂发生内力重分配，刚度折减。

(2) 历年考题：2009 年一级上午第 36 题，2013 年二级上午 32 题。

3.3　一级砌体结构与木结构　上午题 35～36

【35～36】

某单层单跨砌体无吊车厂房，采用装配式无檩条体系混凝土屋盖，平面如图 35～36（Z）所示。厂房柱高度 $H=5.6\text{m}$。砌体采用 MU20，混凝土多孔砖，Mb10 专用砂浆，施工质量控制等级为 B 级，其结构布置及构造措施均符合规范要求。

提示：①柱截面面积 $A=0.9365 \times 10^6 \text{mm}^2$；

②柱绕 X 轴回转半径 $i=147\text{mm}$。

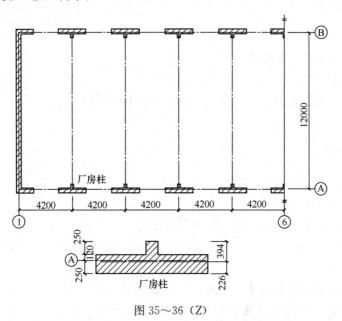

图 35～36（Z）

【35】

试问，按构造要求进行高厚比验算时，排架方向厂房柱的高厚比与下列何项数值最为接近？

(A) 11　　　　(B) 13　　　　(C) 15　　　　(D) 17

【答案】 (B)

【解答】

(1) 根据《砌体》4.2.1 条

$S=4.5\times10=45m$，装配式无檩体系，房屋的静力计算方案为刚弹性方案。

(2) 表 5.1.3，$H_0=1.2H=1.2\times5600=6720m$。

(3) 6.1.1 条，$H_0/h_T=H_0/3.5i=6720/3.5\times147=13$，选 (B)。

【分析】

(1) 高厚比验算是高频考点，注意排架方向和垂直排架方向取各自方向的厚度。

(2) 历年考题：2004 年二级上午 33～34 题，2010 年一级上午 30 题，2017 年二级上午 34 题，

【36】

假设厂房静力计算方案为弹性方案，柱底绕 x 轴弯矩设计值 $M=52kN\cdot m$，轴向压力设计值 $N=404kN$，重心至轴向力所在偏心方向截面边缘的距离 $y=394mm$，试问，厂房柱的受压承载力设计值 (kN) 与下例何项数值最为接近？

(A) 630　　　　(B) 680　　　　(C) 730　　　　(D) 780

【答案】 (C)

【解答】

(1) 偏心距

$e=M/N=52\times10^6/404\times10^3=128.7mm<0.6y=0.6\times394=236.4mm$

符合《砌体》5.1.5 条要求。

(2) 影响系数 φ

表 5.1.3，弹性方案 $H_0=1.5H=1.5\times5600=8400mm$

5.1.2 条

$$\beta=\gamma_\beta\frac{H_0}{h_T}=1.1\frac{8400}{3.5\times147}=17.96,\frac{e}{h_T}=\frac{128.7}{3.5\times147}=0.25$$

查表 D.0.1-1，$\varphi=0.29$。

(3) 计算柱的受压承载力

查表 3.2.1-3，Mu20、Mb10，$f=2.67MPa$

5.1.1 条，$\varphi f_A=0.29\times2.67\times0.9365\times10^6\times10^{-3}=725kN$

【分析】

(1) 柱受压承载力计算属于高频考点，注意 γ_β 的取值条件。

(2) 历年考题：2014 年一级上午 35 题，2014 年二级上午 31 题，2016 年二级下午第 6 题，2017 年一级上午 32 题。

3.4 一级砌体结构与木结构 上午题 37～38

【37～38】

某房屋的窗间墙长 1600mm，厚 370mm，有一截面 250mm×500mm 的钢筋混凝土梁支撑在墙上，梁端实际支撑长度为 250mm，如图 37～38（Z）所示，窗间墙采用 MU15 烧结普通砖，M10 混合砂浆砌筑，施工质量等级为 B 级。

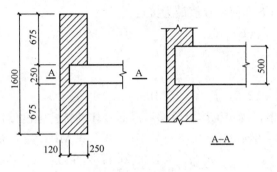

图 37～38（Z）

【37】

试问，窗间墙局部受压承载力（kN）与下列何项数值最为接近？

(A) 120   (B) 140   (C) 160   (D) 180

【答案】（A）

【解答】

(1)《砌体》5.2.4 条

式（5.2.4-5）

$$a_0 = 10\sqrt{\frac{h_c}{f}} = 10\sqrt{\frac{500}{2.31}} = 147.1\text{mm} < a = 250\text{mm}$$

式（5.2.4-4）

$$A_l = a_0 b = 147.1 \times 250 = 36780.6\text{mm}$$

$$a_0 = 10\sqrt{\frac{h_c}{f}} = 10\sqrt{\frac{500}{2.31}} = 147.1\text{mm} < a = 250\text{mm}$$

$$A_l = a_0 b = 147.1 \times 250 = 36780.6\text{mm} \quad \eta = 0.7$$

(2) 5.2.2 条

$$\gamma = 1 + 0.35\sqrt{\frac{A_0}{A_l} - 1} = 1 + 0.35\sqrt{\frac{(250 + 370 \times 2) \times 370}{36780.6}} = 2.1 > 2.0, \text{取 } \gamma = 2.0。$$

(3) 表 3.2.1-1，MU15、M10，$f = 2.31\text{MPa}$。

(4) 式（5.2.4-1）

$$\eta\gamma f A_l = 0.7 \times 2.0 \times 2.31 \times 36780.6 \times 10^{-3} = 118.9\text{kN}$$

【分析】

(1) 局部受压计算属于高频考点，注意局部受压提高系数 γ 中 A_0 的取值及限值规定。

(2) 历年考题：2013 年二级上午 36 题，2018 年一级上午 35 题，2018 年二级上午 40 题。

【38】

假定，重力荷载代表值作用下的轴向力 $N = 604\text{kN}$，试问，该墙抗震受剪承载力设计值 $f_{\text{vE}}A/\gamma_{\text{RE}}$（kN），与下列何项数值最为接近？

(A) 140   (B) 160   (C) 180   (D) 200

【答案】(B)

【解答】

(1) 查《砌体》表 3.2.2，$f_{\text{v}} = 0.17\text{MPa}$。

(2) 根据 10.2.1 条，确定砌体沿阶梯形截面破坏的抗剪强度设计值。

$$\sigma_0 = N/A = 604 \times 10^3/(1600 \times 370) = 1.02\text{MPa}, f_{\text{v}} = 0.17\text{MPa},$$

$$\sigma_0/f_{\text{v}} = 1.02/0.17 = 6$$

查表 10.2.1，$\xi_{\text{n}} = (1.47 + 1.65)/2 = 1.56$

$$f_{\text{vE}} = \xi_{\text{n}}f = 1.56 \times 0.17 = 0.2625\text{MPa}$$

(3) 查表 10.1.5，抗震承载力调整系数，$\gamma_{\text{RE}} = 1.0$。

(4) 墙体抗震受剪承载力设计值按式 (10.2.2-1) 计算

$$V = f_{\text{vE}}A/\gamma_{\text{RE}} = (0.2625 \times 1600 \times 370)/1.0 = 157\text{kN}$$

【分析】

(1) 墙体在重力荷载代表值作用下的正应力对其抗震抗剪强度设计值有利，如计入自重应取墙体半高处计算正应力。注意两端有构造柱时 $\gamma_{\text{RE}} = 0.9$。

(2) 历年考题：2016 年一级上午 36 题，2016 年二级上午 36 题。2017 年二级上午 36 题。

3.5　一级砌体结构与木结构　上午题 39～40

【39～40】

如图 39～40 (Z) 所示，某露天环境木屋架，云南松，TC13A，空间稳定措施满足《木结构》的规定，P 为檩条（与屋架上弦锚固）传至屋架的节点荷载，设计使用年限为 5 年，结构重要性系数 $\gamma_0 = 1.0$。

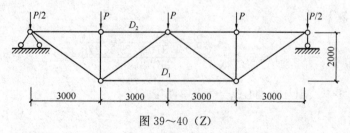

图 39～40 (Z)

假设 D1 采用正方形方木，在恒载和活荷载共同作用下 $P=20$kN（设计值），试问此工况进行强度验算时，其最小截面边长（mm）与下列哪项数值最为接近？

提示：强度验算时不考虑构件自重

(A) 70   (B) 85   (C) 100   (D) 110

【答案】B

【解答】

(1) 求 D1 的轴力设计值

①支座反力 $R=（P/2+3P+P/2）/2=2P$

②从跨中切开，对上弦与腹杆的交点取距

$$N\times2-2P\times6+P/2\times6+P\times3=0$$

$$N=3P=3\times20=60\text{kN}$$

(2) 木材的强度设计值

①《木结构设计标准》表 4.3.1-3，TC13A，$f_t=8.5$MPa

②表 4.3.9-1，露天环境，调整系数 0.9；

③表 4.3.9-2，设计使用年限 5 年，调整系数 1.1；

$$f_t=8.5\times1.1\times0.9=8.415\text{MPa}$$

(3) 方木的截面边长

5.1.1 条，轴心受拉构件承载能力按（5.1.1）计算

$$A_n=N/f_t=60\times10^3/8.415=7130\text{mm}^2$$

$$b=(A_n)^{1/2}=(7130)^{1/2}=84.4\text{mm}$$

【分析】

(1) 截面法求桁架杆件内力是力学基本功。

(2) 强度调整的三条规定：4.3.2、4.3.9-1、4.3.9-2。

(3) 历年考题：2012 年一级下午第 2 题，2012 年二级下午第 8 题，2013 年一级下午第 1 题，2017 年一级下午第 1 题。

【40】

假设杆件 D2 采用截面为正方形的方木，试问满足长细比要求最小截面边长与下列哪项数值最为接近？

(A) 90   (B) 100   (C) 110   (D) 120

【答案】(A)

【解答】

(1)《木结构设计标准》表 4.3.17 确定受压构件的长细比限值，桁架弦杆 $[\lambda]\leqslant120$

(2) 正方形方木的回转半径

$$i=\sqrt{\frac{I}{A}}=\sqrt{\frac{\left(\frac{bh^3}{12}\right)}{b^2}}=0.2887b$$

(3) 最小截面边长

$$[\lambda] = l_0 / i_{\min}, i_{\min} = l_0 / [\lambda] = 3000/120 = 25$$
$$b = i_{\min} / 0.2887 = 25/0.2887 = 86.6\text{mm}$$

【分析】

（1）回转半径和长细比属于力学基本概念。

（2）历年考题：2009 年二级下午第 7 题，2013 年一级下午第 2 题。

4 地基与基础

4.1 一级地基与基础 下午题 1～2

【1～2】

某土质建筑边坡采用毛石混凝土重力式挡土墙支护，挡土墙墙背竖直，如图 1～2（Z）所示，墙高为 6.5m，墙顶宽 1.5m，墙底宽 3m，挡土墙毛石混凝土重度为 24kN/m³。假定，墙后填土表面水平并与墙齐高，填土对墙背的摩擦角 $\delta=0$，排水良好，挡土墙基底水平，底部埋置深度为 0.5m，地下水位在挡土墙底部以下 0.5m。

提示：①不考虑墙前被动区土体的有利作用，不考虑地震设计状况。

②不考虑地面荷载影响。

③$\gamma_0=1.0$。

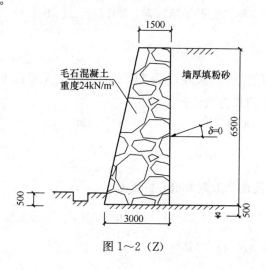

图 1～2（Z）

【1】

假定墙后填土的重度为 20kN/m³，主动土压力系数 $k_a=0.22$，土与挡土墙基底的摩擦系数 $\mu=0.45$，试问，挡土墙的抗滑移稳定安全系数 K 与下列何项数值最为接近？

(A) 1.35　　　(B) 1.45　　　(C) 1.55　　　(D) 1.65

【答案】（C）

【解答】

(1)《地基》6.7.5 条 1 款，按式（6.7.5-1）计算抗滑移稳定性

$$\frac{(G_n+E_{an})\mu}{E_{at}-G_t}\geqslant 1.3$$

（2）挡土墙的抗滑移稳定安全系数 K 应为

$$K = (G_n \times \mu) / E_{at}$$

①计算挡土墙的自重（取单位长度计算）

$$G = \frac{1}{2} \times (1.5 + 3) \times 6.5 \times 24 = 351 \text{kN/m}$$

②计算填土的主动土压力

式（6.7.3-1）

$$E_a = \frac{1}{2} \times 1.1 \times 20 \times 6.5^2 \times 0.22 = 102.245 \text{kN/m}$$

（3）计算抗滑移稳定安全系数 K

$$K = \frac{\mu G}{E_a} = \frac{0.45 \times 351}{102.245} = 1.55$$

【分析】

（1）挡土墙高度 5~8m 时取 $\psi_a = 1.1$，大于 8m 时 $\psi_a = 1.2$。

（2）历年考题：2016 年二级下午第 9 题，2018 年二级下午 18 题。

【2】

假定作用于挡土墙的主动土压力 E_a 为 112kN，试问，基础底面边缘最大压应力 P_{max}（kN/m²）与下列何项数值最为接近？

(A) 170　　　　(B) 180　　　　(C) 190　　　　(D) 200

【答案】（D）

【解答】

（1）挡土墙单位长度的梯形截面重心位置 e_G

三角形　$G_1 = \frac{1}{2} \times 1.5 \times 6.5 \times 24 = 117 \text{kN/m}$

矩形　$G_2 = 1.5 \times 6.5 \times 24 = 234 \text{kN/m}$

对挡土墙前趾取矩：$e_G = \dfrac{117 \times \dfrac{2}{3} \times 1.5 + 234 \times \left(1.5 + \dfrac{1.5}{2}\right)}{117 + 234} = 1.833 \text{m}$。

（2）重心偏离形心轴的距离：$x = e_G - b/2 = 1.833 - 3/2 = 0.333 \text{m}$。

（3）主动土压力和挡土墙重力作用下基础底面的偏心距 e

$$e = \frac{M}{N} = \frac{E \times \dfrac{h}{3} + G \times x}{N} = \frac{112 \times \dfrac{6.5}{3} + (117 + 234) \times 0.333}{117 + 234}$$

$$= 0.358 \text{m} < \frac{b}{6} = \frac{3}{6} = 0.5 \text{m}$$

（4）《地基》式（5.2.2-2）求基础底面边缘的最大压应力

$$P_{kmax} = \frac{F_k + G_k}{A} + \frac{M}{W} = \frac{117 + 234}{3 \times 1} + \frac{112 \times \frac{6.5}{3} - (117 + 234) \times 0.333}{\frac{1 \times 3^2}{6}} = 200.8 kPa$$

【分析】

（1）先求偏心距再计算最大压应力。

（2）历年考题：2016年一级下午第14题，2017年二级下午13题。

4.2 一级地基与基础 下午题3～5

【3～5】

某工程采用真空预压法处理地基，排水竖井采用塑料排水带，等边三角形布置，穿透20m软土层。上覆砂垫层厚度 $H = 1.0m$，满足竖井预压构造措施和地坪设计标高要求，瞬时抽真空并保持膜下真空度90kPa。地基处理剖面土层分布如图3～5（Z）所示。

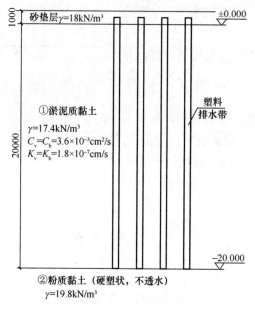

图3～5（Z）

【3】

设计采用塑料排水带宽度100mm，厚度6mm，试问，当井径比 $n = 20$ 时，塑料排水带布置间距 l（mm），与下述何值最接近？

(A) 1200   (B) 1300   (C) 1400   (D) 1500

【答案】（B）

【解答】

（1）《地基处理》5.2.18条，"排水竖井的间距可按本规范5.2.5条确定"。

（2）5.2.5 条，竖井间距可按井径比 n 选用，$n=d_e/d_w$，d_w 为竖井直径，对塑料排水带可取 $d_w=d_p$。

5.2.4 条，d_e——竖井的有效排水直径；

5.2.3 条，d_p——塑料排水带当量换算直径（mm）。

（3）式（5.2.3）

$$d_p=\frac{2(b+\delta)}{\pi}$$

式中：b——塑料排水带宽厚（mm），题目已知 $b=100\text{mm}$；

δ——塑料排水带厚度（mm），题目已知 $\delta=6\text{mm}$。

$$d_p=\frac{2(b+\delta)}{\pi}=\frac{2\times(100+6)}{\pi}=67.48\text{mm}$$

（4）5.2.5 条，$n=d_e/d_w$，对塑料排水带可取 $d_w=d_p$

$$d_e=nd_w=nd_p=20\times67.48=1349.6\text{mm}$$

（5）5.2.4 条，等边三角形布置时竖井间距按式（5.2.4-1）计算

$$l=d_e/1.05=1349.6/1.05=1285\text{mm}$$

【分析】

新考点，参数多，不熟悉的同学建议放弃。

【4】

假定，涂抹影响及井阻影响较小，忽略不计，井径比 $n=20$。竖井的有效排水直径 $d_e=1470\text{mm}$，当仅考虑抽真空荷载下径向排水固结时，试问，60 天竖井径向排水平均固结度 $\overline{U}_r$ 与下列何项数值（%）最为接近？

提示：①不考虑涂抹影响及井阻影响时，$F=F_n=\ln(n)-3/4$。

②$\overline{U}_r=1-e^{-\frac{8c_h}{Fd_e^2}t}$。

(A) 80   (B) 85   (C) 90   (D) 95

【答案】(D)

【解答】

（1）《地基处理》5.2.8 条式（5.2.8-1），平均固结度

$$\overline{U}_r=1-e^{-\frac{8c_h}{Fd_e^2}t}$$

（2）确定公式中的参数

① 表 5.2.7，c_h——土的径向排水固结系数（cm²/s）。题目已知 $c_h=3.6\times10^{-3}$；

② $F=\ln(n)-3/4=\ln20-3/4=2.246$；

③ $d_e=1470\text{mm}$，考虑单位一致，$d_e=147\text{cm}$；

④ 固结时间 t 为 60d，考虑单位一致，$t=60\times24\times60\times60=5184000\text{s}$。

（3）根据 5.2.8 条及提示，平均固结度为

$$\overline{U}_r=1-e^{-\frac{8c_h}{Fd_e^2}t}=1-e^{-\frac{8\times3.6\times10^{-3}}{2.246\times1470^2}\times5184000}=0.95$$

【分析】

新考点，参数多，不熟悉的同学建议放弃。

【5】

假定，不考虑砂垫层本身压缩变形。试问，预压载荷下地基最终竖向变形量（mm）与下列何项数值最为接近？

提示：① 沉降经验系数 $\xi = 1.2$；

$$② \quad \frac{e_0 - e_1}{1 + e_0} = \frac{P_0 K_v}{C_v \cdot r_w}$$

③ 变形计算深度取至标高 -20.000m 处。

(A) 300　　　　(B) 8000　　　　(C) 1300　　　　(D) 1800

【答案】(C)

【解答】

(1) 根据《地基处理》5.2.12 条及提示

$$S_f = \xi \sum_{i=1}^{n} \frac{e_{0i} - e_{1i}}{1 + e_{0i}} h_i = \xi \frac{P_0 K_v}{C_v \gamma_w} h_i$$

(2) 确定公式中的参数及单位

① 砂垫层 $\gamma = 18$kN/m³，$P_0 = 90 + 1 \times 18 = 108$kPa $= 108$kN/m²；

② 已知 $K_v = 1.8 \times 10^{-7}$cm/s $= 1.8 \times 10^{-9}$m/s；

③ 已知 $\xi = 1.2$；

④ $\gamma_w = 10$kPa。

(3) 计算预压载荷下地基最终竖向变形量

$$S_f = \xi \sum_{i=1}^{n} \frac{e_{0i} - e_{1i}}{1 + e_{0i}} h_i = \xi \frac{P_0 K_v}{C_v \gamma_w} h_i$$

$$= 1.2 \times \frac{108 \times 1.8 \times 10^{-9}}{3.6 \times 10^{-7} \times 10} \times 20$$

$$= 1.296\text{m} = 1296\text{mm}$$

【分析】

新考点，参数多，不熟悉的同学建议放弃。

4.3　一级地基与基础　下午题 6～8

【6～8】

有一六桩承台基础，采用先张法预应力管桩，桩外径 500mm，壁厚 100mm，桩身 C80，不设桩尖，有关各层土分布情况，桩侧土极限侧阻力标准值 q_{sik} 及桩的布置，承台尺寸如图 6～8（Z）。假定荷载基本组合由永久荷载控制，承台及其土的平均容重 22kN/m³。

提示：①荷载组合按简化规则。

②$\gamma_0 = 1.0$。

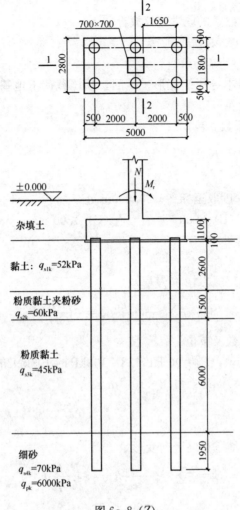

图 6～8 (Z)

【6】

试问，按《桩基》根据土的物理指标与承载力参数之间的经验系数估算，该桩基单桩竖向承载力特征值 R_a（kN）与下列何项数值最为接近？

(A) 800   (B) 1000   (C) 1500   (D) 2000

【答案】(B)

【解答】

(1) 根据《桩基》5.3.8 条求敞口预应力混凝土空心桩承载力标准值

$$Q_{uk} = u \sum q_{sik} l_i + q_{pk}(A_j + \lambda_p A_{pl})$$

(2) 计算相关参数

① 空心桩桩端净面积：$A_j = \pi/4 \times (d^2 - d_1^2) = \pi/4 \times (0.5^2 - 0.3^2) = 0.1256 \text{m}^2$。

② 空心桩敞口面积：$A_{pl} = \pi/4 \times d_1^2 = \pi/4 \times 0.3^2 = 0.07065 \text{m}^2$。

③ 桩端进入持力层深度：$h_b = 1.95 \text{m}$

当 $h_b/d_1 = 1.93/0.3 = 1.95/0.3 = 6.5 > 5$ 时，按 (5.3.8-3) 式，$\lambda_p = 0.8$。

（3）管桩承载力特征值

式（5.3.8-1）

$$Q_{uk} = u \sum q_{sik} l_i + q_{pk}(A_j + \lambda_p A_{pl})$$
$$= \pi \times 0.5 \times (52 \times 2.6 + 60 \times 1.5 + 45 \times 6 + 70 \times 1.95) + 6000 \times$$
$$(0.1256 + 0.8 \times 0.07065)$$
$$= 2084kN$$

式（5.2.2）

$$R_a = Q_{uk}/2 = 2084/2 = 1042kN$$

【分析】

（1）混凝土敞口空心桩单桩竖向极限承载力分三部分：侧阻力，空心桩壁端部阻力和敞口部分端阻力，敞口部分端阻力考虑土塞效应系数 λ_p。

（2）历年考题：2014年下午第8题，2016年二级下午21题。

【7】

假定，相应于作用的标准组合时，上部结构柱传至承台顶面的作用标准值竖向力 N_K =5200kN，弯矩 M_{kx}=0kN·m，M_{ky}= 560kN·m。试问，承台2-2截面（桩边）处剪力设计值（kN）与下列何项数值最为接近？

（A）2550　　　　（B）2650　　　　（C）2750　　　　（D）2850

【答案】（A）

【解答】

（1）《桩基》5.1.1条，最大基桩净反力

$$N_{kmax} = \frac{F_k}{n} + \frac{M_{yk}x}{\sum x_i^2} = \frac{5200}{6} + \frac{560 \times 2}{4 \times 2^2} = 936.7kN$$

（2）《地基》3.0.6条4款，荷载基本组合由永久荷载控制

$$S_d = 1.35S_k$$
$$V = 1.35 \times 2 \times N_{kmax} = 1.35 \times 2 \times 936.7 = 2529kN$$

【分析】

（1）题目说明上部结构传至承台顶面的作用为5200kN，因此不必扣除承台自重。

（2）题干条件：荷载基本组合由永久荷载控制，荷载组合按简化规则，按3.0.6条4款计算。

（3）历年考题：2016年一级下午第6题，2018年一级下午12题。

【8】

假定，不考虑抗震，承台顶面中的弯矩标准值 M_{kx} = 0，最大单桩反力设计值1180kN，承台混凝土强度等级为C35（f_t=1.57N/mm²），受力筋采用HRB400（f_y=360），h_0=1000mm，试问关于承台长向受力主筋配筋方案中，何项最合理？

（A）Φ20@100　　（B）Φ22@100　　（C）Φ22@150　　（D）Φ25@100

【答案】（B）

【解答】

（1）计算单桩净反力 N_i

$$N_i = 1180 - \frac{1.35G_k}{6} = 1180 - \frac{1.35 \times 22 \times 5 \times 2.8 \times 2}{6} = 10410\text{kN}$$

（2）《桩基》5.9.2 条，2-2 截面的弯矩

$$M_y = \sum N_i x_i = 2 \times 1041.2 \times 1.65 = 3436.62 \text{ kN} \cdot \text{m}$$

（3）《地基》8.2.12 条，承台受力纵向钢筋的面积

$$A_s = M/(0.9f_y h_0) = (3436.62 \times 10^6)/(0.9 \times 360 \times 1000) = 10606.85\text{mm}^2$$

（4）选择钢筋

间距为 100mm 时，所需钢筋根数为：2800mm/100mm＋1＝29 根；

间距为 150mm 时，所需钢筋根数为：2800mm/150mm＋1＝20 根。

A 项：$A_s = 314 \times 29 = 9106\text{mm}^2 < 10606\text{mm}^2$，不满足；

B 项：$A_s = 380 \times 29 = 11018\text{mm}^2 > 10606\text{mm}^2$，满足；

C 项：$A_s = 380 \times 20 = 7599\text{mm}^2 < 10606\text{mm}^2$，不满足。

选（B）。

【分析】

（1）单桩反力设计值 1180kN，未明确是净反力，因扣除承台自重。

（2）历年考题：2010 年二级上午 20 题，2017 年二级下午 19 题。

4.4　一级地基与基础　下午题 9

【9】

某工程桩基采用钢管桩，钢管材质 Q345B（$f_y' = 305\text{N/mm}^2$，$E = 206000\text{N/mm}^2$）外径 $d = 950$，采用锤击式沉桩工艺。试问，满足打桩时桩身不出现局部压屈的最小钢管壁厚（mm），与下列何项最接近？

(A) 7　　　　　　(B) 8　　　　　　(C) 9　　　　　　(D) 10

【答案】(D)

【解答】

（1）根据《桩基》5.8.6 条 2 款，$d > 600$mm 时按（5.8.6-1）验算：

$$t \geq \frac{f_y'}{0.388E}d = \frac{305}{0.388 \times 206000} \times 950 = 3.6\text{mm}$$

（2）5.8.6 条 3 款，$d > 900$mm 时除按（5.8.6-1）式验算外，尚应按（5.8.6-2）验算：

$$t = \sqrt{\frac{f_y'}{14.5E}}d = \sqrt{\frac{305}{14.5 \times 206000}} \times 950 = 9.6\text{mm}$$

取最小钢管壁厚为 10mm，选（D）。

【分析】

虽然是新考点，但参数少，查到规范条文代入数据就能答对。

4.5 一级地基与基础 下午题10～11

【10～11】

某 8 度设防地震建筑，未设地下层，采用水下成孔混凝土灌注桩，桩径 800mm，混凝土 C40，桩长 30m，桩底进入强风化片麻岩，桩基按位于腐蚀环境设计。基础形式采用独立桩承台，承台间设连系梁，如图 10～11（Z）所示。

【10】

假定桩顶固接，桩身配筋率 0.7％，桩身抗弯刚度 $4.33 \times 10^5 kN \cdot m^2$，桩侧土水平抗力系数的比例系数 m =4MN/m⁴，桩水平承载力由水平位移控制，允许位移为 10mm。试问，初步设计时，按《桩基》估算考虑地震作用组合的桩基单桩水平承载力特征值（kN）与下列何项数值最接近？

（A）161 　　　（B）201

（C）270 　　　（D）330

【答案】（C）

【解答】

（1）桩身配筋率 0.7％（>0.65％）的考虑地震作用组合的桩基单桩水平承载力特征值，当按水平位移控制时，按《桩基》5.7.2 条 6 款式（5.7.2-2）估算

$$R_{ha} = 0.75 \frac{\alpha^3 EI}{\nu_x} \chi_{0a}$$

（2）确定参数

①5.7.2 条 4 款符号说明，α——桩的水平变形系数，按本规范第 5.7.5 条确定；

5.7.5 条 1 款，桩的水平变形系数 α（1/m）

$$\alpha = \sqrt[5]{\frac{mb_0}{EI}}$$

桩侧土水平抗力系数的比例系数 m =4MN/m⁴=4×10kN/m⁴；

桩身抗弯刚度 $EI=4.33 \times 10^5 kN \cdot m^2$

桩径 d =800mm<1m，桩身计算宽度 b_0 =0.9(1.5d +0.5)=0.9(1.5×0.8+0.5)=1.53m

$$\alpha = \sqrt[5]{\frac{mb_0}{EI}} = \sqrt[5]{\frac{4 \times 10^3 \times 1.53}{4.33 \times 10^5}} = 0.4266$$

②桩顶水平位移系数 ν_x 按表 5.7.2 取值

表中 αh =0.42662×30=12.8>4.0，根据小注 2 取 αh =4.0。（表 5.7.1 注：h 为桩

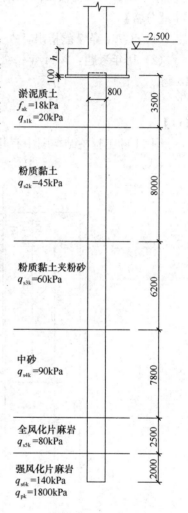

图 10～11（Z）

图中标注（从上到下）：
-2.500

淤泥质土 f_{ak}=18kPa q_{s1k}=20kPa 3500

粉质黏土 q_{s2k}=45kPa 8000

粉质黏土夹粉砂 q_{s3k}=60kPa 6200

中砂 q_{s4k}=90kPa 7800

全风化片麻岩 q_{s5k}=80kPa 2500

强风化片麻岩 q_{s6k}=140kPa q_{pk}=1800kPa 2000

的入土长度。）

查表5.7.2，固接，$ah = 4.0$，$\nu_x = 0.940$。

③χ_{0a}——桩顶允许水平位移，已知 $\chi_{0a} = 10\text{mm} = 0.01\text{m}$。

（3）单桩水平承载力特征值

$$R_{ha} = 0.75 \frac{\alpha^3 EI}{\nu_x} \chi_{0a} = 0.75 \frac{0.4266^3 \times 4.33 \times 10^5}{0.94} \times 0.01 = 268\text{kN}$$

（4）5.7.2条7款，验算地震作用桩基的水平承载力时，应将按2～5款方法确定的单桩水平承载力特征值乘以调整系数1.25。本题按第6款计算，不乘调整系数。

【分析】

（1）5.7.2条7款指出，2～5款抗震时考虑调整系数1.25。因此第6款不调整。

（2）历年考题：2014年一级下午13题，2017年一级下午第7题，2018年二级下午16题。

【11】

图11的工程桩结构图中有几处不满足《地基》及《桩基》的构造要求？

(A) 1   (B) 2   (C) 3   (D) ≥4

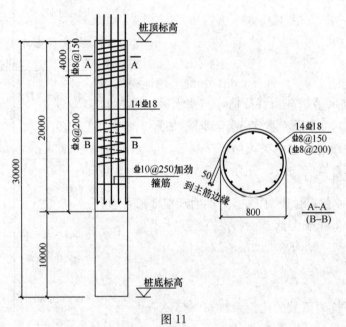

图11

【答案】(D)

【解答】

（1）《地基》8.5.3条8款3）项，8度区，桩身纵向钢筋应通长配置，不满足。

（2）《桩基》4.1.1条1款，"当桩身直径为300～2000mm时，正截面配筋率可取0.65%～0.2%"。

$$\rho = \frac{14 \times 254.5}{0.25 \times 3.14 \times 0.8^2} = 0.71\%，满足。$$

（3）《桩基》4.1.1 条 4 款，"箍筋应采用螺旋式，直径不应小于 6mm，间距宜为 200～300mm"，满足。

"桩顶以下 5d 范围内箍筋应加密，间距不应大于 100mm"，不满足。

"当钢筋笼长度超过 4m 时，应每隔 2m 设一道不小于 12mm 的焊接加密箍筋"，不满足。

（4）根据《地基》8.5.3 条 11 款，"腐蚀环境中的灌注桩，保护层厚度不应小于 55mm"，不满足。

共 4 处不符合规范，选（D）。

【分析】

（1）新型考题，类似混凝土结构施工图审校题。须对构造要求总结归纳，明确各个审校项目再作这类题，否则短时间内很难答对。

（2）历年考题：2003 年一级下午 17 题，2007 年二级下午 19 题。

（3）类比混凝土结构施工图审校历年考题：2014 年一级上午第 5—7 题。

4.6 一级地基与基础 下午题 12

【12】

抗震等级一级，六层框架结构，采用直径 600mm 的混凝土灌注桩基础，无地下室，如图 12 所示。试问，下图共有几处不满足《地基》及《桩基》规定的构造要求？

(A) 1   (B) 2   (C) 3   (D) ≥4

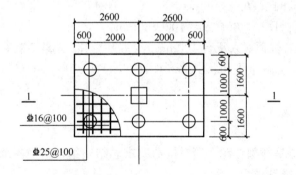

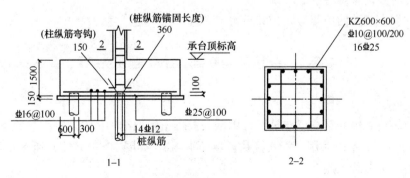

图 12

【答案】（C）

【解答】

(1)《桩基》4.1.1 第 1 款，"当桩身直径为 300～2000mm 时，正截面配筋率可取 0.65％～0.2％"。

桩配筋率：$\rho=\dfrac{A_s}{A}=\dfrac{1582}{\dfrac{\pi\times600^2}{4}}=0.56\%$，满足。

(2)《桩基》4.2.3 条 1 款，柱下独立桩基承台的最小配筋率不应小于 0.15％。

承台短向配筋⚈16@100，配筋率：$\rho=A_s/bh=(10\times201.1)/(1000\times1500)=0.13\%$，不满足。

(3)《桩基》4.2.3 条 1 款，钢筋锚固长度自边桩内侧（当为圆桩时，应将其直径乘以 0.8 等效为方桩）算起，不应小于 $35d_g$（d_g 为钢筋直径）。

锚固长度：⚈25@100，$35d_g=35\times25=875$mm

实际长度：$600+0.8\times600/2=840$mm<875mm，不满足。

(4)《桩基》4.2.4 条 2 款，"混凝土桩的桩顶纵向主筋应锚入承台内，其锚固长度不应小于 35 倍纵向主筋直径"。

$l_a=35d=35\times12=420$mm>360mm，不满足。

(5)《桩基》4.2.5 条 2 款，对于多桩承台，柱纵向主筋应锚入承台不小于 35 倍纵向主筋直径。4.2.5 条 3 款，当有抗震设防要求时，对于一、二级抗震等级的柱，纵向主筋锚固长度应乘以 1.15 的系数。

柱纵筋锚固长度：$1.15\times35\times25=1006.25$mm。

承台厚 1500mm，桩顶嵌入承台 100mm。《桩基》4.2.3 条 5 款，承台底面钢筋的混凝土保护层厚度，不应小于桩头嵌入承台内的长度。$1500-100=1400>1006.25$mm，满足。

共三项不满足，选（C）。

【分析】

(1) 与 11 题类似是新型考题，须对构造要求总结归纳，明确各个审校项目再作这类题，否则短时间内很难答对。

(2) 知识点相关的历年考题：2011 年二级下午 22 题。

4.7　一级地基与基础　下午题 13～15

【13～15】

某安全等级二级的某高层建筑，采用钢筋混凝土框架结构体系，框架柱截面尺寸均为 900mm×900mm，基础采用平板式筏基，板厚 1.4m，如图 13～15（Z）所示，均匀地基，荷载效应由永久荷载控制。

提示：① $h_0=1.34$m；

② 荷载组合按简化设计原则。

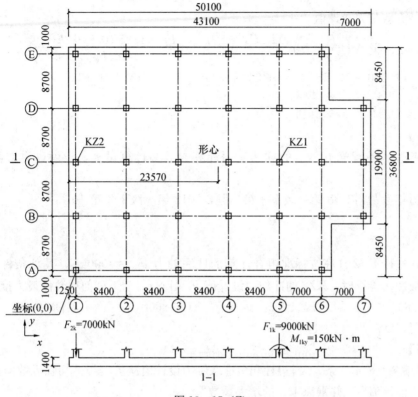

图 13~15（Z）

【13】

假设，中柱 KZ1 柱底按标准组合计算的柱底轴力 $F_{1k}=9000$kN，柱底弯矩 $M_{1kx}=0$kN·m，$M_{1ky}=150$kN·m。荷载标准组合基底净反力 135kPa（已扣除筏板及其上土自重）。已知 $I_s=11.17$m^4，$\alpha_s=0.4$，试问，KZ1 柱边 $h_0/2$ 处的筏板冲切临界截面的最大剪应力设计值τ_{max}（kPa）与下列何项最为接近？

(A) 600   (B) 800   (C) 1000   (D) 1200

【答案】（B）

【解答】

(1)《地基》8.4.7 条 1 款，平板式筏基的冲切临界截面最大剪应力设计值按式（8.4.7-1）计算

$$\tau_{max}=\frac{F_l}{u_m h_0}+\alpha_s\frac{M_{unb}C_{AB}}{I_s}$$

式中：$F_l=9000$kN，$\alpha_s=0.4$，$M_{1ky}=150$kN·m，$I_s=11.17$m^4，$h_0=1.34$m。

(2) 确定 C_{AB}、u_m

根据《地基》附录 P 式（P.0.1-1、3、4、5）

$$C_1=C_2=h_c+h_0=0.9+1.34=2.24\text{m}$$

$$C_{AB}=C_1/2=2.24/2=1.12\text{m}$$

$$u_m = 2C_1 + 2C_2 = 4 \times 2.24 = 8.96m$$

（3）最大剪应力设计值

$$\tau = 1.35\tau_{max} = 1.35\left(\frac{F_l}{u_m h_0} + \alpha_s \frac{M_{unb}C_{AB}}{I_s}\right) = 1.35\left(\frac{F_l - 1.35(0.9+2h_0)^2}{u_m h_0} + \alpha_s \frac{M_{unb}C_{AB}}{I_s}\right)$$

$$= 1.35 \times \left(\frac{9000 - 1.35 \times (0.9 + 2 \times 1.34)^2}{8.96 \times 1.34} + 0.4 \times \frac{150 \times 1.12}{11.17}\right)$$

$$= 1.35 \times 611.5 = 825.5kPa$$

【分析】

（1）考虑不平衡弯矩 M_{unb} 的冲切应力计算参数多计算量大，没做过类似习题很难答对。

（2）历年考题：2008年一级下午第4题，2012年一级下午第10题。

【14】

假设，边柱 KZ2 柱底按标准组合计算的柱底轴力 $F_{2k} = 7000kN$，其他条件同题13，试问，筏板冲切验算时，KZ2 的冲切力设计值 F_l（kN），与下列何项数值最为接近？

(A) 7800　　　　　(B) 8200　　　　　(C) 8600　　　　　(D) 9000

【答案】(D)

【解答】

（1）《地基》8.4.7条，"对边柱和角柱取轴力设计值减去筏板冲切临界截面范围内的基底净反力设计值"，"并乘以1.1的增大系数"。

（2）筏板的边柱冲切临界截面范围

《地基》附录P的P.0.1条2款和式（P.0.1-8，9）。

边柱筏板的悬挑长度：$L = 1250 - 900/2 = 800mm < (h_0 + 0.5b_c) = 1340 + 0.5 \times 900 = 1790mm$。

冲切临界截面可计算至垂直于自由边的板端

$$C_1 = h_c + h_0/2 + L = 0.9 + 1.34/2 + 0.8 = 2.37m$$

$$C_2 = b_c + h_0 = 0.9 + 1.34 = 2.24m$$

（3）边柱的冲切力设计值

$$F_l = 1.1 \times 1.35S_k = 1.1 \times 1.35 \times (7000 - 135 \times 2.37 \times 2.24) = 9330.7kN$$

【分析】

边柱和角柱的冲切力应分别乘以1.1和1.2。

【15】

假定，在准永久组合作用下，当结构竖向荷载重心与筏板平面中心不能重合时，试问，依据《地基》，荷载重心左右侧偏离筏板形心的距离限值（m），与下列何项数值最为接近？（已知形心 $x = 23.57m$，$y = 18.4m$）

(A) 0.710，0.580　　　　　　　　(B) 0.800，0.580

(C) 0.800，0.710　　　　　　　　(D) 0.880，0.690

【答案】(C)

【解答】

(1) 荷载的重心到筏板形心的距离限值应符合《地基》8.4.2条的规定

$$e \leqslant 0.1\frac{W}{A}$$

(2) 筏板对形心轴的惯性矩

W 是截面对其形心轴惯性矩与截面上一侧边点至形心轴距离的比值。筏板非对称，左右两侧的 W 值不等。将筏板划分成三块计算惯性矩 I，其与左右两侧边点距离的比值为 $W_{左}$、$W_{右}$。

$$I_1 = I_{1x} + a^2 A = \frac{19.9 \times 50.1^3}{12} + \left(\frac{50.1}{2} - 23.57\right)^2 \times 19.9 \times 50.1 = 210722\text{m}^4$$

$$I_2 = \left[\frac{8.45 \times 43.1^3}{12} + \left(\frac{43.1}{2} - 23.57\right)^2 \times 8.45 \times 43.1\right] \times 2 = 115728\text{m}^4$$

$$I = I_1 + I_2 = 210722 + 115728 = 326450\text{m}^4$$

$$A = 50.1 \times 36.8 - 8.45 \times 7 \times 2 = 1725.38\text{m}^2$$

(3) 计算重心在离形心左右边的距离 $e_{左}$, $e_{右}$

$$W_{左} = I/y_1 = 326450/23.57 = 13850\text{m}^3,$$

$$e_{左} \leqslant 0.1W_1/A = (0.1 \times 13850)/1725.38 = 0.8\text{m}$$

$$W_{右} = I/y_2 = 326450/(50.1 - 23.57) = 12305\text{m}^3,$$

$$e_{右} \leqslant 0.1W_2/A = (0.1 \times 12305)/1725.38 = 0.713\text{m}$$

【分析】

(1) 惯性矩计算量大，属于力学基础知识。

(2) 本题与《高层》12.1.7条、《抗规》4.2.4条及3.4.1条文说明表1第6项概念相同，类似历年考题：2010年一级下午第8题，2010年一级下午27题，2011年一级下午24题，2018年二级下午33题。

4.8　一级地基与基础　下午题16

【16】

下列关于水泥粉煤灰碎石桩（CFG）复合地基质量检验项目及检验方法的叙述中，何项全部符合《地基处理》JGJ 79—2012 的需求？

Ⅰ. 应采用静载荷试验检验处理后的地基承载力

Ⅱ. 应采用静载荷试验检验复合地基承载力

Ⅲ. 应进行静载荷试验检验单桩承载力

Ⅳ. 应采用静力触探试验检验处理后的地基施工质量

Ⅴ. 应采用动力触探试验检验处理后的地基施工质量

Ⅵ. 应检验桩身强度

Ⅶ. 应进行低应变试验检验桩

Ⅷ. 应采用钻心法检验桩身成桩质量完整性

(A) Ⅰ、Ⅲ、Ⅳ、Ⅶ　　　　　　　(B) Ⅰ、Ⅲ、Ⅵ、Ⅶ

(C) Ⅱ、Ⅲ、Ⅵ、Ⅶ　　　　　　　(D) Ⅱ、Ⅲ、Ⅴ、Ⅷ

【答案】(C)

【解答】

根据《地基处理》10.1.1 条和条文说明表 29，Ⅱ，Ⅲ，Ⅵ，Ⅶ为应当检测的项目，其他项目仅为需要时的检测项目。所以选 (C)。

【分析】

新考点，按表 29 逐项对照即可。

5 高层建筑结构、高耸结构及横向作用

5.1 一级高层建筑结构、高耸结构及横向作用 下午题17

【17】

下列关于高层民用建筑结构抗震设计的观点，哪一项与规范要求不一致？

(A) 高层混凝土框架-剪力墙结构，剪力墙有端柱时，墙体在楼盖处宜设置暗梁。

(B) 高层钢框架-支撑结构，支撑框架所承担的地震剪力不应小于总地震剪力的75%。

(C) 高层混凝土结构位移比计算应采用"规定水平地震力"，且考虑偶然偏心影响，楼层层间最大位移与层高之比计算时，应采用地震作用标准值，且不考虑偶然偏心影响。

(D) 重点设防类高层建筑应按高于本地区抗震设防烈度一度的要求，提高其抗震措施；但抗震设防烈度为9度时应适度提高；适度设防类，允许比本地区抗震设防烈度的要求适当降低其抗震措施，但烈度不应降低。

【答案】 (B)

【解答】

(1)《高规》8.2.2条3款，剪力墙有端柱可以形成带边框的剪力墙，所以与剪力墙重合的框架梁可保留，亦可做成宽度与墙厚相同的暗梁。(A) 符合规程要求。

(2)《抗震》8.2.3条和《高钢规》6.2.6条，框架部分承担的剪力调整后达到不小于结构底部总地震剪力的25%和框架部分计算最大层剪力1.8倍二者的较小值。也就是，当按计算分配的剪力大于25%时，则不需要调整，此时支撑框架部分承担的剪力小于75%。(B) 错误。

(3)《抗震》3.4.3，3.4.4条和《高规》3.7.3条表3.7.3，(C) 符合规程规范要求。

(4)《分类标准》3.0.3条，重点设防类高层建筑的观点符合规范要求。适度设防类符合3.0.3条要求。(D) 符合标准要求。

【分析】

(1) 涉及多个概念，其中框架-支撑结构地震剪力调整是新规范《高钢规》的考点。

(2) 历年考题：2014年二级下午35题。

5.2 一级高层建筑结构、高耸结构及横向作用 下午题18

【18】

关于高层建筑结构设计观点哪一项最为准确？

(A) 超长钢筋混凝土结构强度作用计算时，地下部分与地上部分应考虑不同的"温

升""温降"作用

(B) 高度超过 60m 的高层，结构设计时基本风压应增大 10%

(C) 复杂高层结构应采用弹性时程分析法补充计算，关键构件的内力、配筋与反应谱法的计算结果进行比较，取较大者

(D) 抗震设防烈度为 8 度 (0.3g) 基本周期 3s 的竖向不规则薄弱层，多遇地震水平地震作用计算时，薄弱层最小水平地震力系数不应小于 0.048

【答案】(A)

【解答】

(1)《荷载规范》9.3.2 条文说明，对地下室与地下室结构的室外温度，一般应考虑离地表面深度的影响。当离地表面深度超过 10m 时，土体基本为恒温，等于年平均气温。(A) 正确。

(2)《高规》4.2.2 条，承载力设计时应按基本风压的 1.1 倍采用。(B) 不准确。

(3)《高规》4.3.5 条，时程分析法的时程曲线选 3 条时，取包络值作为时程法的结果；选 7 条时，取平均值作为时程法的结果。再与反应谱法比较，取两者的较大值。

5.1.15 条规定，"对于受力复杂的结构构件宜按应力分析的结果校核配筋"。(C) 不准确。

(4)《高规》表 4.3.12，薄弱层的最小水平地震力系数还应乘以 1.15 增大系数，$\lambda = 1.15 \times 0.048 = 0.0552$。(D) 错误。

【分析】

(1)《高规》4.2.2 条，基本风压乘以 1.1 的条件是承载力设计，《荷载规范》9.3.2 条是新考点。

(2) 历年考题：2016 年二级下午 39 题，2014 年二级下午 37 题，2012 年一级下午 31 题。

5.3 一级高层建筑结构、高耸结构及横向作用 下午题 19

【19】

7 度，丙类，高层建筑，多遇水平地震标准值作用时，需控制弹性层间位移角 $\Delta u/h$，比较下列三种结构体系的弹性层间位移角限值 $[\Delta u/h]$：

体系 1，房屋高度为 180m 的钢筋混凝土框架-核心筒；

体系 2，房屋高度为 50m 的钢筋混凝土框架；

体系 3，房屋高度为 120m 的钢框架-屈曲约束支撑结构。

试问，三种结构体系的 $[\Delta u/h]$ 之比与下列何项最为接近？

(A) 1：1.45：2.71   (B) 1：1.2：1.36

(C) 1：1.04：1.36   (D) 1：1.23：2.71

【答案】(D)

【解答】

(1)《高规》3.7.3 条

体系 1：钢筋混凝土框架-核心筒结构，150m< H =180m<250m。

$$\frac{\Delta u}{h} = \frac{1}{800} + \frac{\left(\frac{1}{500} - \frac{1}{800}\right)}{250 - 150} \times (180 - 150) = 0.001475 = \frac{1}{678}$$

体系 2：框架结构 $H=50\text{m}$，$\Delta u/h = 1/550$。

（2）《高钢规》3.5.2 条，

体系 3：水平位移与层高之比不宜大于 $1/250$。

（3）$1/678 : 1/550 : 1/250 = 1 : 1.23 : 2.71$，选（D）。

【分析】

（1）弹性和弹塑性层间位移是高频考点，相关联的考题较多，《高钢规》是新规范。

（2）历年考题：2016 年一级下午 18 题，2016 年二级下午 26 题，2017 年一级下午 17 题，2017 年一级下午 28 题，2018 年二级下午 30 题。

5.4 一级高层建筑结构、高耸结构及横向作用 下午题 20～21

【20～21】

某平面为矩形的 24 层现浇钢筋混凝土部分框支剪力墙结构。房屋总高度 75.00m，一层为框支层，转换层楼板局部开大洞，如图 20～21（Z）所示，其余部位楼板均连续，抗震设防烈度为 8 度（0.20g），抗震设防类别为丙类，场地类别为 Ⅱ 类，安全等级为二级，转换层混凝土强度等级 C40，钢筋采用 HRB400（C）。

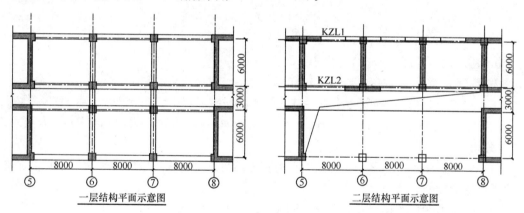

图 20～21（Z）

【20】

假定，⑤轴落地剪力墙处，由不落地剪力墙传来按刚性楼板计算的楼板组合剪力设计值 $V_0 = 1400\text{kN}$，KZL1、KZL2 穿过⑤轴墙的纵筋总面积 $A_{s1} = 4200\text{mm}^2$，转换楼板配筋验算宽度按 $b_f = 5600\text{mm}$，板面、板底配筋相同，且均穿过周边墙、梁。试问，该转换楼板的厚度 t_f（mm）及板底配筋最小应为下列何项，才能满足规范、规程最低抗震要求？

提示：① 框支层楼板按构造配筋时，满足竖向荷载和水平平面内抗弯要求；

② 核算转换层楼板的截面时，楼板宽 $b_f = 6300\text{mm}$，忽略梁截面。

(A) $t_f=180$，$\Phi 12@200$ (B) $t_f=200$，$\Phi 12@200$

(C) $t_f=220$，$\Phi 12@200$ (D) $t_f=250$，$\Phi 14@200$

【答案】（B）

【解答】

（1）转换层楼板厚度 t_f

《高规》10.2.24 条式（10.2.24-1）

$$V_f \leqslant \frac{1}{\gamma_{RE}}(0.1\beta_c f_c b_f t_f)$$

式中：C40，$f_c=19.1$MPa；$\beta_c=1.0$；$\gamma_{RE}=0.85$；$b_f=6300$mm。

8 度，剪力增大系数为 2，$V_f=2\times1400=2800$kN，

$$t_f = \frac{0.85\times2800\times10^3}{0.1\times19.1\times6300} = 197.8\text{mm}$$

（2）转换层楼板钢筋 A_s

10.2.24 条式（10.2.24-2）求总钢筋面积

$$V_f \leqslant \frac{1}{\gamma_{RE}}(f_y A_s)$$

式中：HRB400，$f_y=360$MPa

$$A_s = \frac{0.85\times2\times1400\times10^3}{360} = 6611\text{mm}^2$$

扣除梁内钢筋：$A_{s1}=6611-4200=2411\text{mm}^2$

选项（B），$\Phi 12@200$ $A_s=113.1\times5600/200=3166.8\text{mm}^2>2411\text{mm}^2$。

（3）10.2.23 条，转换层楼板每层每方向的配筋率不宜小于 0.25%。

$\Phi 12$ 钢筋面积为 113mm^2，$\rho=113/(200\times200)=0.28\%>0.25\%$，（B）符合要求。

【分析】

（1）转换层楼板将不落地剪力墙的剪力传递给落地剪力墙，应满足截面尺寸要求、抗剪验算、构造配筋。

（2）历年考题：2010 年一级下午 18 题，2011 年一级下午 28 题。

【21】

假定，底层某一落地剪力墙如图 21 所示，根数，配筋所示沿柱内周边均匀布置，抗震等级为一级，抗震承载力计算时，考虑地震作用组合的内力计算值（未经调整）为 $M=3.9\times10^4$kN·m，$V=3.2\times10^3$kN，$N=1.6\times10^4$kN（压力），$\lambda=1.9$，试问，该剪力墙底部截面水平向分布筋应为下列何项配置，才能满足规范，规程的最低抗震要求？

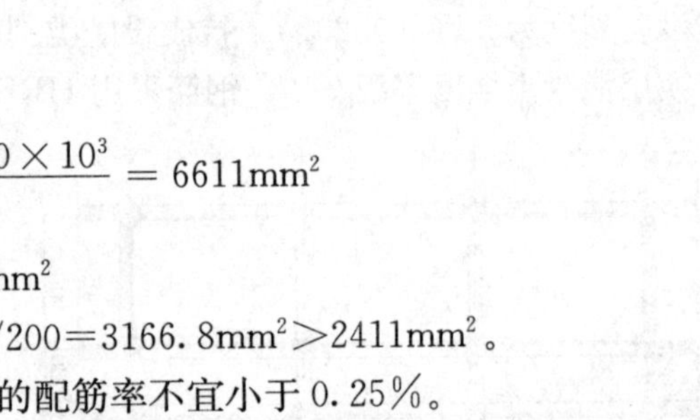

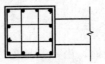

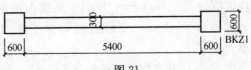

图 21

提示：$\dfrac{A_w}{A} \approx 1$，$h_{w0} = 6300\text{mm}$；$\dfrac{1}{\gamma_{RE}}(0.15\beta_c f_c b_w h_0) = 6.37 \times 10^6\text{ N}$；$0.2 f_c b_w h_w = 7563600\text{N}$。

(A) 2Φ10@200　　(B) 2Φ12@200　　(C) 2Φ14@200　　(D) 2Φ16@200

【答案】(D)

【解答】

(1) 计算底部加强部位的剪力设计值

《高规》10.2.18 条，"剪力设计值应按 7.2.6 条的规定调整"。

7.2.6 条，抗震等级一级时 $\eta_{vw} = 1.6$，$V = \eta_{vw} V_w = 1.6 \times 3.2 \times 10^3 = 5120\text{kN}$。

(2) 7.2.7 条，剪跨比不大于 2.5 时按式 (7.2.7-3) 验算剪力墙截面尺寸

$$5120\text{kN} < \frac{1}{\gamma_{RE}}(0.15\beta_c f_c b_w h_0) = 6370\text{kN}$$

(3) 剪力墙的水平分布钢筋

《高规》7.2.10 条，偏心受压剪力墙斜截面受剪承载力按式 (7.2.10-2) 计算

$$V \leqslant \frac{1}{\gamma_{RE}}\left[\frac{1}{\lambda - 0.5}\left(0.4 f_t b_w h_{w0} + 0.1 N \frac{A_w}{A}\right) + 0.8 f_{yh} \frac{A_{sh}}{s} h_{w0}\right]$$

式中：C40，$f_c = 1.71\text{MPa}$；HRB400 钢筋，$f_{yv} = 360\text{MPa}$；$\gamma_{RE} = 0.85$；$h_{w0} = 6300\text{mm}$；$A_w/A = 1$；$\lambda = 1.9$。

$N = 1.6 \times 10^4\text{kN} > 0.2 f_c b_w h_w = 7563.60\text{kN}$，取 $N = 7563.6\text{kN}$。

$$\frac{A_{sh}}{s} \geqslant \frac{0.85 \times 5200 \times 10^3 - \dfrac{1}{1.9 - 0.5}(0.4 \times 1.71 \times 300 \times 6300 + 0.1 \times 7563600)}{0.8 \times 360 \times 6300}$$

$$= 1.6$$

选项 (D)，2Φ16@200，$A_s/s = 2 \times 201.1/200 = 2.01 > 1.6$。

(4) 构造要求

10.2.19 条，剪力墙底部加强区墙体的水平和竖向分布钢筋最小配筋率，抗震设计时不应小于 0.3%。

$\rho = A_s/bh = (2 \times 201.1)/(300 \times 200) = 0.67\% > 0.3\%$，符合。

【分析】

(1) 先调整内力，再计算配筋，最后验算构造，考题增加难度的一种常用方法。

(2) 历年考题：2012 年一级下午 19 题，2012 年二级下午 26 题。

5.5　一级高层建筑结构、高耸结构及横向作用　下午题 22

【22】

某拟建 12 层办公楼，采用钢支撑-混凝土框架结构，房屋高度为 43.3m，框架柱截面 700mm×700mm，混凝土强度等级 C50，抗震设防烈度为 7 度，丙类建筑，Ⅱ类建筑场地。在进行方案比较时，有四种支撑布置方案。假定，多遇地震作用下起控制作用的主要

计算结果见表 22。

表 22

	M_{Xf}/M（%）	M_{Yf}/M（%）	N（kN）	N_G（kN）
方案 A	51	52	8300	7300
方案 B	46	48	8000	7200
方案 C	52	51	8250	7250
方案 D	42	43	7800	7600

M_F—底层框架部分刚度分配的地震倾覆力矩；M—结构总地震倾覆力矩；

N—普通框架柱最大轴压力设计值；N_G—支撑框架柱最大轴压力设计值。

假定该结构刚度，支撑间距等其他方面均满足规范规定，如果仅从支撑布置及柱抗震构造方面考虑，试问哪种方案最为合理？

提示：①按《抗震》作答；

②柱不采取提高轴压比限制的措施。

（A）方案 A   （B）方案 B   （C）方案 C   （D）方案 D

【答案】（B）

【解答】

（1）根据地震倾覆力矩选取方案

《抗震》附录 G，G.1.3 条 5 款，"底层的钢支撑框架按刚度分配的地震倾覆力矩应大于结构总倾覆力矩的 50%"。即底层的混凝土框架部分按刚度分配的地震倾覆力矩不到 50%。所以，方案 A，方案 C 不合理。

（2）根据轴压比选取方案

① 《抗震》附录 G，G.1.2 条，"丙类建筑的抗震等级，钢支撑框架部分应比规范第 6.1.2 条的框架结构的规定提高一个等级，钢筋混凝土框架部分仍按本规范第 6.1.2 条的框架结构确定"。

② 6.1.2 条，7 度，$H=43.3\text{m}>24\text{m}$，框架的抗震等级二级，所以钢支撑框架部分的抗震等级一级，钢筋混凝土框架抗震等级二级。

③ 表 6.3.6，柱的轴压比限值一级 $[\mu]=0.65$，二级 $[\mu]=0.75$

支撑框架柱一级，$[N_G]=0.65\times23.1\times700^2=7357\text{kN}$；

普通框架柱二级，$[N]=0.75\times23.1\times700^2=8489\text{kN}$

方案 D：$N_G=7600>7357$，不满足。

方案 B：$N_G=7200<7357$，$N=8000<8489$，满足。

【分析】

钢支撑-混凝土框架是新考点，下面将对这种结构形式作详细说明。

（1）结构形式及适用范围

《抗震》图 5.5-1，混凝土框架中设置钢支撑形成钢支撑-混凝土框架，这种结构形式比混凝土框架的抗侧刚度大、最大适用高度更高；比混凝土框架-剪力墙结构的剪力墙布置更灵活，自重更轻。钢支撑-混凝土框架也可用于混凝土框架结构加固工程，增强原框架结构的抗震性能。钢支撑-混凝土框架结构适用于超过混凝土框架结构适用高度的商场、办公楼，新增结构，既有混凝土框架结构的加固。

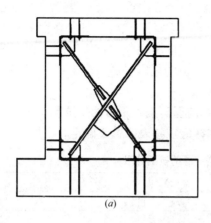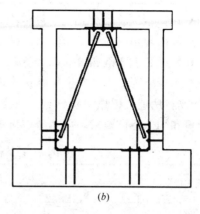

图 5.5-1 钢支撑-混凝土框架结构中的钢支撑框架部分

(a) 十字交叉支撑；(b) 人字支撑

《抗震》规定

> **G.1.1** 抗震设防烈度为 6～8 度且房屋超过本规范第 6.1.1 条规定的钢筋混凝土框架结构最大适用高度时，可采用钢支撑-混凝土框架组成的抗侧力体系和结构。

（2）房屋适用高度

《抗震》规定

> **G.1.1** 按本节要求进行抗震设计时，其适用的最大高度不宜超过本规范 6.1.1 条钢筋混凝土框架结构和框架-抗震墙结构二者最大适用高度的平均值。超过最大适用高度的房屋，应进行专门研究和论证，采取有效的加强措施。
>
> **6.1.1** 本章适用的现浇钢筋混凝土房屋的结构类型和最大高度应符合表 6.1.1 的要求。平面和竖向均不规则的结构，适用的最大高度宜适当降低。
>
> 表 **6.1.1** 现浇钢筋混凝土房屋适用的最大高度（mm）
>
> | 结构类型 | 烈 度 | | | | |
> |---|---|---|---|---|---|
> | | 6 | 7 | 8（0.20g） | 8（0.30g） | 9 |
> | 框架 | 60 | 50 | 40 | 35 | 24 |
> | 框架-抗震墙 | 130 | 120 | 100 | 80 | 50 |

　　根据 G.1.1 条，6～8 度时可采用钢支撑-混凝土框架结构，房屋适用的最大高度可总结为表 5.5-1。

表 **5.5-1** 钢支撑-混凝土框架结构房屋适用的最大高度（mm）

结构类型	烈 度			
	6	7	8（0.20g）	8（0.30g）
钢支撑-混凝土框架	95	85	70	·58

（3）抗震等级

《抗震》规定

G.1.2 钢支撑-混凝土框架结构房屋应根据设防类别、烈度和房屋高度采用不同的抗震等级,并应符合相应的计算和构造措施要求。丙类建筑的抗震等级,钢支撑框架部分应比本规范第8.1.3条和第6.1.2条框架结构的规定提高一个等级,钢筋混凝土框架部分仍按本规范第6.1.2条框架结构确定。

8.1.3 钢结构房屋应根据设防分类、烈度和房屋高度采用不同的抗震等级,并应符合相应的计算和构造措施要求。丙类建筑抗震等级应按表8.1.3确定。

表8.1.3 钢结构房屋的抗震等级

房屋高度	烈 度			
	6	7	8	9
≤50m		四	三	二
>50m	四	三	二	

注:1 高度接近或等于高度分界时,应允许结合房屋不规则程度和场地、地基条件确定抗震等级;
2 一般情况,构件的抗震等级应与结构相同;当某个部位各构件的承载力均满足2倍地震作用组合下的内力要求时,7~9度的构件抗震等级应允许按降低一度确定。

6.1.2 钢筋混凝土房屋应根据设防类别、烈度、结构类型和房屋高度采用不同的抗震等级,并应符合相应的计算和构造措施要求。丙类建筑的抗震等级应按表6.1.2确定。

表6.1.2 现浇钢筋混凝土房屋的抗震等级

结构类型		设防烈度						
		6		7		8		9
框架结构	高度(m)	≤24	>24	≤24	>24	≤24	>24	≤24
	框架	四	三	三	二	二	一	一
	大跨度框架	三		二		一		一

注:1 建筑场地为Ⅰ类时,除6度外应允许按表内降低一度所对应的抗震等级采取抗震构造措施,但相应的计算要求不应降低;
2 大跨度框架指跨度不小于18m的框架。

由G.1.2条可知,钢支撑-混凝土框架结构的钢筋混凝土框架部分按6.1.2条框架结构确定抗震等级;图5.5-1钢支撑框架部分中的钢支撑和混凝土框架,应按钢结构和混凝土框架结构分别确定抗震等级,再提高一级,这部分规定可用表5.5-2表示。

表5.5-2 钢支撑框架抗震等级

结 构 类 型			设 防 烈 度					
			6		7		8	
钢支撑框架	钢支撑	高度(m)	≤50	>50	≤50	>50	≤50	>50
		表8.1.3		四	四	三	三	二
		提高一级		三	三	二	二	一
	混凝土框架	高度(m)	≤24	>24	≤24	>24	≤24	>24
		表6.1.2	四	三	三	二	二	一
		提高一级	三	二	二	一	一	特一

注:1 钢支撑——一般情况,构件的抗震等级应与结构相同;当某个部位各构件的承载力均满足2倍地震作用组合下的内力要求时,7~9度的构件抗震等级应允许按降低一度确定。
2 混凝土框架——建筑场地为Ⅰ类时,除6度外应允许按表内降低一度所对应的抗震等级采取抗震构造措施,但相应的计算要求不应降低。

（4）双重抗侧力体系及内力调整

钢支撑是第一道防线，混凝土框架是第二道防线，第一道防线抵抗的地震倾覆力矩占比应大于50%，第二道防线应考虑不利条件下的内力调整。

《抗震》规定

> **G.1.3 5** 底层的钢支撑框架按刚度分配的地震倾覆力矩应大于结构总地震倾覆力矩的50%。
>
> **G.1.4 4** 混凝土框架部分承担的地震作用，应按框架结构和支撑框架两种模型计算，并宜取二者的较大值。

5.6 一级高层建筑结构、高耸结构及横向作用 下午题23

【23】

某拟建10层普通办公楼，现浇混凝土框架-剪力墙结构，质量和刚度沿高度分布比较均匀，房屋高度为36.4m，一层地下室，地下室顶板作为上部结构嵌固部位，桩基础。抗震设防烈度为8度（0.2g），第一组，丙类建筑。建筑场地类别为Ⅲ类，已知总重力荷载代表值在（146000～166000kN）之间。

初步设计时，有四种结构布置方案（X向起控制作用），各方案在多遇地震作用下振型分解反应谱法计算的主要结果见表23。

表23

	方案A	方案B	方案C	方案D
$T_{X(S)}$	0.85	0.85	0.86	0.86
$F_{Ekx(kN)}$	8200	8500	12000	10200
λ_x	0.050	0.052	0.076	0.075

T_x—结构第一自振周期；F_{Ekx}—总水平地震作用标准值；λ_x—水平地震剪力系数。

假定，从结构剪重比及总重力荷载合理性方面考虑，上述四个方案的电算结果只有一个比较合理，试问，电算结果比较合理的是下列哪个方案？

提示：按底部剪力法判断。

（A）方案A   （B）方案B   （C）方案C   （D）方案D

【答案】（C）

【解答】

（1）《抗震》5.1.4，8度（0.20g），设计分组第一组，场地类别Ⅲ类

$$\alpha_{max}=0.16 \ , \ T_g=0.45$$

5.1.5条，方案A和B周期$T_x=0.85$，大于T_g，小于$5T_g$，则$\eta_2=1.0$，$\gamma=0.9$

$$\alpha_1 = \left(\frac{0.45}{0.85}\right)^{0.9} \times 1.0 \times 0.16 = 0.09$$

根据 5.2.1 条，由底部剪力法判断水平地震剪力系数

$F_{Ek} = \alpha_1 G_{eq} = 0.09 \times 0.85 \sum G_i = 0.0765 \sum G_i$，即 $\lambda_x = 0.0765$，方案 A 和 B 均不合理。

（2）根据 5.2.4 条，由剪力系数反求总重力荷载

方案 C：$\sum G_i = V_{EK1}/\lambda = 12000/0.076 = 157894kN$，合理。

方案 D：$\sum G_i = V_{EK1}/\lambda = 10200/0.075 = 136000kN < 146000kN$，不合理。

【分析】

（1）水平地震剪力系数是高频考点，考题中的层剪力往往以这个系数为控制条件。

（2）历年考题：2012 年一级下午 31 题，2016 年一级下午 23 题，2017 年一级下午 17 题，2017 年一级下午 29 题。

5.7 一级高层建筑结构、高耸结构及横向作用 下午题 24～25

【24～25】

某 7 层民用现浇钢筋混凝土框架结构，如图 24～25（Z）所示，层高均为 4.0m，结构沿竖向层刚度无突变。楼层屈服强度系数 ξ_y 分布均匀，安全等级为二级，抗震设防烈度为 8 度（0.20g），丙类建筑，建筑场地为 II 类。

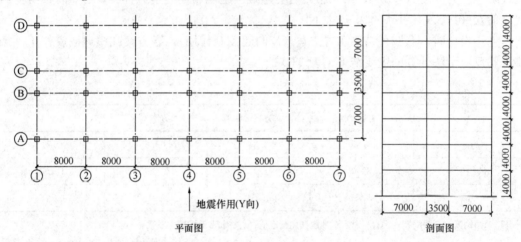

平面图 剖面图

图 24～25（Z）

【24】

假定，该结构中部某一局部平面如下图 24 所示，框架梁截面 350mm×700mm，$h_0 = 640mm$，$a' = 40mm$，混凝土强度等级 C40，钢筋 HRB500（D），梁端 A 底部配筋为顶部配筋的一半（顶部纵筋 $A_{st} = 4920mm^2$）针对梁端 A 的配筋，试问，计入受压钢筋作用的梁端抗震受弯承载力设计值（kN·m）与下列何项数值最为接近？

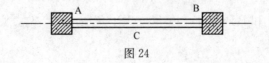

图 24

提示：① 梁抗弯承载力按 $M=M_1+M_2$，$M_1=\alpha_1 f_b b_b x\left(h_0-\dfrac{x}{2}\right)$，$M_2=f_y A'_s(h_0-a')$。

　　　② 梁端实际配筋计算的受压区高度和抗震要求的最大受压区高度相等。

(A) 1241　　　(B) 1600　　　(C) 1820　　　(D) 2400

【答案】(B)

【解答】

(1)《高规》3.9.3 条，房屋高度 $H=4.0\times7=28\mathrm{m}>24\mathrm{m}$，8 度，框架结构的抗震等级为一级。

(2)《高规》6.3.2 条 1 款，受压区高度与有效高度之比，一级不应大于 0.25。

$x/h_0=0.25$，$x=0.25h_0=0.25\times640=160\mathrm{mm}\geqslant2a'_s=2\times40=80\mathrm{mm}$，可按提示的公式计算弯矩。

(3) 确定参数

C40，$f_c=19.1\mathrm{MPa}$，$\alpha_1=1.0$；HRB500，$f_y=f'_y=435\mathrm{MPa}$；表 3.8.2，$\gamma_{RE}=0.75$。

(4) 代入提示公式：

$$M_1=\frac{1}{\gamma_{RE}}\alpha_1 f_c b_b x\left(h_0-\frac{x}{2}\right)=\frac{1}{0.75}\times1.0\times19.1\times350\times160\times\left(640-\frac{160}{2}\right)\times10^{-6}$$

$$=798.6\mathrm{kN\cdot m}$$

$$M_2=\frac{1}{\gamma_{RE}}f'_y A'_s(h_0-a'_s)=\frac{1}{0.75}\times435\times\frac{4920}{2}\times(640-40)\times10^{-6}$$

$$=856.1\mathrm{kN\cdot m}$$

$$M=M_1+M_2=798.6+856.1=1654.7\mathrm{kN\cdot m}$$

【分析】

(1) 求配筋或受弯承载力的考题经过一系列的演变：①弯矩求配筋；②已知配筋求受弯承载力；③弯矩调幅、荷载组合后求配筋；④已知抗震等级，确定相对受压区高度，再求配筋或受弯承载力。

总结这类题目的规律后可快速作答。

(2) 历年考题：2017 年下午 20 题，2018 年一级上午第 2 题，2018 年一级下午 21 题。

【25】

假定，Y 向多遇地震下首层剪力标准值 $V_0=9000\mathrm{kN}$（边柱 14 跟，中柱 14 根），罕遇地震作用下首层弹性地震剪力标准值 $V=50000\mathrm{kN}$，框架柱按实配钢筋和混凝土强度标准值计算受剪承载力；每根边柱 $V_{Cua.1}=780\mathrm{kN}$，每根中柱 $V_{Cua2}=950\mathrm{kN}$，关于结构弹塑性变形验算，有下列 4 种观点：

Ⅰ. 不必进行弹塑性变形验算；

Ⅱ. 增大框架柱实配钢筋使 $V_{Cua.1}$ 和 $V_{Cua.2}$ 增加 5% 后，可不进行弹塑性变形验算；

Ⅲ. 可采用简化方法计算，弹塑性层间位移增大系数取 1.83；

Ⅳ. 可采用静力弹塑性分析方法或弹塑性时程分析法进行弹塑性变形验算。

试问，上述观点是否符合《高规》的要求？

(A) Ⅰ不符合，Ⅱ，Ⅲ，Ⅳ符合   (B) Ⅰ、Ⅱ符合，Ⅲ，Ⅳ不符合

(C) Ⅰ、Ⅱ不符合，Ⅲ，Ⅳ符合   (D) Ⅰ符合，Ⅱ，Ⅲ，Ⅳ不符合

【答案】(A)

【解答】

(1) 根据《高规》3.7.4条注，"楼层屈服强度系数为按钢筋混凝土构件实际配筋和材料强度标准值计算的楼层受剪承载力和按罕遇地震作用标准值计算的楼层弹性地震剪力的比值"。

$$\xi_y = [14 \times (780 + 950)]/50000 = 0.4844 < 0.5$$

根据3.7.4条1款1)项，应进行罕遇地震作用下的弹塑性变形验算，Ⅰ不符合规范。

(2) $V_{Cua.1} = 1.05 \times 780kN = 819kN$，$V_{Cua2} = 1.05 \times 950kN = 997.5kN$

$$\xi_y = [14 \times (819 + 997.5)]/50000 = 0.509 > 0.5$$

根据《高规》3.7.4条1款1)项，可不进行罕遇地震作用下的弹塑性变形验算，Ⅱ符合规范。

(3) 根据《高规》5.5.2条，7层<12层，并竖向刚度无突变。可采用5.5.4条的简化计算。

$$\eta_p = 1.8 + \frac{(2.0 - 1.8)}{(0.5 - 0.4)} \times (0.5 - 0.4844) = 1.83，Ⅲ符合规范。$$

(4) 根据《高规》5.5.1条，"高层建筑混凝土结构进行弹塑性计算分析时，可根据实际工程情况采用静力或动力时程分析法"。所以Ⅳ符合规范。选(A)。

【分析】

(1) 楼层屈服强度系数和框架结构弹塑性层间位移简化计算方法出现频率较高的考点，在历年考题中以出现过多次。

(2) 历年考题：2010年二级下午26题，2011年二级下午30题，2014年二级下午29题。

5.8 一级高层建筑结构、高耸结构及横向作用 下午题26～28

【26～28】

某高层办公楼，地上33层，地下2层，如图26～28(Z)所示，房屋高度为128.0m，内筒采用钢筋混凝土核心筒，外围为钢框架，钢框架柱距：1～5层9m，6～33层为4.5m，5层设转换桁架。抗震设防烈度为7度(0.10g)，第一组，丙类建筑，场地类别为Ⅲ类。地下一层顶板(±0.000)处作为上部结构嵌固部位。

提示：本题"抗震措施等级"指用于确定抗震内力调整措施的抗震等级；

"抗震构造措施等级"指用于确定构造措施的抗震等级。

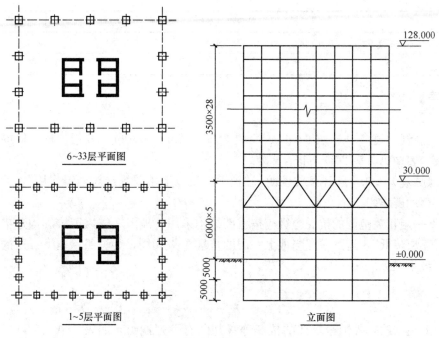

6~33层平面图

1~5层平面图

立面图

图 26～28 (Z)

【26】

    针对上述结构，部分楼层核心筒抗震等级有下列 4 组，如表 26A～26D 所示，试问，其中哪组符合《高规》规定的抗震等级？

（A）表 26A   （B）表 26B   （C）表 26C   （D）表 26D

表 26A

	抗震措施等级	抗震构造措施等级
地下二层	不计算地震作用	一级
20 层	特一级	特一级

表 26B

	抗震措施等级	抗震构造措施等级
地下二层	不计算地震作用	二级
20 层	一级	一级

表 26C

	抗震措施等级	抗震构造措施等级
地下二层	一级	二级
20 层	一级	一级

表 26D

	抗震措施等级	抗震构造措施等级
地下二层	二级	二级
20 层	二级	二级

【答案】（B）

【解答】

(1)《高规》11.1.4 条表 11.1.4，7 度，$H=128m<130m$，20 层的核心筒的抗震等级为一级。表 26A，表 26D 不符合规定。

(2)《高规》3.9.5 条和条文说明，"地下一层以下不要求计算地震作用"，所以地下二层不计算地震作用；

"地下一层相关范围的抗震等级应按上部结构采用，地下一层以下抗震构造措施的抗震等级可逐层降低"，地下一层与地上一层的抗震等级相同，为一级。地下二层的抗震等级降低一级为二级。选（B）。

【27】

针对上述结构，外围钢框架的抗震等级判断有下列四组，如表 27A～27D 所示，试问，下列哪组符合《抗震》及《高规》规定的抗震等级最低要求？

(A) 表 27A   (B) 表 27B   (C) 表 27C   (D) 表 27D

表 27A

	抗震措施等级	抗震构造措施等级
1～5 层	三级	三级
6～33 层	三级	三级

表 27B

	抗震措施等级	抗震构造措施等级
1～5 层	二级	二级
6～33 层	三级	三级

表 27C

	抗震措施等级	抗震构造措施等级
1～5 层	二级	三级
6～33 层	二级	三级

表 27D

	抗震措施等级	抗震构造措施等级
1～5 层	二级	二级
6～33 层	二级	二级

【答案】（A）

【解答】

（1）按《抗震》作答。

G.2.2 条，丙类建筑的抗震等级，钢框架部分仍按本规范第 8.1.3 条确定。

表 8.1.3，7 度，128m，钢框架部分抗震等级为三级。

（2）按《高规》作答。

表 11.1.4 注：钢结构构件抗震等级，7 度时取三级。

【28】

因方案调整，取消 5 层转换桁架，6～33 层外围钢框架柱距自 4.5m 改为 9.0m。与 1～5 层贯通，结构沿竖向层刚度均匀分布，扭转效应不明显，无薄弱层。假定，重力荷载代表值为 1.0×10^6 kN，底部对应于 Y 向水平地震作用标准值的剪力 $V=12800$ kN，基本周期为 4.0s。多遇地震标准值作用下，Y 向框架部分按侧向刚度分配且未经调整的楼层地震剪力标准值：首层 $V_{f1}=900$ kN；各层最大值 $V_{f,max}=2000$ kN，试问，抗震设计时，首层 Y 向框架部分的楼层地震剪力标准值（kN），与下列何项数值最为接近？

提示：假定各层剪力调整系数均按底层剪力调整系数取值。

(A) 900   (B) 2560   (C) 2940   (D) 3450

【答案】（C）

【解答】

（1）根据《高规》4.3.12 条，周期 4.0s 插值求 λ

$$\lambda=0.016-\frac{4-3.5}{5-3.5}\times 0.04=0.0147$$

$V=0.0147\times 1.0\times 10^6=14700$ kN $>V_{Ek1}=12800$ kN，底部 Y 向地震剪力取 V_0 $=14700$ kN。

（2）各层框架部分承担的地震剪力调整

$$V_{f,1}=\frac{14700}{12800}\times 900=1034\text{kN},V_{f,max}=\frac{14700}{12800}\times 2000=2297\text{kN}$$

（3）调整首层框架剪力

$$V_{f,max}=2297\text{kN}>0.1V_0=0.1\times 14700=1470\text{kN}$$

$$V_{f,1}=1034\text{kN}<0.2V_0=0.2\times 14700=2940\text{kN}$$

根据 9.1.11 条 3 款，$V_{f,1}=\min\{0.2V_0,1.5V_{f,max}\}=\min\{2940,1.5\times 2297=3446\}=$ 2940kN。

【分析】

26～28 题中的结构为混合结构，属于新考点，需要详细说明。

（1）混合结构

混合结构指两种或多种结构体系组合在一起的结构形式。如图 5.8-1 所示，主要指钢框架（或型钢混凝土框架、钢管混凝土框架）代替混凝土框架，与钢筋混凝土核

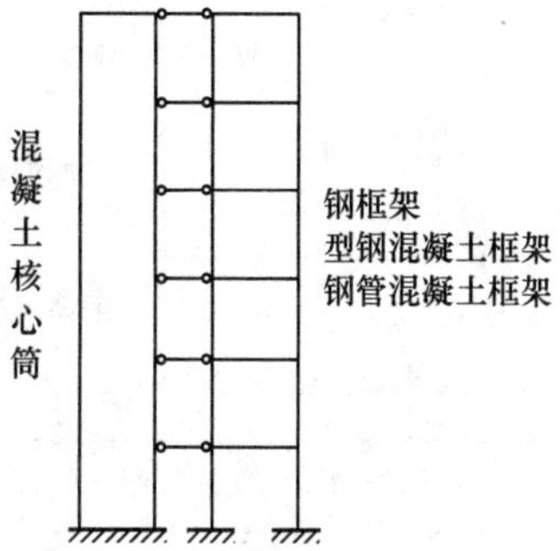

图 5.8-1 混合结构简化模型

心筒组成的框架-核心筒结构；钢框筒（或型钢混凝土框筒、钢管混凝土框筒）替代混凝土框筒，与钢筋混凝土核心筒组成的筒中筒结构。混合结构不仅有钢结构自重轻、截面小、施工快、抗震性能好的特点，也有混凝土结构刚度大、防火性能好、成本低的优点，它兼具钢结构和混凝土结构两者的优势，有其自身的特点。

《高规》规定。

2.1.10 混合结构

由钢框架（框筒）、型钢混凝土框架（框筒）、钢管混凝土框架（框筒）与钢筋混凝土核心筒体所组成的共同承受水平和竖向作用的建筑结构。

11.1.1 本章规定的混合结构，系指由外围钢框架或型钢混凝土、钢管混凝土框架与钢筋混凝土核心筒所组成的框架-核心筒结构，以及由外围钢框筒或型钢混凝土、钢管混凝土框筒与钢筋混凝土核心筒所组成的筒中筒结构。

11.1.1 条文说明 为减少柱子尺寸或增加延性而在混凝土柱中设置构造型钢，而框架梁仍为钢筋混凝土梁时，该体系不宜视为混合结构；此外对于体系中局部构件（如框支梁柱）采用型钢梁柱（型钢混凝土梁柱）也不应视为混合结构。

（2）抗震等级

《高规》规定。

11.1.4 抗震设计时，混合结构房屋应根据设防类别、烈度、结构类型和房屋高度采用不同的抗震等级，并应符合相应的计算和构造措施要求。丙类建筑混合结构的抗震等级应按表 11.1.4 确定。

表 11.1.4 钢-混凝土混合结构抗震等级

结 构 类 型		抗震设防烈度						
		6 度		7 度		8 度		9 度
房屋高度（m）		≤150	>150	≤150	>150	≤150	>150	≤70
钢框架-钢筋混凝土核心筒	钢筋混凝土核心筒	二	一	一	特一	一	特一	特一
型钢（钢管）混凝土框架-钢筋混凝土核心筒	钢筋混凝土核心筒	二	二	二	一	一	特一	特一
	型钢（钢管）混凝土框架	三	二	二	二	一	一	特一
房屋高度（m）		≤180	>180	≤150	>150	≤120	>120	≤90
钢外筒-钢筋混凝土核心筒	钢筋混凝土核心筒	二	一	一	特一	一	特一	特一
型钢（钢管）混凝土外筒-钢筋混凝土核心筒	钢筋混凝土核心筒	二	二	二	一	一	特一	特一
	型钢（钢管）混凝土外筒	三	二	二	二	一	一	特一

注：钢结构构件抗震等级，抗震设防烈度为 6、7、8、9 度时应分别取四、三、二、一级。

《抗震》规定。

G.2.1 抗震设防烈度为 6～8 度且房屋高度超过本规范第 6.1.1 条规定的混凝土框架-核心筒结构最大适用高度时，可采用钢框架-混凝土核心筒组成抗侧力体系的结构。

G.2.2 钢框架-混凝土核心筒结构房屋应根据设防类别、烈度和房屋高度采用不同的抗震等级，并应符合相应的计算和构造措施要求。丙类建筑的抗震等级，钢框架部分仍按本规范第 8.1.3 条确定，混凝土部分应比规范第 6.1.2 条的规定提高一个等级（8 度时应高于一级）。

8.1.3 钢结构房屋应根据设防分类、烈度和房屋高度采用不同的抗震等级，并应符合相应的计算和构造措施要求。丙类建筑抗震等级应按表 8.1.3 确定。

表 8.1.3 钢结构房屋的抗震等级

房屋高度	烈 度			
	6	7	8	9
≤50m		四	三	二
>50m	四	三	二	一

注：1 高度接近或等于高度分界时，应允许结合房屋不规则程度和场地、地基条件确定抗震等级；

2 一般情况，构件的抗震等级应与结构相同；当某个部位各构件的承载力均满足 2 倍地震作用组合下的内力要求时，7～9 度的构件抗震等级应允许按降低一度确定。

6.1.2 钢筋混凝土房屋应根据设防类别、烈度、结构类型和房屋高度采用不同的抗震等级，并应符合相应的计算和构造措施要求。丙类建筑的抗震等级应按表 6.1.2 确定。

表 6.1.2 现浇钢筋混凝土房屋的抗震等级

结 构 类 型		设 防 烈 度			
		6	7	8	9
框架-核心筒结构	核心筒	二	二	一	一

注：1 建筑场地为 I 类时，除 6 度外应允许按表内降低一度所对应的抗震等级采取抗震构造措施，但相应的计算要求不应降低。

（3）双重抗侧力体系及内力调整

混合结构与框架-剪力墙结构和框架-核心筒结构类似，应按双重抗侧力体系设计。混合结构中钢筋混凝土核心筒是第一道防线，框架是第二道防线，地震作用下核心筒首先开裂，发生内力重分配，框架承担的地震剪力增大。调整参数按钢筋混凝土框架-核心筒的规定执行。

《高规》规定。

11.1.6 混合结构框架所承担的地震剪力应符合本规程第 9.1.11 条的规定。

11.1.6 条文说明 在地震作用下，钢-混凝土混合结构体系中，由于钢筋混凝土核心筒抗侧刚度较钢框架大很多，因而承担了绝大部分的地震力，而钢筋混凝土核心筒墙体在达到本规程限定的变形时，有些部位的墙体已经开裂，此时钢框架尚处于弹性阶段，地震作用在核心筒墙体和钢框架之间会进行再分配，钢框架承受的地震力会增加，而且钢框架是重要的承重构件，它的破坏和竖向承载力降低将会危及房屋的安全，因此有必要对钢框架承受的地震力进行调整，以使钢框架能适应强地震时大变形且保有一定的安全度。

本规程第 9.1.11 条已规定了各层框架部分承担的最大地震剪力不宜小于结构底部地震剪力的 10%；小于 10% 时应调整到结构底部地震剪力的 15%。一般情况下，15% 的结构底部剪力较钢框架分配的楼层最大剪力的 1.5 倍大，故钢框架承担的地震剪力可采用与型钢混凝土框架相同的方式进行调整。

9.1.11 抗震设计时，筒体结构的框架部分按侧向刚度分配的楼层地震剪力标准值应符合下列规定：

1 框架部分分配的楼层地震剪力标准值的最大值不宜小于结构底部总地震剪力标准值的 10%。

2 当框架部分分配的地震剪力标准值的最大值小于结构底部总地震剪力标准值的 10% 时，各层框架部分承担的地震剪力标准值应增大到结构底部总地震剪力标准值的 15%；此时，各层核心筒墙体的地震剪力标准值宜乘以增大系数 1.1，但可不大于结构底部总地震剪力标准值，墙体的抗震构造措施应按抗震等级提高一级后采用，已为特一级的可不再提高。

3 当框架部分分配的地震剪力标准值小于结构底部总地震剪力标准值的 20%，但其最大值不小于结构底部总地震剪力标准值的 10% 时，应按结构底部总地震剪力标准值的 20% 和框架部分楼层地震剪力标准值中最大值的 1.5 倍二者的较小值进行调整。

按本条第 2 款或第 3 款调整框架柱的地震剪力后，框架柱端弯矩及与之相连的框架梁端弯矩、剪力应进行相应调整。

有加强层时，本条框架部分分配的楼层地震剪力标准值的最大值不应包括加强层及其上、下层的框架剪力。

9.1.11 条文说明 对框架-核心筒结构和筒中筒结构，如果各层框架承担的地震剪力不小于结构底部总地震剪力的 20%，则框架地震剪力可不进行调整；否则，应按本条的规定调整框架柱及与之相连的框架梁的剪力和弯矩。

上述调整规定可总结为表 5.8-1，符号定义如下：

V_0——结构底部总地震剪力标准值；

$V_{f,i}$——各层框架部分承担的地震剪力标准值；

$V_{f,max}$——框架部分分配的楼层地震剪力标准值的最大值；

$V_{w,i}$——各层核心筒墙体的地震剪力标准值。

框架和墙体的剪力调整　　　　　　　　　　　　　　　　　表 5.8-1

《高规》	计算值（标准值，未经调整）	$V_{f,i}$ 调整	$V_{w,i}$ 调整
9.1.11-2	$V_{f,max} < 0.1V_0$	$0.15V_0$	$\text{Min}\{1.1V_{w,i}, V_0\}$
9.1.11-3	$V_{f,max} \geqslant 0.1V_0$ 且 $V_{f,i} < 0.2V_0$	$\text{Min}\{0.2V_0, 1.5V_{f,max}\}$	不调整
9.1.11 条文说明	$V_{f,i} > 0.2V_0$	不调整	不调整

注："未经调整"指满足剪重比要求，但未经其他调整。

5.9 一级高层建筑结构、高耸结构及横向作用 下午题 29

【29】

某 8 层钢结构民用建筑，采用钢框架-中心支撑体系（有侧移，无摇摆柱），房屋高度 33.00m，外围局部设通高大空间，其中某榀钢框架如图 29 所示，抗震设防烈度 8 度，设计基本地震加速度 0.2g，乙类建筑，Ⅱ类场地，钢材采用 Q345，（钢材强度按 $f_y = 345$MPa 取值），结构内力采用一阶线弹性分析，框架柱 KZA 与柱顶框架梁 KLB 的承载力满足 2 倍多遇地震作用组合下的内力要求。假定，框架柱 KZA 在 xy 平面外的稳定及构造满足要求。在 xy 平面内 KZA 的线刚度 i_c 与 KLB 的线刚度 i_b 相等。试问，框架柱 KZA 在 xy 平面内的回转半径 r_c（mm）最小为下列何值才能满足规范对构件长细比的要求？

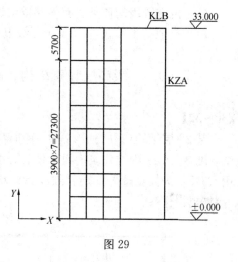

图 29

提示：① 按《高钢规》计算；

② 不考虑 KLB 的轴力影响；

③ 长细比 $\lambda = \dfrac{\mu H}{r_c}$。

(A) 600　　　　(B) 625　　　　(C) 870　　　　(D) 1010

【答案】（A）

【解答】

(1) 框架柱的抗震等级

《分类标准》3.0.3 条 2 款，"重点设防类（乙类）应提高一度，采取抗震措施"8 度（0.20g），应按 9 度考虑。

《高钢规》3.7.3 条，"抗震等级应符合《抗震》的规定"。

《抗震》表 8.1.3。$H = 33$m < 50m，9 度，抗震等级为二级。

《抗震》表 8.1.3 注 2，"承载力满足 2 倍多遇地震作用组合下的内力要求时，可抗震等级可降低一度确定"。9 度可降低一度，按 8 度考虑，抗震等级为三级。

(2) 框架柱的长细比限值

《高钢规》7.3.9 条，抗震等级为三级。

$$[\lambda] = 80\sqrt{235/f_y} = 80\sqrt{235/345} = 66$$

(3) 框架柱的计算长度系数 μ

《高钢规》7.3.2 条式（7.3.2-4），$K_1 = i_b/i_c = 1$；下端刚接，$K_2 = 10$。

$$\mu = \sqrt{\frac{7.5K_1K_2 + 4(K_1 + K_2) + 1.6}{7.5K_1K_2 + K_1 + K_2}} = \sqrt{\frac{7.5 \times 1.0 \times 10 + 4(1 + 10) + 1.6}{7.5 \times 1 \times 10 + 1 + 10}} = 1.184$$

(4) 回转半径 r_c

$$r_c = \mu H/\lambda = (1.184 \times 33)/66 = 0.592\text{m} = 592\text{mm}$$

【分析】

（1）《分类标准》3.0.3条2款，重点设防类提高一度；《抗震》表8.1.3注2，承载力满足2倍多遇地震作用组合下的内力要求时可降低一度。这两点需要注意。

（2）《高钢规》7.3.2条3款条文说明指出，式（7.3.2-4）是有侧移框架计算长度系数的拟合解。

（3）抗震等级的调整、有侧移框架计算长度、柱的长细比限值三个考点。

（4）类似历年考题：2014年一级上午27题，2018年一级上午18题。

5.10 一级高层建筑结构、高耸结构及横向作用 下午题30～32

【30～32】

某26层钢结构办公楼，采用钢框架-支撑体系，如图30～32（Z）所示，抗震设防烈度8度（0.2g）丙类建筑。设计地震分组为第一组，Ⅲ类场地，安全等级为二级，钢材采用Q345，为简化计算，钢材强度指标均按$f = 305\text{MPa}$，$f_y = 345\text{MPa}$取值。提示：按《高钢规》作答。

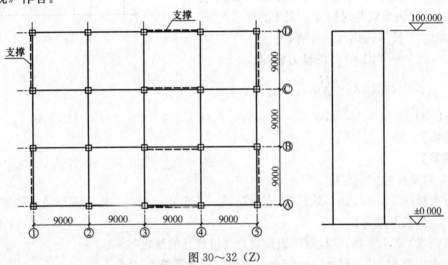

图30～32（Z）

【30】

假定，①轴第12层支撑的形状如图30所示，框架梁截面设计值H600×300×12×20，$W_{np} = 4.42 \times 10^6 \text{mm}^3$，已知，消能梁段的剪力设计值$V = 1190\text{kN}$，对应于消能梁段剪力设计值$V$的支撑组合轴力计算值$N = 2000\text{kN}$，支撑斜杆采用H型钢，抗震等级二级且满足承载力及其他构造要求。试问，支撑斜杆轴力设计值N（kN）最小应接近下列何项数值，才能满足规范要求？

(A) 2940　　　　(B) 3170

(C) 3350　　　　(D) 3470

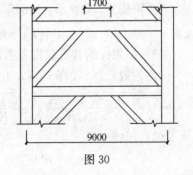

图30

【答案】（D）

【解答】

（1）《高钢规》7.6.5 条式（7.6.5-1）

钢支撑的轴力设计值：$N_{br} = \eta_{br}\dfrac{V_l}{V}N_{brcom}$。

（2）确定参数

① 抗震等级二级，$\eta_{br} = 1.3$。

② V_l——消能梁段不计入轴力影响的受剪承载力（kN），取式（7.6.3-1）中的较大值

$$V_{l1} = 0.58A_w f_y = 0.58 \times (600 - 2 \times 20) \times 12 \times 345 \times 10^{-3} = 1344.7\text{kN}$$

$$V_{l2} = \frac{2M_{lp}}{a} = \frac{2fW_{np}}{a} = \frac{2 \times 305 \times 4.42 \times 10^6}{1700} \times 10^{-3} = 1586\text{kN}$$

较大值 1586kN。

（3）代入式（7.6.5-1）

$$N_{br} = 1.3 \times \frac{V_l}{1190} \times 2000 = 1.3 \times \frac{1586}{1190} \times 2000 = 3465\text{kN}$$

【分析】

（1）偏心支撑框架设计的思想可总结为"三强一弱"，强支撑、强支撑框架柱、强非消能梁段、弱消能梁段，保证消能梁段成为结构的"保险丝"，地震时消能梁段进入屈服耗能状态，其他三个构件处于弹性状态。因此，支撑、支撑框架柱、非消能梁端内力均需增大。

（2）历年考题：2009 年一级下午 30 题。

【31】

中部楼层某框架中柱 KZA 如图 31 所示，楼受剪承载力与上一层基本相同，所有框架梁均为等截面梁，承载力及位移计算所需的柱左、右梁断面均为 H600×300×14×24，$W_{pb} = 5.21 \times 10^6 \text{mm}^3$，上、下柱断面相同，均为箱形截面。假定，KZA 抗震一级，轴力设计 8500kN。2 倍多遇地震作用下，组合轴力设计值为 12000kN，结构的二阶效应系数小于 0.1，稳定系数 $\varphi = 0.6$。试问，框架柱截面尺寸（mm）最小取下列何项数值才能满足规范关于"强柱弱梁"的抗震要求。

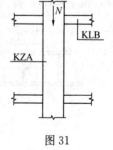

图 31

(A) 550×550×24×24，$A_c = 50496\text{mm}^2$，$W_{pc} = 9.97 \times 10^6 \text{mm}^3$

(B) 550×550×28×28，$A_c = 58464\text{mm}^2$，$W_{pc} = 1.15 \times 10^7 \text{mm}^3$

(C) 550×550×30×30，$A_c = 62400\text{mm}^2$，$W_{pc} = 1.22 \times 10^7 \text{mm}^3$

(D) 550×550×32×32，$A_c = 66304\text{mm}^2$，$W_{pc} = 1.40 \times 10^7 \text{mm}^3$

【答案】（B）

【解答】

（1）判断"强柱弱梁"验算的条件

① 已知楼受剪承载力与上一层基本相同，不满足 7.3.3-1-1)；

② 选项（D），$N = \varphi A_c f = 0.6 \times 66304 \times 305 \times 10^{-3} = 12133\text{kN} > 12000\text{kN}$，满足 7.3.3-1-3)，可不验算"强柱弱梁"。

根据《高钢规》7.3.2 条，二阶效应系数小于 0.1，可不考虑二阶效应的影响，轴力设计值可取 12000kN。

（2）节点左右框架梁端的全塑性受弯承载力

《高钢规》7.3.3 条式（7.3.3-1）右边项，抗震等级一级，$\eta = 1.15$

$$\Sigma(\eta f_{yb} W_{pb}) = 2 \times 1.15 \times 345 \times 5.21 \times 10^6 \times 10^{-6} = 4134\text{kN} \cdot \text{m}$$

（3）验算满足"强柱弱梁"抗震要求的框架柱的截面尺寸

《高钢规》7.3.3 条式（7.3.3-1）左边项

选项（A）

$$M_A = \Sigma W_{pc}(f_{yc} - N/A_c)$$
$$= 2 \times 9.97 \times 10^6 \times (345 - (8500 \times 10^3)/50496) \times 10^{-6}$$
$$= 3523\text{kN} \cdot \text{m} < 4124\text{kN} \cdot \text{m}$$

不符合要求。

选项（B）

$$M_B = \Sigma W_{pc}(f_{yc} - N/A_c) = 2 \times 1.15 \times 10^7 \times (345 - (8500 \times 10^3)/58464) \times 10^{-6}$$
$$= 4591\text{kN} \cdot \text{m} > 4124\text{kN}$$

符合要求。

【分析】

《高钢规》的"强柱弱梁"可与《高规》类比，但《高钢规》不考虑"强剪弱弯"。

【32】

B 轴第 20 层消能梁段的腹板加劲肋设置如图 32 所示。假定，消能梁段净长 $a = 1700\text{mm}$，截面为 H600×300×12×20（$0.15Af = 839\text{kN}$，$W_{np} = 4.42 \times 10^6 \text{mm}^3$），轴力设计值 800kN，剪力设计值 850kN，支撑采用 H 型钢。

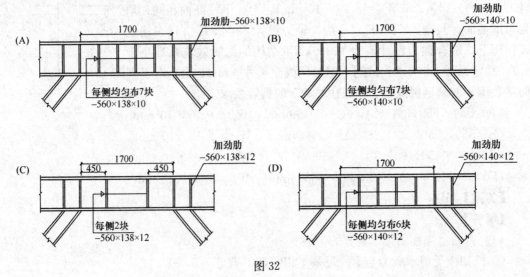

图 32

试问，四种消能梁段的腹板加劲肋设置图，哪一种符合规范的最低构造要求？

提示：该消能段不计轴力影响的受剪力载力为 $V_l = 1345$kN。

【答案】（D）

【解答】

（1）中间加劲肋间距

《高钢规》8.8.5 条，7.6.3 条

$$1.6M_{lp}/V_l = (1.6 \times 305 \times 4.42 \times 10^6)/(1345 \times 10^3) = 1604\text{mm}$$

$$2.6M_{lp}/V_l = (2.6 \times 305 \times 4.42 \times 10^6)/(1345 \times 10^3) = 2606\text{mm}$$

已知 $a = 1700$mm，处于两者之间。根据《高钢规》8.8.5 条 3 款，按线性插入值求间距。

8.8.5-2，$a = 1.6M_{lp}/V_l$ 时，中间加劲肋间距：$S_{1.6} = 30t_\text{w} - h/5 = 30 \times 12 - 600/5 = 240$mm，

8.8.5-3，$a = 2.6M_{lp}/V_l$ 时，中间加劲肋间距：$S_{2.6} = 52t_\text{w} - h/5 = 52 \times 12 - 600/5 = 504$mm，

$$S_{1.7} = 240 + (504 - 240)/(2606 - 1604) \times (1700 - 1604) = 265\text{mm}$$

$1700/265 - 1 = 5.4$ 块，（C）图不满足要求。

（2）中间加劲肋的宽度和厚度

《高钢规》8.8.5 条 6 款

加劲肋宽度：$b = [(b_\text{f}/2) - t_\text{w}] = (300/2) - 12 = 138$mm

加劲肋厚度：$t = \max\{t_\text{w}, 10\text{mm}\} = 12$mm

只有（D）图满足要求。

（3）消能梁段与支撑连接处加劲肋构造

《高钢规》8.8.5 条 1 款

加劲肋宽度：$b = [(b_\text{f}/2) - t_\text{w}] = (300/2) - 12 = 138$mm

加劲肋厚度：$t = \max\{0.75t_\text{w}, 10\text{mm}\} = \max\{0.75 \times 12 = 9\text{mm}, 10\text{mm}\} = 10$mm

（D）图满足要求，选（D）。

【分析】

与 30 题的思路一致，为使偏心支撑的消能梁段进入屈服耗能状态，除进行"三强一弱"的内力调整外，还从构造上保证消能梁段的耗能能力。

6 桥 梁 结 构

6.1 一级桥梁结构 下午题 33

【33】

某城市主干路上一座跨线桥，跨径组合为 30m＋40m＋30m 预应力混凝土连续箱梁桥，桥区地震基本烈度为 7 度，地震动峰值加速度值为 0.15g。假定，在确定设计技术标准时，试问，下列制定的技术标准中有几条符合规范要求？

① 桥梁抗震设防类别为丙类，抗震设防标准为 E1 地震作用下，震后可立即使用，结构总体反应在弹性内范围，基本无损伤，E2 地震作用下，震后经抢修可恢复使用，永久性修复后恢复正常运营功能，桥梁构件有限损伤。

② 桥梁抗震措施采用符合本地区地震基本烈度要求。

③ 地震调整系数 C_i 值在 E1 和 E2 地震作用下取值分别为 0.46，2.2。

④ 抗震设计方法分类采用 A 类，进行 E1 和 E2 地震作用下的抗震分析和验算。

(A) 1   (B) 2   (C) 3   (D) 4

【答案】(A)

【解答】

(1) 根据《城市桥梁抗震》表 3.1.1，城市主干路桥梁，抗震设防分类为丙类。

根据表 3.1.2，E_1 地震作用下的震后使用要求和损伤状态，符合丙类要求；E_2 地震作用下的震后使用要求和损伤状态，不符合丙类要求。因此，①不符合规范要求。

(2)《城市桥梁抗震》3.1.4 条，乙类丙类的抗震措施在 6～8 度时，应提高一度。桥梁应按 8 度采取抗震措施。②不符合规范要求。

(3) 丙类，7 度 0.15g，根据《城市桥梁抗震》表 1.0.3、表 3.2.2 注，取用括号中的数值，E1 时 $C_i=0.46$，E2 时 $C_i=2.05$。③不符合规范要求。

(4)《城市桥梁抗震》表 3.3.3，丙类、7 度，抗震设计方法选用 A 类。3.3.2 条 1 款，A 类：应进行 E1 和 E2 地震作用下的抗震分析和抗震验算。④符合规范要求。

1 条符合规范，选（A）

【分析】

(1)《城市桥梁抗震》的设计步骤：

① 3.1.1 条，确定城市桥梁的抗震设防分类，类似《分类标准》。

② 3.3.2 条，根据设防分类和基本烈度确定抗震设计方法。抗震设计方法包含抗震分析和验算、构造和抗震措施，分为 A、B、C 三类。

③ 抗震分析中两级地震作用 E1、E2 下的桥梁损伤状态见表 3.1.2。

④ 具体参数和调整见 3.1.3、3.1.4、表 3.2.2。

（2）历年考题：2013 年一级下午 37 题，2014 年一级下午 38 题，2018 年一级下午 33 题。

6.2 一级桥梁结构 下午题34

【34】

某桥处于气温区域寒冷地区，当地历年最高日平均温度 34℃，历年最低日平均温度 −10℃，历年最高温度 46℃，历年最低温度 −21℃。该桥为正在建设的 3×50m，墩梁固结的刚构式公路钢桥，施工中采用中跨跨中嵌补段完成全桥合拢。假定，该桥预计合拢温度在 15～20℃ 之间。试问，计算结构均匀温度作用效应时，温度升高和温度降低数值与下列何项更接近？

(A) 14，25   (B) 19，30   (C) 31，41   (D) 26，36

【答案】(C)

【解答】

（1）确定受到约束时的结构温度

《桥通》4.3.12 条，"计算结构因均匀温度作用引起的外加变形或约束变形时，应从受到约束时的结构温度开始，考虑最高和最低有效温度的作用效应"。

题中预计合拢温度在 15～20℃ 作为开始点的温度，即为温度作用计算的起点。

（2）确定结构最高和最低温度

《桥通》4.3.12 条条文说明，"钢结构可取当地历年最高温度或历年最低温度"。题中历年最高温度 46℃，历年最低温度 −21℃。

（3）温度升高和温度降低数值

温度升高：$46-15=31℃$，温度降低：$-21-20=-41℃$。选（C）。

【分析】

（1）可将《桥通》类比为《荷载规范》，温度作用属于《桥通》规定的内容，对照条文按工程设计思路使温度升高和降低数值最大。

（2）近似历年考题：2007 年一级下午 39 题，2013 年一级下午 36 题。

6.3 一级桥梁结构 下午题35

【35】

某一级公路上一座直线预应力混凝土现浇连续箱梁桥，腹板布置预应力钢绞线 6 根，沿腹板竖向布置三排，沿腹板水平横向布置两列，采用外径为 90mm 的金属波纹管。试问，按后张预应力钢束布置构造要求。腹板的合理宽度（mm）与下列何项数值最为接近？

(A) 300   (B) 310   (C) 325   (D) 335

【答案】(C)

【解答】

（1）计算腹板的保护层厚度

根据《公路混凝土》9.1.1条2款，后张法构件中预应力钢筋的保护层厚度取预应力管道外缘至混凝土表面的距离，不应小于管道直径的1/2。

$$C = 0.5 \times 90 = 45\text{mm}$$

（2）预应力筋的波纹管之间的距离

根据《公路混凝土》9.4.9条1款，直线管道的净距不应小于40mm，且不宜小于管道直径的0.6倍。

$$S = \max\{40\text{mm}, 0.6d = 0.6 \times 90 = 54\text{mm}\} = 54\text{mm}$$

（3）腹板的厚度

$b = 2 \times (45+90) + 54 = 324\text{mm}$，选（C）。

【分析】

（1）可将《公路混凝土》和《混规》的预应力部分对比学习。

例如：《桥混规》9.1.1条2款与《混凝土规范》10.3.7条1款类似；

《桥混规》6.2节预应力损失与《混凝土规范》10.2节预应力损失类似，仅是编号不同。

（2）历年考题：1997年选择题1～10。

6.4 一级桥梁结构 下午题36

【36】

在设计某座城市过街人行天桥时，在天桥两端按需求每端分别设置1∶2.5人行梯道和1∶4考虑自行车推行坡道的人行梯道，全桥共设两个1∶2.5人行梯道和两个1∶4人行梯道。其中自行车推行方式采用梯道两侧布置推行坡道。假定，人行梯道的净宽度均为1.8m，一条自行车推行坡的宽度为0.4m，在不考虑设计年限内高峰小时人流量及通行能力计算时，试问，天桥主桥桥面最大净宽设计值更接近下列何值（m）？

（A）3.0   （B）3.7   （C）4.3   （D）4.7

【答案】（B）

【解答】

（1）天桥每端梯道的宽度

《人行天桥》2.2.3条，"考虑兼顾自行车推车通过时，每条推车带宽按1m计"。且已知一条自行车推行坡的宽度为0.4m，布置在人行梯道两侧。

一条带推车坡道的人行梯道宽：$2 \times 1 + 2 \times 0.4 = 2.8\text{m}$

已知一条人行梯道的净宽度为1.8m

每端两个梯道净宽之和：$b = 2.8 + 1.8 = 4.6\text{m}$。

（2）天桥主桥桥面净宽

2.2.2条，天桥每端梯道净宽之和应大于桥面净宽的1.2倍。

2.2.1.2条，天桥桥面净宽不宜小于3m。

假设桥面净宽为B

$1.2B \leqslant b$，$B \leqslant b/1.2 \leqslant (2.8+1.8)/1.2 \leqslant 3.8\text{m} > 3\text{m}$，选（B）。

【分析】

由2012年一级下午39题改造。

6.5 一级桥梁结构 下午题 37~40

【题 37~40】

　　某高速公路上一座预应力混凝土连续箱梁桥，跨径组合为 35m+45m+35m。混凝土强度等级为 C50，桥体临近城镇居住区，需增设声屏障，如图 37~40（Z）所示。不计挡板尺寸，主梁悬臂跨径为 1880mm，悬臂根部厚度 350mm。设计时需要考虑风载，汽车撞击效应，又需分别对防撞防护栏根部和主梁悬臂根部进行极限承载能力和正常使用状态分析。

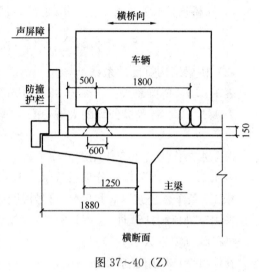

图 37~40（Z）

【37】

　　主梁悬臂梁板上，横桥向车辆荷载后轴（重轴）的车轮按规范布置，每组轮着地宽度 600mm，长度（纵向）为 200mm，假设桥面铺装层厚度 150mm，平行于悬臂板跨径方向（横桥向）的车轮着地尺寸的外缘，通过铺装层 45°分布线的外边线至主梁腹板外边缘的距离 L_c=1250mm，试问，垂直于悬臂板跨径的车轮荷载分布宽度（m）为多少？

　　（A）3.0　　　　　（B）3.1　　　　　（C）3.3　　　　　（D）4.4

【答案】（D）

【解答】

（1）《公路混凝土》4.2.5 条

　　　$a=(a_1+2h)+2L_c=(200+2\times150)+2\times1250=3000mm>1400mm$

车轮的荷载分布宽度重叠。

（2）《公路混凝土》4.2.3 条

　　　$a=(a_1+2h)+d+2L_c=(200+2\times150)+1400+2\times1250=4400mm$

【分析】

（1）荷载分布宽度是将空间受力转变为平面受力的中间参数，把车轮压力转化为线荷载。

（2）历年考题：2011 年一级下午 37 题，2013 年一级下午 35 题。

【38】

　　在进行主梁悬臂根部抗弯极限承载力状态设计时，假定，已知如下各作用在主梁悬臂梁根部的每延米弯矩作用标准值，悬臂板自重、铺设、声屏障和护栏引起的弯矩作用标准值为 45kN·m，按百年一遇基本风压计算的声屏障风载荷引起的弯矩作用标准值为 30kN·m，汽车车辆荷载（含冲击力）引起的弯矩标准值为 32kN·m，试问，主梁悬臂根部弯矩在不考虑汽车撞击力下的承载能力极限状态基本组合效应设计值与下列何项数值最为接近（kN·m）？

(A) 123　　　　　(B) 136　　　　　(D) 146　　　　　(D) 150

【答案】（D）

【解答】

(1)《桥通》4.1.5 条 1 款，承载能力极限状态设计时基本组合公式（4.1.5-1）

$$S_{ud} = \gamma_0 S(\sum_{i=1}^{m} \gamma_{G_i} G_{ik}, \gamma_{Q_1} \gamma_L Q_{1k}, \psi_c \sum_{j=2}^{n} \gamma_{Lj} \gamma_{Q_j} Q_{jk})$$

(2) 桥梁结构重要性系数 γ_0

表 1.0.5，桥梁总长 35＋45＋35＝115m＞100m，单孔跨径 45m＞40m，属于大桥；

表 4.1.5-1，各等级公路的大桥，安全等级为一级；

$$\gamma_0 = 1.1$$

(3) 永久作用、可变作用的分项系数

表 4.1.5-2，永久作用分项系数 $\gamma_G = 1.2$；

4.1.5 条 1 款公式（4.1.5-2）符号说明

采用车辆荷载计算时 $\gamma_{Q1} = 1.8$

风荷载分项系数 $\gamma_{Q2} = 1.1$

其他可变作用组合系数 $\psi_c = 0.75$。

(4) 代入公式（4.1.5-1）

$$M = \gamma_0 S = 1.1 \times (1.2 \times 45 + 1.8 \times 32 + 0.75 \times 1.1 \times 30) = 149.9 kN$$

【分析】

(1) 桥梁结构重要性系数 γ_0 需要根据桥梁总长和单孔跨度判断。

(2) 2015 版《桥通》规定计算车辆荷载时 $\gamma_{Q1} = 1.8$。

(3) 荷载组合是桥梁部分的基本内容，属于高频考点。

(4) 历年考题：2012 年一级下午 36 题，2014 年一级下午 37 题，2018 年一级下午 37 题。

【39】

考虑汽车撞击力下的主梁悬臂根部抗弯承载性能设计时，假定，已知汽车撞击力引起的每延米弯矩作用标准值为 126kN·m，利用 38 题中其他已知条件，并采用与偶然作用同时出现的可变作用的频遇值时，试问，主梁悬臂根部每延米弯矩承载能力极限状态偶然组合的效应设计值与下列何项最为接近（kN·m）？

(A) 194　　　　　(B) 206　　　　　(C) 216　　　　　(D) 227

【答案】（C）

【解答】

(1)《桥通》式（4.1.5-3），弯矩承载能力极限状态偶然组合的效应设计值

$$S_{sd} = S(\sum_{i=1}^{m} G_{ik}, A_d, (\psi_{f1} \text{ 或 } \psi_{q1}) Q_{1k}, \sum_{j=2}^{n} \psi_{qj} Q_{jk})$$

(2) 确定可变作用的频遇值和准永久值系数

汽车荷载：$\psi_{f1}=0.7$，$\psi_q=0.4$

风荷载：$\psi_f=0.75$，$\psi_q=0.75$。

（3）偶然组合的效应设计值

① 汽车荷载作为第一可变荷载

$$M_1=\sum G_k+A_d+\psi_{f1}Q_{1k}+\sum \psi_{qi}Q_{ik}=45+126+0.7\times 32+0.75\times 30$$
$$=215.9kN \cdot m$$

② 风荷载作为第一可变荷载

$$M_2=\sum G_k+A_d+\psi_{f1}Q_{1k}+\sum \psi_{qi}Q_{ik}=45+126+0.75\times 30+0.4\times 32$$
$$=206.3kN \cdot m$$

取 215.9kN·m 作为偶然组合的效应设计值，选（C）。

【分析】

（1）式（4.1.5-3）中 A_d 为偶然作用设计值，题目汽车撞击力 126 kN·m 为标准值。

①2004 版《桥通》4.1.6 条 2 款，偶然组合：永久作用标准值效应与可变作用某种代表值效应、一种偶然作用标准值效应相组合。偶然作用的效应分项系数取 1.0。

4.4.3 条，汽车撞击力标准值在车辆行驶方向取 1000kN，在车辆行驶垂直方向取 500kN，……。

②2015 版《桥通》4.1.5 条 2 款，偶然组合：永久作用标准值与可变作用某种代表值、一种偶然作用设计值相组合；……。

4.4.3 条，汽车撞击力设计值在车辆行驶方向取 1000kN，在车辆行驶垂直方向取 500kN，……。

对比①、②可知，本题 126kN·m 标准值的分项系数为 1.0。

（2）相近似历年考题：2005 年一级下午 37 题，2007 年一级下午 35 题。

【40】

设计主梁悬臂根部顶层每延米布置一排 20D16，钢筋面积共计 4022mm²，钢筋中心至悬臂板顶面距离为 40mm，假定，当正常使用极限状态主梁悬臂根部每延米频遇组合弯矩值为 200kN·m，采用受弯构件在开裂截面状态下的受拉纵向钢筋应力计算公式。试问，钢筋应力值与下列何项数值最为接近？

（A）184　　　　　（B）189　　　　　（C）190　　　　　（D）194

【答案】（A）

【解答】

《公路混凝土》6.4.4 条式（6.4.4-2）

$$\sigma_{ss}=\frac{M_s}{0.87A_sh_0}=\frac{200\times 10^6}{0.87\times 4022\times(350-40)}=184.7MPa$$

【分析】

（1）本条规范与《混规》7.1.4 条相同。

（2）历年考题：2018 年一级下午 39 题。